国家科学技术学术著作出版基金资助出版

信息科学技术学术著作丛书

三维视频处理

蒋刚毅　张　云　郁　梅　彭宗举　著

科学出版社

北　京

内 容 简 介

　　本书完整地论述三维视频技术的原理和算法,以三维视频系统为主线,结合人类视觉系统的感知特性进行展开。主要内容有:三维视频系统概述、人类视觉系统、场景的三维数据描述、立体视频编码、多视点视频编码、深度视频处理与编码、基于感兴趣区域的三维视频编码、低复杂度三维视频编码、三维视频系统的虚拟视点图像绘制等。本书创建多种三维视频技术的理论模型,并给出相应的仿真结果,为读者描述了三维视频技术理论与相关方法。

　　本书的特色是结合人类视觉感知特性对三维视频技术进行讨论,给出相应的理论方法推导,同时通过大量的实例验证了理论,是三维视频技术研究和应用之间的重要媒介。

　　本书可供从事三维视频技术等相关专业的高校师生、工程技术人员参考,也适合作为视频通信等领域相关专业人员的参考书。

图书在版编目(CIP)数据

三维视频处理 / 蒋刚毅等著. —北京:科学出版社,2020.11

(信息科学技术学术著作丛书)

ISBN 978-7-03-066899-8

Ⅰ. ①三⋯　Ⅱ. ①蒋⋯　Ⅲ. ①视频信号－图象处理　Ⅳ. ①TN941.1

中国版本图书馆 CIP 数据核字(2020)第 223598 号

责任编辑:孙伯元 / 责任校对:王　瑞
责任印制:吴兆东 / 封面设计:蓝正设计

科 学 出 版 社 出版

北京东黄城根北街 16 号
邮政编码:100717
http://www.sciencep.com

北京中石油彩色印刷有限责任公司 印刷
科学出版社发行　各地新华书店经销

*

2020 年 11 月第 一 版　　开本:720×1000　1/16
2021 年 4 月第二次印刷　　印张:25 1/2
字数:499 000

定价:198.00 元
(如有印装质量问题,我社负责调换)

《信息科学技术学术著作丛书》序

21 世纪是信息科学技术发生深刻变革的时代，一场以网络科学、高性能计算和仿真、智能科学、计算思维为特征的信息科学革命正在兴起。信息科学技术正在逐步融入各个应用领域并与生物、纳米、认知等交织在一起，悄然改变着我们的生活方式。信息科学技术已经成为人类社会进步过程中发展最快、交叉渗透性最强、应用面最广的关键技术。

如何进一步推动我国信息科学技术的研究与发展；如何将信息技术发展的新理论、新方法与研究成果转化为社会发展的推动力；如何抓住信息技术深刻发展变革的机遇，提升我国自主创新和可持续发展的能力？这些问题的解答都离不开我国科技工作者和工程技术人员的求索和艰辛付出。为这些科技工作者和工程技术人员提供一个良好的出版环境和平台，将这些科技成就迅速转化为智力成果，将对我国信息科学技术的发展起到重要的推动作用。

《信息科学技术学术著作丛书》是科学出版社在广泛征求专家意见的基础上，经过长期考察、反复论证之后组织出版的。这套丛书旨在传播网络科学和未来网络技术，微电子、光电子和量子信息技术、超级计算机、软件和信息存储技术、数据知识化和基于知识处理的未来信息服务业、低成本信息化和用信息技术提升传统产业，智能与认知科学、生物信息学、社会信息学等前沿交叉科学，信息科学基础理论，信息安全等几个未来信息科学技术重点发展领域的优秀科研成果。丛书力争起点高、内容新、导向性强，具有一定的原创性，体现出科学出版社"高层次、高水平、高质量"的特色和"严肃、严密、严格"的优良作风。

希望这套丛书的出版，能为我国信息科学技术的发展、创新和突破带来一些启迪和帮助。同时，欢迎广大读者提出好的建议，以促进和完善丛书的出版工作。

中国工程院院士

原中国科学院计算技术研究所所长

前　　言

现代社会见证了信息技术的飞速发展,视频技术作为信息技术的典型代表,已从模拟视频到数字视频、从较低分辨率到超高清晰度、从平面到三维(立体/多视点)、从低动态范围到高动态范围、从普通色域到宽色域等发展。超高清晰视频格式、三维视频、计算机绘图和动画影片等的发展掀起了三维视频技术的研究热潮。从三维电影产生颠覆性的市场效应等可以预期三维视频技术的优势将会在信息社会的大背景下发挥得淋漓尽致。

随着 MPEG-1/2/4、H.261/3、H.264/AVC、H.265/HEVC、AVS 等视频编码标准的研究发展,三维视频技术正开始进入各个领域的应用。然而,三维视频系统及技术涉及视频采集、编码、传输或存储、绘制、显示及质量评价等诸多环节,每一个环节都有亟待解决的技术难题。更进一步,目前大部分三维视频最终的受体是人眼,因此有关人眼视觉感知的研究在三维视频技术的发展中起到重要的作用。

本书作者自 2001 年起从事三维视频(立体/多视点视频)的相关研究,在多项国家自然科学基金重点项目、面上项目、青年基金项目、国际合作项目等的支持下,经过持续研究,取得了相关进展。本书取材主要源自作者和其研究生在该领域所取得的研究成果和进展,既有基础理论,又有相关应用技术,具有系统性和完整性,因而具有理论意义和技术应用价值。

本书从三维视频系统入手,结合人类视觉系统的感知特性,对三维视频处理技术各个主要环节的原理进行介绍,并给出相应的理论与方法。将复杂的三维视频处理原理与技术以通俗易懂的语言呈现给读者,指引读者进一步研究三维视频技术。本书共 9 章,其中,第 1 章介绍三维视频系统发展概况、主要技术及其主要应用场合。第 2 章以人类视觉系统为基础论述视觉感知心理现象。第 3 章介绍场景的三维数据描述,重点分析立体与多视点成像原理以及三维视频数据格式。第 4 章论述立体视频编码技术,主要概述各种立体视频编码方案,讨论立体视频感知编码方法等。第 5 章分析三维视频相关性,并利用多视点视频的相关性进行视频编码,论述多模式多视点视频编码理论与方法、面向视点绘制的多视点视频非对称编码。第 6 章着重介绍深度视频处理与编码。第 7 章给出基于感兴趣区域的三维视频编码理论与方法。第 8 章对第 5 章、第 6 章的编码方法进行优化,提出低复杂度三维视频编码技术。第 9 章分析三维视频系统的虚拟视点绘制技术与方法。

本书由蒋刚毅拟定全书的大纲和内容,并对全书进行统稿、修改和定稿。全书集合了研究团队骨干成员以及博士与硕士研究生的研究成果,主要包括蒋刚毅、张云、郁梅、彭宗举、邵枫、陈芬等;有许多已毕业或在读的研究生参与了本书部分章节内容的讨论,包括李世平、杨铀、范良忠、周俊明、王旭、宋洋、姜浩、杜宝祯、姜求平、姒越后、何萍、朱波、徐秋敏、范旭明、皮世华、钱健、朱亚培、孙凤飞、朱高锋、朱林卫、张冠军、朱江英、周晓亮、江东、杨海龙、杨小祥、朱天之、方树青、郭明松、胡天佑、刘晟、韩慧敏、余思文等,在此对他们的努力和相关内容的贡献表示感谢。

本书内容的相关研究工作得到了国家自然科学基金(重点项目、面上项目、青年基金项目、国际合作项目)等的支持,在此表示感谢。

三维视频系统与相关技术尚处于不断发展和完善阶段,限于作者水平,书中不足之处在所难免,敬请广大读者批评指正。

目　　录

第1章　三维视频系统概述

1.1　引　言

随着多媒体技术的不断发展,传统的二维视听产品已经无法满足远程教育、远程医疗、远程控制、航空飞行模拟、模拟训练等应用对视频真实感的要求,受训人员无法达到最佳的训练和模拟效果;而对于影视、体育、游戏娱乐等应用,从黑白到彩色、从模拟到数字、从小尺寸到高清(超高清)的数字电视,用户对更真实的视觉体验要求也越来越高。现行的二维视频系统在表现自然场景时,难以满足使用者对立体感和视点交互的需求,人们期待三维(three dimensional,3D)媒体带来的全新视听冲击。三维视频在消费电子、数字媒体、远程教育、远程控制、国防军事等领域有广泛应用,它可以让用户交互地选择观看视角,获取感兴趣的立体视觉内容[1]。三维视频系统具有自然场景或虚拟场景的三维沉浸视觉感受、无缝式视点切换以及灵活的人机交互特性。该领域已吸引了研究人员的广泛关注,并成为多媒体技术的国际研究热点[2]。2012年初我国开播了第一个三维数字电视(three dimensional television,3DTV)试验频道,通过中星6A卫星覆盖全国大部分地区;同时,人们也实现了奥运会的首次三维视频转播。这些带动起整个三维视频产业及相关产业的蓬勃发展。

鉴于三维视频(包括立体/多视点视频等)广泛的应用前景,国际标准化组织/国际电工委员会(International Organization for Standardization/International Electrotechnical Commission, ISO/IEC)的运动图像专家组(Moving Picture Expert Group,MPEG)在MPEG-2标准中增加了立体视频编码的多视点(multi-view profile,MVP)功能。此后,在MPEG-4标准中进行了扩展,增加了多重辅助部件(multiple auxiliary component,MAC),以支持相关的多视点视频(multi-view video)技术。MPEG在2001年成立了工作组,从事三维音/视频(three dimensional audio-video,3DAV)的探索实验研究,提出了三种典型应用场景:全景视频(omni-directional video)、自由视点视频(free viewpoint video)和交互式立体视频(interactive stereoscopic video)。2002年欧洲联盟开展了ATTEST (Advanced Three-Dimensional Television System Technologies)研究项目,旨在实现未来三维视频网络与现有传统广播电视网络相结合、二维视频与三维视频相兼容、多分辨率的三维视频系统框架,建立一套可后向兼容的三维电视广播系统。

MPEG 在其后的会议上决定对 3DAV 中的多视点视频编码(multi-view video coding,MVC)进行标准化工作,并与国际电信联盟 ITU-T 的视频编码专家组 (Video Coding Expert Group,VCEG)一起成立了联合视频专家组(Joint Video Team,JVT),提出了多视点视频编码校验模型(joint multi-view video model,JMVM)。JMVM 利用了单视点视频编码标准 H. 264/AVC 和分层 B 帧 (hierarchical B picture,HBP)预测结构,并形成了基于 H. 264/AVC 的多视点视频编码标准 JMVC(joint multi-view video coding)[3],也称为 H. 264/MVC。2011 年后在高性能视频编码(high efficiency video coding,HEVC)标准制定过程中开展了新一代三维视频编码标准的制定,包括面向三维视频的 3D-HEVC 和面向多视点视频的 MV-HEVC[4]。

国际上不断有研究机构和大型公司开展三维视频系统的研究计划,欧洲开展了三维电视的研究[5],代表性的研究计划包括 DISTIMA[6]、MIRAGE[7]、PANO-RAMA[8]、ATTEST[9]、Mobile-3DTV[10] 等。德国弗朗霍夫通讯技术研究所 (Fraunhofer Institute for Telecommani catious Heinrich Hertz Institute,HHI)研究了基于深度图像绘制(depth image based rendering,DIBR)的 3DTV[11] 和相关多视点视频编码预测结构,微软亚洲研究院开发了交互式多视点视频系统[12],由相机从不同方位同时捕获场景画面,经过压缩实时传送给用户。美国三菱电子研究实验室(Mitsubishi Electric Research Laboratories,MERL)研发了视点合成预测技术并将其应用于多视点视频系统[13]。日本名古屋大学开发了基于光线空间方法的自由视点电视(free-viewpoint television,FTV)系统[14]。韩国光州科学技术院提出了基于分层深度图像(layered depth image,LDI)的多视点视频方案[15],LDI 在不同层次上的深度图像记录了同一光线穿越不同物体时的信息,即包括了在该视点不可见而在其他视点可见的像素。这种方案压缩效率较高,但 LDI 的生成和合理表达难度较大。芬兰坦佩雷理工大学(Tampere University of Technology)、韩国电子通信研究院和诺基亚(Nokia)公司等机构则针对移动终端联合从事移动立体电视(mobile-3DTV)的研发。近十多年来,国内清华大学、北京大学、中国科学院、上海交通大学、宁波大学、上海大学、浙江大学、天津大学、吉林大学、哈尔滨工业大学、四川大学、西安电子科技大学等,以及华为技术有限公司、海尔集团、TCL 集团有限公司、创维集团、宁波维真显示科技股份有限公司、天津三维显示技术有限公司等公司和单位开展了三维视频系统相关理论与技术的研究,并取得了很好的进展。

1.2   三维视频系统

典型的三维视频系统通常包括三维视频内容生成、预处理、立体/多视点视频编码、网络传输、解码、虚拟视点生成与显示、用户视点交互等环节。三维视频包含不同角度的同一场景视频信息,可以通过特定几何排列形式的多摄像机阵列拍摄得到,也可以通过三维建模、二维转三维、深度估计与捕获等技术生成。这些视频信息通过特定的编码方案进行压缩、传输,并由用户端的设备进行接收。系统在解码端(用户端)利用一个或多个视点信息以及辅助信息绘制出虚拟视点的图像信息,从而实现用户端的平滑交互与三维显示。此外,由解码或者绘制得到的立体/多视点视频信号可以通过不同的显示方式获得不同的观赏效果,如传统单视点电视/高清电视的平面显示、具有强烈立体感的立体显示、具备高效交互性能的自由视点视频显示等。

1.2.1　面向应用的三维视频系统

　　三维视频系统是三维音/视频的重要研究领域,其系统的构建与实现过程有研究价值和实际意义。在分析交互式三维视频系统之前,需要对早期有代表性的原型系统进行分析。图 1.1 为 ATTEST 项目的三维视频原型系统框图,包括内容生成、编码、三维重建、流传输、显示等技术;ATTEST 项目提出了与广播电视网络相结合、二维与三维视频相兼容、自适应分辨率的三维视频系统框架[9]。ATTEST项目在场景数据表示上采用"二维视频＋深度"的方法,项目研究后被定位为三维视频系统的原型系统。尽管该项目设计不够完善,且存在许多未解决的问题,但其出发点直接面向工业应用,对交互式三维视频的发展起着巨大推动作用,同时引起了学术界和产业界的广泛关注。

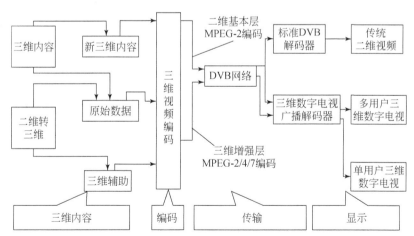

图 1.1　ATTEST 项目的三维视频原型系统框图

DVB 代表数字视频广播(digital video broadcasting)

1.2.2　面向存储与传输的三维视频系统

　　面向存储与传输的三维视频系统设计旨在提高三维视频编码效率和解决传输时遇到的技术难题。图1.2为由MERL建立的三维视频系统,包括视频捕获、暂存、网络传输、码流解码以及投影显示等环节,较好地体现了ATTEST项目的相关设计思想[16]。该系统由16台线阵排列的相机进行多视点视频采集,并与8台计算机相连,每个视点采集的帧率为12帧/s;采集得到的多视点视频序列经由多个MPEG-2单视点编码器进行并行编码,形成视频码流暂存于服务器。实验环节采用了千兆以太网进行视频传输。该系统出于解码方便的考虑,在千兆以太网中传输的是解码后的视频流,因此占据的网络资源十分巨大,导致其难以适应实际广播网络。在用户显示端采用16台投影仪同时水平投放的方式,形成了超宽屏幕显示。用户可通过在屏幕前水平移动的方式达到视点切换的效果;同时,也可通过佩戴偏振光眼镜等方式获得立体视觉感知。

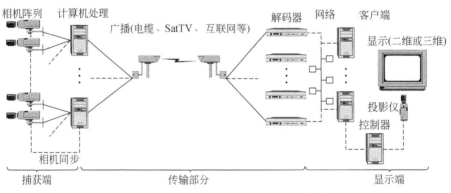

图1.2　MERL的三维视频系统框图[16]

　　与MERL的工作相类似,微软亚洲研究院研发了如图1.3所示的基于网络多播技术的交互式三维视频系统[12],它在视频采集中采用了外部触发方式控制各相机间的同步,在三维视频编码上也采用多个独立的单视点视频编码技术,在用户端显示则采用了传统的二维显示模式。该系统是面向用户交互的,它设计了暂停观看、视点浏览和视点切换等人机交互模式;在视频流中插入了周期性的交互点,通过统计两个交互点间所有由用户触发的交互模式,在下一个交互点到来时响应上一周期中用户的请求。

　　文献[17]建立了一个面向用户端的三维视频系统(图1.4),其构造与上述两个系统类似,主要区别在于它将视频信号分为基本层与立体显示增强层,形成了双层视频码流结构。该系统中用户端采用立体显示模式,需要获得用于显示的两路高质量视点信号,对此设计了反馈通道,由服务器将用户所选择的两个立体显示增

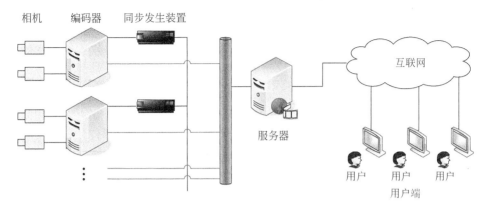

图 1.3　基于网络多播技术的交互式三维视频系统框图[12]

强层传输至用户端进行立体显示。同时,该系统采用了头部跟踪技术来实现人机交互,对观看者下一时刻可能处于的位置进行预测,并将预测位置与当前实际位置实时地反馈至服务器,由系统服务器判定是否发送增强层视频至用户端。

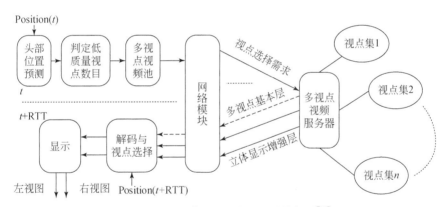

图 1.4　用户端驱动三维视频系统框图[17]

1.2.3　面向虚拟视点绘制的三维视频系统

对于交互式三维视频系统,除了需要考虑存储与传输问题外,还需要实现无缝式人机交互,在交互过程中实时地实现虚拟视点绘制与显示。虚拟视点绘制需要采用特定的场景数据表达形式,解码端不仅需要解码多视点视频数据,还需要解码用于绘制的场景深度或视差信息。考虑到用户端设备运算能力不足和交互实时性方面的问题,深度或视差信息不在用户端计算获取,而在服务器端生成并通过编码形成码流传输至用户端。

Kimata 等[18]提出了基于光线空间的三维视频系统框架,利用密集相机阵列对场景进行视频采集,且对所采集的多视点视频进行压缩形成码流;并将全部码流通过网络传输至用户端,在用户端解码生成光线空间数据应用于人机交互过程中的虚拟视点绘制。该系统在某种程度上延续了面向存储与传输的三维视频系统框架和相关技术,但光线空间庞大的数据量在实际应用中是个难题。

图 1.5 给出了基于深度信息的三维视频系统框图[19],它对各个视点视频信号、场景深度、物体边缘纹理、场景遮挡暴露区域等进行单独编码,分别将它们传输至系统的用户端进行高质量虚拟视点绘制。用户端利用彩色视频与对应的深度信息进行基于深度信息的虚拟视点绘制,利用边缘纹理码流强化场景中物体视觉的质量,利用遮挡暴露区域编码码流解决解码端绘制中的空洞问题。

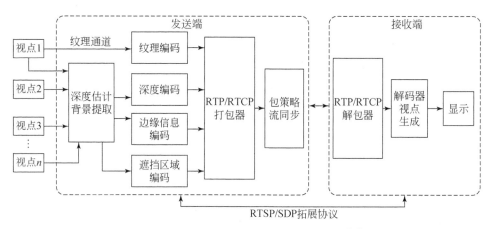

图 1.5　基于深度信息的三维视频系统框图[19]

RTP 代表实时传播协议(realtime transport protocol),RTCP 代表实时传输控制协议(realtime transport control protocol),RTSP 代表实时流传输协议(real time streaming protocol),SDP 代表会话描述协议(session description protocol)

韩国光州科学技术院(Gwangiu Institute of Science and Technology,GIST)[20]提出了如图 1.6 所示的基于分层深度图像的三维视频系统框图。分层深度图像是针对虚拟视点绘制中便于表达遮挡暴露物体而提出的一种场景数据表达形式,不同层次上的深度图像记录了同一光线穿越过的不同物体信息。该系统采用高清彩色相机和深度相机进行场景的同步捕获,由深度相机而非使用深度估计算法获得深度信息,其主要原因在于现有深度估计算法尚待成熟。但深度相机造价昂贵、拍摄的深度图像分辨率也有待提高。编码端先对深度序列进行分层运算处理,得到分层深度图像,并采取多视点视频编码结构进行压缩。然后,在系统编码端利用分层深度图像进行视点合成预测编码。因此,编码端产生深度与彩色视频两组码流。解码端在分别解码这两组码流后,针对用户的选择进行虚拟视点绘制和显示。该系统的人机交互方式为触摸式,可以精确地捕获用户对视点的交互选择。

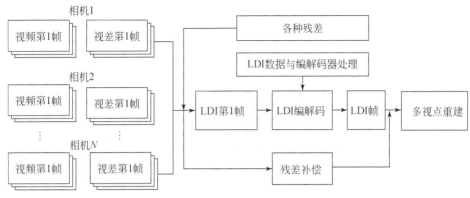

图 1.6 基于分层深度图像的三维视频系统框图[20]

图 1.7 为一种基于视差信息的交互式三维视频系统[21]，它在多视点视频序列编码过程中进行视差估计并获得粗精度视差序列，随后对视差图进行无失真编码。该系统编码器将输出两个码流：有压缩失真的彩色视频码流和无失真的视差码流。由于场景的视差图具有数值小、波动小等特点，其无失真编码后的视差码流相对于彩色视频码流比重很小，因此适合于网络传输。用户端在接收并解码上述两个码流后，将在解码得到彩色视频图像的基础上进行视差图求精，以满足下一阶段高精度虚拟视点绘制的需要。在人机交互设计上，该系统采用人脸识别算法进行用户视角信息捕获[22]，在交互过程中采用基于视差的虚拟视点绘制方法，该方法操作简单、计算复杂度低，易于实现实时绘制与交互。

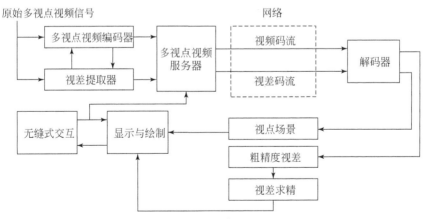

图 1.7 基于视差信息的交互式三维视频系统框图[21]

1.3　三维视频系统性能

三维视频非常适合于消费电子、远程医疗、视频会议、远程监控等领域的应用，可明显改善这些应用的三维视觉体验。针对三维视频的广泛应用，三维视频系统需要关注以下两方面要求[23,24]：

（1）与编码相关的性能。

①压缩效率：三维视频系统的编码算法必须能够高效率地压缩三维视频的冗余信息，以减少其存储和传输的负荷。

②视点可分级性：三维视频系统在用户端应能以尽可能小的代价从现有码流中解码所需的参考视点（帧）进行虚拟视点绘制。同样，在进行已有视点的显示时，也需要尽可能减少解码代价。

③显示可分级性：允许对不同的显示终端（包括传统的二维显示器和未来的各种三维显示器）同时进行视频输出。

④时间与视点间随机访问能力：三维视频系统除了在时域上支持随机访问功能，还应提供视点间的随机访问功能。

⑤空间随机访问能力：支持用户随机访问某个视点图像中的某一个特殊区域。

⑥空域/时域/质量可分级性：针对不同的显示设备与用户群，可以根据需求输出不同分辨率、帧率和视觉质量的多视点视频码流。

⑦视点间质量平衡：三维视频系统在支持交互式切换视点时，应能使视点间（包括真实视点和虚拟视点）图像质量保持相对一致，不应有明显的质量变化。

⑧低资源消耗：编解码算法都需要在内存大小、带宽和计算资源等方面降低消耗。

⑨低延迟：交互过程中的延迟时间尽可能低。

⑩鲁棒性：三维视频系统编码码流应具有鲁棒性，使得解码器能够进行有效的差错控制。

⑪并行处理：编码方案应尽可能支持并行处理，以缩短编码时间，支持实时系统。

⑫资源管理能力：时间戳和视点的同步控制。

⑬分辨率、位深和色彩空间的兼容性：现有三维视频系统应支持从四分之一公共中间格式（quarter common intermediate format，QCIF）到超高清的图像分辨率、YUV420 的色彩格式以及 8 比特数据位深，未来的系统应根据实际需求支持更多的图像分辨率格式、色彩格式以及数据位深。

（2）系统支持相关性能。

①同步：支持多视点之间在时间上的同步。

②视点合成：支持交互过程中对不存在的视点的访问。

③非平面成像与显示。

④相机参数的获取与传输。

1.4　三维视频信号采集

三维视频获取包括两个主要部分：拍摄和视频内容的后处理。在多相机的三维视频成像中遇到的主要问题是如何进行多相机间的时间同步、几何标定和相机间的色彩平衡。多视点彩色加深度视频（multiview video plus depth，MVD）信号包括多路彩色视频信号和与此对应的多路深度视频信号。因此，MVD的采集包括两方面，多视点彩色视频信号的采集和多视点深度视频信号的采集。由于现有深度相机空间分辨率和深度范围有限，深度相机未被广泛使用和普及，需要进一步研发高分辨率和高精度深度相机以自动获取高质量三维视频深度信息。

立体视频可以用立体相机拍摄，也可以通过平面图像生成，目前常见的立体相机有一体机和组装机两类。一体机是专门为立体摄像设计制作的相机，有两个镜头，其位置校准得比较精确，采集的立体图像对在垂直和纵向上的偏移误差比较小。组装机由两个普通摄像头构成，镜头类型上没有限制，但两个镜头的中心距离必须和人眼双目距离（62~76mm）相近，以模拟人眼视觉系统。

与传统二维视频采集不同，多视点视频采集可由一组平行、会聚或任意角度的相机阵列拍摄得到。根据不同的实际应用，多视点视频采集系统可采用不同的阵列形式。

在深度图像的获取上，现阶段方式主要有：直接采用深度相机获取、利用深度估计算法获取、结合深度相机与深度估计算法获取。

（1）直接采用深度相机获取深度图像。目前的深度相机主要有基于飞时法（time of flight，TOF）、结构光、激光扫描等几种。其中，TOF深度相机是通过给目标连续发送光脉冲，然后用传感器接收从物体返回的光，通过探测光脉冲的飞行（往返）时间来得到目标物距离。该深度相机主要用于室内场景的深度信息采集，且获取的深度图像分辨率较低。因此，现阶段主要通过深度估计算法来获取深度图像，或者先用深度相机获取低分辨率深度图像，再采用深度图像增强算法对其进行增强。

（2）利用深度估计算法获取深度图像。基于深度估计算法获取深度图像是利用多视点彩色视频的视差来估计深度信息从而获取深度图像[25]。深度估计算法主要与以下两个因素有关，即立体/多视点相机的成像系统和视差求取算法。深度估计算法可分为利用视差估计算法求取视差、将得到的视差转化为深度值两个步骤。求取视差的过程是立体图像对匹配的过程。根据立体成像原理，视差估计除了极线搜索约束外,还存在相似性约束、唯一性约束、连续性约束、有序性约束和形状连续性约束等。目前,针对不同的约束,视差估计算法主要可分为基于窗口的局部方法和基于能量函数进行求解的全局方法等类型。

1.5　三维视频编码技术

三维视频数据量非常庞大,可能是同分辨率的单视点视频数据量的几倍甚至几十倍。例如,采用 8 个相机同时拍摄三维场景,视频图像的分辨率为 1024×768,采用 YUV 颜色空间,并采用 $4:4:4$ 格式,YUV 各分量以 8 比特数字化,采样帧率为 30 帧/s,那么,每分钟采集的数据量 $1024 \times 768 \times 3 \times 30 \times 8 \times 60 \approx 33.97$ Gbit。显然,如此庞大的数据量不利于视频信息的存储和网络传输。因此,需要对三维视频进行高效压缩[23,26]。

1.5.1　视频编码标准

自 20 世纪 80 年代以来,国际上制定了一系列视频编码标准,其中尤以 VCEG 的 H.26x 系列和 MPEG 的 MPEG-X 系列标准为代表,这些标准的制定推动了视频产业和相关行业的发展。H.261、MPEG-1、MPEG-2、H.263 属于第一代编码标准,MPEG-4 和 H.264/AVC 属于第二代编码标准;此后,在 H.264/AVC 基础上又发展了高性能视频编码(HEVC)标准,也称为 H.265。

1) MPEG 系列编码标准

MPEG 于 1991 年公布了第一个视频和音频编码标准 MPEG-1,主要是面向固定码率 1.5Mbit/s 数字存储媒体的电视图像和伴音编码,用于提供家用录像质量视频节目的光盘存储系统,其图像格式为公共中间格式(common intermediate format,CIF)。MPEG-1 采用了块方式的运动补偿、离散余弦变换、双向预测、半像素运动估计、片结构编码和加权矩阵量化等技术,在一定程度上解决了多媒体信息的数字存储问题,其标准和技术推动了其后的视频压缩光盘(video compact disc,VCD)产业的发展。

1994 年,MPEG 制定了第二个视频编码标准 MPEG-2,它能提供 3~10Mbit/s 传输码率、广播级的视像和压缩光盘(compact disc,CD)级的音质,能在较宽的范围内对不同分辨率和不同输出码率的视频信号进行有效编码,同时还支持多种视频图像分辨率级别。它把视频图像数据、音频数据和其他数据进行组合,形成一个或者多个适合于存储或者传输的基本数据流,其主要包括程序数据流和传输数据流。与 MPEG-1 相比,MPEG-2 具有更高的图像质量、更多的图像格式和传输码率。同时,MPEG-2 新扩展了支持隔行扫描视频的编码、增加变换的直流系数(DC)的量化精度、可扩展性(空域可扩展性、信噪比可扩展性、数据分割)等技术。

MPEG-2 已有效应用于高清数字电视和数字通用光盘(digital versatile disc, DVD)等。

　　MPEG 分别于 1999 年初和年底公布了 MPEG-4 标准的第一版和第二版,于次年年初 MPEG-4 正式成为国际标准。MPEG-4 标准不只是压缩算法,它是针对数字电视、人机交互与虚拟现实应用、交互式多媒体等整合压缩技术需求而制定的国际标准,包括对自然或合成的视听内容表示、对视听内容数据流的管理(如多点、同步、缓冲管理等)、对灵活性的支持和对系统不同部分的配置等。MPEG-4 能够向下兼容 MPEG-1、MPEG-2,但其压缩效率更高并具有交互性好、随机访问性好、多媒体数据的可重用性好等优点。不同于 MPEG-1、MPEG-2 等基于像素的第一代编码标准,MPEG-4 的主要技术特征在于以视频对象为基本单元,采用形状编码、纹理编码、运动信息编码和 Sprite 编码等技术。

　　2) H.26x 系列视频编码标准

　　VCEG 于 1990 年公布了针对综合业务数字网(integrated services digital network, ISDN)实现可视电话和视频会议等业务的 H.261 视频编码标准。H.261 的编码算法类似于 MPEG 算法,它只支持两种图像格式,即 CIF(352×288)和 QCIF(176×144),其码率规定为 $n×64$Kbit/s($n=1,2,\cdots,30$)。H.261 是在硬件和软件处理器性能相当有限的特定时期发展起来的,具有低复杂度等优点,其编码计算量比 MPEG 少得多,但存在编码效率低和缺乏灵活性等缺点。

　　VCEG 于 1995 年制定了 H.263 标准,它支持 SubQCIF(128×96)、QCIF(176×144)、CIF(352×288)、4CIF(704×576)和 16CIF(1408×1152)等视频格式。H.263 采用了半像素运动矢量、重新设计的可变长编码表和可选编码模式等技术,其编码性能明显优于 H.261。H.263 可应用于基于 RTP/IP 网络的视频会议系统(H.323)、基于综合业务数字网的视频会议系统(H.320)、流式媒体传输系统和基于互联网的视频会议等。其后,ITU-T 又推出了 H.263+、H.263++,提高了压缩效率,增强了网络传输的适应性等。

　　此后,为了进一步提高编码效率,MPEG 与 VCEG 合作组建的联合视频专家组(JVT)制定了 H.264/AVC 标准[27],该标准也同时作为 MPEG-4 标准的第十部分。H.264/AVC 沿用 H.263 所采用的混合编码框架,即采用帧内/帧间预测编码消除空域和时域相关性,对残差信息进行变换编码、量化以进一步消除相关性,以熵编码消除统计上的冗余。H.264/AVC 主要包括访问单元分割符(access unit delimiter, AUD)、附加增强信息(supplemental enhancement information, SEI)、基本编码图像(primary coded picture, PCP)、冗余编码图像(redundant coded picture, RCP)、即时解码刷新(instantaneous decoding refresh, IDR)、假想参考解码(hypothetical reference decoder, HRD)等部分。其主要技术特征包括 4×4 块的整数变换、多种帧内预测模式、多参考帧预测、多模式高精度帧间预测和内容自适应的熵编码等。H.264/AVC 提供了网络抽象层(network abstraction layer, NAL),使得其流媒体文件能容易地在不同网络上传输。相较于之前的视频编码标准,H.264/AVC 有更高的压缩比和更好的网络适应性,在视频通信领域得到广泛的应用。

第二代编码技术使国际视频产业格局重新洗牌,技术变革带给中国视频产业赶超欧美框架的重要历史机遇。2002 年 6 月,我国成立了先进音/视频编解码标准(advanced audio-video coding/decoding standard,AVS)工作组,目标是制定一个拥有自主知识产权的先进音/视频编码标准。2003 年 12 月,AVS 视频部分定稿。AVS 的编码效率与 H.264/AVC 相当,但计算复杂度比 H.264/AVC 低。此后,AVS 工作组制定了面向 3G 移动通信网络的音/视频编码标准与立体视频编码标准等。

3) HEVC 标准

随着网络技术和终端处理能力的不断提高和发展,人们对视频编码标准提出了更高的要求,希望能够提供超高清晰度、立体感等,以满足新的数字广播、家庭影院、远程监控、移动流媒体、医学成像等领域的应用。在应用于超高清视频系统过程中,H.264/AVC 在编码效率上存在较明显的局限。为了解决这些问题,VCEG和 MPEG 在 H.264/AVC 的基础上,进一步联合成立视频编码联合工作组(Joint Collaborative Team on Video Coding,JCT-VC),研究并制定了 HEVC 标准[28],也称为 H.265。2012 年 5 月,JCT-VC 将可分级视频编码(scalable video coding,SVC)加入 HEVC 中,让 HEVC 能够兼容 SVC。与 H.264/AVC 相比,HEVC 编码标准基本实现了编码效率提高一倍的目标;但其在编码结构上采用了尺寸更大的编码块和四叉树编码结构等技术,导致编码复杂度显著增加。

HEVC 主要应用于高清和超高清视频编码,在继承 H.264/AVC 原有技术的同时提出了相关新技术,以改善码流、编码质量、延时和算法复杂度之间的关系,达到最优化设置,具体包括提高压缩效率、提高鲁棒性和错误恢复能力、减少时间时延、减少信道获取时间和随机接入时延、降低复杂度等。一般来说,H.264/AVC适合于低于 1Mbit/s 的速度实现标清数字视频传送,而 HEVC 则更适合高清晰度和超清晰度视频的压缩与传输,新版的 HEVC 标准还支持高动态范围(high dynamic range,HDR)、宽色域(wide color gamat,WCG)的编码功能。

1.5.2 立体视频编码

立体视频编码包括如下几种:

(1) 3DAV 中所提出的立体视频编码方法。3DAV 是 MPEG 组织最初开展的探索性工作。3DAV 工作组将三维视频分为四类,分别为基于网格对象的全景图像、自由视点视频、立体视频和基于深度/视差信息的三维视频;针对立体视频,它们给出了四种基于 MPEG-4 的编码方案[29]。

（2）基于 H.264/AVC 的立体视频编码方法。立体视频包括左右两个视点视频，两个视点视频图像对之间存在很强的双目相关性。对于立体视频编码，仅对其左右视点分别采用单视点视频的 H.264/AVC 技术进行编码，由于没有很好利用左右通道的相关性，难以达到很好的压缩效果。立体视频编码除了要考虑每个通道图像自身的空间冗余和图像之间的时间冗余，还要考虑左右通道视点间的相关性。对于视点间相关性，可以利用视差补偿预测技术去除其冗余。借鉴 3DAV 的四种立体视频编码框架，文献[30]在 H.264/AVC 的基础上提出了四类典型的立体视频编码方案，并通过实验表明，基于 H.264/AVC 结合运动补偿预测和视差补偿预测技术的立体视频编码方法是一种高效的数据压缩方法。

（3）直接采用 H.264/MVC、3D-HEVC 或者 MV-HEVC 标准进行立体视频编码。

1.5.3　多视点视频编码

三维视频系统在视频采集阶段需要使用相机阵列对同一场景进行多视点的同步拍摄。因此，其视频数据量随着相机数量的增加而显著增加，这需要对多视点视频进行高效压缩。对于多视点视频编码方案的设计，人们在最初阶段主要以获得高压缩效率为目的。但研究表明，多视点视频编码方案的预测结构等对于三维视频系统的性能也会产生直接影响[23]。为此，多视点视频编码方案在设计过程中需要考虑随机访问、可分级、交互绘制等系统功能[31]。这样，多视点视频编码方案可分为面向编码效率与面向系统功能两种。

1）面向编码效率的多视点视频编码

面向编码效率的多视点视频编码研究由单视点视频编码技术拓展而来，在结合了早期 MPEG-2 多视点视频编码技术的基础上，从双视点向多视点进行了拓展研究。多视点视频编码除了利用视点内的时空相关性，还需考虑视点间相关性。特别是对于密集相机阵列采集的多视点视频，其视点间相关性往往强于视点内的时空相关性，此时对视点间冗余的有效去除可得到更高的编码效率。

研究初期由于没有专门的多视点视频编码校验平台，各种不同的编码技术大多基于 H.264/AVC 校验平台 JM 改造而成。这些多视点视频编码技术的预测结构包括各视点独立编码的 Simulcast 预测结构[32]、简单视点间参考的 Sequential 预测结构[33]、主-辅码流结构[34]、M-帧编码预测结构[35]等。其中，Simulcast 预测结构具有结构简单、易于硬件实现等优点，在早期的简单交互式三维视频系统得到了一定的应用。显然，充分研究预测结构、参考帧的时空相关性、双向预测帧码率分配方法将对提高编码性起到很好的促进作用。JMVC 采用了多视点分层 B 帧预测结构进行编码[3]。除了挖掘时空相关性，人们将虚拟视点绘制技术与编码预测技术相结合产生了虚拟视点预测方法[36],如视差线性生成法、3D Warping 生成法[37]、分层深度信息生成法[34]、光线空间生成法[14,38]等。

2)面向系统功能的多视点视频编码

考虑到对三维视频系统的编码效率、随机访问、可分级(空间、时间与质量)、鲁棒性、并行处理等系统性能与功能的支持,多视点视频编码方案在设计上需要体现在系统功能上的不同要求[39]。为此,人们设计了 GoGOP 预测结构的多视点视频编码方案,它采用 BaseGOP 和 InterGOP 的分层结构来提高随机访问性能[40],在可分级编码问题上具有拓展性。文献[41]设计了基于关键帧共享技术的多视点视频编码方案,从系统实现的角度提出了面向交互式应用的概念。文献[42]利用图论和超图理论提出了基于超空间的时空关联多视点视频编码方案,该方案在多视点并行编码方面具有一定的优势,并有利于实现多视点视频的实时编码[43]。文献[44]提出了一种有利于视点切换的多视点参考帧预测方法,并结合文献[45]进行了交互过程中随机切换能力的评价,取得了较好的效果。

文献[46]对编码过程中的统计特征进行了分析,提出了利用 Intra-B 和 Inter-B 之间的数量关系对多视点视频编码的预测结构性能进行分析的方法。文献[47]针对不同三维视频系统的交互性需求,依据多视点视频序列的时空统计特性提出了多视点视频多模式编码方案,针对不同时空相关性的多视点视频序列设计了三类交互性能优异的预测模式,提出基于帧内块的自适应模式切换策略;针对不同特性的多视点视频序列,自适应且无附带计算代价地实现各个模式之间的切换,相比于传统预测结构,该结构提高了随机访问、视点可分级性能,降低了内存消耗、计算复杂度等。虽然基于分层 B 帧预测结构的多视点视频编码效率很高,且支持可分级编码标准,但其随机访问性能较弱[40];针对此问题,文献[23]在分层 B 帧预测结构的基础上,提出了基于分层 B 帧预测结构的自适应模式切换多视点视频编码方法,同时提出了基于率失真代价的自适应模式切换策略,更加准确地实现了各个预测结构间的模式切换和无缝连接。

1.5.4   深度视频编码

在基于多视点彩色加深度视频格式的三维视频系统中,多视点深度视频需要从服务端传送到用户端用于虚拟视点绘制。因此,为了充分利用有限的带宽和存储空间,需要对多视点深度视频进行高效压缩。

(1)直接借鉴多视点彩色视频编码的压缩方案。与彩色视频相比,深度视频可直接采用彩色视频编码预测结构来编码深度图像。目前的深度视频序列主要是由深度估计得到的。由于深度估计算法自身的局限性,深度视频本应平坦的区域可能存在很多不该有的纹理,深度估计的不准确也会导致深度视频的时域抖动效应,降低深度的时域相关性,从而导致编码效率下降。

　　(2)基于虚拟视点绘制的深度视频编码方案。可以在编码端利用虚拟视点绘制技术生成其对应的中间视点深度图像,再将该生成的虚拟深度图像作为参考帧对其他深度视频进行预测,以此实现多视点深度视频编码。

　　(3)基于深度视频下采样的多视点深度视频编码方案。深度视频是用于虚拟视点绘制的,和彩色视频相比,深度视频在帧内更加平滑。为了降低深度视频编码码率,可以对深度视频进行下采样后进行编解码再重建;但下采样会影响深度图像边界的重建精度,从而对绘制的虚拟视点图像质量造成影响。当然也可以在时间方向进行下采样,即通过降低帧率来降低深度视频编码码率。此外,还可利用最大可容忍深度失真模型对深度视频进行高效压缩[48]。

1.5.5　多视点彩色加深度视频联合编码

　　多视点彩色加深度视频是三维视频的一种更有效的场景数据表示格式,它不仅可以得到较高质量的合成视点视频,而且具有灵活的绘制/处理能力。与多视点彩色视频相比,多视点彩色加深度视频的数据量显著增加,需要高效的多视点彩色加深度视频联合编码技术以有效地减少该系统对传输带宽的需求。多视点彩色加深度视频的编码压缩可以通过借鉴 H.264/MVC 的编码平台分别对多视点彩色视频与深度视频进行编码,也可以直接采用 3D-HEVC、MV-HEVC 进行编码。

1.6　虚拟视点图像绘制

　　三维视频显示技术通过向用户同时提供同一场景且角度略有不同的多视点视频图像的方式产生立体感。就系统代价而言,将非常密集的视点视频全部编码传至用户端进行交互显示并不现实。因此,可以传递部分视点视频到用户端,并绘制产生观看视点的视频图像。虚拟视点图像绘制方法主要分为如下几种[49]:

　　(1)基于模型绘制(model based rendering,MBR)方法。通过三维几何建模的方法来获得任意视点图像,该方法需要精确的几何建模和纹理分析,计算复杂度高。MBR 方法在机器视觉、虚拟现实以及计算机图形学等领域有较好的应用前景,但不太适合于自然场景为主的交互式三维视频应用。

　　(2)基于图像绘制(image based rendering,IBR)方法。IBR 方法无须三维几何建模,可通过一组预先获得的图像来描述场景,并通过插值技术来绘制虚拟视点图像。IBR 方法主要可分为如下几种:

　　①基于光场/光线空间的绘制方法。该方法采用四维函数 $f(r,s,\theta,\phi)$ 来描述空间中的光线,其中 (r,s) 表示物体表面的空间坐标,(θ,ϕ) 表示光线的方向。该方法不需要场景的几何建模即可快速地绘制真实感很强的虚拟视点图像[14,49]。但它存在存储空间大等缺陷。

②基于深度图像的绘制方法。该方法根据源图像各像素对应在三维空间点的深度信息,把像素点直接变换到新视点下的图像平面中[50]。由于采用 3D Warping 技术,在虚拟视点图像绘制上会产生空洞的现象,空洞一般有两种类型,一种是画面扩张而产生的空洞,另一种是缺少场景信息而形成的空洞。前一类空洞填补可采用邻域填补、Splatting 方法或网格划分方法等。后一类空洞填补可采用:①邻域填补法,其操作简单,但在场景信息不足时会造成填补信息的错误;②同时对多幅源图像进行 Warping 变换,利用相互间信息互补空洞,但其复杂度明显增加。

③基于视差的绘制方法。双目视差是感知三维物体和物体相对距离的重要线索。基于视差的图像绘制方法通过视差估计算法确定双目所见场景的共同部分,并通过视差数据和待插值视点之间的比例关系,用对应像素数据进行填补,最终产生中间虚拟视点图像。该方法易于实时绘制与显示,但也存在空洞现象,主要适用于平行相机成像下的虚拟视点绘制。

除了上述传统方法,还可采用结合机器学习、深度学习等手段来实现三维视频系统的虚拟视点绘制。总之,基于光场/光线空间的虚拟视点绘制方法无须借助场景内物体的几何信息即可进行操作;基于视差的绘制方法可以利用部分几何信息作为辅助信息进行相关操作,而这种辅助信息往往用于增强绘制图像的视觉质量;而基于深度图像的 3D Warping 绘制方法依赖场景物体的几何信息。综合考虑各种绘制方法的优缺点和交互式三维视频的实际需求,基于深度/视差的绘制方法可能是未来三维视频系统虚拟视点绘制中最广泛应用的技术。同时,由于深度/视差信息在特定条件下可以进行相互转换,两者有一定的共通性[51]。

1.7　三维视频显示技术

根据基本工作原理是否为双目视差可以将三维立体显示技术分为两大类[52]:①基于双目视差原理的三维立体显示,主要包括眼镜/头盔式立体显示和光栅式自由立体显示;②非基于双目视差原理的三维立体显示,主要包括全息立体显示、集成成像立体显示和体显示等。

基于双目视差原理的三维立体显示是让人类双目分别观察有一定视差的两个视图,从而使人脑恢复出视图中的三维信息,形成立体感。其立体显示技术可分为眼镜式、裸眼式两种。眼镜式立体显示方法主要包括分时式、线性偏振式、颜色偏振式等。

裸眼式三维显示技术大多处于研发阶段,主要包括光屏障式、柱状透镜式、指向光源式、多层显示(multi-layer display,MLD)等。光屏障式(也称为视差屏障或视差障栅)三维立体显示技术利用液晶层和偏振膜制造出一系列方向为 90°的垂直条纹,它与现有液晶显示(liquid crystal display,LCD)工艺兼容、成本低,但其画面亮度低、分辨率低。柱状透镜式(也称为双凸透镜或微柱透镜)三维立体显示技术是在液晶显示屏的前面加上一层柱状透镜,优势在于其亮度不会受影响、显示效果较好;但相关制造与现有 LCD 工艺不兼容。指向光源式三维立体显示技术搭配两组发光二极管(light emitting diode,LED),让三维视频内容依次进入观看者的左右眼产生视差,让人眼感受到立体视觉效果;此技术比光屏障式、柱状透镜式等裸眼三维立体显示技术更具优势。MLD 技术通过一定间隔重叠的两块液晶面板,实现文字及图画呈现三维影像的效果,对用户观看角度限制不太大,但指向光源与 MLD 技术尚在开发中,产品还不成熟。裸眼三维显示能够给人们带来巨大的视觉享受,因此也激发了相关研究人员和产业界的极大热情。

非基于双目视差原理的三维立体显示主要包括体显示、全息立体显示、集成成像立体显示等技术。体显示技术通过光学元器件的高速运动和高频光投影等技术将三维物体分割为点阵或一系列二维图像,再依次扫描,利用人眼视觉暂留效应形成立体图像,体显示可供多位观众从不同角度观看到同一显示图像的不同侧面。体显示技术主要包括扫描式体显示技术和体积式体显示技术。扫描式体显示技术可分为平移扫描式体显示技术和旋转扫描式体显示技术两种,主要有 Felix 立体系统和 Perspecta 立体显示器系统等;而体积式立体显示系统主要有 SolidFelix 系统和 DepthCube 系统。全息立体显示技术是利用两束相干光干涉形成一个复杂的全息光场,该光场包含了物体表面的亮暗、景深等信息,在此过程中需要进行全息记录,形成全息图,然后通过光学衍射读取出物体的全息三维立体图像,进行物体三维信息的重建[53]。集成成像立体显示技术主要采用透镜阵列与视差图像合成技术实现三维立体显示,它可供多位观看者同时裸眼观看。采用该技术,用户观看三维图像时不存在眼睛会聚与调节不匹配的问题,再现的三维场景具有全真色彩以及连续视差。但由于该技术受限于透镜阵列结构所对应的单元像显示面尺寸,其最终显示分辨率不高,与人眼空间分辨率的要求存在一定差距[54]。

参 考 文 献

[1] Mcintire J P, Havig P R, Geiselman E E. Stereoscopic 3D displays and human performance: A comprehensive review[J]. Displays, 2014, 35(1):18-26.

[2] 杨铀, 郁梅, 蒋刚毅. 交互式三维视频系统研究进展[J]. 计算机辅助设计与图形学学报, 2009, 21(5):569-577.

[3] Chen Y, Pandit P, Yea S, et al. Draft reference software for MVC[R]. London: JVT, 2009.

[4] Tech G, Chen Y, Müller K, et al. Overview of the multiview and 3D extensions of high efficiency video coding[J]. IEEE Transactions on Circuits and Systems for Video Technology, 2015, 26(1):35-49.

[5] Grau O, Borel T, Kauff P, et al. 3D-TV R&D activities in Europe[J]. IEEE Transactions on Broadcasting, 2011, 57(2):408-420.

[6] Ziegler M. Digital stereoscopic imaging and applications. A way towards new dimensions[C].

RACE II Project DISTIMA: IEE Colloquium on Stereoscopic Television, London,1992.

[7] Girdwood C,Chiwy P. MIRAGE: An ACTS project in virtual production and stereoscopy[C]. International Broadcasting Convention,Amsterdam,1996.

[8] Ziegler M,Falkenhagen L,Horst R,et al. Evolution of stereoscopic and three-dimensional video[J]. Signal Processing: Image Communication,1998,14(1-2):173-194.

[9] Redert A,Beeck M,Fehn C,et al. ATTEST: Advanced three-dimensional television systems technologies[C]. International Symposium on 3D Data Processing, Visualization and Transmission,Padova,2002.

[10] Mobile-3DTV[OL]. http://sp. cs. tut. fi/mobile3dtv[2019-02-13].

[11] Smolic A,McCutchen D. 3DAV exploration of video-based rendering technology in MPEG[J]. IEEE Transactions on Circuits and Systems for Video Technology,2004,14(3):348-356.

[12] Lou J,Cai H,Li J. A real-time interactive multi-view video system[C]. ACM International Conference on Multimedia,Hilton,2005.

[13] Yea S, Vetro A. View synthesis prediction for multiview video coding[J]. Signal Processing: Image Communication,2009,24(1-2):89-100.

[14] Tanimoto M. FTV: Free-viewpoint television[J]. Signal Processing: Image Communication,2012, 27(6):555-570.

[15] Yoon S U,Lee E K,Kim S Y,et al. A framework for representation and processing of multi-view video using the concept of layered depth image[J]. Journal of VLSI Signal Processing,2007,46:87-102.

[16] Vetro A,Matusik W,Pfister H,et al. Coding approaches for end-to-end 3DTV systems[C]. Picture Coding Symposium,San Francisco,2004.

[17] Kurutepe E,Civanlar M R,Tekalp A M. Client-driven selective streaming of multiview video for interactive 3DTV[J]. IEEE Transactions on Circuits and Systems for Video Technology,2007,17(11):1558-1565.

[18] Kimata H, Kitahara M, Kamikura K, et al. System design of free viewpoint video communication[C]. The 4th International Conference on Computer and Information Technology,Wuhan,2004.

[19] Petrovic G,de With P N D. Near-future streaming framework for 3D-TV applications[C]. IEEE International Conference on Multimedia and Exposition,Toronto,2006.

[20] Yoon S U,Lee E K,Kim S Y,et al. A framework for representation and processing of multi-view video using the concept of layered depth image[J]. Journal of VLSI Signal Processing,2007,46(2-3):87-102.

[21] Yang Y,Yu M,Jiang G,et al. A transmission and interaction oriented free-viewpoint video system[J]. International Journal of Circuits, Systems and Signal Processing,2007,1(4): 310-316.

[22] Yang Y,Jiang G,Zhu P,et al. User interaction random accessibility analysis for multiview video system[C]. IEEE International Conference on Consumer Electronics, Las

Vegas,2008.

[23] 张云. 基于 MVD 三维场景表示的多视点视频编码方法研究[D]. 北京:中国科学院计算技术研究所,2010.

[24] 王旭. 交互式立体视频系统中的图像质量分析方法研究[D]. 宁波:宁波大学,2010.

[25] Tanimoto M,Fujii T,Suzuki K. Depth estimation reference. Software (DERS) 5.0[R]. Xi'an: ISO/IEC JTC1/SC29/WG11,2009.

[26] 姒越后. 多视点彩色与深度视频快速编码研究[D]. 宁波:宁波大学,2011.

[27] ITU-T Rec. H. 264 | ISO/IEC 11496-10 AVC,Document JVT-G050[S]. Pattaya,2003.

[28] Wiegand T,Ohm J,Sullivan G J,et al. Special section on the joint call for proposals on high efficiency video coding (HEVC) standardization[J]. IEEE Transactions on Circuits and Systems for Video Technology,2010,20(12):1661-1666.

[29] ISO/IEC JTC1/SC29/WG11. N5169. Description of exploration experiments in 3DAV[S]. Shanghai,2002.

[30] 李世平. 面向网络的立体视频编码和传输技术研究[D]. 北京:中国科学院计算技术研究所,2006.

[31] ISO/IEC JTC1/SC29/WG11. N9163. Requirements on multi-view video coding v.8[S]. Lausanne, 2007.

[32] Fecker U,Kaup A. H. 264/AVC-compatible coding of dynamic light fields using transposed picture ordering[C]. The 13th European Signal Processing Conference,Antalya,2005.

[33] ISO/IEC JTC1/SC29/WG11. N6909. Survey of algorithms used for multi-view video coding (MVC)[S]. Hong Kong,2005.

[34] Lim J,Ngan K,Yang W,et al. A multiview sequence CODEC with view scalability[J]. Signal Processing: Image Communication,2004,19(3):239-256.

[35] Oka S,Endo T,Fujii T,et al. Dynamic ray-space coding using multi-directional picture[J]. ITE Technical Report,2004,28:15-20.

[36] ISO/IEC JTC1/SC29/WG11. N8064. Requirements on multi-view video coding v.6[S]. Montreux, 2006.

[37] Tanimoto M,Fujii T,Suzuki K. Experiment of view synthesis using multi-view depth[R]. Shenzhen: JVT,2007.

[38] 郁梅,蒋刚毅. 基于特征点方向的光线-空间插值方法[J]. 计算机辅助设计与图形学学报,2005,17(11):2545-2551.

[39] 杨铀,蒋刚毅,郁梅,等. 基于随机访问的多视点视频编码评价模型[J]. 软件学报,2008,19(9):2313-2321.

[40] Kitahara M,Kimata H,Shimizu S,et al. Multi-view video coding using view interpolation and reference picture selection[C]. IEEE International Conference on Multimedia and Expo, Toronto,2006.

[41] Cheng X,Sun L,Yang S. A multi-view video coding scheme using shared key frames for high interactive application[C]. Picture Coding Symposium,Beijing,2006.

[42] Yang Y, Jiang G, Yu M, et al. Hyper-space based multiview video coding scheme for free viewpoint television[C]. Picture Coding Symposium, Beijing, 2006.

[43] Yang Y, Jiang G, Yu M, et al. Parallel process of hyper-space-based multiview video compression[C]. IEEE International Conference on Image Processing, Atlanta, 2006.

[44] Guo X, Lu Y, Wu F, et al. Inter-view direct mode for multiview video coding[J]. IEEE Transactions on Circuits and Systems for Video Technology, 2006, 16(12):1527-1532.

[45] Liu Y, Huang Q, Ji X, et al. Multi-view video coding with flexible view-temporal prediction structure for fast random access[C]. The 7th Pacific RIM Conference on Multimedia, Hangzhou, 2006.

[46] Chen C, Liu Y, Dai Q, et al. Performance modeling and evaluation of prediction structures in multi-view video coding[C]. IEEE International Conference on Multimedia and Expo, Beijing, 2007.

[47] 蒋刚毅, 张云, 郁梅. 基于相关性分析的多模式多视点视频编码[J]. 计算机学报, 2007, 30(12):2205-2211.

[48] Shao F, Lin W, Jiang G, et al. Depth map coding for view synthesis based on distortion analyses[J]. IEEE Journal on Emerging and Selected Topics in Circuits and Systems, 2014, 4(1):106-117.

[49] 范良忠, 蒋刚毅, 郁梅. 自由视点电视的光线空间实现方法[J]. 计算机辅助设计与图形学报, 2006, 18(2):170-179.

[50] Cha J, Kim S, Ho Y S, et al. 3D video player system with haptic interaction based on depth image-based representation[J]. IEEE Transactions on Consumer Electronics, 2006, 52(2):477-484.

[51] Chan S C, Shum H Y, Ng K T. Image-based rendering and synthesis[J]. IEEE Signal Processing Magazine, 2007, 24(6):22-33.

[52] 王琼华. 3D显示技术与器件[M]. 北京:科学出版社, 2011.

[53] 高洪跃. 三维显示技术[J]. 科学, 2015, 67(3):22-26.

[54] 王书路, 明海, 王安廷, 等. 基于人眼视觉特性的三维显示技术[J]. 中国激光, 2014, 41(2):65-72.

第 2 章　人类视觉系统

视觉是人类认识自然、了解客观世界的重要手段,人类视觉系统是由人眼的视觉细胞和神经细胞通过一定的连接组成的一个极其复杂的信息处理系统,是人类感知中最重要的一个环节,大脑中 80%~90% 的神经元参与到视觉感知中[1]。人类视觉系统包括两大部分:第一部分是光学成像系统,即眼睛;第二部分是大脑中的视觉神经系统,由视网膜(retina)、外侧膝状体(lateral geniculate nucleus,LGN)和视皮层等组成。外部光线通过人眼的角膜、瞳孔、晶状体、玻璃体到达视网膜由感光细胞接收,感光细胞将光能转变成神经激励,神经激励经外侧膝状体传入视皮层,再由视皮层来认读和分析,从而使人感知和认识外界事物[2]。眼睛的空间分辨能力通常采用可分辨视角(degree)的倒数为单位,正常人的最小可分辨视角阈值约为 0.5″,最大视觉范围为 200°(宽)×135°(高)。从生理上,眼睛由三个透明的结构层包覆着组成,最外层由角膜和巩膜等组成,中间层由脉络膜、睫状体和虹膜组成,最内层是视网膜。

2.1　视觉感知的生理学基础

2.1.1　眼球

在人类视觉系统中,眼球是其中一个非常重要的组成部分,图 2.1 为人眼的水平横截面图。从光学角度,眼球包括屈光系统和感光系统两部分,类似于一台相机[3]。屈光系统包括角膜、瞳孔、前后房、晶状体和玻璃体等部分,通过凸透镜的折射与反射作用完成屈光反应过程[4];屈光系统可看成相机的镜头,瞳孔类似于相机的自动光圈,晶状体和玻璃体晶体的调节作用犹如调整相机焦距,而充满了视细胞的视网膜就等同于相机的感光系统。场景中物体发出的光线经过屈光系统后,集合于视网膜上,再经过视路传达到大脑视中枢而产生视觉。

人眼的眼球壁包括纤维膜、血管膜等。纤维膜是眼球的最外层,由细密的胶原纤维组成,起保护眼球与供给养分的作用。纤维膜又分为角膜和巩膜两部分,角膜约占外层膜前部的 1/6,巩膜约占外层膜后部的 5/6。角膜厚度为 0.9~1.1mm,是一种硬而透明的组织,其弧形表面与空气接触折射指数较大,起聚光作用。巩膜厚度为 0.4~1.1mm,它与角膜连在一起,作用相当于球状暗箱。血管膜是中层,它包括脉络膜、睫状体和虹膜。脉络膜紧贴在巩膜内部,包含丰富的血管,是眼睛

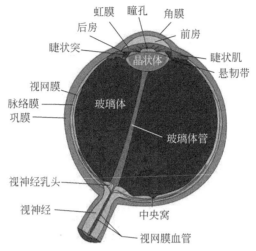

图 2.1　人眼的水平横截面图

的重要滋养源,同时它的外壳着色很重,起屏蔽光线的作用。睫状体由脉络膜增厚而形成,处在巩膜和角膜交界处的后方,主要功能是支持晶状体的位置,调节晶状体的凸度。虹膜是睫状体向中央伸展而形成的环形膜,虹膜的收缩和扩张控制进入眼内的光量,虹膜的内缘形成瞳孔,瞳孔的直径可在 1.5～8mm 范围内调节。虹膜的作用等同于照相机的自动光圈装置,而瞳孔类同于光圈,其大小控制一般是不自觉的,光弱时大,光强时小。当外界光线通过透明的角膜射进眼球时,弯曲的角膜对入射光起聚光作用,再通过房水和瞳孔到达视网膜。在瞳孔的正后方,睫状体上悬浮着一块形如双凸透镜的晶状体,睫状体的收紧和松弛改变晶状体凸度,起光学变焦作用。最后,光线落在眼底的视网膜上,形成视觉影像信号。

　　眼球通过连接头与眼球之间的三对肌肉完成不同方向的旋转运动。眼球运动有多种,其中最重要的称为注视运动(fixation movement),眼球最初由随意注视机制(voluntary fixation mechanism)控制,对视野范围内的场景进行随意注视;再通过眼跳(saccade)机制[5]将眼球快速定位于一个特定的位置,即感兴趣对象。该机制每秒发生 2～3 次,在此过程中,视觉图像的产生被抑制,故人们意识不到这种运动。最后,通过非随意注视机制(involuntary fixation mechanism)锁定找到感兴趣对象。此外,眼球可对在视野范围内运动的对象进行跟踪,称为随意运动(pursuit movement),该类眼球运动对于高速运动对象跟踪精度较高,但对于加速度大和运动轨迹无规律的对象,跟踪精度较低[6]。

2.1.2　视网膜

　　视网膜位于眼球壁内层,是一层透明的薄膜,是眼睛的感觉神经层。视网膜类似于一架照相机的感光底片,负责感光成像,将输入光转换成电信号,通过视神经将转换成的电信号送到视觉胚层。视网膜包括色素上皮层细胞、视细胞、外界膜、神经胶质细胞、水平细胞、双极细胞、无轴素细胞、神经节细胞、神经纤维层、内界膜等,它们构成了一个复杂的细胞网络,具备了初步的信息处理功能。图 2.2 给出了人眼视网膜的剖面简图,视网膜包含视细胞、水平细胞、双极细胞、无轴素细胞、神经节细胞等 5 种从事信息处理的细胞。其中,视细胞是视网膜的感光神经元,分为视杆细胞和视锥细胞,均属双极神经元,由树突、胞体和轴突三部分构成。视杆细胞长而薄,对弱光敏感,不能分辨颜色;视锥细胞短而厚,光敏感度低,有分辨颜色的能力,但只有强光刺激才能引起兴奋。这些视细胞布满了整个视网膜,但分布不均匀。在视网膜上正对瞳孔部分,有一个直径约为 2mm 的区域,呈黄色,称为黄斑区。在黄斑区中央有一处下凹的区域,外径为 1.5mm,称为中央凹(fovea)。在中央凹处,聚集了数千个视锥细胞,没有视杆细胞。一旦偏离中央凹,视锥细胞分布数量就急剧下降,而视杆细胞的数量开始增加,在距离视轴 20°的地方视杆细胞密度最大。在距中央凹约 4mm 的鼻侧,为视神经和视网膜血管通过的地方,形成了一个卵圆形的视神经乳头,此处没有视细胞,故称为盲点。研究表明,视杆细胞的数目明显多于视锥细胞的数目,视杆细胞大约有 1.3×10^8 个,而视锥细胞大约只有 6.5×10^6 个。在视网膜中,视杆细胞和视锥细胞负责对光信号进行处理,它们能较快地将入射光转换为人脑可解析的生物电信号。其中,视杆细胞比视锥细胞感光灵敏度要高,在低照度下,视杆细胞提供视觉响应,且对形状灵敏,通常称为暗视觉;而视锥细胞只在高照度下提供视觉响应,通常称为明视觉。当人们观察物体的细节时,中枢神经发出反馈信号控制眼球的转动,使得景物正好映射在中央凹上。

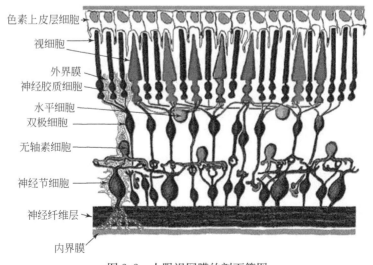

图 2.2 人眼视网膜的剖面简图

　　视杆细胞中存在视紫红质,它在吸收光线时褪色,通过化学反应使细胞产生极化。研究表明,人眼暗视觉光谱敏感度曲线与视杆细胞内视紫红质的吸收光谱非常一致。因此,视紫红质被认为是暗视觉状态下吸收光谱引起视觉兴奋的光敏色素。对视锥细胞的研究表明,视锥细胞所含有的褪色素是单一的;人眼有三种视锥细胞,每一种视锥细胞含有一种褪色素。光度(luminance)正比于视网膜细胞接收的光强度能量,但人类对相同强度、不同波长的光具有不同的敏感度。三种视锥细胞分别对蓝光(峰值为 445nm)、绿光(峰值为 535nm)、红光(峰值为 575nm)表现出敏感特性,显然,这些敏感特性有相当部分是重叠的,这说明一定的光辐射总是同时激励几个视锥细胞。人眼可感知的波长范围为 380~780nm,称为可见光,其中对绿光产生最大的敏感度。三种视锥细胞的存在为色觉的三基色理论提供了生理学基础。

　　从图 2.2 人眼视网膜的剖面简图可知,视细胞位于外层,水平细胞在中间层,而神经节细胞在最内层靠近玻璃体,它的线状延伸部分是视神经。人眼的视细胞有 1 亿多个,而神经节细胞只有 100 万个左右,这个数目远远小于视细胞的数目。这说明视细胞与神经节细胞不是一一对应关系,只有在中央凹,视锥细胞的信息传递才是一对一的,即一个视锥细胞对应一个双极细胞,一个双极细胞对应一个神经节细胞。在其他部位,都是几个视锥细胞与一个双极细胞相连接,几个双极细胞再与一个神经节细胞相连接。而与一个双极细胞相连接的视杆细胞数量更大,视神经接收的并不是某一点的亮度信息,而是视网膜上一定区域的刺激,通常称这个区域为神经节细胞的感受野。这也反映了视觉信息在通过视网膜时已经经过了信息加工。

　　双极细胞只能给出分级电位,不产生动作电位;对感受野中心的光刺激呈去极化反应,称为去极化双极细胞或给光中心型细胞(on-中心型);对中心光照呈超极化反应,称为超极化双极细胞或撤光中心型细胞(off-中心型)。双极细胞接收光感受器的信号输入,在整合后传递至无长突细胞和神经节细胞。视网膜上神经节细胞的感受野在反应敏感性上的空间分布呈同心圆颉颃形式,即在感受野的中心与外围,刺激对细胞响应的影响正好相反,为 on-中心型和 off-中心型两种。on-中心型细胞的感受野由中心的兴奋区、外周的抑制区和中间的过渡区三部分组成[7]。当小光点单独刺激兴奋区时,细胞的响应程度增加;但当给光的面积逐渐增大,覆盖到抑制区时,细胞的响应程度开始下降。而 off-中心型细胞的情况正好相反。

　　感受野的响应取决于水平细胞的侧抑制。当受到均匀刺激时,兴奋和抑制信号相互中和;当某个细胞的感受野受轮廓或者边缘的信号刺激时,响应会被放大,即视网膜神经元具有对比计算机制。视网膜中各细胞层之间既有纵向联系,又有多重横向联系,这使得视网膜成为一个非常复杂的神经网络,承担着复杂的信息加工任务。对人眼感受野响应函数的研究可为立体图像质量评价等提供有效途径[8]。

2.1.3　视觉通路

光线落在人眼视网膜上后,经感光细胞产生超极化响应将光信号转化为电信号,再通过视觉传导传递到脑皮层的视区,形成视觉;其视觉传导途径可描述为:从感光细胞(视杆细胞与视锥细胞)开始,经第一级神经元(双极细胞)、第二级神经元(神经节细胞)、视神经、视交叉(鼻侧半纤维交叉、颞侧不交叉)、视束、第三级神经元(外侧膝状体)、视辐射、内囊枕部到枕叶视区。视束中的纤维有部分经上丘臂进入上丘和顶盖前区,组成顶盖脊髓束,参与视听觉反射。上丘与眼动等视觉反射有关,顶盖前区与调节反射、瞳孔反射有关,外侧膝状体和视皮层直接与视知觉有关。视神经是中枢神经系统的一部分。视网膜所得到的视觉信息经视神经传送到大脑。

1)外侧膝状体

外侧膝状体位于大脑脚外侧及视丘脑的下外方,为椭圆形的小隆起,也是间脑的一部分,由大约 1×10^6 个神经元构成。外侧膝状体有 6 层,分上下 2 部,上部 4 层内细胞较小,称小细胞层(parvocellular layer,P-层),主要负责接收 P-类型的神经节细胞的输出信号;下部 2 层内细胞较大,称大细胞层(magnocellular layer,M-层),主要负责接收 M-类型的神经节细胞的输出信号。M-层中的神经元细胞具有运动轮廓敏感、颜色不敏感、感受野大的特点,而 P-层中的神经元细胞对特定颜色敏感。通常认为外侧膝状体感受野特性与神经节细胞相似,研究表明,外侧膝状体细胞有一定的方向选择性。Rodieck 等采用两个高斯型函数的差(difference of Gaussian,DOG)描述视网膜和外侧膝状体上同心圆型感受野的数学模型[9],表示为

$$DOG(r)=A\exp(-r^2/\sigma_A^2)-B\exp(-r^2/\sigma_B^2) \tag{2.1}$$

式中,r 为感受野中一点到中心点的距离,A 和 B 分别为兴奋性高斯分布和抑制性高斯分布的敏感度,σ_A 和 σ_B 分别为感受野兴奋性和抑制性成分的空间散布程度。

当 $A>B$ 且 $\sigma_A<\sigma_B$ 时,$DOG(r)$ 为正值,式(2.1)对应于 on-中心型感受野;而当 $A<B$ 且 $\sigma_A>\sigma_B$ 时,$DOG(r)$ 为负值,式(2.1)对应于 off-中心型感受野。

外侧膝状体相当于视网膜输出的信号到达视皮层之前的中转站,它控制通过中转的信号数量,这种门限操作由主视皮层以及大脑神经网络的反馈信号控制。

2)视觉皮层

大脑皮层中主要负责处理视觉信息的部分是视觉皮层(visual cortex),它是一种典型的感觉型粒状皮层(koniocortex cortex)。视觉皮层的输入主要来自丘脑的外侧膝状体。人类的视觉皮层包括初级视皮层(V1,也称为纹状皮层(striate cortex))和纹外皮层(extrastriate cortex,如 V2、V3、V4、V5 等)。初级视皮层(V1)的输出信息传输到两个基本通路,分别成为背侧流(dorsal stream)和腹侧流(ventral stream)。背侧流起始于 V1,通过 V2,再进入 V5 和 V6,最后抵达顶下小叶。背侧流常称为空间通路(where pathway),参与处理物体的空间位置信息以及相关的运动控制,如眼跳和伸取(reaching)。腹侧流起始于 V1,依次通过 V2、V4,进入下颞叶(inferior temporal lobe),该通路常称为内容通路(what pathway),参与物体识别,如面孔识别。该通路也与长期记忆有关。

从外侧膝状体出发,第一个接收视觉信息输入进行视觉处理的区域是 V1,V1主要负责创建视觉空间的三维映射基函数,并提取图像的形状、方向和色彩等信息,具有局部性、方向性和带通性。人们在研究视皮层细胞对光刺激的反应时,发现大多数视皮层细胞对光点刺激没有反应,而对有一定方位或朝向的亮暗对比边或光棒、暗棒有强烈反应;若该刺激物的方位偏离该细胞"偏爱"的最优方位,则细胞反应便停止或骤减。因此,方位选择性是绝大多数主视皮层细胞的共性。对 V1区的多数细胞而言,当具有一定朝向和宽度的条形刺激出现在感受野内某个特定位置上时,细胞的响应最强;而当刺激偏离该朝向时则反应急剧降低甚至消失,这些细胞称为朝向选择性细胞(又称简单细胞(simple cell))。简单细胞的感受野特性与外侧膝状体的细胞相似,为同心圆结构,但是范围稍大些。研究表明,简单细胞可认为是几个神经节细胞感受野的叠加,如图 2.3(a)所示。V1 和 V2 区中,存在另外一些细胞,称为复杂细胞(complex cell)。复杂细胞没有明显的兴奋区和抑制区,其感受野比简单细胞大,对特定朝向和宽度的条形刺激响应强烈,但对刺激在感受野中的位置不敏感。复杂细胞可以理解为多个简单细胞感受野的叠加,如图 2.3(b)所示。

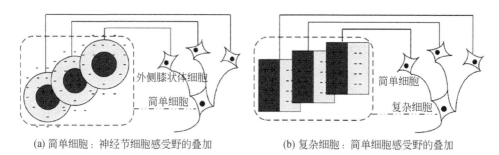

(a) 简单细胞:神经节细胞感受野的叠加　　　　(b) 复杂细胞:简单细胞感受野的叠加

图 2.3　感受野叠加示意图

2.1.4　视觉信息处理过程

视觉传导通路由 3 级神经元组成。第 1 级神经元为视网膜的双极细胞,其周围只与形成视觉感受器的视锥细胞和视杆细胞形成突触,中枢支与节细胞形成突触。第 2 级神经元是节细胞,其轴突在视神经盘(乳头)处集合向后穿巩膜形成视神经。视神经向后经视神经管入颅腔,形成视交叉后,延为视束。在视交叉中,只有一部分纤维交叉,即来自两眼视网膜鼻侧半的纤维交叉,走在对侧视束中;颞侧半的不交叉,走在同侧视束中。因此,左侧视束含有来自两眼视网膜左侧半的纤维,右侧视束含有来自两眼视网膜右侧半的纤维。视束行向后外,绕大脑脚,多数纤维止于外侧膝状体。第 3 级神经元的胞体在外侧膝状体内,它们发出的轴突组成视辐射,经内囊后肢,终止于大脑距状沟周围的枕叶皮质(视区)。还有少数纤维经上丘臂终止于上丘和顶盖前区。顶盖前区与瞳孔对光反射通路有关。

视觉信息在大脑中按照一定的通路进行传递,视网膜细胞接收外界信息的信号。其中,视杆细胞主要感应光照条件的变化,视锥细胞则主要感应信号的颜色变化。视网膜上的神经节细胞将接收到的信号通过视神经交叉和视束传到中枢的外侧膝状体,再传达信息到大脑的视皮层细胞。图 2.4 为该处理过程的示意图,其中眼睛所采集的视觉信息会有小部分未经过外侧膝状体的处理,直接传入 V1。在大脑主皮层内,视觉信息按照视皮层简单细胞 → 复杂细胞 → 超复杂细胞 (hypercomplex cell)→ 更高级的超复杂细胞(high-order hypercomplex cell)的顺序,由简单到复杂,由低级到高级分级进行处理。其主要特点包括:

(1)两条通路。人类视觉系统中存在两条通路,腹侧流又称 form 通路或者内容通路,用来形成感受和进行对象识别;背侧流又称 motion 通路或者空间通路,用来处理动作和其他空间信息。

(2)层次结构。无论哪条通路,都明显表现出层次结构。

(3)反馈连接。在人类视觉系统中,大部分连接都是双向的,前向连接往往都伴随着反馈连接。大脑中许多高层区域具有大量反馈通路到达视觉初级皮层区 V1 和 V2。这些反馈通路的存在被认为与人类的意识行为有关。

(4)感受野等级特性。视觉通路上亿个层次神经细胞,由简单到复杂,所处理的信息分别对应于视网膜上的一个局部区域,层次越深,区域越大。

(5)选择注意机制。大脑对视觉信息是分层次进行处理的,在各层次内部,信息是并行处理的,但在处理过程中,大脑对外界信息表现出某种特异性。一方面是因为视网膜提供的信息量要远高于大脑所能处理信息的容量,需要有选择地对某一部分信息进行处理。另一方面是因为外界信息的重要性并不是一致的,只需要对部分重要信息做出响应即可。

(6)学习机制。大脑之所以可以从外界复杂的刺激中辨别出不变的、本质的东西,就在于其不断地学习、训练。

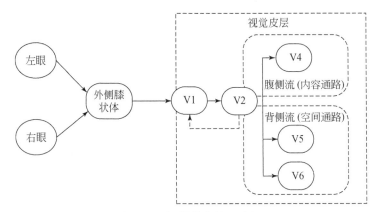

图 2.4   视觉信息处理过程

2.2   视觉感知现象

视觉是通过人类视觉系统接收外界环境中一定波长范围内的光波刺激,经中枢有关部分进行编码加工和分析后获得的主观感觉。视觉感知现象是人类视觉系统的综合反应,其影响因素包括人类心理和环境因素等。每种现象很难严格界定,它们相互影响、相互制约。这里主要介绍一些典型的视觉现象。

2.2.1   亮度适应能力

视网膜的视感度在明处降低(明适应),在暗处增大(暗适应),从而可以在很宽的照度范围保持适当的视感度。人眼能适应的亮度范围很宽,由暗视阈值到强闪光之间的光强度差别约为 10^{12} 级[10,11]。但是,当人眼适应某一亮度后,能够同时鉴别出的光强变化范围相对人眼所能适应的亮度范围要窄得多,光强度差别大约为 10^2 级[12]。根据调节方式和调节范围的不同,人眼的亮度适应机制分为如下三种:

(1)瞳孔孔径调节机制。瞳孔直径可在 $1.5\sim8$mm 内变化,相应地,进入眼睛的亮度值相差 30 倍。

(2)光感受器的化学过程。视锥细胞和视杆细胞中的光感受器中感光物质的浓度会随着亮度值的变化而改变。当亮度值较高时,感光物质浓度降低,光感受器对亮度变化的敏感程度降低;反之,当亮度值较低时,感光物质浓度增高,光感受器对亮度变化的敏感程度增高。该过程调节前后的光强度差别可达 $10^5\sim10^6$ 级,但该过程比较缓慢,完全的暗视适应过程需要 $30\sim40$min。

(3)神经元级的适应。视网膜上的神经元细胞通过增大或者降低输出信号的方式适应亮度的变化。该过程对亮度适应的调节效率较低,但比光感受器的调节速度要快。

2.2.2 同时对比度

同时对比度(simultaneous contrast)是指两个不同对象的颜色相互影响的方式。人眼很难精确判断刺激的绝对亮度,即使有相同亮度的刺激,由于其背景亮度不同,人眼所感受到的主观亮度是不一样的。图 2.5 给出了具体示例说明同时对比的刺激,两幅图中的灰色小方块实际上有着相同的物理亮度,但因为其背景亮度差异,人眼对这两个灰色小方块感知的亮度出现明显的差别。同时对比效应随着背景面积增大而更加显著。

图 2.5 同时对比度示意图

2.2.3 对比敏感度

对比敏感度(contrast sensitivity)描述了视觉系统区分静态图像明亮和暗淡的能力,定义为视觉系统能觉察对比度阈值(threshold contrast)的倒数,即对比敏感度=1/对比度阈值。若对比度阈值低,则对比敏感度高,表明视觉功能好。韦伯定律(感觉阈值定律)较好地描述了这种现象。如图 2.6(a)所示,在均匀背景强度 I 上有一强度为 $I+\Delta I$ 的光斑。在同种刺激下,人所能感受到的刺激的动态范围正比于标准刺激强度,$K=\Delta I/I$,K 为给定刺激下的常数,I 为刺激,ΔI 为视觉系统能感受到刺激的动态范围。应用到人类的视觉刺激,定义韦伯对比度 C_W 为 $C_W=(I-I_b)/I_b$,I 和 I_b 分别为物体亮度和背景整体亮度;在一个很大的强度范围内,刚能分辨出光斑的 $I-I_b$ 与 I_b 的比值 C_W 是一个约等于 0.02 的常数,这个比值称为韦伯比,也称为对比度阈值。但在亮度很强或者很弱时,韦伯比难以保持为常数。

在实际环境中,对比度阈值依赖于视觉图像的颜色、空间频率和时间频率[13],对比敏感度函数(contrast sensitivity functions,CSF)可用来衡量这种依赖关系。不同研究者给出的对比敏感度函数的表达式不同,但是所有的研究实验都表明对比敏感度函数是频率的函数,并且具有带通滤波器的特性,对比敏感度随着频率的过高或过低逐渐降低。Mannos 等在大量实验的基础上提出了一种经典的对比敏感度函数模型[14]:

$$A(f)=2.6(0.0192+0.114f)e^{-0.114f^{1.1}} \tag{2.2}$$

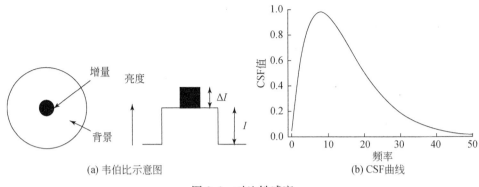

图 2.6　对比敏感度

式中，f 为空间频率。对比敏感度函数的归一化空间频率特性曲线如图 2.6(b)所示。图中，横轴为图像的空间频率，纵轴为对比敏感度函数的函数值，表明视觉响应的相对幅度。由图 2.6(b)可知，视觉响应的相对幅度在空间频率域呈现带通特性。

2.2.4　侧抑制能力

侧抑制就是相邻的神经元彼此之间互相抑制对方的效应，即在某个神经元受到刺激而产生兴奋时，再刺激相近的神经元，则后者所发生的兴奋对前者产生抑制作用，这是生物感觉神经系统的基本机能之一。侧抑制有利于视觉从背景中分出对象，尤其在看物体的边角和轮廓时会提高视敏度，使对比的差异增强。在色觉方面，由于具有不同光谱感受性神经元之间的相互抑制作用，可能形成颜色的拮抗效应(红和绿、黄和蓝的成对拮抗效应)。侧抑制的存在对图像边缘起增强作用，可表现为马赫(Mach)带效应，即人眼在观察一条由均匀黑的区域和均匀白的区域形成的边界时，主观感觉在亮度变化部位附近的暗区和亮区中分别存在一条更暗和更亮的条带。马赫带在亮度上明显的超调是眼睛的空间频率响应的结果，眼睛对于高和低的空间频率响应比对于中间的空间频率响应具有更低的敏感度。显然，人眼视觉对于空间亮度的高频特性并不具有完美的响应，此现象可以应用于实际的编码系统，以降低实际边缘轮廓编码所需的代价。

2.2.5　视觉掩蔽和多通道效应

视觉皮层的细胞对不同的视觉刺激源具有不同的感知敏感性，如对色彩、频率和方向等激励源具有不同的感知能力。视觉心理学与生理学的研究成果认为所有这些特征激励在人类视觉系统中是由不同通道进行处理的，且相互作用、相互影响。人眼对单一激励易感知，对比敏感度函数描述的是只有单一刺激源的感知特性,而几个激励源同时存在时,激励间会相互产生作用,一个激励的存在将导致另一个激励探测阈值的改变,致使人眼对其中一种或多种激励的感知能力下降或消失,这一现象称为掩蔽(masking)效应[15]:

$$C_T = \begin{cases} C_{T0}, & C_M < C_{T0} \\ C_{T0}\left(\dfrac{C_M}{C_{T0}}\right)^2, & 其他 \end{cases} \qquad (2.3)$$

式中,C_{T0} 为由对比敏感度函数给出的对于目标的对比度探测阈值,C_T 为存在掩蔽效应时目标的对比度探测阈值,C_M 为背景的对比度。

上述掩蔽特性是与平均背景亮度有关的掩蔽效应,称为对比度掩蔽效应。在图像中还存在另外一种纹理掩蔽效应,即人眼对纹理丰富区域的失真敏感性低于图像平滑区域。掩蔽效应是一种非常重要的现象,这种掩蔽效应会导致视觉系统中最小可察觉变化步长(just noticeable difference,JND)的改变,这种改变既可以是抑制,也可以是加强。基于以上多通道与掩蔽效应的特殊关系,需要说明以下两点:一是视觉皮层细胞的响应在频域呈带通特性,且具有相应敏感度的峰值位置和响应带宽;二是人类视觉系统具有将独立视觉信息聚合的能力,且不同的视觉皮层细胞对频域的不同频段敏感度不同。为此,需要用一组空间频率分段的滤波器来建立人眼视觉特性模型,将视觉数据按照掩蔽效应的特点分别在不同的带通频段内进行滤波,这样可能获取不同的人眼视觉特征。

2.3　立体视觉感知

立体感是指人类视觉系统感受到场景中物体间相对距离的能力。用单眼可以感受物体间的相对位置,但它只是一个侧向位移;而双眼可获得同一个物体不同的视觉感受,并由不同的画面形成视差,从而获得更敏锐的深度感辨别。

2.3.1　单眼线索

人眼可以通过单眼线索(monocular cue)[16]来判断相对距离和深度,举例如下:

(1)相对大小(relative size)。如果场景中两物体大小相同,即使它们的绝对尺寸是未知的,但这两个物体在图像中的相对尺寸线索可以提供关于两物体的相对深度信息。若其中一个物体在视网膜上比另一物体有更大的视角,那么该物体就离观察者更近。同时,视网膜上的图像尺寸也可让人类基于先验经验来判断距离。如图 2.7 所示,汽车开走了,视网膜上的图像变小了,就认为汽车越走越远,这称为尺寸恒常性(size constancy)。视觉恒常性是指在不同角度、距离和光照等情况下观察某一熟悉物体时,虽然物体的物理特征在大小、形状、亮度和颜色等方面有很大的变化,但由于对物体特征已有知觉经验,因而在心理上维持不变的倾向。

（2）干涉（interposition）。如图2.8所示,当物体之间发生重叠时,干涉发生,被重叠的物体看起来是远离的。

（3）线性透视（linear perspective）。当物体在很长一段距离内只有很小的角度变化时,可认为物体在远离。图2.9中随着距离的增加,平行线看起来交叉在一起。

（4）空中视角（aerial perspective）。物体之间的颜色反差也会为人们提供距离线索。如图2.10所示,当天很蓝时,山看起来离人们很近。

（5）光与影（light and shade）。高亮和阴影可以提供物体的尺寸和深度等相关信息,如图2.11所示,人眼视觉神经系统习惯性地认为光来自上方,但如果所看到的图像看起来颠倒,就会获得一种完全不同的感知。

（6）单眼运动视差（monocular movement parallax）。当我们头部从一边扭向另一边时,离我们不同距离的物体看似会以不同的相对速度移动。近的物体与头部移动的方向"相反",而远的物体则"相同"。

图2.7　相对大小

图2.8　干涉

图2.9　线性透视

图2.10　空中视角

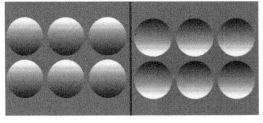

图2.11　光与影

2.3.2　双目立体视觉现象

从生理学角度来说,立体感是一种深度感知。立体感的产生,需要依赖双眼视网膜差距以及 Panum 融合空间。研究视觉的立体感知,可以为立体视频编码提供更多的参考[2]。单眼只能反映立体感的一个侧面,要有更好的立体感知,需要双眼获取的信息,在相应的生理结构中进行图像融合。这里的视觉融合是指大脑能综合来自两眼的相同物象,并在知觉水平上形成一个完整印象的能力。这是在双眼同时知觉基础上,能把落于两个视网膜对应点上的物象融合成一个完整印象的功能。

双目立体视觉(binocular vision)现象是指通过向双眼视网膜投射内容不同但相近的图像即能够产生立体视觉[17]。在双目立体视觉的研究中,相继出现了Panum 融合区(Panum's fusional area)[18]和视差梯度界(disparity gradient limit)[19]等研究成果。Panum 融合区是指一眼视网膜的某一区域中任一点与对侧眼视网膜的某一特定点同时受刺激时,将产生双眼单视。这不同于视网膜对应的点与点对应,而是点与区对应。它能产生立体视,在眼运动不甚准确如注视视差和微颤时也能融像,不致出现复视。Panum 空间是 Panum 融合区在外界空间的投射,其范围包括单视圆的前后区域,落在其中的物体仍能单视。这些研究认为立体视觉只在满足视差梯度阈值的条件下出现,否则即使是双目投影也不会产生立体效应。这些成果为基于视觉生理特性的立体匹配算法提供了依据,产生了一些重要的立体视觉匹配算法。

2.3.3　视差梯度界现象与视差

Burt 和 Julesz 关于视差梯度界现象和阈值的结果修正了 Panum 融合区的融合阈值[19],他们提出如果空间中的任意两点之间的视差梯度不超过 1°,则可以在视网膜的 Panum 融合区进行融合,即肉眼不能分辨其为两点。这一视差梯度阈值为基于视差的立体视觉生理学机理研究奠定了基础。利用该结论,可以指导对立体图像内容视觉舒适度的有效评价[20,21]。

诺贝尔医学奖得主 Hubel 指出,视差的计算是人类获得立体视觉的基础,并指出水平与垂直方向的视差都会影响立体视觉的产生[22]。Read 认为,立体视觉的产生不是单纯只靠一个视觉区来实现的,不同的视觉区具有不同的功能,最终的立体视觉是各个视觉区效果在高级视觉区的整合[23];他同时认为,视差选择性(disparity selectivity)、视差敏感性(disparity sensitivity)和深度感知(depth perception)分别属于不同的概念,而 V1 视觉区的主要任务是进行基于视差选择性的双目视差(binocular disparity)计算与编码,并将这些编码信息直接传至高层视觉区进行深度感知的合成。如果说 V1 区从事的是局部视差属性的计算工作,那么高层视觉区完成的就是在 V1 区所传递过来的视差图基础上,进行全局属性的计算。此外,视差敏感性也取决于双目视差计算时的精度与效果[24]。众多研究表明,视差的计算将决定立体视觉效果的优劣,但精确的视差计算仍然是一个需要解决的问题。den Ouden 等提出场景中的颜色信息对于 V1 视觉区的立体视差计算具有重要作用[25];而颜色信息的处理是在 V2 视觉区完成的,由此可见视差计算不单纯是低级阶段的视觉信号处理,其中还有高级视觉区对 V1 区的抑制与指导。此外,物体的方向性信息和显示过程中的显示分辨率都会对视差计算和立体视觉的效果产生直接影响。

　　Banks 等的研究发现,视差选择性的存在,导致视差计算只在局部区域进行,因此其视差分辨率往往比图像分辨率低得多[26]。Read 等的研究表明,除了能够计算双目视差,对于那些没有办法计算视差的区域(mismatch areas),V1 视觉区能够尽可能抑制这些区域所带来的不利影响,使得最终在高层视觉区合成得到的立体效果仍然保持完美[23]。

2.3.4　双目融合和双目抑制

　　双目融合和双目抑制是人类视觉系统处理双目视觉信息的重要环节[27],双目融合是将左右眼视网膜的全部或部分图像信息融合成单视图像信息的过程,双目抑制是人类视觉系统"忽视"或"关闭"一眼视网膜的全部或部分图像信息仅出现另一眼视网膜的对应图像信息让人感知到单视图像信息的过程[28]。这两个过程一般不是以整幅视网膜图像为单位进行的,而是在某些区域左右眼视网膜图像信息进行双目融合处理,在另一些区域进行双目抑制处理,这与左右眼视网膜对应区域的图像信息之间的相似性及视差有关。在人类视觉系统中,由于 Panum 融合区的存在,左右眼视网膜对应区域无须精确地落入相同位置上,允许存在微小视差,双目融合即可发生;双目叠加作用也将在双目融合区域发生,从而导致双眼对该区域的敏感度是单眼的 1.4 倍。但是如果左右眼视网膜对应区域的图像内容差异较大或者两者之间视差较大,则人类视觉系统无法对两眼的冲突信息进行双目融合,此时将出现复视或双目视觉混淆现象,该区域进入双目竞争状态。正常的人类视觉系统无法长时间容忍这种状态,最终将转至双目抑制处理,这可能出现两种情况:①当左右眼视网膜对应区域的图像内容差异较大时,左右眼视网膜图像信息将间歇交替地掩蔽对方,即在该区域将间歇交替地显示左右眼视网膜中一眼的图像信息;②若左右眼视网膜对应区域的图像内容比较接近但是两者之间视差较大时,则该区域将由左右眼视网膜中的一眼信息持久地抑制另一眼的信息,通常是由图像轮廓更清晰的一眼抑制另一眼。

参 考 文 献

[1] Young R A. Oh say, can you see? The physiology of vision[C]. Proceedings of SPIE, San

Jose,1991.

[2] 王旭. 交互式立体视频系统中的图像质量分析方法研究[D]. 宁波:宁波大学,2010.

[3] Bass M. Handbook of Optics,Volume 1:Fundamentals,Techniques,and Design[M]. New York:McGraw-Hill,1994.

[4] Hall J E. Guyton and Hall:Textbook of Medical Physiology[M].13th ed. New York: Saunders,2015.

[5] 任延涛,韩玉昌,隋雪. 视觉搜索过程中的眼跳及其机制[J]. 心理科学进展,2006,14(3): 340-345.

[6] Carpenter R H S. Movements of the Eyes[M]. 2nd ed. New York:SAGE Publications Ltd,1988.

[7] 徐志平. 基于交叉视觉皮质模型的图像处理关键技术研究[D]. 上海:复旦大学,2007.

[8] Shao F,Lin W,Wang S,et al. Learning receptive fields and quality lookups for blind quality assessment of stereoscopic images[J]. IEEE Transactions on Cybernetics,2016,46(3): 730-743.

[9] Rodieck R W,Stone J. Analysis of receptive fields of cat retina ganglion cells[J]. Journal of Neurophysiology,1965,28(5):832-849.

[10] Zhang Y,Naccari M,Agrafiotis D,et al. High dynamic range video compression exploiting luminance masking[J]. IEEE Transactions on Circuits and Systems for Video Technology, 2016,26(5):950-964.

[11] Hood D C. Lower-level visual processing and models of light adaptation[J]. Annual Review of Psychology,1998,49:503-535.

[12] Rogowitz B E. Visual system:A guide for the display technologist[J]. Proceedings of the Society for Information Display,1983,24(3):235-252.

[13] Land E H. Recent advances in retinex theory[J]. Vision Research,1986,26(1):7-21.

[14] Mannos J,Sakrison D. The effects of a visual fidelity criterion of the encoding of images[J]. IEEE Transations on Information Theory,1974,20(4):525-536.

[15] Winkler S. Digital Video Quality:Vision Models and Metrics[M]. New York:Jones & Wiley,2005.

[16] Kalloniatis M,Luu C. Perception of depth[OL]. http://webvision.med.utah.edu/Kall-Depth.html[2019-01-10].

[17] Bostwick A E. Binocular vision[J]. Science,1893,21(542):345-346.

[18] Ogle K N. Researches in Binocular Vision[M]. London:Saunders,1950.

[19] Burt P,Julesz B. A disparity gradient limit for binocular fusion[J]. Science,1980, 208(4444):615-617.

[20] Jiang Q,Shao F,Jiang G,et al. Visual comfort assessment for stereoscopic images based on sparse coding with multi-scale dictionaries[J]. Neurocomputing,2017,252(SI):77-86.

[21] 应宏微,蒋刚毅,郁梅,等. 基于场景模式的立体图像舒适度客观评价模型[J]. 电子与信息学报,2016,38(2):294-302.

［22］ Hubel D H. Eye, Brain, and Vision ［M］. 2nd ed. New York: W. H. Freeman Company,1995.

［23］ Read J. Early computational processing in binocular vision and depth perception［J］. Progress in Biophysics and Molecular Biology,2005,87(1):77-108.

［24］ Mckee S P,Verghese P,Farell B. Stereo sensitivity depends on stereo matching[J]. Journal of Vision,2006,5(10):783-792.

［25］ den Ouden H E, van E R, de Haan E H. Color helps to solve the binocular matching problem[J]. Journal of Physiology,2005,567(2):665-671.

［26］ Banks M S,Gepshtein S,Landy M S. Why is spatial stereo resolution so low[J]. Journal of Neuroscience,2004,24(9):2077-2089.

［27］ Steinman S B, Steinman B A, Garzia R P. Foundations of Binocular Vision: A Clinical Perspective[M]. New York:McGraw-Hill,2000.

［28］ 周俊明. 基于视觉感知的立体视频图像质量评价方法研究[D]. 北京:中国科学院计算技术研究所,2012.

第 3 章 场景的三维数据描述

与普通二维视频相比,三维视频增加了场景的深度信息,增强了人眼视觉的立体感和临场感。三维视频数据采集和处理是实现三维视频系统应用的基础,因此三维场景的数据表示方式影响三维视频系统的数据采集、处理、传输与显示环节,本章就三维场景的数据表示进行讨论。

3.1 三维场景的数据表示

三维场景表示方式主要分为基于图像的表示方式[1]、基于几何建模的表示方式[2]以及基于图像加深度/视差信息的表示方式等[3]。图 3.1 给出了三维场景的表示方式,图中,左边为基于图像的表示方式,右边为基于几何建模的表示方式,中间是结合两者的表示方式。三维场景的表示方式对三维视频系统至关重要,直接影响三维视频数据的采集、编码、处理、绘制等相关技术[4]。

图 3.1 三维场景的表示方式

首先,不同三维场景的表示方式对视频数据采集系统的要求不同。例如,基于图像的表示方式一般需要相对比较密集的相机阵列进行数据采集,如果采用比较稀疏的阵列类型,所绘制的虚拟视点图像可能质量不佳;而基于几何建模的表示方式主要基于计算机图形学,需要精准的图像图形处理算法,如图像的对象分割和三维几何重建,其相机阵列可根据情况采用稀疏的设置方式[5]。

基于几何建模的表示方式通常需要场景的几何信息并进行三维几何建模。这类表示方式主要应用于游戏、网络和动画等,它对比由计算机生成的视频画面有比较好的绘制效果和更大的可视范围;但其表现方式常常需要人工干预,为了达到接近真实场景的视觉效果,即使是一个静止场景的对象建模也比较复杂,对于动态视频,其复杂和耗时程度将更大。

基于图像的表示方式则是依据图像的信息[6],在这种情况下,中间虚拟视点图像通过相邻真实视点图像插值生成。该类表示方式的主要优点是无须进行三维场景的几何建模就可绘制生成较高质量的虚拟视点图像。但它通常需要密集相机阵列采集庞大的场景数据。其虚拟视点图像的质量取决于真实视点数、相机的间距、插值技术。相机间距越大,遮挡和暴露问题越突出,这将导致绘制图像质量变差;另外,密集相机所采集的庞大数据量使得系统变得复杂,实时实现成本明显增加。典型的基于图像的三维场景表示方式有光线空间(ray space)[7]和光场(light field)等[8],它们在交互式三维视频系统绘制虚拟视点图像时无须考虑几何关系,但需要对庞大的视频数据进行处理并占用大量存储空间。

其他表示方式介于基于图像和基于几何建模的表示方式之间,可以结合并利用基于图像与基于几何建模两种表示方式的优点,如 Lumigraph[9],它与光场的表示方式类似,但还包含了少量的场景深度结构信息,其优点在于可减少视频采集系统中相机的数量。另外,在一些其他三维场景的表示方式中,虽然并不需要三维几何建模,但增加了深度/视差信息,例如,分层深度图像或分层深度视频表示方式,这类表示方式中的彩色信息按照不同深度层进行存储。采用分层深度视频可表达遮挡区域信息,同一个视点包含了多个深度层的视频信息,即包含了在该视点不可见而在其他视点可见的像素,但多层信息的生成和合理表达难度较大。

三维视频系统的场景信息表示方式主要基于图像的三维表示、基于图像+深度/视差信息的三维表示等[10-12],包括:

(1)两路二维彩色视频。主要用于普通的双目立体显示设备,传统的立体电视或立体电影一般采用这种三维视频表达方式。

(2)一路二维彩色视频+一路深度视频。该表达方式在早期的三维视频系统中得到应用,它可用基于深度图像的图像生成方法产生多视点图像,但由于被遮挡的背景信息缺失,观看视角范围受限,所形成的虚拟视点图像质量也会因只有一个真实视点而受到影响。

(3)一路二维彩色视频+深度信息+被遮挡背景信息视频及相应的深度。这里,被遮挡背景视频的表达主要有两种方式,一种为仅有被遮挡部分的背景视频及相应深度图像,另一种为提供完全的背景视频及相应深度图像。此种信息表达方法可用于多视角的自由立体显示,而且由于补充了被遮挡的内容信息,比方式(2)能获得更好的显示质量,但遮挡区域的数据不便压缩和处理。

(4)多视点彩色视频。此种信息表达方法不需要提取深度信息,实现相对简单,可用于多视角的自由立体显示,特别是对于视角范围较宽、深度层次丰富的场景都能较完整地给出视频信息。但是这种表达方法数据量巨大,不利于存储和传输,且视点个数固定,不易灵活生成其他视点的视频信号。

(5)多视点彩色视频+深度视频。该表示方法可用于多视角的自由立体显示,特别是对于视角范围较宽、深度层次丰富的场景都能较好地给出视频信息。由于其包含了相应视点的深度信息,可以利用基于深度图像绘制技术提高编码和传输效率,且能较好地与立体显示器相配合,便于生成其他视点视频信号,实现三维视频系统的视点交互功能。

综上所述,第(5)种表示方式最适合三维视频系统和自由视点视频系统,它具有三维视频还原质量高、灵活性好、绘制视角广、编码传输效率高、兼容性好等特点,已逐渐成为三维视频系统中主流的三维场景信息表示方式。

3.2　三维场景的立体成像原理

立体视频成像系统通过模拟人眼的成像原理,利用两个相机对场景进行同步拍摄采集,形成立体图像/视频。立体图像的左右视点间存在视差,通过这种视差提供了对真实场景的深度感知,利用立体显示设备给用户呈现出逼真生动的三维场景。

3.2.1　三维场景的立体相机成像模型

图 3.2 给出了一个立体相机成像模型,图中两个镜头中心的距离称为基线距离,相机镜头中心到成像平面的垂直距离称为焦距 f,在世界坐标系中物体点 W (X,Y,Z) 与两个相机镜头中心确定的平面称为外极平面(epipolar plane),外极平面与左右视点图像平面的两条交线称为共轭外极线(conjugate epipolar line)。也就是说,三维场景中的物点在左右视点两个图像平面中的投影处在一对共轭外极线上,这是立体图像视差匹配的一条重要依据。如果两个相机的光轴平行,则共轭外极线对在一条直线上[13]。

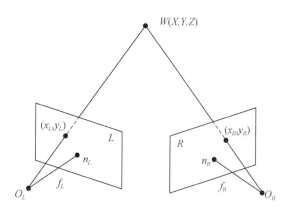

图 3.2　立体相机成像模型

假设世界坐标系的原点位于基线 B 的中线,图像平面坐标点的原点位于图像中心,(X,Y,Z)表示三维场景中一个物体点 W 的世界坐标系,该点在左右视点图像中投影的两个像素点分别是(x_L,y_L)和(x_R,y_R)。显然,这两个像素点是一对同名点,它们之间的差值矢量 $d=(d_x,d_y)$ 就是这两个像素点之间的视差;若以左视点图像为参考图像,则有 $d_x=x_L-x_R,d_y=y_L-y_R$。

图 3.3 为基于投影平面的视差关系示意图。图中,相对于投影平面,双目视差可分为正视差(positive parallax)、负视差(negative parallax)和零视差(zero parallax)三种情况。图 3.3(a)给出了正视差的情况,物体位于投影平面的后面,左右相机采集的图像分别位于各自相机的同一侧。在图 3.3(b)中,物体位于投影平面的前面,左相机采集的图像位于投影平面的右侧,右相机采集的图像位于投影平面的左侧,随着物体与相机的距离越来越近,负视差也越来越大。当物体正好处于投影平面上时,两个相机采集的图像位于投影平面的同一位置,故两者间的视差为零,即零视差,如图 3.3(c)所示。

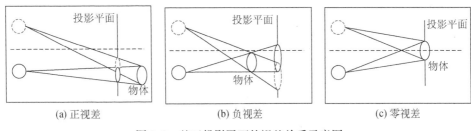

(a) 正视差   (b) 负视差   (c) 零视差

图 3.3 基于投影平面的视差关系示意图

3.2.2 相机的标定

在视觉计算中,对景物进行定量分析或对物体进行精确定位时,都需要进行相机标定,即准确地获取相机的内部参数[14]。在三维视频系统中,为绘制虚拟视点位置的图像,还需要得到相机的外部参数。相机标定的过程就是得到相机内外参数的过程,内部参数给出了相机的光学和几何学特性,如焦距、比例因子和镜头畸变;而外部参数反映出相机坐标相对于世界坐标系的位置和方向,如旋转和平移。

相机标定涉及世界坐标系、相机坐标系和图像坐标系等三种坐标系,图 3.4 给出了各个坐标系的关系。世界坐标系(X_w,Y_w,Z_w)是在环境中选择的一个基准坐标系,用来描述相机的位置,可以根据描述和计算方便等原则自由选取,它是客观世界的绝对坐标,三个轴分别由 X_w、Y_w、Z_w 表示,其中 Z_w 轴表示深度。对于有些相机模型,选择适当的世界坐标系可大大简化视觉模型的数学表达式。相机坐标系(X_c,Y_c,Z_c)以相机镜头光心 O_c 为坐标原点,X_cY_c 平面平行于成像平面,Z_c 轴垂直于成像平面,其交点在图像坐标系上的坐标为(u_0,v_0)。

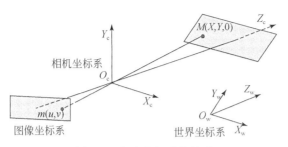

图 3.4　各个坐标系的关系

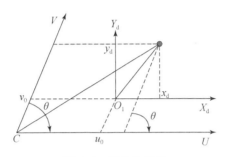

图 3.5　图像坐标系

图像坐标系 (u,v) 是指相机成像的平面坐标系,两个轴平面与相机坐标系的 X_cY_c 面平行,有以像素为单位和以物理长度(如 mm)为单位两种形式,这里分别用 (u,v) 和 (x,y) 来表示,如图 3.5 所示。在图像平面上,其坐标系的 U、V 轴并非垂直的,这是因为存在镜头畸变,镜头畸变属于相机的内部参数。相机标定的过程就是得到相机内外参数的过程。假设 O_1 在 U、V 的坐标位置为 (u_0,v_0),像素在轴上的物理尺寸为 d_x、d_y,令 $f_u=1/d_x$,$f_v=1/d_y$,$\boldsymbol{K}$ 为内部参数矩阵,则可得如下公式:

$$\begin{bmatrix} u \\ v \\ 1 \end{bmatrix} = \underbrace{\begin{bmatrix} f_u & -f_u\cot\theta & u_0 \\ 0 & f_v/\sin\theta & v_0 \\ 0 & 0 & 1 \end{bmatrix}}_{\boldsymbol{K}} \begin{bmatrix} x_d \\ y_d \\ 1 \end{bmatrix} \tag{3.1}$$

世界坐标和相机坐标之间的关系为

$$\begin{bmatrix} x \\ y \\ 1 \end{bmatrix} \approx K(\boldsymbol{Rt}) \begin{bmatrix} X \\ Y \\ Z \\ 1 \end{bmatrix} \tag{3.2}$$

式中,$\boldsymbol{R}$、$\boldsymbol{t}$ 为相机坐标系原点相对于世界坐标系原点的旋转矩阵以及偏移距离,即相机的外部参数。在相机参数的求取过程中应先获得单一相机的内部参数,固定相机获取相机的外部参数。

对于单一相机的内部参数的求取,可先用该相机拍摄棋盘格图像,利用张正友算法[15]进行棋盘格交点的搜索,得到相机的内部参数矩阵以及该相机的扭曲向量。在得到所有相机的内部参数和扭曲向量的情况下,固定棋盘格角度不变,用所有的相机拍摄该棋盘格,然后同样对棋盘的交点进行搜索,并得到相机的外部参数。

3.3　三维视频数据获取

根据应用于三维视频系统的场景信息表达的主要方式,三维视频数据获取包括视频(涵盖单视点视频、立体视频、多视点视频)数据的采集、深度数据的获取两个方面。

3.3.1　视频数据的采集

多视点视频需要一组相机对同一场景从不同视点进行拍摄,国际上如美国斯坦福大学、日本名古屋大学、美国 MERL、德国 HHI、韩国 GIST 以及我国高校与研究所等搭建了各自的多视点视频采集系统。按照实际的应用需求,相机的排列方式主要有一维平行相机阵列、一维会聚相机阵列以及二维相机阵列等方式。

随着采集和显示技术的发展,人们已经不满足于二维视频所提供的简单视觉信息,而是希望从立体视觉感知的角度观赏视频。与单通道视频采集不同,三维视频系统常要用多个相机对同一场景从不同位置和角度进行拍摄,需考虑以下要点:

(1)多个相机配置。根据实际应用的不同需求采用不同的相机装置采集数据,典型的装置有平行相机、会聚相机、散射相机以及阵列相机等。

(2)同步采集。多个相机需要在时间上同时开启对动态场景进行拍摄,常见的同步方式是硬件同步和软件同步两类。软件同步实质上是分时同步,并非真正意义上的同步;相比之下,硬件同步效果要更好一些。如果视点不同步,会对后续的压缩算法及视点绘制算法造成很大影响。

(3)数据存储。通常采用个人计算机或服务器采集多视点数据,为了实时采集,必须设计高效的处理算法才能快速存储如此庞大的数据。

国内外相关研究机构构建了相应的多视点视频采集系统,提供了多视点视频测试序列[16]。图 3.6 为 MERL 采用德国 Basler 601fc 工业数字相机构建的 8 视点相机采集装置和采集的 8 视点 Ballroom 序列[17],该系统中的 8 个相机被固定在一个水平可调的金属杆上,其相机间距为 19.5cm。Ballroom 序列具有场景亮度变化频繁、场景中的人物运动剧烈等特点,这对多视点视频编码与传输提出了较高的要求。

图 3.6　MERL 的多视点数据采集装置与 Ballroom 序列

图 3.7 是德国 HHI 构建的多视点视频采集系统和相应的多视点视频序列,其相机间距为 6.5cm[18]。该系统采集的 8 视点视频的图像分辨率为 1024×768,帧率为 16.67 帧/s。图 3.7(b)为多视点视频序列 Uli,其最左和最右两个视点图像中遮挡暴露区域较多,并且不同视点之间存在色彩不一致现象。图 3.7(c)和(d)分别为 HHI 采集的 8 个视点的 Alt Moabit、Leave Laptop 序列。

(a) HHI的采集装置

(b) HHI采集的8个视点的Uli序列

(c) HHI采集的 8个视点的Alt Moabit序列

(d) HHI采集的8个视点的Leave Laptop序列

图 3.7　HHI 的多视点视频采集系统及采集的多视点视频

　　图 3.8 是微软采集的 8 相机环形采集装置和测试序列[19],其图像分辨率为 1024×768、帧率为 15 帧/s,图 3.8(b)为通过该采集系统获取的 Ballet 序列的其中一个视点的图像。图 3.9(a)是日本名古屋大学设计的多个同步采集装置,由于相机数量多,其可观察场景范围广。该序列比较适合研究多视点插值方法。图 3.9(b)是日本名古屋大学提供的多视点视频数据,分别为 Rena、Akiko、Akko&Kayo 等序列[20]。

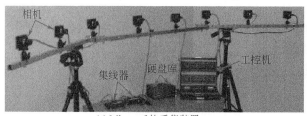

(a) Microsoft的采集装置　　　　　　　　(b) Ballet测试序列中的一个
　　　　　　　　　　　　　　　　　　　　　　视点的图像

图 3.8　微软的 8 相机环形采集装置和测试序列

(a) 日本名古屋大学的多视点视频采集装置,分别为一维水平、一维弧形、二维阵列装置

(b) 日本名古屋大学的多视点视频Rena、Akiko、Akko&Kayo序列的一个视点中的一帧

图 3.9　日本名古屋大学的多视点视频采集系统及采集的多视点视频

　　图 3.10(a)为日本 KDDI 公司设计的多视点视频采集装置和测试序列 Race1[21];在拍摄 Race1 序列时,一维水平相机阵列与场景较远,虽然物体运动剧

列,但只占图像一小部分区域。图 3.10(b)为十字交叉相机阵列,所拍摄的
Flamenco2 序列灯光变化快,不同视点图像的色彩不一致适用于多视点图像色彩
校正以及基于颜色校正的多视点视频编码等的研究。

(a) KDDI公司的一维相机阵列设置和采集的多视点视频数据(Race1序列)

(b) KDDI公司的十字交叉相机阵列设置和采集的多视点视频数据 (Flamenco2序列)

图 3.10　KDDI 公司的相机阵列设置及采集的多视点视频

3.3.2　深度数据的获取

　　深度信息获取是三维电视、自由视点电视、虚拟现实系统等领域的核心技术。
现有深度获取方法主要有两种:

　　(1)深度相机获取,是直接通过深度相机获取的主动式深度获取方法。传统的
深度信息获取传感器采用了逐点扫描,速度慢,常常难以满足实时性要求,主要应
用于静态场景。在这种背景下,越来越多的研究者把注意力转向主动式深度获取
方法研究。主动式深度获取是采用特定的深度相机直接测量深度信息,通过发射
和接收反射光来计算深度信息,如 Kinect[22]、TOF 等[23];Kinect 相机是微软研发
的一种可以获取场景深度的装置,主要应用在三维场景重建、人机交互、机器视觉
等领域,Kinect 相机可同时采集场景彩色图像和深度信息。相比 TOF 深度采集设
备,Kinect 相机价格便宜,但 Kinect 相机获取的深度图像质量较差,在遮挡区域、

光滑物体表面存在较大的深度信息缺失空洞。无论是 Kinect 相机还是 TOF,由于所获取的深度图像存在缺陷,需要后处理加以修正。

(2)立体匹配法获取,即从立体图像对中通过立体匹配算法获取视差,再根据深度与视差的关系来提取深度,即被动式深度获取方法。立体匹配法在实际应用中仍存在很多问题:①基于图像颜色的立体匹配技术可能出现难以找到准确匹配点的情况,如对于图像平坦区域、亮度渐变区域等无能为力;②利用空间结构信息的立体匹配技术虽然能够准确地找到匹配点,但其复杂度很高,常需要人工干预,限制了其应用。

立体匹配获取深度信息的方法在纹理丰富区域有着很高的精度,而在颜色单一平坦的区域上匹配效果比较差。与之相反,TOF 相机在平坦区域有着很高的精度,而在边缘的部分效果不理想。这两种技术之间的互补性便是基于 TOF 相机的深度获取算法的出发点。因此,如何将彩色相机与深度相机相结合获取高质量的深度图像是值得研究的问题。

1)深度相机获取深度图像

图 3.11(a)为韩国 GIST 的彩色和深度成像系统[24],该系统设置了 5 个平行相机用于采集多视点彩色视频,用一个深度相机来捕获其中间视点的深度信息,图 3.11(b)为由图 3.11(a)成像装置拍摄和计算得到的多视点彩色视频和深度视频。除中间视点的深度信息通过深度相机采集以外,其余视点的深度信息通过深度估计算法获取。由图可见,深度图像中的物体轮廓和原始视频基本吻合。

通过深度相机采集深度信息还存在一定的制约,例如,在 Delivery 序列中的人物都戴着帽子,这主要是因为对头发等区域,深度相机并不能获取信息;同时深度相机的采集距离在 1～10m,不能很好地应用于户外场景的深度信息采集;除此之外,高精度深度相机昂贵的价格也制约着其应用。现阶段主要通过深度估计算法来获取深度信息。

2）立体匹配法估计深度图像

在介绍深度估计算法之前,先介绍基于平行相机成像模型的视差求取中需要用到的一些相关概念。如上所述,立体相机阵列可分为会聚相机系统和平行相机系统两种方式,图 3.2 就是会聚相机系统。在会聚相机系统中,拍摄相机的光轴会聚于感兴趣场景,光轴的焦点称为会聚点;但当会聚点到相机透镜连线中心距离非常远时,可认为该相机系统为平行相机系统。

图 3.12 为平行相机模型,它是图 3.2 中会聚相机成像的特殊情况。假设 $W(X,Y,Z)$ 在左视点上的成像点为 (x_L,y_L),在右视点上的成像点为 (x_R,y_R),B 是两个相机透镜中心的距离,f 是透镜的焦距,则视差 $d_x=x_L-x_R$,$d_y=0$,通过三角形相似性原理可得

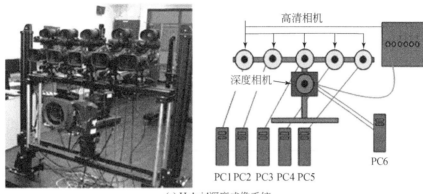

(a) Hybrid深度成像系统

(b) Delivery测试序列

图 3.11　韩国 GIST 的彩色和深度成像系统及采集的视频

$$\begin{cases} \dfrac{Z}{f} = -\dfrac{X - B/2}{x_R} \\[2mm] \dfrac{Z}{f} = -\dfrac{X + B/2}{x_L} \end{cases} \tag{3.3}$$

由式(3.3)可得

$$X = \frac{B(x_L + x_R)}{2(x_L - x_R)} = \frac{B(x_L + x_R)}{2d} \tag{3.4}$$

$$Z = \frac{Bf}{d} \tag{3.5}$$

由式(3.5)可知,视差 d 和深度 Z 成反比,即视差越大,深度越小。对于平行相机系统,可直接采用视差估计法获取视点间的视差,然后通过视差与深度的转换关系获取深度图像。而对于会聚相机系统则存在两种方案:一种方案是先通过几何归正算法变换到平行相机系统所对应的图像,然后采用视差估计法得到平行视差图,利用平行相机情况下视差与深度的转换关系,得到平行深度图像,进行去归正化后得到所需深度图像;另一种方案是不进行归正而直接进行搜索匹配,根据得到的对应点关系采用 3D-warping 公式转换为深度图像。

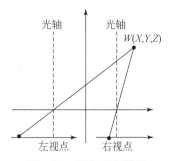

图 3.12　平行相机模型

　　在视差估计时,可以采用一定的约束条件来简化视差估计法的复杂度,包括极线约束条件、方向性约束条件、同一帧内视差矢量存在的相关性和相邻对应块视差矢量存在的相关性等。视差估计法的好坏会最终影响虚拟视点的绘制质量,是研究立体视觉的关键技术之一。在视差估计中,经典的优化算法包括图割(graph cut,GC)[25]、置信传递(belief propagation,BP)[26]等算法。JVT 给出了相应的深度图像估计软件[27]。

　　多视点深度图像生成的一般过程主要包括几何校正、视差匹配、深度图像生成和去几何校正[28],基本过程如图 3.13 所示。n 通道的彩色或灰度视频作为原信号,首先进行如图 3.14 所示的几何校正以消除各通道的几何误差,再通过相机内外参数,进行视差和深度的转换,最后去几何校正,使得生成的 n 通道深度图像中每个深度像素分别对应于原彩色或灰度视频中的每个像素。图 3.15 为由相关深度估计软件获得的 Ballet、Breakdancers、Door Flowers 的 8 个视点的深度图像。

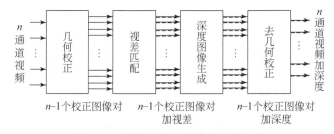

图 3.13　多视点深度图像的生成方法

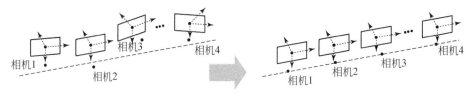

图 3.14　多视点视频相机阵列的几何校正

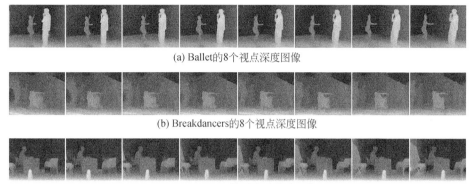

(a) Ballet的8个视点深度图像

(b) Breakdancers的8个视点深度图像

(c) Door Flowers的8个视点深度图像

图 3.15 由深度估计软件获得的深度图像

3.3.3 深度数据的量化

通过视差估计获得的深度信息是未经过量化的浮点型数据,为对深度信息进行有效的压缩处理,需要将深度图像量化到$0\sim255$,也就是说用 8 位来表示一个点的深度信息。现阶段主要采用均匀量化、非均匀量化以及自适应非均匀量化三种量化方式。

1) 均匀量化

均匀量化原理的思路是将深度图像按照深度值大小均匀映射到$0\sim255$[29],如图 3.16(a)所示。由于实际中的深度图像没有上限且零深度值的点也很少,为了提高深度图像量化的精度,定义Z_{far}和Z_{near}分别表示最大深度信息和最小深度信息,深度值在$[Z_{far},Z_{near}]$以外的点以Z_{far}或Z_{near}代替。令d_{max}和d_{min}分别表示最大视差和最小视差,深度值的量化值v可表示为

$$v=\left[255-\frac{255(Z-Z_{near})}{Z_{far}-Z_{near}}+0.5\right] \tag{3.6}$$

$$Z_{far}=If/d_{min}, \quad Z_{near}=If/d_{max} \tag{3.7}$$

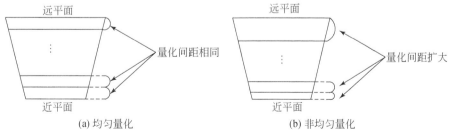

远平面 量化间距相同 近平面

远平面 量化间距扩大 近平面

(a) 均匀量化　　　　　(b) 非均匀量化

图 3.16 深度图像量化原理

2）非均匀量化

为了提高量化后深度图像的编码、绘制质量，Tanimoto 等[30]提出了非均匀量化方式，如式（3.8）所示：

$$v=\frac{255Z_{near}}{Z}\frac{Z_{far}-Z}{Z_{far}-Z_{near}}+0.5 \tag{3.8}$$

式（3.8）将深度图像的值非均匀地分布在 0～255，如图 3.16(b)所示。非均匀量化的思想是，在图像中前景物体一般是人眼比较关注的区域，为保证其量化和反量化过程中引起的失真较小，对前景采取较小的量化区间。He 等[31]给出了均匀量化、非均匀量化的效果比较。

3）自适应非均匀量化[32]

在均匀量化和非均匀量化中，输入的数据被分割到各个量化区间，但一个场景往往是由多个处在不同深度平面的物体组成的，通常并不是所有的量化区间内都有值，即某些量化区间所代表的深度平面并不存在物体。为减小量化和反量化过程中的失真，量化应仅用于存在物体的深度平面上。图 3.17 为自适应非均匀量化的原理。自适应非均匀量化需要进行两次量化，其间还要进行反量化过程，其整体的过程较为复杂，计算量较大。

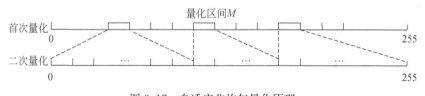

图 3.17　自适应非均匀量化原理

3.4　本　章　小　结

本章主要介绍了三维场景的数据表示方式、三维场景的立体成像原理、三维视频数据的获取，具体内容总结如下：

（1）三维场景表示方式主要可分为基于图像的三维表示方式、基于几何建模的三维表示方式、基于图像加深度/视差信息的三维表示方式。基于图像的三维表示和基于图像加深度/视差信息的三维表示是应用于三维视频系统的主要表示方式，其中多视点彩色加深度视频的三维场景表示方式最适合三维视频和自由视点视频系统，是三维视频系统中主流的三维表示数据格式。

（2）立体视频可通过两个相机对场景进行同步拍摄，相机位置的差异导致所采集的立体视频存在视差。为了对景物进行定量分析和精确定位，需要精确获取相机的内部参数和外部参数。内部参数主要包括焦距、比例因子和镜头畸变，外部参数给出了相机坐标相对于世界坐标的位置和方向。

（3）三维视频数据的获取主要包括彩色视频数据的采集、深度视频获取两个方面。彩色视频数据的采集包括单视点视频采集、立体视频采集、多视点视频采集，拍摄过程主要考虑多个相机配置、同步采集、数据存储等要点。深度信息是三维电视、自由视点电视、虚拟现实等技术的核心，目前其获取方式主要包括深度相机获取、立体匹配法等方法。

参 考 文 献

[1] Chan S C, Shum H Y, Ng K T. Image-based rendering and synthesis[J]. IEEE Signal Processing Magazine, 2007, 24(6): 22-33.

[2] Kang S B, Szeliski R, Anandan P. The geometry-image representation tradeoff for rendering[C]. IEEE International Conference on Image Processing, Vancouver, 2000.

[3] Muller K, Merkle P, Wiegand T. 3-D video representation using depth maps[J]. Proceedings of the IEEE, 2011, 99(4): 643-656.

[4] Smolic A, Kauff P. Interactive 3D video representation and coding technologies[J]. Proceedings of the IEEE, 2005, 93(1): 98-110.

[5] 皮师华. 基于视觉感知的多视点视频及深度信号编码研究[D]. 宁波: 宁波大学, 2011.

[6] 范良忠. 基于光线空间的自由视点视频技术研究[D]. 北京: 中国科学院计算技术研究所, 2007.

[7] 范良忠, 蒋刚毅, 郁梅. 自由视点电视的光线空间实现方法[J]. 计算机辅助设计与图形学学报, 2006, 18(2): 170-179.

[8] Levoy M, Hanrahan P. Light field rendering[C]. Proceedings of the 23rd Annual Conference on Computer Graphics and Interactive Techniques, New Orleans, 1996.

[9] Buehler C, Bosse M, McMillan L, et al. Unstructured lumigraph rendering[C]. Proceedings of the 28th Annual Conference on Computer Graphics and Interactive Techniques, Los Angeles, 2001.

[10] Merkle P, Muller K, Wiegand T. 3D video: Acquisition, coding, and display[J]. IEEE Transactions on Consumer Electronics, 2010, 56(2): 946-950.

[11] 张云. 基于 MVD 三维场景表示的多视点视频编码方法研究[D]. 北京: 中国科学院计算技术研究所, 2010.

[12] 江东. 基于感知的三维视频编码方法研究[D]. 宁波: 宁波大学, 2013.

[13] 李世平. 面向网络的立体视频编码和传输技术研究[D]. 北京: 中国科学院计算技术研究所, 2006.

[14] 朱波. 自由视点视频系统中深度场的处理和任意视点的绘制[D]. 宁波: 宁波大学, 2009.

[15] Zhang Z. A flexible new technique for camera calibration[J]. IEEE Transactions on Pattern Analysis and Machine Intelligence, 2000, 22(11): 1220-1334.

[16] Su Y, Vetro A, Smolic A. Common test conditions for multiview video coding[R]. Klagenfurt: ISO/IEC MPEG & ITU-T VCEG, 2006.

[17] Vetro A, McGuire M, Matusik W, et al. Multiview video test sequences from MERL[R]. Busan: ISO/IEC JTC1/SC29/WG11, 2005.

[18] Feldmann I, Mueller M, Zilly F, et al. HHI test material for 3D video[R]. Archamps: ISO/IEC JTC1/SC29/WG11, 2008.

[19] Zitnick C L, Kang S B, Uyttendaele M, et al., High-quality video view interpolation using a layered representation, ACM Transactions on Graphics, 2004, 23(3):600-608.

[20] Tanimoto M, Fujii M, Fukushiuma K. 1D parallel test sequences for MPEG-FTV[R]. Archamps: ISO/IEC JTC1/ SC29/WG11, 2008.

[21] Kawada R. KDDI multiview video sequences for MPEG 3DAV use[R]. Munich: ISO/IEC JTC1/SC29/WG11, 2004.

[22] Boutellaa E, Hadid A, Bengherabi M, et al. On the use of Kinect depth data for identity, gender and ethnicity classification from facial images[J]. Pattern Recognition Letters, 2015, 68(2):270-277.

[23] Gokturk S B, Yalcin H, Bamji C. A time-of-flight depth sensor-system description, issues and solutions [C]. IEEE Conference on Computer Vision and Pattern Recognition Workshop, Washington, 2004.

[24] Lee E K, Ho Y S. Generation of high-quality depth maps using hybrid camera system for 3-D video[J]. Journal of Visual Communication and Image Representation, 2011, 22(1):73-84.

[25] Kolmogorov V, Zabih R. Computing visual correspondence with occlusions using graph cuts[C]. IEEE International Conference on Computer Vision, Vancouver, 2001.

[26] Sun J, Zheng N N, Shum H Y. Stereo matching using belief propagation[J]. IEEE Transactions on Pattern Analysis and Machine Intelligence, 2003, 25(7):787-800.

[27] Tanimoto M, Fujii T, Suzuki K. Depth estimation reference. Software (DERS) 5.0[R]. Xi'an: ISO/IEC JTC1/SC29/WG11, 2009.

[28] Kauff P, Atzpadin N, Fehn C, et al. Depth map creation and image based rendering for advanced 3DTV services providing interoperability and scalability[J]. Signal Processing: Image Communication, 2007, 22(2):217-234.

[29] Tanimoto M, Fujii T, Suzuki K. Multi-view depth map of Rena and Akko & Kayo[R]. Shenzhen: ISO/IEC JTC1/SC29/WG11, 2007.

[30] Tanimoto M, Fujii T, Suzuki K. Improvement of depth map estimation and view synthesis[R]. Antalya: ISO/IEC JTC1/SC29/WG11, 2008.

[31] He R, Yu M, Yang Y, et al. Comparison of the depth quantification method in terms of coding and synthesizing capacity in 3DTV system[C]. IEEE International Conference on Signal Processing, Beijing, 2008.

[32] Yang H, Chang Y, Liu X, et al. Adaptive non-uniform quantization in depth format conversion[R]. Busan: ISO/IEC JTC1/SC29/WG11, 2008.

第4章 立体视频编码

立体视频能够提供用户关于场景的深度感知,与传统单视点视频相比,要处理的数据量成倍增加。为了实现有效的视频传输和存储,需要对立体视频进行高效编码。本章介绍数字视频编码技术、H.264/AVC 与 HEVC 标准,分析 3DAV 提出的几种立体视频编码框架、基于 H.264/AVC 的立体视频编码等,讨论基于视觉感知特性的立体视频编码方案。

4.1 数字视频编码技术

随着集成电路、网络通信等技术的发展,数字视频已广泛走进了人们的工作、生活、学习、娱乐等各方面。由于原始视频信号数据量非常大,为了能够有效存储和传输,必须对视频数据进行高效压缩[1,2],下面简单介绍视频编码的基本原理和代表性视频编码标准。现有视频编码技术主要包括如下几种。

1)熵编码

熵编码是无失真的数据压缩,要求在编码过程中不丢失信息量,其编码结果经解码后可恢复出原始数据。在图像与视频压缩中,常用的熵编码技术有霍夫曼(Huffman)编码、行程编码、算术编码、基于上下文自适应的二进制算术编码(context adaptive binary arithmetic coding,CABAC)和基于上下文自适应变长编码(context adaptive variable length coding,CAVLC)等。

2)预测编码

预测编码是利用相邻的一个或多个信号对下一个信号进行预测,再对预测误差进行编码。预测编码可分为线性预测与非线性预测。而根据图像帧内/帧间相关性,预测编码又可分为:

(1)帧内预测。其目的是降低图像帧内冗余,根据被编码像素点或图像块周围的像素值,来预测当前像素值或图像块。通常是利用宏块周围的像素值估计待编码宏块内部的像素。

(2)帧间预测。帧间预测是利用视频序列相邻帧间的相关性,来消除视频序列帧间的冗余。帧间预测的编码效率通常要高于帧内预测。帧间预测又分为前向预测、后向预测和双向预测。

3)变换编码

变换编码先将图像或视频信号变换到一个正交矢量空间,信号能量集中在部分变换系数上;通过对这些变换系数进行量化、熵编码,可提高编码效率。在图像编码中,典型的变换包括离散余弦变换(discrete cosine transform,DCT)、离散小波变换(discrete wavelet transform,DWT)和K-L变换等。

4.2　H.264/AVC 与 HEVC 标准

4.2.1　H.264/AVC 标准

H.264/AVC 视频编码标准在算法结构上可分为视频编码层(video coding layer,VCL)和网络提取层(network abstraction layer,NAL)[3],分别承担高效编码和网络友好性的任务。VCL 的主要功能是视频数据编码和解码,它包括运动补偿、变换编码、熵编码等单元。NAL 则为 VCL 提供一个与网络无关的统一接口,它负责对视频数据进行封装打包后使其在网络中传送;它采用统一的数据格式,包括单个字节的包头信息、多个字节的视频数据与组帧、逻辑信道信令、定时信息、序列结束信号等。

H.264/AVC 的 NAL 用于定义适合传输层或存储介质需要的数据格式,同时提供头信息,从而提供视频编码与外部世界的接口。它以网络提取层单元(NAL unit,NALU)来支持编码数据在大多数基于包交换技术网络中的传输。为了提高视频流在互联网协议(Internet protocol,IP)信道和移动信道中传输的鲁棒性,H.264/AVC 在 NAL 的基础上,设计了 SP/SI 帧、数据分割(data partition)、参数集(parameter set)等一系列差错控制和增强视频流传输鲁棒性的技术[4]。其中,SP 帧编码的原理和 P 帧类似,它仍采用帧间运动补偿预测编码,区别在于 SP 帧能够参照不同参考帧重构出相同的图像帧。SP 帧可取代 I 帧,并有效应用于流间切换(bitstream switching)、拼接(splicing)、随机访问(random access)、快进快退(fast forward,fast backward)以及错误恢复(error recovery)等应用中。与 SP 帧相对应,SI 帧则是基于帧内预测的编码技术,其重构图像的方法与 SP 帧完全相同。数据分割(data partition)是将片(slice)中的数据根据重要程度的不同,存放到不同的分割片中,从而应对信道传输带宽的变化,增强数据流传输的鲁棒性。数据分割片包含 DPA、DPB、DPC 三类,DPA 包含片头和片中每个宏块头的数据,DPB 包含帧内和 SI 片宏块的编码残差数据,DPC 包含帧间宏块的编码残差数据。每个分割片可放在独立的 NALU 中并独立传输。H.264/AVC 将对解码非常重要的头信息数据放入参数集中,和其他 VCL 数据分开传输,从而保证参数集的传输可靠性。H.264/AVC 的参数集包括序列参数集(sequence parameter set)和图像参数集(picture parameter set)。H.264/AVC 秉承了以往视频编码标准的混合编码构架,与之前的视频编码标准相比,它采用了帧内预测、先进运动补偿预测、整数变换编码、基于上下文的熵编码、去块效应滤波器等先进技术。

1)帧内预测技术

H. 264/AVC 帧内编码参考了编码宏块左方或者上方的已编码块的邻近像素,对编码宏块进行不同模式的帧内预测,然后对差值进行整数变换、量化等,通过率失真优化选择得到最优的预测模式,以减少编码误差。

对亮度像素而言,预测块可以是 4×4 子块或者 16×16 宏块,编码器通常选择使预测块和编码块之间差异最小的预测模式。

(1)4×4 亮度块预测模式:4×4 亮度子块有 9 种可选预测模式,适用于图像的纹理细节区域编码,其中,模式 0 为垂直预测、模式 1 为水平预测、模式 2 为直流预测、模式 3 为左下角对角线预测、模式 4 为右下角对角线预测、模式 5 为垂直偏右预测、模式 6 为水平偏下预测、模式 7 为垂直偏左预测、模式 8 为水平偏上预测。

(2)16×16 亮度块预测模式:16×16 亮度块有 4 种预测模式,用于预测整个 16×16 亮度块,适用于平坦区域图像编码。其 4 种预测方式分别为模式 0 垂直预测方式(由上面的抽样值插补)、模式 1 水平预测方式(由左边的抽样值插补)、模式 2 直流预测方式(由上面和左侧的抽样值平均数插补)、模式 3 平面预测方式(由上面的和左侧的抽样值插补)。

(3)8×8 色度块预测模式:它包括 4 种预测模式,类似于帧内 16×16 亮度块预测的 4 种预测模式,包括直流(模式 0)、水平(模式 1)、垂直(模式 2)、平面(模式 3)。

2)帧间预测技术

H. 264/AVC 标准使用了从 H. 261 标准发布以来主要标准中使用的块结构运动补偿,但它与以往标准的区别在于:块尺寸范围更广(从 16×16 到 4×4),支持多种块结构的预测;采用亚像素运动矢量(亮度采用 1/4 像素精度)和多参考帧技术。每个亮度宏块被划分成形状不等的区域,作为运动描述区域,其划分方法有 16×16 块、16×8 块、8×16 块和 8×8 块 4 种。当选用 8×8 块方式时,还可进一步被划分为 8×8 块、8×4 块、4×8 块和 4×4 块 4 个子区域。每个区域包含各自的运动矢量,每个运动矢量和区域选取信息必须通过编码传输。因此,当选取较大区域时,用于表示运动矢量和区域选取的数据量减少,但运动补偿残差会增大;当选取小区域时,运动补偿残差减小,预测更精确但用于表示运动矢量和区域选取的数据量增大。大区域适合帧间同质部分,小区域适合帧间的细节部分。另外,H. 264/AVC 的多参考帧模式允许编码器使用多于一帧的已编码邻近帧用于运动估计,这有利于降低帧间预测残差。

3)整数变换和量化

H. 264/AVC 中的变换编码和以前各种标准中所采用的离散余弦变换有所不同,以前标准中直接采用 8×8 离散余弦变换可能导致两个问题:①浮点数操作导致系统设计及运算上的复杂性;②浮点数操作易造成编码器的正变换和解码器中的反变换精度不同的现象。H. 264/AVC 采用了 4×4 整数变换而不是浮点数运算,并仅用整数加减和移位操作就可完成,既降低了复杂度,又避免了编解码失配,并且与量化结合,使得计算结果精度高且不会溢出。根据残差系数的不同,采用了 3 种整数变换矩阵,包括普通残差变换矩阵、色度块直流变换矩阵和亮度块直流变换矩阵。

H. 264/AVC 采用标量量化技术,它将每个图像样点编码映射成较小的数值,其量化过程如下:

$$Z_{ij} = \text{quant}[Y_{ij}, \text{QP}] = \text{round}\left(\frac{Y_{ij}}{Q_{\text{step}}}\right) \tag{4.1}$$

式中,Z_{ij} 为量化后的系数值,Y_{ij} 为变换后的输入系数值,QP 为量化参数(quantization parameter),Q_{step} 为量化步长,round(·)表示取整运算。在 H. 264/AVC 中,Q_{step} 有 52 个取值,且这些被量化参数 QP 索引。

对于 H. 264/AVC 的量化,Zhang 等提出了用于 H. 264 编码器的低复杂度量化改进技术[5],在相同互补金属氧化物半导体(complementary metal oxide semiconductor, CMOS)工艺下,各量化单元面积平均节省 75.2%,功耗平均节省 76.3%;在软件算法上,各量化单元节省 92%以上的运算时间。

4)熵编码

不同于之前的视频编码标准中的熵编码技术,H. 264/AVC 有 CAVLC 和 CABAC 两种熵编码方法。根据具体视频应用要求,采用不同的熵编码方法。CAVLC 熵编码比 H. 263 的 VLC 提高了 5%的压缩率,而 CABAC 相比于 CAVLC,进一步提高了压缩率。

4.2.2　HEVC 标准

继 H. 264/AVC 之后,MPEG 与 VCEG 合作制定了面向高清晰度/超高清晰度视频的 HEVC 标准[6],也称为 H. 265,其目标包括提高压缩效率、提高鲁棒性和错误恢复能力、减少信道获取时间和随机接入时延等。HEVC 编码架构分为三个基本单元,即编码单元(coding unit, CU)、预测单元(predict unit, PU)和变换单元(transform unit, TU)。从本质上,HEVC 并未改变 H. 264/AVC 的混合编码框架,仍采用包括帧内预测、帧间预测、变换、量化、熵编码和环路滤波等模块,但在这些模块中增添了新技术。例如,以编码单元来说,H. 264/AVC 中每个宏块(macroblock, MB)大小都是固定的 16×16,而 HEVC 的编码单元采用了四叉树编码结构,可选择从最小 8×8 到最大 64×64 的图像块;在帧内预测上,H. 264/AVC 只有 9 种模式,而 HEVC 支持 35 种模式;在帧间预测上,HEVC 采用了高精度的运动补偿技术、自适应运动矢量预测选择机制、运动估计融合技术。此外,HEVC 还包括变尺寸块变换(从 4×4 到 32×32 离散余弦变换,还有 4×4 离散正弦变换)、采样自适应滤波器等技术。图 4.1 给出了 HEVC/H.265 的视频编码结构框图。

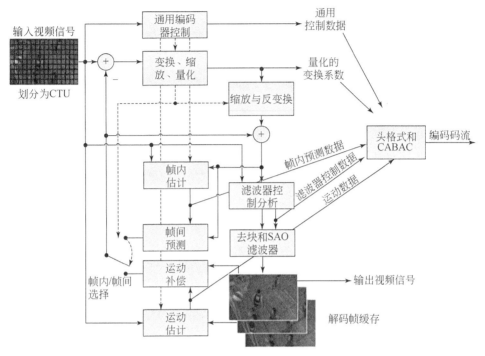

图 4.1 HEVC/H.265 的视频编码结构[6]

(1)CU。HEVC 的最大编码单元(largest CU,LCU)的尺寸为 64×64,它可作为一个 CU,也可采用四叉树的形式分解为 4 个大小相等的 CU。CU 尺寸包括 64×64、32×32、16×16 和 8×8,其对应的 CU 深度分别为 0、1、2 和 3。大尺寸的 CU 可提升平坦或静止区域的编码效率,小尺寸的 CU 可更好地保护图像中的运动和纹理细节。HEVC 采用如图 4.2 所示的方式进行递归分割,先将 CU 分割成最小尺寸,然后向上递归进行率失真代价的比较来选择最优的分割尺寸。HEVC 灵活的 CU 分割方式能显著提高编码效率。

(2)PU。PU 规定了帧内预测以及帧间预测中所有的预测模式。一个大小为 $2N×2N$ 的 PU,其预测模式包括 2 种帧内模式、8 种帧间模式。PU 的预测模式包括帧内预测模式与帧间预测模式,其中,帧内预测模式有 $2N×2N$ 和 $N×N$,帧间预测模式有 $2N×2N$、$2N×N$、$N×2N$、$N×N$、$2N×nU$、$2N×nD$、$nL×2N$ 和 $nR×2N$,此外,Skip 模式是属于 $2N×2N$ 的一种特殊帧间预测模式。

(3)TU。TU 大小包括 4×4、8×8、16×16 和 32×32 等,小尺寸的 TU 可保护图像的细节信息,大尺寸的 TU 可将能量更好地集中。TU 尺寸大小的决定采

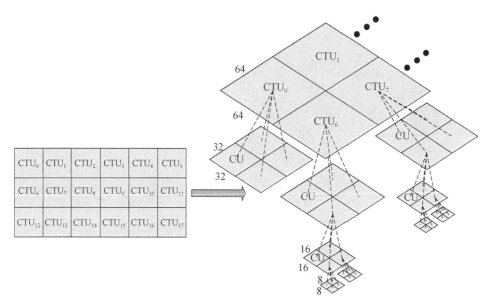

图 4.2　CU 划分示意图

用类似于 CU 的递归分割方式,它不能跨越不同的 CU,但是可以跨越不同的 PU。

（4）帧内预测。HEVC 帧内编码利用邻近已编码的预测单元来去除视频的空间冗余。与 H. 264/AVC 相比,HEVC 的亮度帧内预测模式从原来的 9 种增加到了 35 种,包括 33 种角度预测模式以及直流、Planar 两种非角度预测模式,其预测精度达到了 1/32。HEVC 的色度预测模式包括直流、Planar、水平方向、垂直方向和当前预测单元最优的亮度预测模式等 5 种预测模式。虽然 HEVC 的帧内预测相比于 H. 264 精度提高了不少,但其导致复杂度急剧增加,是一个需要解决的问题。

（5）帧间预测。HEVC 利用时域相关性来去除时间上的数据冗余,与 H. 264/AVC 相比,HEVC 在帧间编码中,仍然采用运动估计得到当前预测单元的运动矢量,利用时域以及空域信息来获取当前预测单元的预测运动矢量,再将运动矢量和预测运动矢量相减进行传输,以达到数据压缩的目的。在估计和预测过程中也引入了一些新的技术,如运动估计中的 TZSearch 算法[7]、运动预测中的 Merge 模式和自适应运动矢量预测选择机制技术等。此外,HEVC 帧间编码中还引入了广义 B 帧和多参考帧预测等新的编码技术,进一步提高了视频编码效率。

1. 基于 Merge 模式的运动矢量预测技术

Merge 是帧间预测中的一种模式,可由时域和空域相邻的运动矢量作为当前预测单元的运动矢量,不存在运动矢量残差。Merge 模式的运动矢量候选列表中的候选个数有 5 个,其中包括空域候选运动矢量和时域候选运动矢量,在解码端,只需传输候选运动矢量索引,这样明显减少了编码运动矢量的编码码率。

(1)空域候选列表建立。空域候选运动矢量有 5 个,其分布位置如图 4.3 所示。其中,要从上述 5 个候选运动矢量中选择不超过 4 个的运动矢量,其检测顺序为 $A_1 \rightarrow B_1 \rightarrow B_0 \rightarrow A_0 \rightarrow B_2$,$B_2$ 为备选运动矢量,只有当 A_1、B_1、B_0 和 A_0 中一个或者多个不存在时,才使用 B_2 的信息。但对于一些特殊的 PU 划分方式,如 $N \times 2N$,图 4.4 所示的 PU_2 则不能利用 PU_1 中 A_1 信息,否则会导致两个 PU 中的运动矢量一致。

(2)时域候选列表建立。时域候选列表不同于空域候选列表,它不能直接采用候选块的运动矢量,而要通过如图 4.5 所示的参考帧位置关系对运动矢量进行缩放调整。其中,curPU 为当前 PU,colPU 为同位图像的 PU,t_d 为当前帧的参考图像 curref 与当前帧的距离 t_b 为同位帧的参考图像 colref 与同位帧之间的距离。其缩放公式如下:

$$\text{curMV} = \frac{t_d}{t_b} \times \text{colMV} \tag{4.2}$$

式中,colMV 为同位图像的运动矢量。

此外,时域运动矢量最多选择一个作为候选,其分布位置如图 4.6 所示,若 H 位置不可用,则需要用 C_3 位置的运动矢量信息。如果空域和时域候选运动矢量不足 5 个,则需要用零运动矢量进行填补。

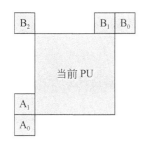

图 4.3 空域候选运动矢量列表 　　图 4.4 $N \times 2N$ 中 PU_2 的空域候选列表

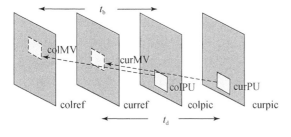
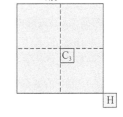

图 4.5 时域运动矢量缩放示意图 　　图 4.6 时域候选运动矢量分布图

2. 先进运动矢量预测技术

先进运动矢量预测(advanced motion vector prediction,AMVP)技术需要将候

选的运动矢量和所估计的运动矢量进行相减传输到解码端,与 Merge 技术不同的是,AMVP 技术的候选列表只需要 2 个运动矢量。其时域候选列表的建立方式与 Merge 模式一样,这里着重介绍空域候选列表的建立。AMVP 技术的空域左侧候选顺序为 $A_0 \rightarrow A_1 \rightarrow$ scaled $A_0 \rightarrow$ scaled A_1,上方候选顺序为 $B_0 \rightarrow B_1 \rightarrow B_2 \rightarrow$ scaled $B_0 \rightarrow$ scaled $B_1 \rightarrow$ scaled B_2,只有在左侧的两个候选 PU 都不能用时才能进行。如果左侧和上方有一个 PU 可用,那么就可提前终止其他候选运动矢量的筛选。因此,AMVP 技术的候选运动矢量列表的建立过程如图 4.7 所示。

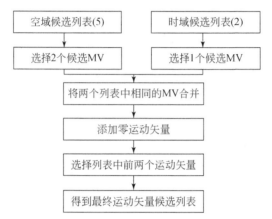

图 4.7　AMVP 技术候选运动矢量列表建立过程(MV 代表运动矢量(motion vector))

4.3　MPEG-3DAV 中立体视频编码方案

MPEG 的 3DAV 工作组针对立体视频提出了 4 种基于 MPEG-4 的立体视频编码方案[8]。

(1)方案一:左右两个视点各自采用独立的 MPEG-4 编码,该方案只利用了左右视点内的相关性,而没有利用左右视点之间的相关性,编码效率低。

(2)方案二:仅考虑左右视点相关性、不考虑右视点视差预测的残差。其左视点视频采用传统的 MPEG-4 编码,右视点图像和左视点参考图像间作视差估计,仅考虑所得的视差矢量,不考虑右视点视差预测的残差。该方案由于没有传输右视点视差预测的残差数据,所以右视点重建图像的质量比较低。

(3)方案三:考虑左右视点相关性和右视点视差预测的残差。其左视点视频采用传统的 MPEG-4 编码,右视点图像和左视点参考图像间作视差估计,获得相应的视差矢量。利用视差矢量和左视点的重建图像进行视差补偿预测(disparity compensated predication,DCP),得到右视点预测图像,进而得到右视点预测残差数据,该残差数据也要进行编码传输。该方案由于考虑了右视点视差补偿的残差数据,故和方案二相比,右视点重建图像的质量有所提高,但是该方案没有考虑右视点各帧图像之间的时域相关性,所以其编码效率还是不够高。

(4)方案四:利用 MPEG-4 的时域分级编码技术,在方案三的基础上进一步考虑了右视点各帧图像间的时域相关性。右视点的每个像素块需要进行两种方式的预测,一种是基于右视点已编码帧的运动补偿预测(motion compensated predication,MCP)方式,另一种是基于左视点图像的 DCP 方式,然后从中选择预测误差较小的一种。

4.4　基于 H. 264/AVC 的立体视频编码方案

H. 264/AVC 是一种高效的单视点视频编码标准,但对于立体视频编码,并不是对左右视点分别采用单视点视频编码就可以达到很好的压缩效果。因为立体视频编码除了要考虑每个视点帧内图像的空间冗余和帧间图像之间的时间冗余,还要考虑左右视点图像之间的空间冗余。对于后者,可以利用视差估计补偿的方法来去除其冗余。

4.4.1　基于 H. 264/AVC 的立体视频编码基本方案

借鉴 3DAV 提出的 4 种立体视频编码框架,Li 等在 H. 264/AVC 的基础上给出了 4 类典型的立体视频编码方案[9],具体如下:

(1)方案一:考虑左右视点相关性、不考虑右视点视差预测的残差,对左视点图像和视差图采用基于 H. 264/AVC 的技术进行压缩,而在解码端右视点图像通过解码重建的左视点图像和视差图重建得到,如图 4.8(a)所示。

(2)方案二:考虑左右视点相关性和右视点视差预测的残差,左视点采用 H. 264/AVC 编码,右视点采用基于左视点的视差补偿预测编码,右视点视差预测的残差也采用 H. 264/AVC 进行编码,如图 4.8(b)所示。

(3)方案三:左右视点进行独立的运动补偿预测,并分别进行 H. 264/AVC 编码,该方案只利用了左右视点内的时域相关性,没有利用左右视点之间的相关性,编码效率低,如图 4.8(c)所示。

(4)方案四:采用时间可分级编码方式,左视点采用普通的 H. 264/AVC 编码,右视点的每个像素块进行两种方式的预测,一种是基于右视点已编码帧图像的运动补偿预测方式,另一种是基于左视点图像的视差补偿预测方式,然后从中选择预测误差较小的一种。将运动补偿预测和视差补偿预测相结合后,就可以弥补两者的不足,从而减小预测残差[9],如图 4.8(d)所示。

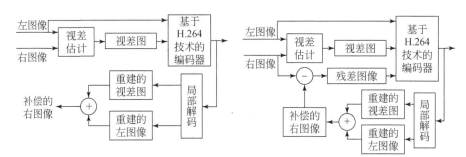

(a) 方案一：考虑左右视点相关性、不考虑右视点残差 (b) 方案二：考虑左右视点相关性和右视点残差

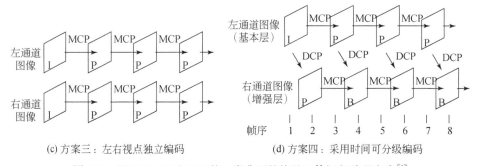

(c) 方案三：左右视点独立编码   (d) 方案四：采用时间可分级编码

图 4.8 基于 H.264/AVC 的 4 类典型的块基立体视频编码方案[2]

显然,由于方案一仅考虑了左右视点相关性、未考虑残差编码,难以获得很好的视觉质量,方案四(即运动补偿预测和视差补偿预测相结合的编码方案)的预测性能最佳,其编码压缩效果最好[2]。

4.4.2 基于 H.264/AVC 中补充增强信息的立体视频编码方案

H.264/AVC 的补充增强信息(supplemental enhancement information,SEI)可用来表示一些辅助的信息[3,10],这些信息通常是针对一些特定应用提出的,或者是用户自定义的一些信息。解码器通过解码 SEI 数据可以得到相应的信息,如缓冲周期、场景描述、未注册的用户自定义消息等。所以,SEI 可以使 H.264/AVC 支持很多特定的应用,同时又能使码流向前兼容。

H.264/AVC 标准只规定了立体视频的一些指示标志,而没有具体规定编码方法。将 4.4.1 节基于 H.264/AVC 的运动补偿预测和视差补偿预测联合预测的立体视频编码方案简称方案 A,实验结果证明这种联合预测编码结构是非常有效的。将本节提出的基于 H.264/AVC 中 SEI 的立体视频编码方案简称方案 B[2],它也利用了方案 A 中的运动补偿预测和视差补偿预测联合预测结构。在方案 A 中,左、右视点图像是按帧存放的,而方案 B 中,将 field_views_flag 设置为 0,表示采用左、右视点图像隔帧排列的方式。在由单视点视频向立体视频发展的过程中,其间必然要经历两者共存的局面。为了使传统的单视点视频显示设备能正常地播放立体视频节目，需要考虑视点可分级的问题，即立体视频流既可完全解码两个视点的数据，也可只解码一个视点的数据。因此，方案 B 中将 left_view_self_contained_flag 设置为 1，将 right_view_self_contained_flag 设置为 0，即左视点视频只采用运动补偿预测，而右视点视频采用运动补偿预测和视差补偿预测联合预测的方法，这样解码器可以同时解码左右视点的视频，也可以只解码左视点的视频。图 4.9 给出了方案 B 的编码框图。

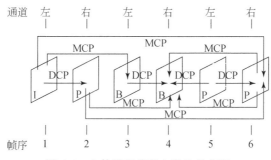

图 4.9　立体视频编码方案 B 的框图

此外，为了兼容现有的单视点视频系统，可以简单地将立体图像的左右视点拼接成一幅单视点图像，这样立体视频就拼接为一个单视点视频，从而可以简单地采用单视点视频编码传输方式进行处理。若在解码端有相应协议，就可根据视频显示设备（普通单视点显示器、立体显示器）选择性地解码单个视点或 2 个视点的视频进行播放。但这种方式属于前面所提到的"方案一"的编码技术，没有利用左右视点间的相关性，因此其编码效率较低。

4.5　面向移动三维电视系统的立体视频编码方案

移动三维电视（mobile 3DTV）项目[11]是在欧洲联盟第七框架资助下的研究项目，主要研发针对三维视频内容产生、编码与传输的系统，并通过 DVB-H 无线通信协议传输到用户的移动终端上[12]。在 mobile 3DTV 中，立体视频的数据格式为传统立体视频（conventional stereo video, CSV）格式、混合分辨率立体（mixed resolution stereo, MSR）视频、视频＋深度（video＋depth, V＋D）等，如图 4.10 所示。mobile 3DTV 就不同的立体视频数据格式给出了相应的编码方案[11]。

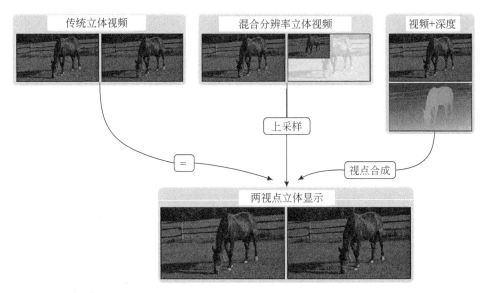

图 4.10　mobile 3DTV 中立体视频的数据格式[11]

1. 基于分层 B 帧预测结构的立体视频编码方案

基于 HBP 预测结构的立体视频编码如图 4.11 所示[11]。每个视点编码均采用 HBP 结构,左视点视频独立编码,而右视点视频联合左视点视频采用视差补偿预测进行编码;该编码方案具有编码效率高、编码帧可分级性好、对网络传输带宽变化的适应性好等特点,但其编码方案的 HBP 结构所导致的延时对实时视频通信的影响也是显而易见的。

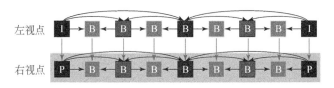

图 4.11　基于 HBP 预测结构的立体视频编码

2. 混合分辨率立体视频编码方案

混合分辨率立体视频编码主要依据人类视觉心理学中的立体视觉掩蔽效应,即立体视频的左右视点视频质量可以有一定的不同,其最终主观感知效果取决于质量较好的视点[12]。除了采用 Simulcast 的混合分辨率立体视频编码方案外,Fehn 等提出了带有视差估计的非对称立体视频编码方案[13]。图 4.12 为基于 Simulcast 的混合分辨率立体视频编码方案,其左右视点视频采用不同的分辨率,并分别进行独立的 H. 264/AVC 编码,其中右视点视频在编码前先对其分辨率进行下采样,在用户端解码后则进行上采样重建,从而达到立体视频编码中节省码流的目的[14]。

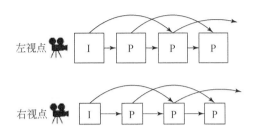

图 4.12　基于 Simulcast 的混合分辨率立体视频编码方案

图 4.13 为带视差估计的混合分辨率立体视频编码方案,其左视点视频采用正常分辨率的视频编码,右视点视频则进行下采样编码。同时,对左视点视频的重建帧也进行分辨率下采样,这样右视点视频就可以同时进行运动补偿预测和视差补偿预测编码,从而达到进一步节省码流的目的[13]。为了能够更好地重建混合分辨率立体视频编码中的右视点图像,Pan 等提出了一种基于卷积神经网络并结合视点关系的非对称立体图像超分辨率重建方法[15],该方法无须估计深度图像,且能结合左右视点之间的相关性,实现了高质量的全分辨率立体视频图像重建。

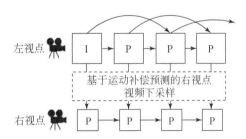

图 4.13　带视差估计的混合分辨率立体视频编码方案

3. 基于视点绘制的立体视点视频方案

基于视点绘制的立体视频编码通常采用的是单视点视频加上对应深度/视差信息的立体视频格式,H. 264/AVC 编码器可以通过辅助增强层支持这种编码模式,其框架如图 4.14 所示。这种数据格式下,右视点视频内容是在解码端利用左视点视频和对应深度/视差信息绘制出来的。基于绘制的立体视频编码方案不仅支持立体视频编码,同时也可以扩展支持自由视点系统。深度/视差图序列可以通过采用类似于灰度图像序列的方式来表示,使得这种视频压缩格式在数据量上大大减少。事实上,深度和视差通过对应的几何关系可以相互转化,这两种信息具有共通性[16]。对应的绘制方法为基于视差的虚拟视点绘制和基于深度的虚拟视点绘制。

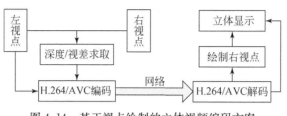

图 4.14　基于视点绘制的立体视频编码方案

4.6　基于人眼视觉阈值的立体视频编码方案

4.6.1　非对称编码失真立体图像的视觉阈值

　　心理学研究表明,人眼双目视觉中存在立体掩蔽效应,如构成立体图像的两个视点,质量好的视点图像质量对立体图像的整体质量贡献较大[17]。Tam 的研究表明,模糊失真的立体图像的主观感知质量主要由其质量较好的视点决定[18]。Wang 等的研究也验证这种掩蔽效应在立体图像感知质量中普遍存在[19,20]。Meegan 等指出可以利用人类立体视觉系统的立体掩蔽特性,在保证主观感知质量不受影响的情况下去除视频信号中的视觉冗余以提高编码效率[21]。mobile 3DTV 项目的研究也考虑了用混合分辨率的方法来提高立体视频编码的效率[22]。这些研究工作主要建立在对立体视觉掩蔽效应的定性分析和应用上。如何定量地确定该立体视觉掩蔽效应存在的临界值是一个值得研究的问题。对平面图像的主观感知实验结果表明,人眼对图像中变化较小的属性或者噪声是不敏感的,除非该属性或者噪声的变化强度超过某一阈值,该阈值就是恰可察觉差异(just noticeable difference,JND)[23]。Engeldrum 认为可以建立主观图像质量与图像处理系统技术参数间的联系,用于优化设计系统的技术参数[24]。因此,需要研究主观感知质量与主要图像属性的关系,从而建立图像质量回归模型。但是不同的图像属性使用不同的物理单位,将它们进行统一的对比研究,并进一步比较各个属性对主观图像质量的影响,需对各种属性进行归一化处理,获得 JND 值[25,26]。定量地研究立体视觉中的掩蔽效应的临界值,即人眼的视觉感知阈值,实际上可转化为针对某一种类型的噪声,通过主观实验的手段获得相应的视觉阈值。这里将探索非对称编码失真的立体图像中的立体掩蔽效应的视觉阈值,即当左视点图像的质量固定不变,而右视点质量在与左视点图像相同质量开始逐步下降的过程中,人眼睑可感知到立体图像质量变化时右视点图像质量相对于左视点图像质量的临界差值。

4.6.2　视觉阈值的主观实验

主观感知实验是研究立体视觉质量变化阈值的有效途径。研究人眼视觉阈值需要使用恰当的心理学实验方法,常用的方法有两两对比法(paired comparison method)[27]和阶梯法(staircase method)[28]。本节采用两两对比法进行视觉感知评测来研究人眼视觉感知阈值,即同时显示 2 幅内容相同的立体图像,但其图像右视点的质量存在差异。实验中要求观测者进行观测比较,指出哪幅图像的立体视觉感知质量较高。定义非对称立体视频编码的峰值信噪比(peak signal to noise ratio,PSNR)视觉阈值为左视点图像 PSNR 值固定的情况下,右视点图像 PSNR 视觉阈值值之间的差异。PSNR 视觉阈值的确定原则为:立体图像质量差异的变化下界为大多数人不能分辨出差异,变化上界为大多数人可以分辨出差异。

除了 PSNR 视觉阈值,还考虑了以编码 QP 为表示的视觉阈值,称为 QP 视觉阈值;以下将视觉阈值分为 PSNR 视觉阈值和 QP 视觉阈值分别讨论。先研究 PSNR 视觉阈值的相关数据,再导出 QP 视觉阈值[20]。

1. 测试图像

立体视频相较于立体图像而言,存在更多的影响视觉阈值测定的主观感知因素。为达到主观实验的易操作以及实验数据可靠的目的,实验中选取两组由德国 HHI 提供的多视点视频序列中截取的 2 对立体图像作为测试图像。图 4.15 和表 4.1分别为用于实验测试的立体图像和相关信息(视点编号、帧号)。

(a) Alt Moabit

(b) Door Flowers

图 4.15　用于测试的两组立体图像

表 4.1　测试图像信息

序列名称	分辨率	相机信息/mm	左视点	右视点	帧
Door Flowers	1024×768	65	04	05	51
Alt Moabit	1024×768	65	04	05	17

2. 非对称立体视频编码的视觉阈值

主观实验中采用 H. 264/AVC 编码,开启环路滤波,以 I 帧的方式分别对左右视点独立编码,获得实验所需的立体图像。图 4.16 为立体图像左视点的率失真曲线。为了研究非对称编码在不同的主观感知质量下 PSNR 视觉阈值的变化,对每幅立体图像,在其左视点率失真曲线上分别根据 QP 选择了 4 个质量点,以反映高、中、低质量段的情况,如图 4.16 所示。然后,对于左视点图像的每个质量点,根据 QP 为右视点选取 5 个质量点,从而形成左视点图像质量相同、但右视点图像质量不同的 5 组立体图像对实验中所采用的具体参数见表 4.2~表 4.9,分别为所选取的立体图像对的左右视点质量信息。表中标号 A、B、C、D、E 对应的列中数据分别表示右视点图像的客观质量和编码量化参数。

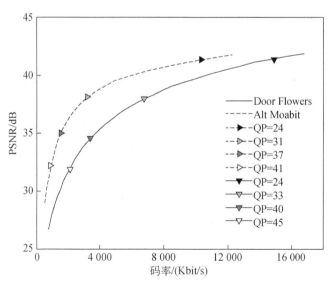

图 4.16　立体图像左视点的率失真曲线

表 4.2　立体图像 Door Flowers 的编码参数(左视点 QP＝24)

视点	左视点质量	右视点质量				
		A	B	C	D	E
PSNR/dB	41.362	41.560	40.446	39.678	38.823	38.080
QP	24	25	28	30	32	34

表 4.3　立体图像 Door Flowers 的编码参数(左视点 QP＝33)

视点	左视点质量	右视点质量				
		A	B	C	D	E
PSNR/dB	38.119	38.080	37.156	36.155	35.759	35.173
QP	33	34	36	38	39	40

表 4.4　立体图像 Door Flowers 的编码参数(左视点 QP＝40)

视点	左视点质量	右视点质量				
		A	B	C	D	E
PSNR/dB	34.955	35.173	34.642	34.093	33.521	32.844
QP	40	40	41	42	43	44

表 4.5　立体图像 Door Flowers 的编码参数(左视点 QP＝45)

视点	左视点质量	右视点质量				
		A	B	C	D	E
PSNR/dB	32.239	32.395	31.646	31.142	30.338	29.831
QP	45	45	46	47	48	49

表 4.6　立体图像 Alt Moabit 的编码参数(左视点 QP＝24)

视点	左视点质量	右视点质量				
		A	B	C	D	E
PSNR/dB	41.437	41.569	39.631	38.553	37.418	36.409
QP	24	24	28	30	32	34

表 4.7　立体图像 Alt Moabit 的编码参数(左视点 QP=31)

视点	左视点质量	右视点质量				
		A	*B*	*C*	*D*	*E*
PSNR/dB	37.968	38.139	37.029	35.793	34.738	33.509
QP	31	31	33	35	37	39

表 4.8　立体图像 Alt Moabit 的编码参数(左视点 QP=37)

视点	左视点质量	右视点质量				
		A	*B*	*C*	*D*	*E*
PSNR/dB	34.547	34.738	32.838	32.193	31.536	31.065
QP	37	37	40	41	42	43

表 4.9　立体图像 Alt Moabit 的编码参数(左视点 QP=41)

视点	左视点质量	右视点质量				
		A	*B*	*C*	*D*	*E*
PSNR/dB	32.009	32.193	31.536	31.065	30.235	29.710
QP	41	41	42	43	44	45

3. 实验环境、实验方法和实验人员

实验中的立体显示设备为双目立体投影显示系统,投影屏幕为 150in(1in=2.54cm)[17]。实验中采用图 4.17 所示的两两对比法,对每组立体图像、每个质量段共 5×4/2=10 组图像对比播放。每位实验人员需要比较 80 组立体图像的质量。每次比较,立体图像播放 40s,打分时间 10s。播放顺序是随机的。实验人员被告知对投影屏幕上的立体图像进行对比,选出质量最好的那一幅立体图像。其中左右两对立体图像的左视点质量一致,右视点的质量不同。实验人员与显示屏距离为 3m,约为立体图像高度的 4 倍。实验分两次完成,每次 40min。

在初次挑选实验人员时,不需要考虑其背景是否涉及相关的心理学实验,可随意挑选。但参与实验的人员要求视力正常或者矫正视力正常、立体视敏度正常,以确保实验人员不会因为自身生理原因对测试对象进行错误评价。视力检查采用对数视力表。实验人员在距离视力检查表 5m 处,要求至少能够裸眼或佩戴近视眼镜分辨出标号为 5.0 以下的"E"字缺口方向。实验人员在佩戴红蓝滤色眼镜后,需

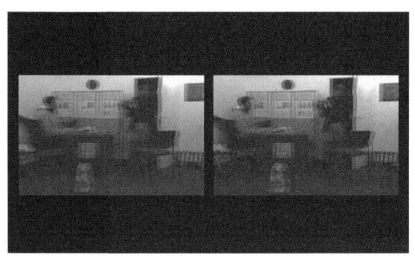

图 4.17　主观实验播放 2 对立体图像的用户界面

要能辨认视差小于 40″ 的检测图。实验最终选取了 20 名测试人员(16 男 4 女,年龄 22～28 岁)。

4. 数据统计分析方法

1)偏好概率表

两两对比的主观实验数据采用 Thurstone 模型[29]进行分析。对于任意 2 个变化步长 L_i 和 L_j,根据实验数据可统计出 L_i 高于 L_j 的概率 p_{ij},获得对应的偏好概率矩阵(preference matrix)。具体数据见表 4.10～表 4.17。Thurstone 模型是广义线性模型(generalized linear model,GLM)[30]的特例,后续统计分析将利用 GLM方法进行相应处理[17]。

表 4.10　立体图像 Door Flowers 偏好概率矩阵(左视点 QP＝24)

Door Flowers	A	B	C	D	E
A	0.50	0.65	0.55	0.55	0.80
B	0.35	0.50	0.45	0.50	0.80
C	0.45	0.55	0.50	0.85	0.35
D	0.45	0.50	0.15	0.50	0.65
E	0.40	0.40	0.65	0.35	0.50

表 4.11　立体图像 Door Flowers 偏好概率矩阵(左视点 QP＝33)

Door Flowers	A	B	C	D	E
A	0.50	0.60	0.70	0.60	0.65
B	0.40	0.50	0.70	0.60	0.65
C	0.30	0.30	0.50	0.70	0.75
D	0.40	0.30	0.30	0.50	0.65
E	0.35	0.35	0.25	0.35	0.50

表 4.12　立体图像 Door Flowers 偏好概率矩阵(左视点 QP＝40)

Door Flowers	A	B	C	D	E
A	0.50	0.65	0.40	0.80	0.70
B	0.35	0.50	0.40	0.55	0.70
C	0.60	0.60	0.50	0.50	0.85
D	0.20	0.45	0.50	0.50	0.60
E	0.30	0.3	0.15	0.40	0.50

表 4.13　立体图像 Door Flowers 偏好概率矩阵(左视点 QP＝45)

Door Flowers	A	B	C	D	E
A	0.50	0.75	0.75	1.00	0.95
B	0.25	0.50	0.65	0.90	0.80
C	0.25	0.35	0.50	0.80	0.85
D	0.00	0.10	0.15	0.50	0.60
E	0.05	0.20	0.15	0.40	0.50

表 4.14　立体图像 Alt Moabit 偏好概率矩阵(左视点 QP＝24)

Alt Moabit	A	B	C	D	E
A	0.50	0.75	0.25	0.75	0.85
B	0.25	0.50	0.80	0.40	0.80
C	0.75	0.20	0.50	0.20	0.85
D	0.25	0.60	0.80	0.50	0.85
E	0.15	0.20	0.15	0.15	0.50

表 4.15 立体图像 Alt Moabit 偏好概率矩阵(左视点 QP＝31)

Alt Moabit	A	B	C	D	E
A	0.50	0.60	0.65	0.65	0.80
B	0.40	0.50	0.70	0.45	0.50
C	0.35	0.30	0.50	0.55	0.70
D	0.35	0.55	0.45	0.50	0.55
E	0.20	0.50	0.30	0.45	0.50

表 4.16 立体图像 Alt Moabit 偏好概率矩阵(左视点 QP＝37)

Alt Moabit	A	B	C	D	E
A	0.50	0.65	0.90	0.55	0.85
B	0.35	0.50	0.60	0.75	0.40
C	0.10	0.40	0.50	0.60	0.85
D	0.45	0.25	0.40	0.50	0.70
E	0.15	0.60	0.15	0.30	0.5

表 4.17 立体图像 Alt Moabit 偏好概率矩阵(左视点 QP＝41)

Alt Moabit	A	B	C	D	E
A	0.50	0.65	0.70	0.70	0.80
B	0.35	0.50	0.55	0.55	0.55
C	0.30	0.45	0.50	0.50	0.70
D	0.30	0.45	0.50	0.50	0.70
E	0.20	0.45	0.30	0.30	0.50

2)数据分析方法

(1) Thurstone 模型。在 GLM 框架下建立 Thurstone 模型,衡量各个编码参数对结果的影响。首先需要确定合适的回归矩阵。以本实验数据为例,相匹配的 Thurstone 模型(1)的形式如下:

$$\Phi^{-1}(p)=a\times A+b\times B+c\times C+d\times D \tag{4.3}$$

式中,a、b、c 和 d 为对应的编码参数的 Z-scores。为了衡量各编码参数之间 Z-scores 的差异,参数 E 的 Z-scores 设为 0。

(2)Z-scores 差异的检验。这里采用改进版的 Scheffe 模型[31],做 Z-scores 对

差值的零假设(null hypothesis)检验,以对比和检验获得的 Z-scores 是否有显著性差异。先计算置信区间(confidence interval),对于分位数 α(默认为 0.05),计算如下:

$$a^{\text{est}} - c^{\text{est}} - \text{BOUND} < a - c < a^{\text{est}} - c^{\text{est}} + \text{BOUND} \quad (4.4)$$

$$\text{BOUND} = [\chi^2_{\text{dim}}(1-\alpha)]^{1/2} (\boldsymbol{x}^{\text{T}}\text{COV}\boldsymbol{x})^{1/2} \quad (4.5)$$

式中,a^{est} 和 c^{est} 为做回归分析后估计出来的 Z-scores;COV 为协方差矩阵;$\boldsymbol{x}$ 为对应的检验向量。对于式(4.4),为了分析 $a-c$,设计相应向量为 $\boldsymbol{x} = (1,0,-1,0)^{\text{T}}$。上述公式给出了 $a-c$ 的上下界。如果 0 不在这个区间内,则认为 Z-scores 的 a 和 c 是显著性差异的。

(3)其他影响因素的分析。除了考虑 QP 对实验的影响,也考虑了图像内容、观察者年龄等因素,这些均会影响主观打分。为此,对模型(1)做相应扩展,得到模型(2):

$$\Phi^{-1}(p) = a \times A + b \times B + c \times C + d \times D + \text{af} \times A \times \text{Factor}$$
$$+ \text{bf} \times B \times \text{Factor} + \text{cf} \times C \times \text{Factor} + \text{df} \times D \times \text{Factor} \quad (4.6)$$

相比于模型(1),af、bf、cf 和 df 分别为新引入的几项因子的 Z-scores;如果它们都为 0,则可得到模型(1)。在拟合模型(1)和模型(2)时,除了可以得到 Z-scores,还可以获得剩余偏差(residual deviance, Dev)和相应的剩余自由度(residual degrees of freedom,在公式中用 df 表示)。如果零假设 null hypothesis(H_0:af=bf=cf=df=0)为真,则 Dev(1)-Dev(2)满足自由度为 df(1)-df(2)的 χ^2 分布;否则,不满足。换句话说,当 Dev(1)-Dev(2)超过自由度为 df(1)-df(2)的 χ^2 分布的临界值时,H_0 不成立,即所衡量的因素可以忽略。

4.6.3　视觉阈值的实验数据分析

1. 立体图像内容对 PSNR 视觉阈值影响的假设检验

在分析立体图像非对称编码的 PSNR 视觉阈值前,需考虑图像内容的影响。首先,分别利用式(4.4)和式(4.5)的 Thurstone 模型对如表 4.18 所示的拟合矩阵进行拟合。该表中每一行分别表示每组对比实验的数据,N 为参加实验人数。A、B、C、D、E 分别表示对应的编码参数。例如,某次实验比较参数 A 和参数 B 的图像质量,$N=20$,$A=1$,$B=-1$,$C=D=E=0$,$P=0.75$,则表示 20 名实验人员中有 75% 的人认为参数 A 的图像质量要优于参数 B。其中,模型(2)中的 Content 为将要检验的图像内容因素。然后,从拟合的结果分别得到模型(1)和模型(2)的 Dev 和残差自由度 df。其中,Dev(1)=59.572,Dev(2)=48.135,df(1)=16,df(2)=12。因为 Dev(1)-Dev(2) =11.437>9.488=$\chi^2_4(1-0.05)$,故零假设(H_0:af=bf=cf=df=0)不成立,即图像内容对 PSNR 视觉阈值实验结果的影响不可忽略。

接下来对每组立体图像分别做数据分析,以获得相应的 PSNR 视觉阈值。

表 4.18　图像内容对视觉阈值的影响分析的回归矩阵

N	A	B	C	D	E	P	测试图像
20	1	−1	0	0	0	0.75	Alt Moabit
20	1	0	−1	0	0	0.25	Alt Moabit
20	1	0	0	−1	0	0.75	Alt Moabit
20	1	0	0	0	−1	0.85	Alt Moabit
20	0	1	−1	0	0	0.8	Alt Moabit
20	0	1	0	−1	0	0.4	Alt Moabit
20	0	1	0	0	−1	0.8	Alt Moabit
20	0	0	1	−1	0	0.2	Alt Moabit
20	0	0	1	0	−1	0.85	Alt Moabit
20	0	0	0	1	−1	0.85	Alt Moabit
20	1	−1	0	0	0	0.65	Door Flowers
20	1	0	−1	0	0	0.55	Door Flowers
20	1	0	0	−1	0	0.55	Door Flowers
20	1	0	0	0	−1	0.8	Door Flowers
20	0	1	−1	0	0	0.45	Door Flowers
20	0	1	0	−1	0	0.5	Door Flowers
20	0	1	0	0	−1	0.8	Door Flowers
20	0	0	1	−1	0	0.85	Door Flowers
20	0	0	1	0	−1	0.35	Door Flowers
20	0	0	0	1	−1	0.65	Door Flowers

2. 各组立体图像不同质量下的 PSNR 视觉阈值

将表 4.10~表 4.17 中的偏好概率表变换成拟合数据表的形式,再利用模型 (1)对数据分别进行分析,并获得每幅立体图像在不同质量下变化步长与原图差异的 Z 值,分别如图 4.18~图 4.25 中的(a)所示。图中将 A~E 的 Z 值标在水平轴的对应坐标上。假设 E 的 $Z=0$。为了比较不同变化步长之间的差异是否为概率事件,计算各个 Z 值之间的置信区间。统计分析的结果如图 4.18~图 4.25 中的(b)所示。首先将 4 个变化步长按照 Z 值进行了排序,如果变化步长之间的差异是由偶然因素引起的,即不存在统计上的显著性差异,则在图中用下划线相连。

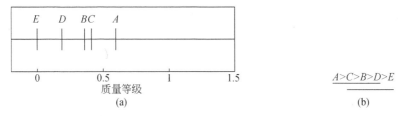

$A>C>B>D>E$

(a)   (b)

图 4.18 立体图像 Door Flowers 回归分析结果(左视点 QP=24)

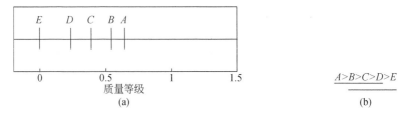

$A>B>C>D>E$

(a)   (b)

图 4.19 立体图像 Door Flowers 回归分析结果(左视点 QP=33)

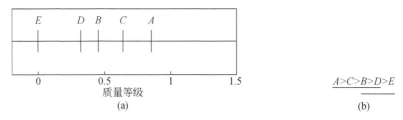

$A>C>B>D>E$

(a)   (b)

图 4.20 立体图像 Door Flowers 回归分析结果(左视点 QP=40)

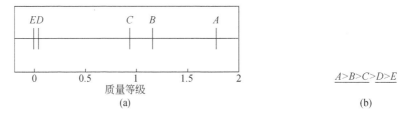

$A>B>C>D>E$

(a)   (b)

图 4.21 立体图像 Door Flowers 回归分析结果(左视点 QP=45)

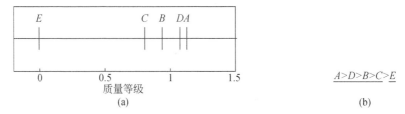

$A>D>B>C>E$

(a)   (b)

图 4.22 立体图像 Alt Moabit 回归分析结果(左视点 QP=24)

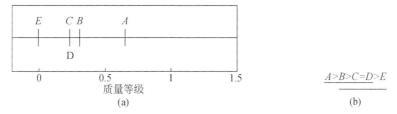

图 4.23 立体图像 Alt Moabit 回归分析结果(左视点 QP=31)

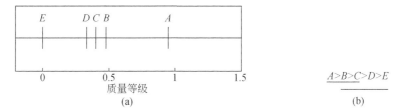

图 4.24 立体图像 Alt Moabit 回归分析结果(左视点 QP=37)

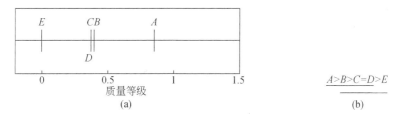

图 4.25 立体图像 Alt Moabit 回归分析结果(左视点 QP=41)

如图 4.18(b)所示,当 Door Flowers 左视点的编码量化参数 QP 为 24 (PSNR=41.362dB)时,人眼可察觉右视点编码参数为 A(QP=25,PSNR=41.560dB)以及右视点编码参数为 E(QP=34,PSNR=38.080dB)时右视点质量变化所造成的立体图像主观感知的变化。即该条件下,人眼对非对称编码的感知阈值约为ΔPSNR=3.480dB。

如图 4.22(b)所示,当 Alt Moabit 左视点的编码参数 QP 为 24 (PSNR=41.437dB)时,人眼可察觉右视点编码参数为 A(QP=24,PSNR=41.569dB)以及右视点编码参数为 E(QP=34,PSNR=36.409dB)时右视点质量变化所造成的立体图像主观感知的变化。即该条件下,人眼对非对称编码的感知阈值约为ΔPSNR=5.160dB。

3. PSNR 视觉阈值分析

图 4.26 给出了 PSNR 视觉阈值与左视点质量之间的关系。显然,PSNR 视觉阈值与立体图像内容是相关的,且随着立体图像左视点质量的下降(PSNR 值减

小),PSNR 视觉阈值也会下降(PSNR 值变小),即右视点图像的 PSNR 的差值变小。在低质量段(PSNR 左视点质量<35dB)和高质量段(PSNR 左视点质量>38dB),PSNR 视觉阈值的变化比较平坦;在中质量段,特别是对于立体图像 Alt Moabit,PSNR 视觉阈值关于左视点质量的变化趋势比较剧烈。这种立体视觉的掩蔽效应对立体视频编码有积极意义[20]。采用 H.264 编码标准压缩的立体图像,当左视点图像 PSNR 为 32dB 以上时,即使右视点图像的 PSNR 值比左视点图像的 PSNR 值低 2dB,其形成的立体图像在主观感知质量上与左右视点均采用相同高质量编码所形成的立体图像没有差异。因此,在立体图像编码中,可利用这一特性,在保证视觉质量的前提下,提高压缩性能。

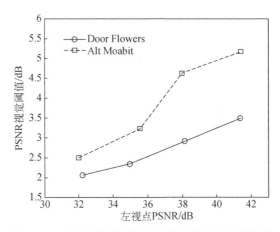

图 4.26　PSNR 视觉阈值与左视点质量之间的关系

　　PSNR 视觉阈值测定的意义在于挖掘人眼视觉感知中的立体掩蔽效应,为立体视频系统的性能优化提供定性和定量的支撑。从实验结果来看,影响 PSNR 视觉阈值的因素主要有立体图像内容、编码参数等,即可得到关系

$$T_{PT} = f(X, Q_l) \tag{4.7}$$

式中,X 表示立体图像内容,Q_l 表示左视点图像的编码质量。X 的量化是模型建立的难点和重点。图像的纹理特性和局部特征、立体图像的视差分布等,都有可能影响模型的精准和广泛使用。

　　4. QP 视觉阈值分析

　　根据前面的实验数据,可以将图 4.26 中 PSNR 视觉阈值与 PSNR 左视点质量之间的关系转化为图 4.27 中 QP 视觉阈值与左视点 QP 之间的关系。在图 4.27 中,"▽"、"▷"与"—"分别表示测试图像 Door Flowers、Alt Moabit 的实验数据和拟合后的"QP 视觉阈值与左视点 QP 的特性",图中横坐标为左视点图像编码的

QP。显然,QP 视觉阈值关于左视点图像编码 QP 表现出比较好的线性特性以及与立体图像内容不相关的特性,这为三维视频的感知编码提供了有力依据。

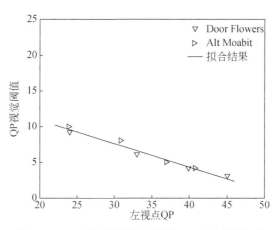

图 4.27　QP 视觉阈值与左视点 QP 之间的关系

4.6.4　基于立体视觉感知的非对称立体视频编码方案

根据上述视觉感知实验,本节提出一种基于非对称亮度和色度质量的立体视频编码框架[32],如图 4.28 所示。立体视频编码中采用了图 4.13 所示的预测结构。其中,左视点作为基本视点,采用传统的编码方法进行编码,右视点采用视点间相关性进行编码,亮度分量的编码强度通过立体视觉感知阈值进行控制,且右视点色度信息全部被抛弃。在解码端,右视点色度图像可通过色度重构算法进行重构。

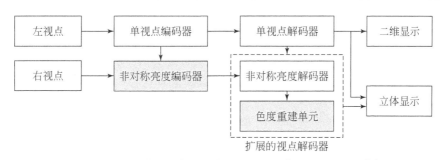

图 4.28　基于非对称亮度和色度质量的立体视频编码方案[32]

基于上述主观实验的结论,在图 4.28 所示的非对称立体视频编码方案中,左视点进行正常编码,而右视点的编码强度取决于立体视觉感知阈值。换句话说,右视点的量化步长受立体视觉感知阈值控制,以保持与左视点的质量差。为了进一步降低右视点的带宽,右视点的色度信息全部被抛弃。最终,明显降低传输码流,并且双目感知能够很好地支持非对称质量。为了恢复右视点被抛弃的色度信息，需要利用左右视点的相关性。如前所述，视差估计是消除视点间冗余的一项关键技术。这里，采用块匹配进行视差估计，且视差信息将被传输到解码端，从而建立起左右视点图像的对应关系，并最终由左视点图像预测得到右视点图像各像素点的颜色值。

对于空洞区域和图像边缘，可以采用两种方案重构色度信息：对空洞区域的视差矢量进行求精，或直接进行上色处理。这里采用第二种方案，以颜色标记像素集合 X 和图像亮度 Y 作为上色算法 φ 的输入信息，通过最小化原始彩色图像与重构图像的重构误差，得到最佳的重构：

$$X^* = \arg \min_X \| I - \varphi(Y, X) \| \tag{4.8}$$

为了客观评价图 4.28 中方法的码率节省性能，设计了四组方案。

方案 I：传统立体视频编码。

方案 II：采用非对称色度信息的立体视频编码。

方案 III：采用非对称亮度信息的立体视频编码。

方案 IV：本节方法。

实验中采用了 Door Flowers、Alt Moabit 等测试序列。实验参数设置为：采用 4 个 Basis QP(22,27,32,37) 作为左视点编码的 QP 值，图像组（group of picture，GOP）长度为 15，总的编码帧数为 90。四组编码方案的码率节省如表 4.19 和表 4.20 所示，表中码率为左右视点的总码率。以方案 I 为基准，能够得到各方案相对于方案 I 的码率节省率。显然，方案 II 的码率节省率小于 10%，这是由于色度信息本身是下采样的，其占总码率的比例较小。通过将立体视觉感知阈值控制在 2dB 范围内，方案 III 能得到 13.41%～34.29% 的码率节省。而结合方案 II 和方案 III 的本节方法能够进一步提高码率节省的程度。总体上，方案 II 的率失真性能优于方案 I，因为通过色度抛弃，总码率明显降低。方案 III 和方案 IV 与方案 I 和方案 II 变化趋势一致，这是因为它们采用了相同的预测结构。显然，由于利用了立体视觉掩蔽效应，本节方法的编码性能并不能简单地通过率失真性能进行测量。

表 4.19　Door Flowers 的码率节省测试结果

Basis QP (左视点)	方案 I 码率 /(Kbit/s)	方案 II 码率 /(Kbit/s)	方案 III 码率 /(Kbit/s)	方案 IV 码率 /(Kbit/s)	码率节省率/%		
					方案 II	方案 III	方案 IV
22	3137.509	2851.751	2061.574	2014.138	9.11	34.29	35.80
27	1462.919	1369.933	1094.938	1063.967	6.36	25.15	27.27
32	801.305	761.180	638.260	617.330	5.01	20.35	22.96
37	478.170	457.240	392.811	378.514	4.38	17.85	20.84

表 4.20　Alt Moabit 的码率节省测试结果

Basis QP (左视点)	方案 I 码率 /(Kbit/s)	方案 II 码率 /(Kbit/s)	方案III 码率 /(Kbit/s)	方案IV 码率 /(Kbit/s)	码率节省率/%		
					方案II	方案III	方案IV
22	4108.515	3829.793	3115.721	3013.005	6.78	24.16	26.66
27	2292.415	2174.729	1917.027	1854.103	5.13	16.38	19.12
32	1328.037	1270.032	1116.744	1078.430	4.37	15.91	18.80
37	800.712	764.0812	693.3497	661.6869	4.57	13.41	17.36

4.7　基于纹理复杂度的非对称立体视频编码失真视觉阈值模型

本节根据立体视觉的掩蔽效应,通过主观感知实验,测定人眼在不同纹理复杂度下,左右视点图像之间恰可察觉失真的最小量化步长差值,分析感知阈值与纹理复杂度之间的关系,揭示纹理因素对非对称感知阈值的影响,最终建立基于纹理复杂度的非对称视觉阈值模型。

4.7.1　主观实验设计

考虑到人眼关于纹理复杂度的非对称视觉感知特性,本节通过主观实验验证得到基于纹理复杂度的非对称视觉阈值量化参数(asymmetrical visibility threshold of quantization parameter,AVT_{QP})模型。首先,采用三维建模与制作软件生成一组不同纹理密度的原始立体图像,按一定规律设置左右视点的编码量化参数,对各原始立体图像进行非对称编码,得到不同质量的立体测试图像,并按一定规律将它们配对组合,建立用于主观测试的非对称立体图像测试库。然后,请若干名主观质量评价人员对非对称立体图像测试库图像进行主观质量评价打分。按照不同纹理密度以及不同左视点编码量化参数 QP_L,对打分数据进行分组统计,采用线性插值计算得到 24 个离散的 AVT_{QP}。另外,生成原始立体图像时,对象区域的纹理密度由图像制作人员主观感知设定,为了便于数据拟合和编码应用,采用局部方差均值来计算和量化各原始立体图像对象区域的平均纹理复杂度。最后,通过非线性拟合得到普适的 AVT_{QP} 模型[33]。考虑到自然场景的立体图像过于复杂,很难得到只有纹理变化而颜色、背景亮度、视差、对比度等因素保持不变的多幅立体图像,不合适用来定量研究纹理信息对于立体视觉感知阈值的影响,因此本节利用三维建模与制作软件 Maya,获得 6 幅单一对象的纹理均匀但密度各不相同的立体图像,6 幅原始立体图像中的单一对象纹理密度为从疏到密,图 4.29 给出了其中 4 幅立体测试图像的左视点图像。

(a)　　　　　　　　(b)　　　　　　　　(c)　　　　　　　　(d)

图 4.29　4 幅不同纹理密度立体测试图像

主观实验的目的是得到不同纹理复杂度的立体图像左右视点视觉阈值。对每幅原始立体图像左视点采用 4 个等级的编码量化参数（QP_l）进行帧内编码，对应每一个等级的左视点 QP_l，再采用 13 个等级的 QP_r 对右视点图像进行帧内编码。其中右图像编码所采用的 13 个等级 QP_r 分别为 $\{QP_l, QP_l+\delta, QP_l+2\delta, \cdots, QP_l+12\delta\}$，$\delta$ 为右视点编码量化参数间隔，如式（4.9）所示：

$$\delta = \begin{cases} \mathrm{round}\left[\dfrac{QP_{max} - QP_l}{12}\right], & QP_l < QP_{max} - 12 \\ 1, & \text{其他} \end{cases} \quad (4.9)$$

式中，QP_{max} 是编码量化参数的最大值，取值为 51。将编码后得到的图像配对组合，其中以左右视点均采用 QP_l 编码的图像组合作为参考立体图像，其余图像组合作为测试立体图像。对应 4 个等级 QP_l，每幅原始立体图像得到 4 组立体图像对比测试集，每组立体图像对比测试集中包含 12 对需要两两对比的立体图像。由 6 幅原始立体图像共得到 24 组立体图像对比测试集用于主观实验。

对 N 幅原始立体测试图像，需要采用客观方法评价其纹理复杂度，用于主观实验阈值关系的建模。本节采用局部方差均值（average of local variance，ALV）来衡量纹理复杂度大小：

$$\mathrm{ALV} = \frac{1}{p_{num}} \sum_{n=0}^{MB_{num}} \sigma_{n,8\times8}^2(i,j) \quad (4.10)$$

式中，p_{num} 为对象区域像素点的个数，MB_{num} 为对象区域内 8×8 块的个数，$\sigma_{n,8\times8}^2(i, j)$ 为第 n 个且块内左上角顶点坐标为 (i, j) 的 8×8 块亮度分量的方差。

主观实验中以立体图像中小球为关注对象，所以只计算小球部分的纹理复杂度而不考虑背景纹理。立体图像的平均纹理复杂度 ALV_{av} 定义为

$$\mathrm{ALV}_{av} = (\mathrm{ALV}_l + \mathrm{ALV}_r)/2 \quad (4.11)$$

式中，ALV_l 和 ALV_r 分别为左右图像小球部分的纹理复杂度。

实验使用的立体显示设备为三星 UA65F9000AJ 超高清（ultra high-definition，UHD）快门式立体电视（65in，16∶9），分辨率为 1920×1080。20 名测试

者的平均年龄为 25 周岁,每位测试者无立体主观打分经验,性别分布均匀,所有人
视力或矫正视力正常,立体视敏度测试正常。实验中采用两两对比法,即同时显示
2 对相同内容但右视点质量不同的立体图像。实验中要求观察者进行观测比较,
指出哪幅立体图像的立体主观感知质量较高。每位观察者需要对 24 组立体图像
对比测试集进行主观打分。对于对比测试集中的每对需要两两对比的立体图像,
以图 4.30 的方式一左一右显示在立体电视上,播放顺序随机,左、右两对立体图像
中的左视点图像质量相同,而右视点图像质量不同。观察者对立体电视上两对立
体图像进行主观质量打分,立体图像播放显示 10s 用于打分,然后观察者休息 3s,
再进行下一对立体图像质量的打分。实验设置 3 个评定选项:左边立体图像质量
好、两对立体图像质量差不多、右边立体图像质量好。被选中选项得 1 分,其他两
项得 0 分,同时告知观察者,当 10s 内无法判断出哪一幅立体图像质量好时,则认
为是两对立体图像质量差不多,以反映最真实的主观质量打分。若观察者认为参
考立体图像的主观质量优于测试立体图像,则认为观察者发现了失真,否则相应失
真不可见。定义主观打分实验中有一半观察者发现失真,而另一半观察者未发现
失真的情况为临界观察点,则达到临界观察点时发现失真的概率为 50%,记临界
观察点对应的右视点视频编码的量化参数为 $\mathrm{QP_{Th}}$。由于 50% 的点所对应的右视
点编码量化参数 $\mathrm{QP_{Th}}$ 未必是实验中使用的 $\mathrm{QP_r}$ 值,因此通过线性插值得到 $\mathrm{QP_{Th}}$:

$$\mathrm{QP_{Th}}\big|_{P=50\%}=\frac{\mathrm{QP}_a(P_b-0.5)+\mathrm{QP}_b(0.5-P_a)}{P_b-P_a} \tag{4.12}$$

式中,a 点为发现失真的概率小于 0.5 且最接近 0.5 的点,其对应概率为 P_a;b 点
为发现失真的概率大于 0.5 且最接近 0.5 的点,其对应概率为 P_b;QP_a 和 QP_b 分别
为 a 和 b 所对应的右视点编码参数。

图 4.30　主观实验场景示意图

再定义 $\mathrm{TAVT_{QP}}$ 表示临界观察点右视点视频编码的量化参数 $\mathrm{QP_{Th}}$ 相对于左
视点视频编码量化参数 $\mathrm{QP_l}$ 的恰可感知失真量化参数的阈值为

$$\text{TAVT}_{QP} = QP_{Th} - QP_l \tag{4.13}$$

4.7.2 实验数据分析和非线性拟合模型

通过两两对比的主观实验及对主观质量打分数据的统计整理,得到如表 4.21 所示的 24 组不同纹理复杂度、左视点图像不同编码量化参数 QP_l 下的 AVT_{QP} 数据。将主观实验所得到的 AVT_{QP} 阈值数据,以左视点图像的不同编码量化参数 QP_l 分组进行线性拟合,得到如图 4.31 所示的结果,可以得到以下规律:

(1) AVT_{QP} 与纹理复杂度相关性很强,随纹理复杂度增大, AVT_{QP} 阈值也增大。

(2) 当左视点 QP_l 取 20、26、32 时, AVT_{QP} 与 ALV_{av} 具有近似线性关系,表现出单调递增特性,而且这三组曲线具有近似的平行关系。当 $QP_l \in [20, 32]$ 时,即左视点图像编码的量化参数 QP_l 较小的情况下, AVT_{QP} 与 ALV_{av} 具有近似的线性关系, ΔAVT_{QP} 与 ΔALV 近似满足 $\lim \Delta \text{AVT}_{QP} / \Delta \text{ALV} \rightarrow k$, k 为某一常数,代表阈值曲线的斜率。且 QP_l 越小,对于给定的 ALV, AVT_{QP} 越大,即当 QP_l 越小时,对于图像纹理复杂度越高,其恰可感知失真的视觉阈值也越高,这主要得益于左视点图像良好的质量,使得右视点图像即使有较大的失真,也不易被察觉。

(3) 对于 QP_l 较大的情况(如 $QP_l \geqslant 38$),纹理复杂度的增大对感知阈值 AVT_{QP} 的影响不很明显,对于不同纹理复杂度的图像, AVT_{QP} 在 $[2, 4]$ 区间波动,不再满足线性关系。这主要是由于当左视点采用较大的 QP_l 时,其视觉质量已明显下降,对立体掩蔽效应的主导作用大大下降。

表 4.21　AVT_{QP} 阈值矩阵

平均纹理复杂度 ALV_{av}	不同纹理复杂度不同编码 QP_l 下的 AVT_{QP}			
	$QP_l = 20$	$QP_l = 26$	$QP_l = 32$	$QP_l = 38$
0.5503	11.3	7.6	4.3	2.7
3.3571	14.8	10.4	4.8	3.5
4.5538	16.7	11.2	5.8	2.9
6.2705	18.6	12.8	7.1	2.3
8.1500	20.1	14.1	8.4	3.4
8.2547	20.1	14.3	8.5	3.5

对 TAVT_{QP} 数据采用二阶非线性拟合,得到如式(4.14)所示的 AVT_{QP} 与 ALV_{av} 以及 QP_l 的关系模型,各系数的推荐取值及其 95% 置信区间如表 4.22 所示,该数学模型如图 4.32 和图 4.33 所示。

$$\text{TAVT}_{QP} = a + b \times \text{ALV}_{av} + c \times QP_l + d \times \text{ALV}_{av}^2 + e \times \text{ALV}_{av} \times QP_l + f \times QP_l^2 \tag{4.14}$$

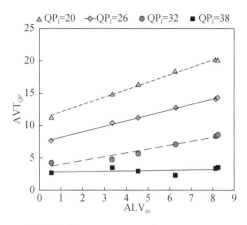

图 4.31 不同左视点 QP_1 下 AVT_{QP} 与 ALV_{av} 的线性拟合关系

表 4.22 各系数的推荐取值及其 95% 置信区间

参数	各系数取值	95% 置信区间
a	30.05	$(24.86, 35.24)$
b	2.355	$(1.89, 2.819)$
c	-1.211	$(-1.564, -0.8588)$
d	0.0007561	$(-0.03232, 0.03383)$
e	-0.05863	$(-0.07037, -0.0469)$
f	0.01265	$(0.006686, 0.01861)$
拟合性能	R-square	0.9942
	调整后 R-square	0.9926
	RMSE	0.5006

注:RMSE 代表均方根误差(root mean squared error)。

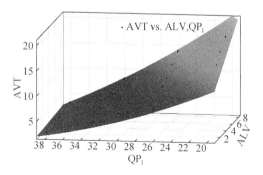

图 4.32 基于纹理特征的 $TAVT_{QP}$ 模型

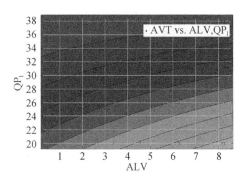

图 4.33　　$TAVT_{QP}$ 与 ALV, QP_1 的关系热图

　　由此,对于任意给定的纹理复杂度 ALV_{av} 和左视点视频编码量化参数 QP_1,可以得到右视点恰可感知失真量化参数的阈值 $TAVT_{QP}$,该参数可直接用于立体图像/视频非对称编码时右视点量化参数的优化。

4.7.3　自然立体图像下 $TAVT_{QP}$ 模型的验证

　　为了验证 $TAVT_{QP}$ 模型在自然立体图像中的立体掩蔽效果,在自然立体图像库 NBU 3D IQA Database [34,35] 上对 $TAVT_{QP}$ 模型进行了测试,实验选取了 NBU 3D IQA Database 中 19 幅立体图像以及立体视频测试序列中随机抽取的 Balloons 序列第 100、247、493 帧,Kendo 序列第 86、259、356 帧,Newspaper 序列第 54、196 帧,PoznanStreet 序列第 98、159、246 帧,共 30 幅如图 4.34 所示的立体图像进行测试。参考图像采用对称编码重建得到,左右视点编码量化参数均为 22。测试图像采用非对称编码重建得到,左视点图像编码量化参数 QP_1 为 22,右视点图像编码量化参数 QP_r 采用 AVT_{QP} 模型计算得到,编码器平台为 HEVC HM13.0。

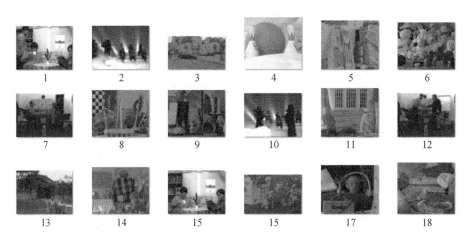

图 4.34　验证实验选取的 30 幅立体图像左视点图像

实验中采用对称编码的参考图像和采用非对称编码的测试图像同时显示到屏幕上,为防止先入为主的视觉惯性,参考图像和测试图像随机地出现在左边或右边,且观察者事先并未被告知两对立体图像各属于哪种算法编码后的结果,仅告知其根据视觉观察对两对立体图像进行主观打分。为了更精细地评价主观质量,主观评价结果采用如表 4.23 所示的评价准则打分。30 幅立体图像最终主观质量评价结果的均值和标准差如表 4.24 所示。

表 4.23　主观评价准则

分值	含 义
−2	测试图主观质量好
−1	测试图主观质量稍好于参考图
0	相同
1	参考图主观质量稍好于测试图
2	参考图主观质量好

表 4.24　主观质量评价结果

观察者编号	主观评价均值	标准差
1	−0.067	0.512
2	+0.033	0.180
3	−0.133	0.499
4	+0.200	0.400
5	+0.167	0.687
6	−0.233	0.559
7	−0.100	0.597
8	−0.033	0.407
9	+0.133	0.562

续表

观察者编号	主观评价均值	标准差
10	+0.033	0.407
11	−0.033	0.482
12	−0.133	0.499
13	+0.167	0.453
14	+0.233	0.716
15	−0.233	0.496
16	−0.033	0.482
17	−0.033	0.407
18	+0.067	0.573
19	−0.033	0.314
20	+0.100	0.597
平均值	+0.003	0.491

注:"+"代表参考图像质量好,"−"代表测试图像质量好。

由表 4.24 可知,主观评价平均值为 +0.003,趋向于 0,且其标准差平均值为 0.491,说明通过非对称感知编码得到立体图像的主观质量与对称编码的主观质量非常接近。图 4.35 给出了 Door Flowers 左视点图像编码的重建图像,以及采用不同方法编码重建得到的右视点图像,并给出了各图像的比特数和 PSNR 值。从比特数的节省程度分析,两对立体图像的右视点图像在采用了非对称编码的方法后比特数节省均在 50% 以上。虽然采用非对称编码时右视点图像客观质量 PSNR 值均有明显下降,但是由于立体掩蔽效应的存在,当观察者观看立体图像时,并不能发现立体图像主观质量的变化。这也验证了 $TAVT_{QP}$ 模型的有效性,即使是针对自然立体图像也能够很好地去除感知冗余,在不降低立体图像的主观质量的同时,进一步节省图像编码的码率。

(a) 编码重建的左视点图像　　　(b) 采用对称编码重建的右视点　　(c) 采用 AVT_{QP} 模型非对称编码重建
（比特数为 358528 bit,　　　　图像（比特数为 378896 bit,　　　的右视点图像（比特数为 183040 bit,
PSNR 为 42.4423dB）　　　　　PSNR 为 42.3267dB）　　　　　PSNR 为 38.5402dB）

图 4.35　Door Flowers 立体图像编码分析（QP=22）

4.7.4　自适应量化参数的非对称立体视频编码方案

3D-HEVC 采用了 HBP 的预测结构。虽然 HBP 多视点视频编码架构采用了可变量化参数的非对称编码策略，即给定一个基础量化参数（basis quantization parameter，QP_{base}），同一时域不同视点的两帧视频编码的 QP 相差 3，同一视点不同时域的视频编码 QP 随着 HBP 参考深度逐级增加[36]，但该平台并未考虑视频内容本身的特点。而事实上一帧图像不同的局部，其纹理、亮度、对比度等特征差异可能很大，且由于立体视觉掩蔽效应的存在，如果整帧图像仅用单一的量化参数编码，势必难以最大限度地消除立体感知冗余。

为了解决上述问题，本节提出基于纹理复杂度的自适应可变量化非对称编码方案，编码框图如图 4.36 所示，即左视点视频采用传统的独立视点编码方案，而右视点视频利用建立的 AVT_{QP} 模型，首先在线计算当前 LCU 的纹理复杂度 ALV，通过 AVT_{QP} 模型计算得到最大可容忍失真 AVT_{QP} 阈值，在当前左视点编码的 QP_l 的基础上自适应调整右视点编码 QP_r，再进行非独立视点编码。

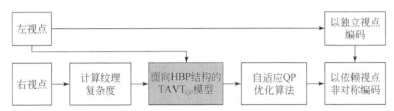

图 4.36　基于纹理复杂度的自适应可变量化非对称立体视频编码方案

AVT_{QP} 模型是在非对称帧内编码基础上得到的，而 HBP 编码架构中各帧采用了大量的时域及视点间预测，因此在该关系模型用于 HBP 的编码架构之前，需要建立帧内帧间量化参数的转化关系。因此，编码失真可表示为[37]

$$D(Q) = \sum_{i=-\infty}^{+\infty} \int_{(i-0.5)Q}^{(i+0.5)Q} (u - C(i))^2 f_U(u) \mathrm{d}u \tag{4.15}$$

式中，u 为原始输入信号，Q 为量化步长，$C(i)$ 为原始输入信号 u 经过量化和反量化得到的重建值。

编码过程中，图像残差 DCT 系数服从零均值的拉普拉斯分布[38]：

$$\begin{cases} f_U(u) = \dfrac{\lambda}{2} \mathrm{e}^{-\lambda|u|} \\ \lambda = \sqrt{2}/\sigma \end{cases} \tag{4.16}$$

式中，σ 是变化残差数据的标准差，λ 是拉普拉斯分布参数。

对式（4.15）进行化简，$D(Q)$ 可近似为

$$D(Q) \approx g(\sigma^2, Q) = \frac{\sigma^2 Q^2}{12\sigma^2 + Q^2} = \frac{Q^2}{12 + Q^2/\sigma^2} \tag{4.17}$$

所以,失真 $D(Q)$ 是预测编码输入 σ^2 和量化步长 Q 的函数。

帧内编码失真可表示为

$$D_I(Q_I) \approx g(\sigma_I^2, Q_I) = \frac{Q_I^2}{12 + Q_I^2/\sigma_I^2} \qquad (4.18)$$

式中,Q_I 表示采用 I 帧编码时的量化步长,σ_I^2 表示采用 I 帧编码时 LCU 未量化前的 DCT 系数方差。

帧间预测的 B/P 帧编码失真可表示为

$$D_{BP}(Q_{BP}) \approx g(\sigma_{BP}^2, Q_{BP}) = \frac{Q_{BP}^2}{12 + Q_{BP}^2/\sigma_{BP}^2} \qquad (4.19)$$

式中,Q_{BP} 为采用 B/P 帧编码时的量化步长,σ_{BP}^2 为采用 B/P 帧编码时 LCU 未量化前的 DCT 系数方差。

编码实验中,保持 I、B、P 帧的失真一致,即 $D_I(Q_I) = D_{BP}(Q_{BP})$,可以得到对于 B/P 帧的编码量化步长 Q_{BP} 和 I 帧编码量化步长 Q_I 之间的转换关系:

$$\begin{cases} Q_{BP}^2 = f(Q_I, \sigma_I^2, \sigma_{BP}^2) = \dfrac{12 Q_I^2}{12 - Q_I^2(1/\sigma_{BP}^2 - 1/\sigma_I^2)} \\ Q_I^2 = g(Q_{BP}, \sigma_{BP}^2, \sigma_I^2) = \dfrac{12 Q_{BP}^2}{12 - Q_{BP}^2(1/\sigma_I^2 - 1/\sigma_{BP}^2)} \end{cases} \qquad (4.20)$$

式中,σ_I^2、σ_{BP}^2 可通过统计实验获得。

由于量化步长 Q 和量化参数 QP 满足关系:

$$Q = 2^{(QP-4)/6} \qquad (4.21)$$

将式(4.21)与式(4.20)结合,可得 B/P 帧量化参数和 I 帧量化参数之间的转换关系:

$$\begin{cases} QP_{BP} = h(QP_I, \sigma_I^2, \sigma_{BP}^2) = 3 \log_2 \dfrac{12 \times 2^{(QP_I-4)/3}}{12 - 2^{(QP_I-4)/3}(1/\sigma_{BP}^2 - 1/\sigma_I^2)} + 4 \\ QP_I = k(QP_{BP}, \sigma_{BP}^2, \sigma_I^2) = 3 \log_2 \dfrac{12 \times 2^{(QP_{BP}-4)/3}}{12 - 2^{(QP_{BP}-4)/3}(1/\sigma_I^2 - 1/\sigma_{BP}^2)} + 4 \end{cases} \qquad (4.22)$$

式中,QP_{BP} 和 QP_I 分别表示采用 B/P 帧和 I 帧编码时的量化参数。由此可见,由帧内编码的感知阈值 QP_I 可以得到其对应的 B/P 帧编码的感知编码阈值 QP_{BP},从而实现在 I 帧阈值与 B/P 帧阈值之间的转化。

4.7.5 实验结果

为了客观评价本节提出的非对称编码方案的性能,使用 3D-HEVC 标准的 HTM13.0 参考软件测试本节算法,选取不同运动特性和相机特性的多视点测试序列进行编码测试,包括 Kendo、Balloons、Newspaper、GhostTownFly、PoznanStreet、PoznanHall2、Shark、UndoDancer 等 8 个立体视频测试序列,并遵照方案 JCT-3V 多视点视频的公共测试环境[39]进行测试。为了比较 HTM13.0 原始平台方法、文献[20]方法和本节方法的编码性能,实验参数设置一致。本节算法与其他两种算法在码率节省方面的性能比较如表 4.25 所示。其中,方案Ⅰ为 HTM13.0 原始平台默认的立体视频编码;方案Ⅱ为将文献[20]模型应用于立体视频编码;方案Ⅲ为本节所提出的自适应可变量化非对称编码。

表 4.25　三种编码方案的码率节省性能比较

测试序列	QP	码率/(Kbit/s)			码率节省率/%	
		方案Ⅰ	方案Ⅱ	方案Ⅲ	方案Ⅱ	方案Ⅲ
Kendo	22	449.3206	347.0215	329.0142	22.77	26.78
	27	186.4948	161.7932	159.7145	13.25	14.36
	32	89.1951	83.1692	84.7606	6.76	4.97
	37	47.2874	46.4049	47.3169	1.87	−0.06
Balloons	22	484.512	381.3378	359.7711	21.29	25.75
	27	213.4338	182.7877	178.8812	14.36	16.19
	32	102.432	95.1951	96.1403	7.07	6.14
	37	54.3065	52.7705	54.0886	2.83	0.40
Newspaper	22	555.8917	399.3378	341.8597	28.16	38.50
	27	232.2683	190.7705	181.104	17.87	22.03
	32	107.6898	97.104	96.9748	9.83	9.95
	37	56.256	53.5089	55.3071	4.88	1.69
GhostTownFly	22	780.7538	565.9138	512.8277	27.52	34.32
	27	226.6369	184.7692	182.52	18.47	19.47
	32	71.1908	67.6246	67.8738	5.01	4.66
	37	30.0738	29.9138	30.16	0.53	−0.29
PoznanStreet	22	2028.2892	1287.8677	1142.9692	36.50	43.65
	27	535.0708	429.2677	419.4462	19.77	21.61
	32	191.8277	175.1815	176.5262	8.68	7.98
	37	82.6092	78.9446	82.0769	4.44	0.64
PoznanHall2	22	647.7846	493.4462	482.1631	23.83	25.57
	27	209.9015	184.1908	186.1015	12.25	11.34
	32	96.1508	90.0277	91.8246	6.37	4.50
	37	49.1046	48.0985	49.2062	2.05	−0.21

续表

测试序列	QP	码率/(Kbit/s)			码率节省率/%	
		方案Ⅰ	方案Ⅱ	方案Ⅲ	方案Ⅱ	方案Ⅲ
Shark	22	1164.3138	928.1871	832.6043	20.28	28.49
	27	460.0283	407.8523	392.8689	11.34	14.60
	32	194.7212	184.5932	185.2135	5.20	4.88
	37	89.9077	88.4825	89.616	1.59	0.32
UndoDancer	22	1515.3569	1101.3662	864.0246	27.32	42.98
	27	470.4277	395.6	360.0615	15.91	23.46
	32	168.1046	158.9169	154.9815	5.47	7.81
	37	72.6892	71.6062	72.8954	1.49	−0.28

由表 4.25 可知,相比于文献[20]的方法,本节方案能够节省更多的编码码率,特别是当 QP 较小时,编码后的右视点码流能够节省 25%～43% 的码率。随着 QP 的增大,本节阈值模型与文献[20]阈值模型得到的感知量化阈值逐渐接近,因此码率的节省程度也逐渐接近。当 QP 等于 37 时,本节所提出的感知量化阈值已非常接近平台默认的左右视点 QP 差值。因此,本节提出的感知阈值模型与编码方案更适用于小量化参数(即高码率)编码的应用场合。

由于经典的客观质量评价方法 PSNR 没有很好地考虑人眼的感知特性,这里采用结构相似性指数测量(structural similarity index measurement,SSIM)对视频质量进行客观评价。表 4.26 进一步给出了各测试序列基于 SSIM 的 BDRD$_{SSIM}$ 率失真性能对比。从表中结果可以看出,在相同的 SSIM 下,本节所提出的编码方案相比于文献[20]能够节省更多的码率。

表 4.26　基于 SSIM 的率失真性能比较

测试序列	方案Ⅲ	方案Ⅱ
	BD-Rate 增益/%	BD-Rate 增益/%
Kendo	−4.396	−4.654
Balloons	−3.958	−2.012
Newspaper	−5.748	−1.517
GhostTownFly	−12.558	−11.248
PoznanStreet	−7.395	−4.320
PoznanHall2	−4.159	0.923

测试序列	方案Ⅲ	方案Ⅱ
	BD-Rate 增益/%	BD-Rate 增益/%
Shark	−8.829	−7.551
UndoDancer	−14.979	−9.381
平均值	−7.753	−4.97

图 4.37 给出了在 SSIM 与码率的率失真性能上比较。针对不同视频内容、纹理信息和运动特性的序列,采用本节方法在 GhostTownFly、Shark、UndoDancer序列时优于其他两种方法。

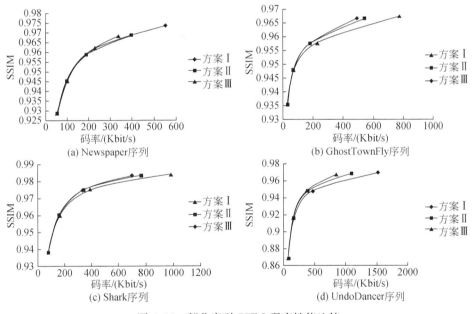

图 4.37　部分序列 SSIM-码率性能比较

为了进一步分析本节算法,进行了主观质量评价,采用双激励连续质量尺度(double stimulus continuous quality scale,DSCQS)进行评测。实验环境设置与之前主观实验相同。主观实验观察者根据播放视频的质量,给出相应的主观分数,最终加权得到各测试视频的平均主观分(mean opinion score,MOS)。表 4.27 给出了各测试序列基于 MOS 值的 $BDRD_{MOS}$ 结果。显然,在相同的 MOS 下,本节方案相比于文献[20]方案更优。图 4.38 为部分序列 MOS 码率的感知率失真性能比较。

表 4.27 基于主观质量评价 MOS 的率失真性能比较

测试序列	方案Ⅲ	方案Ⅱ
	BD-Rate 增益/%	BD-Rate 增益/%
Kendo	−7.987	−0.344
Balloons	−6.278	−2.144
Newspaper	−17.673	−9.149
GhostTownFly	−12.634	−8.585
PoznanStreet	−17.273	−4.107
PoznanHall2	−10.290	−0.681
Shark	−9.790	−6.33
UndoDancer	−16.057	−8.581
平均值	−12.248	−4.990

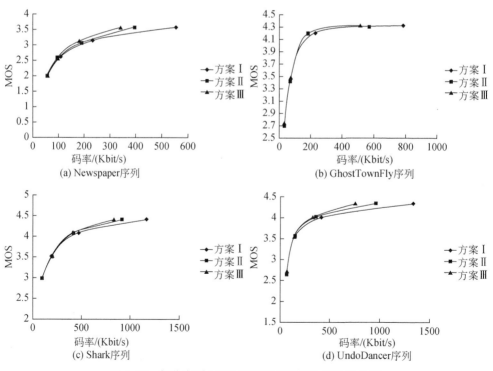

图 4.38 部分序列 MOS-码率的感知率失真性能比较

图 4.39 给出了 UndoDancer 序列用于主观实验的编码重建右视点图像(QP＝22,第 5 帧)。从图 4.39 可知,相较于方案Ⅰ,方案Ⅱ可节省 47.36％的比特数,而方案Ⅲ可节省 65.50％的比特数,即方案Ⅲ相比于方案Ⅱ还可进一步节省 18.14％的比特数。虽然相较于方案Ⅰ,方案Ⅱ和方案Ⅲ的客观质量均有所下降,但其主观质量均与方案Ⅰ结果相当,即由于立体掩蔽效应,质量较好的左视点占立体视觉感知的主要部分,因此观察者无法感知方案Ⅱ和方案Ⅲ中立体图像质量的变化。显然,本节编码方案相比于文献[20]方法,可进一步去除立体视觉中人眼无法感知的纹理冗余,在主观质量一致的情况下进一步节约了码率。

(a) 方案Ⅰ重建帧
(Y-PSNR：41.2084dB, 比特数：
305216 bit, MOS:4.343)

(b) 方案Ⅱ重建帧
(Y-PSNR：40.3526dB, 比特数：
160656 bit, MOS: 4.339)

(c) 方案Ⅲ重建帧
(Y-PSNR：39.9709dB,
比特数：106664 bit, MOS: 4.333)

图 4.39　UndoDancer 序列用于主观实验的编码重建的右视点图像（QP＝22）

4.8　本 章 小 结

与单视点视频相比,立体视频数据量成倍增加,因此对立体视频进行高效的编码对实现立体视频有效的数据传输和存储意义重大。本章首先介绍了熵编码、预测编码、变换编码等常用数字视频编码技术;然后介绍了 H.264/AVC 和 HEVC 国际编码标准、MPEG/3DAV 立体视频编码方案、基于 H.264/AVC 的立体视频编码方案、面向移动三维电视系统的立体视频编码方案;最后介绍了基于人眼视觉阈值的立体视频编码方案、基于纹理复杂度的非对称立体视频编码失真视觉阈值模型、面向感兴趣区域编码的立体图像主观视觉感知与编码等内容。如何利用人眼视觉感知特性(尤其是双目视觉感知特性)是提高立体视频编码效率的有效途径,其中如何进一步从人眼视觉感知特性角度出发研究图像和视频失真的感知测度是一个重要研究问题。

参 考 文 献

[1] 高文,赵德斌,马思伟. 数字视频编码技术原理[M]. 北京:科学出版社,2010.

[2] 李世平. 面向网络的立体视频编码和传输技术研究[D]. 北京:中国科学院计算技术研究所,2006.

[3] ITU-T Rec. H. 264/AVC | ISO/IEC 11496-10 AVC,Document JVT-G050[S]. Pattaya,2003.

[4] 张庚. 多视点编码快速搜索策略研究[D]. 西安:西安电子科技大学,2010.

[5] Zhang Y,Jiang G,Yu M. Low-complexity quantization for H. 264/AVC[J]. Journal of Real-Time Image Processing,2009,4(1):3-12.

[6] ITU-T Rec. High efficiency video coding[S]. Geneva,2013.

[7] Nghia D,Kim T,Lee H,et al. A modified TZ search algorithm for parallel integer motion estimation in high efficiency video coding[C]. International SoC Design Conference,Gyungju,2015.

[8] ISO/IEC JTC1/SC29/WG11. N5169. Description of exploration experiments in 3DAV[S]. Shanghai,2002.

[9] Li S,Yu M,Jiang G,et al. Approaches to H. 264-based stereoscopic video coding[C]. The 3rd International Conference on Image and Graphics,Hong Kong,2004.

[10] Marpe D,Wiegand T,Gordon S. H. 264/MPEG4-AVC fidelity range extensions:Tools,profiles,performance,and application areas[C]. International Conference on Image Processing,Genova,2005.

[11] MOBILE 3DTV[OL]. http://sp. cs. tut. fi/mobile3dtv[2019-01-01].

[12] Gotchev A,Akar G B,Gapin T,et al. Three-dimensional media for mobile devices[J]. Proceedings of IEEE,2011,99(4):708-741.

[13] Fehn C,Kauff P,Cho S,et al. Asymmetric coding of stereoscopic video for transmission over T-DMB[C]. IEEE 3DTV Conference,Kos, 2007.

[14] 杨海龙. 基于移动终端的立体视频编解码研究[D]. 宁波:宁波大学,2010.

[15] Pan Z,Jiang G,Jiang H,et al. Stereoscopic image super-resolution method with view incorporation and convolutional neural networks[J]. Applied Science,2017,7(6):526.

[16] Senoh T,Yamamoto K,Oi R,et al. Consideration of depth format[R]. Antalya:ISO/IEC JTC1/SC29/ WG11,2008.

[17] Julesz B. Foundations of Cyclopean Perception[M]. Chicago:The University of Chicago Press,1971.

[18] Tam W J. Image and depth quality of asymmetrically coded stereoscopic video for 3D-TV[R].

San Jose：ISO/IEC JTC1/SC29/WG11，2007.

[19] 王旭. 交互式立体视频系统中的图像质量分析方法研究[D]. 宁波：宁波大学，2010.

[20] Wang X，Jiang G，Zhou J，et al. Visibility threshold of compressed stereoscopic image：Effects of asymmetrical coding[J]. The Imaging Science Journal，2013，61(2)：172-182.

[21] Meegan D V，Stelmach L B，Tam W J. Unequal weighting of monocular inputs in binocular combination：Implications for the compression of stereoscopic imagery[J]. Journal of Experimental Psychology：Applied，2001，7(2)：143-153.

[22] Brust H，Smolic A，Mueller K，et al. Mixed resolution coding of stereoscopic video for mobile devices[C]. 3DTV Conference：The True Vision—Capture, Transmission and Display of 3D Video 2009，Potsdam，2009.

[23] Keelan B W，Urabe H. ISO 20462，A psychophysical image quality measurement standard[C]. Imaging Quality and System Performance，San Jose，2004.

[24] Engeldrum P G. A theory of image quality：The image quality circle[J]. Journal of Imaging Science and Technology，2004，48(5)：447-457.

[25] Liu L，Xia J，Heynderickx I，et al. Visibility threshold in sharpness for people with different regional backgrounds[J]. Journal of the Society for Information Display，2004，12(4)：509-515.

[26] Qin S，Ge S，Yin H C，et al. Just noticeable difference of image attributes for natural images[J]. Digest of Technical Papers—SID International Symposium，2007，38(1)：326-329.

[27] Rajae-Joordens R，Engel J. Paired comparisons in visual perception studies using small sample sizes[J]. Displays，2005，26(1)：1-7.

[28] Kollmeier B，Gilkey R H，Sieben U K. Adaptive staircase techniques in psychoacoustics：A comparison of human data and a mathematical model[J]. Journal of the Acoustical Society of America，1988，83(5)：1852-1862.

[29] Thurstone L L. A law of comparative judgment[J]. Psychological Review，1927，34(4)：273-286.

[30] Mccullagh P M，Nelder J A S. Generalized Linear Models[M]. London：Chapman & Hall，1989.

[31] NIST/SEMATECH e-Handbook of Statistical Methods[OL]. http：//www. itl. nist. gov/div898/handbook[2018-12-01].

[32] Shao F，Jiang G，Wang X，et al. Stereoscopic video coding with asymmetric luminance and chrominance qualities[J]. IEEE Transactions on Consumer Electronics，2010，56(4)：2460-2468.

[33] 朱天之. 面向 3D-HEVC 的率失真优化与码率控制技术研究[D]. 宁波：宁波大学，2014.

[34] Wang X，Yu M，Yang Y，et al. Research on subjective stereoscopic image quality assessment[C]. Multimedia Content Access：Algorithms and Systems Ⅲ，San Jose，2009.

[35] Zhou J，Jiang G，Mao X，et al. Subjective quality analyses of stereoscopic images in 3DTV system[C]. IEEE Visual Communications and Image Processing，Taiwan，2011.

［36］Paul M,Lin W,Lau C T,et al. A long-term reference frame for hierarchical B-picture-based video coding［J］. IEEE Transactions on Circuits and Systems for Video Technology,2014, 24(10):1729-1742.

［37］Xu L,Ji X,Gao W,et al. Laplacian distortion model (LDM) for rate control in video coding［C］. The 8th Pacific RIM Conference on Advances in Multimedia Information Processing, Hong Kong,2007.

［38］Si J,Ma S,Wang S,et al. Laplace distribution based CTU level rate control for HEVC［C］. IEEE Visual Communications and Image Processing,Kuching,2013.

［39］Müller K,Vetro A. Common test conditions of 3DV core experiments［R］. San Jos:JCT-3V,2014.

第5章　多视点视频编码

面向三维视频系统的多视点视频的数据量随着其视点数增加而成倍增加,为了能够有效传输和存储多视点视频,需要研究压缩性能优异的多视点视频编码方法和技术。本章主要分析讨论多视点视频序列的相关性和多视点视频编码方案,以及依据相关性的多种模式选择的多视点视频编码方案。

5.1　引　　言

随着成像、信号处理、通信、显示等领域技术的发展,视频技术正向立体化、网络化、超高清晰度、高动态范围等方向发展,三维视频因为能提供给用户立体感和视点交互性的视觉新体验而越来越受到人们的关注[1-4]。多视点视频作为三维视频系统中三维场景的主要表示方式之一,在影视娱乐和数字角色、虚拟现实系统、游戏、远程医疗和会诊、机器人远程操作、军事对抗仿真与虚拟战场等方向有广泛的应用前景。然而,多视点视频数据量是普通单视点视频的几倍甚至几十倍,如此巨大的数据量对信号处理、压缩、传输和存储提出了挑战[5,6],因此多视点视频编码是三维视频系统的核心技术。国际标准化组织/国际电工委员会的运动图像专家组、国际电信联盟的视频编码专家组等已充分意识到多视点视频等的重要性和应用前景,并制定了相关编码标准[7-9]。

面向三维视频系统的多视点视频存在明显的信息冗余。图 5.1 为多视点视频的数据冗余示意图,对于多视点视频,除了存在单通道视频存在的相邻帧的时域冗余、相邻像素间的空域冗余、频域的感知冗余外,还存在视点间冗余以及双目感知冗余等。这些信息冗余为设计高效的多视点视频编解码技术提供了方向。多视点视频编码技术除了需要具有空域/时域/质量可分级性等单通道视频系统所需的性能外,还需要具有高效的压缩性能,支持不同的编码视频流数量以解码单路或某几路视频,满足低延时的编解码、视点和时间等的低延时随机访问、视点可分级和有效的内存管理等要求[10-13]。典型的多视点视频编码算法主要有 Simulcast[14]、顺序预测法[15]、基于 M 帧(M-picture)的多视点视频编码方法[16]、Group-of-GOP(GoGOP)结构[17,18]和基于分层 B 帧的多视点视频编码方法[19]等。这些多视点视频编码方法虽然能降低视点间冗余,但在三维视频系统交互性、随机访问、视点可分级等综合性能上的支持,还有待于进一步提高[20]。另外,这些单一预测结构和编码方法未考虑用户对视频不同区域的视觉感知和视觉敏感度的区别,也未能进一步挖掘多视点视频的视觉冗余。而根据人类双目视觉感知过程中的视觉注意、双目融合与竞争等,挖掘双目感知冗余,能够进一步提高多视点视频编码效率[21-23]。针对多视点视频的不同应用,其视频编码需要关注与压缩相关的性能、系统支持相关性能等[10,24-26]。

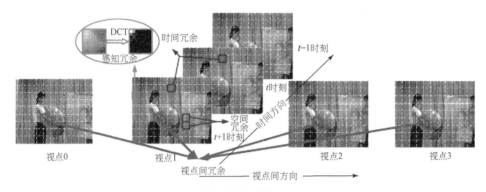

图 5.1　多视点视频数据冗余示意图

5.2　多视点视频序列的时域与视点间相关性分析

多视点视频序列存在时域相关性、视点间相关性,这些相关性随视频场景、相机密度、光照、相机及对象运动情况等因素的不同而变化。因此,多视点视频编码算法的压缩效率除了受算法本身优劣性的影响外,还受测试序列时域相关性与视点间相关性的影响。例如,针对稠密相机拍摄的视点间相关性较大的测试序列,若编码器主要采用时间帧作为参考帧,则可能编码效率不高。为了设计对具有不同时域/视点间相关性的多视点视频序列均具有高压缩效率的多视点视频编码算法,需要对多视点视频序列的时域/视点间相关性进行细致分析[27-29]。

5.2.1　相关性分析方法

为了进行多视点视频序列的时域/视点间统计分析,采用如图 5.2 所示的帧间预测结构,图中,P 为当前统计帧,水平方向的 V1、V2、V3 和 V4 为 P 帧的同一时刻不同相机拍摄的相邻视点参考帧,竖直方向的 T1、T2 和 T3 是与 P 帧同相机拍摄的同一视点的前 3 个时刻的参考帧。将 P 帧分块进行块匹配,从同一视点不同时刻的 3 个参考帧(T1、T2 和 T3)和同一时刻不同视点的 4 个参考帧(V1、V2、V3 和 V4)中寻找最佳匹配块,统计 P 帧中所有宏块选用不同参考帧的情况。所在参考帧的最佳匹配块越多,P 帧与该帧的相关性越大。运动/视差估计采用绝对误差和(sum of absolute difference,SAD)匹配准则,SAD 定义为

$$SAD(\boldsymbol{d}) = \frac{1}{N_1 N_2} \sum_{n \in B_s} | C_{\mathrm{ur}}(\boldsymbol{n}) - R_{\mathrm{f}}(\boldsymbol{n} + \boldsymbol{d}) | \tag{5.1}$$

式中，B_s 表示 $N_1 \times N_2$ 大小的图像块，N_1 和 N_2 为整数，C_{ur} 表示当前帧的像素值，R_{f} 表示参考帧中对应位置的像素值，$\boldsymbol{d}$ 表示运动/视差矢量。SAD 最小时的参考块是对应的最佳匹配块；在所有参考帧中，最佳匹配块数越多，表示该参考帧和当前统计帧的相关性越大，相关性以最佳匹配块的百分数来表示。

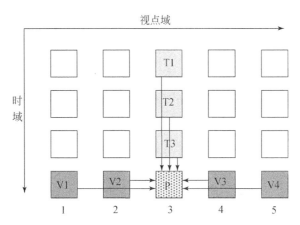

图 5.2　时域和视点域相关性分析的预测结构

这里采用基于 H.264/MVC 平台的多视点视频编码方案，并采用率失真优化（rate-distortion optimization，RDO）准则，最佳匹配块代价 RD_{cost} 为

$$RD_{\mathrm{cost}} = SAD + R(\lambda) + R_{\mathrm{f}}(\lambda) + R_{\mathrm{MV}}(\lambda) \tag{5.2}$$

式中，SAD 为绝对误差值，表示视频编码中的失真程度，$R(\lambda)$、$R_{\mathrm{f}}(\lambda)$ 和 $R_{\mathrm{MV}}(\lambda)$ 分别为残差码率、参考帧及运动矢量码率。

由于仅采用 SAD 的匹配准则在表现多视点各帧相关性上不够精确，式(5.2)采用失真度 SAD 和码率($R(\lambda)+R_{\mathrm{f}}(\lambda)+R_{\mathrm{MV}}(\lambda)$)共同决定率失真代价。考虑到匹配过程中可能出现多个最佳匹配块，引入相关性重复块的概念[20,27]。对于当前块在各个参考帧中各自的最佳匹配块，令 SAD_{r_k} 表示当前块在 r_k 参考帧上的最佳匹配块的 SAD 值，$SAD_{\min}$ 表示遍寻所有参考帧获得的当前块的最佳匹配块的 SAD 值（即最小 SAD 值），若满足

$$SAD_{r_k} = SAD_{\min} \tag{5.3}$$

则认为当前块与其在 r_k 参考帧上的最佳匹配块 k 块的相关度和当前块的最佳匹配块的相关度一致。例如，在图 5.3 中，对于当前编码帧 c，其运动/视差估计的参考帧分别为 r_1、r_2 和 r_3，MV_{r_1}、MV_{r_2} 和 MV_{r_3} 是当前块在对应参考帧中的运动/视差矢量。若 $SAD_{r_1}=SAD_{\min}$、$SAD_{r_2}=SAD_{\min}$ 且 $SAD_{r_3}>SAD_{\min}$，则根据式(5.3)的重复块判定原则，认为当前块的最佳匹配块为 r_1 帧和 r_2 帧上的块，r_2 上的块为重复

块。在相似度计算上,r_1帧和r_2帧同时加1。这种情况越多,表示 SAD 相近的块越多;此时,该部分块的 $\mathrm{RD_{cost}}$ 容易受参考帧和运动矢量码率($R_f(\lambda)+R_{MV}(\lambda)$)的影响。

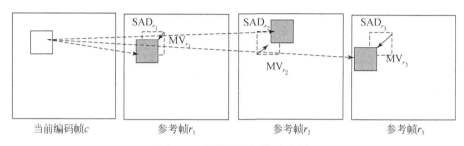

图 5.3　相关性重复块示意图

设 R_T 和 R_S 分别为块匹配过程中时域和视点间(空间)参考帧所占最佳匹配块的百分比,$R_T+R_S=1$。序列统计分析的关系包括:①时域相关性 R_T 和视点间相关性 R_S 的比例关系;②时域内部相关性分布关系;③视点间内部相关性分布关系。

为了得到精确的多视点视频时空相关性信息,选取了由 KDDI 公司[30]、名古屋大学[31]、MERL[32] 和 HHI[33] 提供的具有不同序列属性与拍摄条件的多视点视频测试序列为实验对象,如表 5.1 所示。

表 5.1　多视点视频测试序列相关参数

测试序列		序列属性	分辨率	相机间距/cm	帧率/(帧/s)	阵列类型
KDDI 公司	Flamenco1	运动缓慢,色度变化大	320×240	20	30	一维
	Object1	运动缓慢,曝光				
	Object2	视差较大				
	Race1	运动较剧烈				
	Race2	运动剧烈				
	Golf1	相机平移,运动很缓慢				
	Flamenco2	色度变化大				二维十字
	Crowd	运动缓慢,视差较小				
名古屋大学	Aquarium	会聚相机阵列,小运动	320×240	3	10	拱形
	Xmas	稠密平行相机	640×480	0.3	—	一维
MERL	Exit	大视差	640×480	9.5	25	一维
	Ballroom	旋转运动,剧烈				
HHI	Jannie	头肩序列	1024×768	0	25	一维

5.2.2　多视点视频序列相关性统计结果及其数据分析

采用基于块匹配的方法对多视点视频序列进行相关性统计分析,表 5.2 为各多视点视频序列最佳匹配块在时域、空域的相对分布,体现了多视点视频序列的时域、视点间相关性分布,百分比值越大,说明对应相关性(即信息冗余)越大[20]。由表 5.2 可知,对于相机间距较大、运动缓慢的多视点视频,以时域相关性为主,如 Crowd、Race1、Objects1、Jannie 和 Aquarium 等多视点视频序列[30,32],其 R_T 为 83.21% 到 90.97%;反之,对于 Xmas 等多视点视频序列,由于其相机间距小,视点间相关性很大(R_S 为 80.83%);而对于 Race2、Flamenco1 和 Flamenco2 等多视点视频序列[30],虽以时域相关性为主,但视点间相关性也占一定比例(R_S 为 25.06% ~ 42.43%),尤其在视频场景变化剧烈或环境光照带来的显著亮度、色度变化时,时域、视点间相关性会呈现出此消彼长的态势。

表 5.2　各序列相关性时、空域分布及重复匹配块比例　　　（单位:%）

测试序列		R_T	R_S	重复块比例
KDDI 公司	Crowd	83.21	16.79	4.39
	Flamenco1	74.94	25.06	8.01
	Flamenco2	72.12	27.88	7.19
	Golf1	95.35	4.65	6.74
	Race1	89.91	10.09	6.25
	Race2	57.57	42.43	57.89
	Object1	87.34	12.66	5.15
名古屋大学	Aquarium	90.97	9.03	1.38
	Xmas	19.68	80.32	8.08
MERL	Exit	89.12	10.88	5.19
	Ballroom	83.79	16.21	0.83
HHI	Jannie	85.75	14.24	19.37

图 5.4 为 6 个多视点视频序列的时域、视点间相关性分布图,百分比越大表明该帧与当前编码帧(0,0)的相关性越大。图 5.4(a)、(b)和(c)分别为 Object1、Flamenco1 和 Crowd 序列的时域、视点间相关性分布图,从序列的整体统计上看,相关性主要分布于时域的 T3 时刻,占 50% ~ 75%。对于图 5.4(d)和(e)的 Aquarium 和 Golf1 序列时域、视点间相关性分布图,相关性也主要分布于时域(R_T 分别为 90.97% 和 95.35%),但在时域上,各个时刻 T1、T2、T3 的相关性比较相近,甚至有出现 T1 时刻的相关性大于最邻近的 T3 时刻的情况。由于这类序列冗

余信息集中于时域,因此一般适宜通过运动补偿预测来消除冗余。对于图 5.4(f)
的 Race2,其在整体上仍然以时域相关性为主,但是视点间相关性也占了不小的分
量,约 42%。显然,对这类序列通过视差补偿预测加运动补偿预测(MCP+DCP)
的方式可更大程度地消除信息冗余,提高编码效率。此外,一般视点间相关性随着
相机间距增大而减小,所以针对这类序列,鉴于计算复杂度代价,考虑视差补偿预
测时选择最邻近的视点作为参考帧。

　　图 5.4(g)为 Xmas 序列时域与视点间相关性分布图。由于 Xmas 序列采用了
非常稠密的相机阵列进行成像,其相关性集中于视点间。因此,可以通过视差补偿
预测消除其视点间冗余。另外,由于 Xmas 的相机间距只有 3mm,其最佳相关性
并不在最邻近的 V2 和 V3 视点。这是由于邻近相机间距过小,以致实际视差矢量
小于最小视差矢量单位(如 1/4 像素)。对于 Xmas 这样稠密的多视点视频序列,
其视点间相关性一开始随着相机间距的增大而增大,其后又随相机间距的增大而
减小。

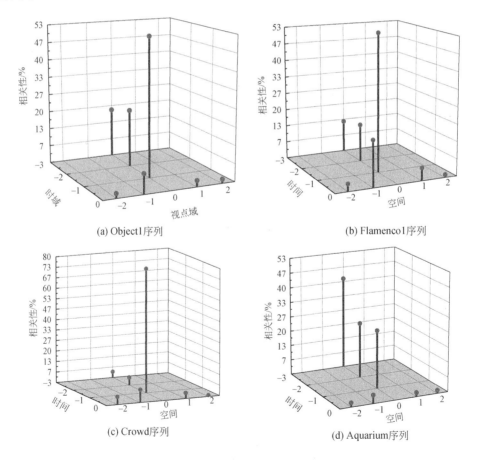

(a) Object1序列　　　　　　　　　　　　　(b) Flamenco1序列

(c) Crowd序列　　　　　　　　　　　　　(d) Aquarium序列

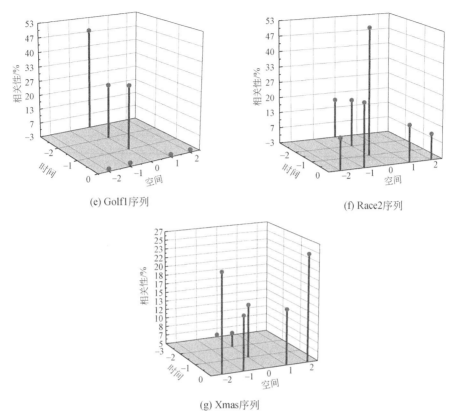

(e) Golf1序列　　　　　　　　　　　　　　(f) Race2序列

(g) Xmas序列

图 5.4　多视点视频序列的时域、视点间相关性分布图

　　图 5.5 为多视点测试序列 Crowd、Flamenco1、Object1、Race2 和 Xmas 的相关性动态分析图,图中,V1～V4 分别表示 4 个相邻视点帧,而 T1～T3 分别表示 3 个时域相邻帧。图 5.5(a)所示的 Crowd 序列总体上以时域相关性为主,时域相关性约占 85%(仅 T3 时刻即约占 80%),而视点间相关性约占 15%,为少数。在被测的 600 个时刻中,相关性分布稳定,基本无浮动,只是在时域内部分布上,部分时刻 T3 相关性减少而 T1、T2 相关性有所增加。

　　图 5.5(b)为 Flamenco1 序列相关性动态分析图,T3 相关性占 50% 左右,随后的 T2、T1 和 V2 各约占 15%,再次是 V1、V3 和 V4。从图中可见,该序列总体上以时域相关性为主,时域相关性总和约 75%,而视点间相关性约占 25%,为少数。但第 180～220 帧、第 440～460 帧,瞬时 V2 的相关性增加,甚至超过了 T3 的相关性。这主要是由于该时段 Flamenco1 序列是在灯光亮度变暗过程中拍摄的,其时域相关性减少,使得视点间相关性增加;另外,在 450 帧以后,V3 的比例增加为 20% 以上,这主要是色度调整后,该段的视点间相关性提高。总体而言,该序列仍

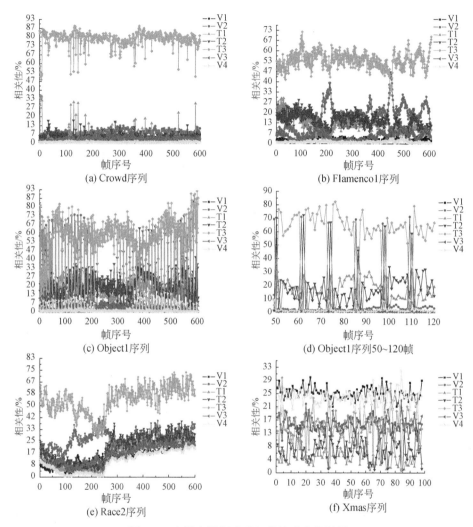

图 5.5　多视点视频序列相关性动态分析图

属于时域相关性为主；而在时域内部，其相关性主要分布于最邻近的时域帧。

　　图 5.5(c)为 Object1 序列的相关性动态分析图，该序列总体上以时域相关性为主，时域相关性约占 85%（仅 T3 时刻即约占 60%），视点间相关性为少数。部分时刻出现时域相关性骤减而视点间相关性剧增的情况，起伏较大。图 5.5(d)为该序列的第 50~120 帧的相关性放大图。大约在 $t=61$、73、85、97、109 等时刻上，整体时域相关性骤减为 15% 左右，而视点间相关性剧增为 85% 左右，其原因在于在上述时刻，序列中发生了闪光现象，由于是大面积的亮度和色度的突变，时域相关性极小；而各视点同时曝光，其视点间相关性更大。

图 5.5(e) 为 Race2 序列的相关性动态分析图,总体上,该序列以时域相关性为主,约占 55%,其中最邻近的 T3 时刻相关性明显大于 T1 和 T2 时刻,而视点间相关性其次,约占 45%。由于相机安置在赛车上随车运动,该序列从 100 帧开始至 270 帧左右,因赛车转弯运动剧烈,时域相关性减少而视点间相关性增大,尤其是第 200~270 帧这一段,赛车大角度急转弯,导致该时段视点间相关性大于时域相关性。随后 300 帧至最后,赛车行直道,有远景拉近的效果,由于序列平稳,重复块增多(据统计 Race2 序列重复块约有 57.8%),整体相关性均有增加。

图 5.5(f) 为 Xmas 序列的相关性动态分析图,在统计的 100 个时刻中,虽然在时刻与时刻之间,视点间和时域相关性有浮动,如 T3 波动较大,最大、最小相关性分别为 1%($t=84$)、30%($t=40$),然而整体上 V1 和 V4 约占 25%,其次的 V3 和 V2 约占 17%,再次为时域最邻近时刻 T3,为 15% 左右,最后是 T1 和 T2 时刻,各占 5% 左右。据图可知,Xmas 不同于上述 4 个序列,它以视点间相关性为主,约占 80%,而时域相关性占少数。

5.2.3　本节小结

多视点视频信号的时域/视点间相关性随着视频场景、相机密度、光照、相机及对象运动情况等因素不同而变化。多视点视频编码的编码效率除了受算法本身的优劣性影响外,还受测试序列的时空相关性影响。本节分别对不同的视频序列做了相应的时空相关性统计分析,通过对基于多视点视频序列的相关性静态和动态分析,将多视点视频序列分为以下三类:

(1) 以时域相关性为主。时域相关性占绝对优势,视点间相关性很弱。

(2) 时域、视点间相关性相对均衡分布。相关性在时域、视点间分布相对接近,同占较大份额。

(3) 以视点间相关性为主。视点间相关性占绝对优势,时域冗余较少。

基于上述得到的多视点视频序列相关性的结论,就可以利用它们的时域/视点间相关性特性更有效地编码,以进一步提高编码的率失真性能和编码效率。

5.3　基于时域/视点间相关性的各类多视点视频编码方案

5.3.1　多视点视频编码预测结构

多视点视频信号由多相机成像系统同步采集得到,各个视点的视频信号间因为相机位置的不同而存在差异,但所拍摄的多视点视频内容具有明显的相似性。在多视点视频编码中,可以利用运动补偿预测来消除时域冗余,利用视差补偿预测来消除空间冗余。但如前所述,多视点视频序列的相关性与相机阵列的设置、相机与拍摄对象的距离、对象与相机的运动方式、光照等有着非常明显的关联性。因此,根据多视点视频编码环境的不同,结合不同的时域/视点间预测方式,可以获得性能各异的多视点视频编码方案。多视点视频预测结构直接影响多视点视频编码的编码效率、编解码复杂度、内存需求和随机访问等性能。本节针对不同应用的各种性能需求,分析研究 6 个类型、9 种典型的多视点视频编码预测结构。

1. Simulcast 预测结构

作为多视点视频编码性能评价的参考,Simulcast 预测结构是在 H.264/AVC 视频编码标准的基础上实现多视点视频编码的一种最简单的预测结构[34],该结构对各视点视频分别进行独立预测与编码,其中每个 GOP 中各视点的第一帧使用帧内编码(I 帧),其余帧参考时间轴上的前一时刻帧,仅做运动补偿预测、不做视点间预测。Simulcast 预测结构如图 5.6(a)所示,由于没有考虑视点间的相关性,其编码效率低;但由于其低计算复杂度、低延时和高随机访问等性能,常在现行的多视点视频系统中得到应用。鉴于 Simulcast 预测结构的不足,人们提出了考虑视点间预测的多视点视频编码改进方案[35],如图 5.6(b)所示,称为 IPPP 预测结构。每个 GOP 第一时刻中间视点关键帧采用帧内编码,从中间到两边依次使用视点间预测编码得到其他视点关键帧,其他时刻帧采用与 Simulcast 相同的编码方式。通过消除第一时刻的视点间相关性,IPPP 预测结构在一定程度上提高了编码效率,同时又支持低延时的随机访问。

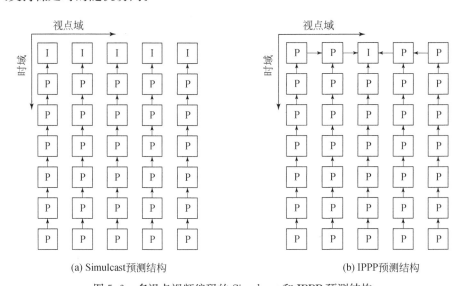

(a) Simulcast预测结构 (b) IPPP预测结构

图 5.6　多视点视频编码的 Simulcast 和 IPPP 预测结构

2. 顺序视点预测结构

顺序视点预测(sequential view prediction)结构是一种结合了视差估计和运动估计的多视点预测方法[36],它能较好地利用相邻视点和前一时刻的相关信息降低编码冗余,其预测结构如图 5.7 所示。图 5.7(a)为 P 帧顺序视点预测结构,其第一个视点序列采用运动补偿预测进行编码,以后第 n 视点各帧采用视差补偿预测和运动补偿预测联合预测,参考第 $n-1$ 视点的对应帧和当前视点已编码帧,其中采用 P 帧方式的多视点预测结构是早期的 3DAV 编码方案,图 5.7(a)为其 5×7 预测结构。图 5.7(b)为 B 帧的顺序视点预测结构,它是 P 帧顺序视点预测结构的改进形式,存在着 5 种帧类型:I 帧(帧内编码)、P′帧(视点间预测)、P 帧(时域预测)、B′帧(时域、视点间双向预测,可参考两帧 P、P′或 B′)、B 帧(时域、视点间双向预测,可参考帧包括 B 帧)。该结构通过 B 帧的双向预测结构,提高了编码效率和随机访问性能,但也增加了计算复杂度。顺序视点预测结构能够解决多视点视频预测中遮挡和暴露问题,它所采用的多参考帧预测方式也能够减少相邻视点和时域关联,具有较高的编码效率;但采用了多参考预测方式,会导致随机访问和部分解码性能不佳,也容易导致错误传播等问题。另外,采用多参考帧预测编码方式无疑增加了多视点视频编码的计算复杂度。

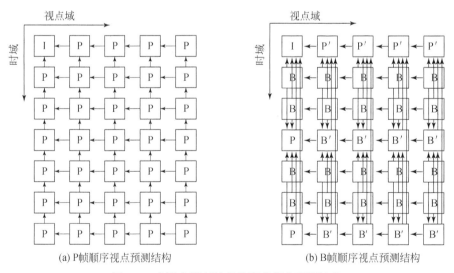

(a) P帧顺序视点预测结构　　　　　　　　(b) B帧顺序视点预测结构

图 5.7　多视点视频编码的顺序视点预测结构

3. Lim 等的多视点视频编码预测结构

Lim 等采用基于 MPEG-2 的主、辅码流结构,在码流中引入视点语法信息以支持多视点视频系统的视点可分级性(view scalability)[37]。他们提出了 GGOP 的概念,通过运动估计和视差估计消除时域和视点间冗余;在其构建的五视点的 GGOP 预测结构中,可形成 1、2 或 5 个主码流。图 5.8(a)是仅有一个主码流的预测结构,称为 One-I 类型,其中具有 I 帧的视点为主视点,采用帧内预测编码(I 帧)和运动补偿预测编码形成主码流,其余视点参考主视点进行预测编码,通过运动补偿预测和视差补偿预测联合预测编码成辅助码流。GGOP 的编码预测结构类型有 6 种帧类型:I 帧(帧内编码),Pt 帧和 Bt 帧通过运动补偿预测来消除时域冗余,Ps 帧和 Bs 帧通过视差补偿预测消除视点间冗余,Bts 帧同时消除空间冗余和时间冗余,在 One-I 型 GGOP 中主要采用 Bts 帧时域和视点间联合预测来消除冗余。图 5.8(b)为具有两个主码流的多视点视频编码结构,称为 Two-I 类型,其第二、四视点为主码流形式,第一、五视点采用时空联合预测,而第三视点采用空间预测。

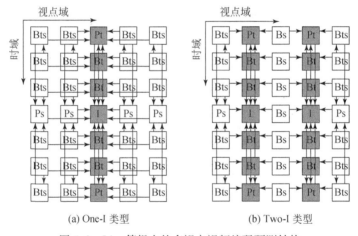

(a) One-I 类型   (b) Two-I 类型

图 5.8　Lim 等提出的多视点视频编码预测结构

　　为了支持三维视频系统的视点可分级,该算法在码流中加入 k 比特的视点信息,解码终端根据显示设备信息和码流中的视点信息,选择部分解码多视点视频。若终端显示设备是单视点数字电视,则解码端只解码主码流并显示;当终端显示设备是立体显示设备时,解码端解码主码流和一个辅码流;当终端为多视点显示设备时,解码端解码主码流和多个辅码流。

　　在支持视点可分级的同时,该方案的参考帧至多两帧,同时,由于采取 I 帧置于 GOP 中心位置的策略,该方案具有较好的随机访问性能;该预测结构还支持十字相机阵列;当视点数增加时,需要适当增加主码流数以保证随机访问和率失真等性能。

　　4. 基于 Multi-direction 帧的多视点视频编码预测结构

　　日本名古屋大学 Fujii 等针对稠密相机阵列的光线空间数据提出了基于

Multi-direction 帧（M 帧）的编码结构[16]，如图 5.9(a)所示，M 帧有 4 个参考帧，分别是两个时间帧（一前一后），两个空间帧（一左一右），以此提高 M 帧视差/运动估计精度，以减小帧内编码块数量和残差码率。该方案对处于空域和时域边缘的图像帧采用了类似于传统视频编码的 I、B、P 帧编码结构。

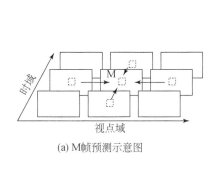

(a) M帧预测示意图

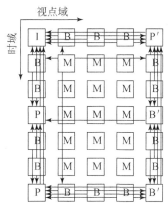

(b) 多视点视频编码的M帧预测结构

图 5.9　基于 M 帧的多视点视频编码预测结构

为了进一步提高多视点视频编码的效率，Fujii 等[38]结合率失真优化对 Multi-direction 帧采用 5 种宏块类型、21 种宏块模式进行编码，具体包括：帧内编码（1种）、单向帧间预测无残差编码（4 种）、单向帧间预测兼残差编码（4 种）、双向帧间预测无残差编码（6 种）、双向帧间预测兼残差编码（6 种）。作为选择方式判断标准的率失真函数为

$$J = \min[\mathrm{SAD}_i + R(\lambda)_i] \qquad (5.4)$$

式中，SAD_i 表示编码失真，$R(\lambda)_i$ 表示编码消耗码率。

为满足多种编码模式的最优化选择，在 M 帧编码过程中，引入了迭代运算、路径传播算法和新的率失真优化函数。M 帧通过高复杂度的率失真优化和更准确的时、空域联合预测，减少了预测残差和帧内块数，但这是以较大的计算复杂度为代价的。图 5.9(b)给出了 5×7 的基于 M 帧的预测结构，在实际的多视点视频编码中还可根据需要对该预测结构进行扩展，该预测结构的边缘帧采用传统的 I、B、P 帧进行预测编码；而中间图像帧采用 M 帧方式进行预测编码，充分利用了其 4 个参考帧的相关性，以高性能的 M 帧来补偿 P′ 和 B′ 帧的效率损失。该方法比较适用于稠密平行相机阵列的多视点视频编码。由于 M 帧预测结构中各个模式之间通过比较复杂的率失真优化算法选择最佳帧模式，且引入了多参考帧、路径传播和迭代算法，因此计算复杂度很高。Fujii 等采用该预测结构主要是用于相对稠密的压缩光线空间数据，未考虑随机访问和视点可分级等性能，部分解码性能不佳。

5. GoGOP 预测结构

低延时随机访问性能是三维视频系统与自由视点视频系统通信应用的一项至关重要的指标,日本电报电话公司(NTT 公司)为提高解码端的随机访问性能,提出了 GoGOP 预测结构[17,18],以实现视点间和时域低延时性。GoGOP 预测结构将 GOP 分成两种类型:BaseGOP 和 InterGOP。BaseGOP 中的编码帧仅采用运动补偿预测。而对 InterGOP 的编码可参考当前 InterGOP 和 BaseGOP,称为 SR;在 SR 的基础上参考其他 InterGOP 时,则称为 MR。图 5.10(a)结构中只要 BaseGOP 及时解码就能保证 InterGOP 低延时地随机接入。图 5.10(b)是另一种 GoGOP 结构,即使 InterGOP 组未能解码,也可通过 BaseGOP 组插值获得,以保障解码端低延时地随机接入。

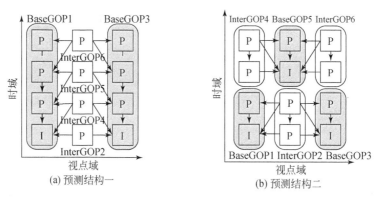

图 5.10　两种 GoGOP 预测结构

若多视点视频有 5～9 个或更多个视点,则需要将 GoGOP 编码结构进行扩展,一种方法是增加 BaseGOP 的数量,但是 I 帧的增加会导致编码效率的降低;另一种方法是不增加 BaseGOP,只在两个 BaseGOP 中插入更多的 InterGOP,但由于加入了 InterGOP 之间的相互参考,降低了随机访问性能。图 5.11 分别给出了两种 5×7 结构的 GoGOP 拓扑结构,是 GoGOP 方法的扩展,BaseGOP 分别为 2 个和 3 个,InterGOP 采用 SR 和 MR 的编码方式,图中黑色方块表示关键帧,为 I 帧或 P 帧,灰色方块表示 NS(non-stored)帧,为非存储帧。当 NS 帧同时刻帧解码后,NS 就可以从解码帧存储器(decoded picture buffer,DPB)释放;黑色和灰色方块组成 BaseGOP,白色方块为 P 帧或 B 帧,组成 InterGOP。

GoGOP 结构对解码端随机访问的支持是其最大特点。当用户选择 BaseGOP 视点观看时,InterGOP 无须解码。在视点切换至 InterGOP 视点时,为了满足低延时需求,可通过插值获得 InterGOP,然而该方式无法保证解码质量,易导致视点间视频质量起伏大的问题。GoGOP 中采用多个 BaseGOP 的方法可提高随机访问能

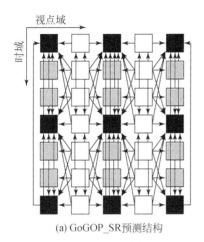

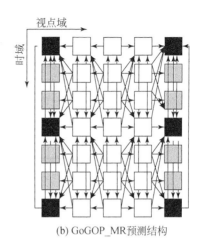

(a) GoGOP_SR预测结构　　　　　　　　　　(b) GoGOP_MR预测结构

图 5.11　GoGOP 的两种拓扑结构

力,但多个 I 帧以及多个 BaseGOP 没有消除视点间冗余,导致编码效率低下。另外,根据多视点视频相关性统计分析可见,多视点数据相关性主要集中在同一视点的相邻时刻和同一时刻的相邻视点。InterGOP 部分帧比较盲目地参考了不同时刻、不同视点帧(相对于当前编码帧),编码效率提高甚微,却导致了较高的编码复杂度和随机访问代价。

6. 基于分层 B 帧预测的多视点视频编码方案

在兼容 H. 264/MPEG4-AVC 的单通道分层 B 帧视频编码方案中,视频序列的第一帧由帧内编码方式编码成即时解码刷新(instantaneous decoding refresh, IDR)帧,其中的 I 帧和 P 帧最为关键,先于 GOP 其他帧编/解码,如图 5.12 所示。GOP 按层次编码 B 帧,即先编码 B_n 帧,然后编码 B_{n+1} 帧。单通道的分层 B 帧预测编码方法主要通过双向预测结构提高编码性能。另外,在分层 B 帧预测结构上还给出了以下算法:

(1)新的运动估计方法和模式选择。令 QP 为量化参数,拉格朗日参数 λ_{MODE} 和 λ_{MOTION} 定义为

$$\lambda_{\text{MODE}} = 0.85 \times 2^{\text{QP}/3}, \quad \lambda_{\text{MOTION}} = \sqrt{\lambda_{\text{MODE}}} \tag{5.5}$$

(2)迭代双向运动估计。通过迭代的双向预测方法提高 B 帧的预测精度,减小残差,提高编码效率,但是迭代运算增大了计算代价。

(3)量化策略。突破传统 B 帧量化参数加 2 的量化策略,即 $\text{QP}_B = \text{QP}_{\text{I/P}} + 2$,根据新的预测结构特点可设计更具鲁棒性的量化策略:

$$\text{QP}_k = \begin{cases} \text{QP}_{k-1} + 4, & k=1 \\ \text{QP}_{k-1} + 1, & k>1 \end{cases} \tag{5.6}$$

式中,QP_0 为关键帧的量化参数。

(4)量化补偿系数设计。原 H.264 量化算法为

$$c_i = \mathrm{sign}(t_i)(|t_i| + fq)/q \tag{5.7}$$

式中,f 为补偿系数,$f = \begin{cases} 1/3, \text{帧内编码} \\ 1/6, \text{帧间编码} \end{cases}$,$t_i$ 和 c_i 分别为量化输入系数和量化输出系数,q 为量化步长。在分层 B 帧编码中,若 B 帧多于两层,则关键帧宏块和帧内宏块补偿系数 $f = 1/3$ 以尽可能保证参考帧信息,提高主观质量;若 B 帧少于两层,则采用原 H.264/AVC 量化方法。

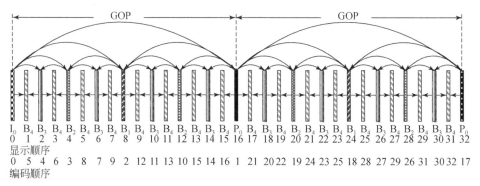

图 5.12　单通道 5 层 B 帧的 HBP 预测结构

单视点视频分层 B 帧预测编码方案通过合理的码率分配策略和预测结构支持多层次的时间可分级,显著提高了率失真性能。对于绝大多数视频序列,相同码率条件下,该编码方案的峰值信噪比相比于经典的 IBBP 编码模式平均提高 1.5dB,同时,对缓慢或规则运动的视频序列还可提高其主观质量。在此基础上,HHI 提出了基于分层 B 帧预测的多视点视频编码方案[19],该方案以其高效的压缩性能而被纳入编码标准。该结构延续了单视点分层 B 帧预测编码方法的高预测精度特点,并基于多视点视频序列相关性的时域/视点间分布特征(主要集中于时域最邻近帧且小部分在视点间最邻近帧的统计特点),采用时域运动补偿预测为主、视差补偿预测为辅的策略,提高了编码效率。在努力提高压缩效率的同时,基于分层 B 帧的视频编码还考虑了随机访问、编解码复杂度等性能。

为了支持三维视频系统的随机访问、差错鲁棒性等,每个 GOP 的帧数为视点数(N_{view})×GOP 长度(L_{GOP}),GOP 长度可为 8、12 或 15,其中帧数为 12 和 15 刚好符合随机访问的要求。对于访问 GOP 中任意一帧所要预先解码的帧数,即随机访问代价,该代价与 B 帧层次有关。其中,最大随机访问代价 $F_{\max}$ 计算为

$$F_{\max} = 3 \times \mathrm{Level}_{\max} + 2 \times [(N_{\text{view}} - 1)/2] \tag{5.8}$$

式中,$\mathrm{Level}_{\max}$ 表示最大 B 帧层次。

　　图 5.13 中的分层 B 帧预测结构有 8 个视点,其 GOP 长度为 8;那么,解码 B_4 帧(S5/T7)则需要预先解码 $F_{max}=18$ 帧,即图中的 I 帧(S0/T0、S0/T8)、P 帧(S2/T0、S4/T0、S6/T0、S2/T8、S4/T8、S6/T8)、B1 帧 (S5/T0、S5/T8、S4/T4、S6/T4)、B2 帧(S5/T4、S4/T6、S6/T6)和 B3 帧(S5/T6、S4/T7、S6/T7)。基于分层 B 帧预测的多视点视频编码方案中编解码器的解码帧缓冲容量 DPB_{min} 设置为

$$DPB_{min}=2\times L_{GOP}+N_{view} \tag{5.9}$$

解码帧缓冲用于存储参考帧。若要多视点视频数据通过编码器编码成一个视频流,则编码器的复杂度将是原单通道编码复杂度的 N_{view} 倍,对于实时解码器也同样呈 N_{view} 倍关系。编码延时主要来自编解码后的重排列。最大延时发生在编解码最后一个视点的数据,需要延时 $(N_{view}-1)\times L_{GOP}$。

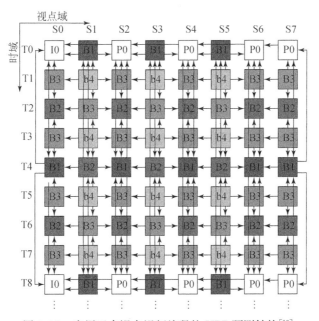

图 5.13　应用于多视点视频编码的 HBP 预测结构[19]

　　为便于进行有效的内存管理,可采用帧重排序(frame reordering)策略。在图 5.14 中,编码顺序始于第一个时刻的所有视点帧,即(S0~S7)/T0,然后逐视点沿时间轴进行 Z 字形扫描编码 GOP 中余下的帧。后续 GOP 也依次编码。所以,在编码之前须将各个视点的数据连成一个 YUV 文件。在解码端则是一个逆过程,将解码生成的一个 YUV 文件生成多个分离的视点数据,因此实时多视点视频编码系统需要较大的缓存要求。基于分层 B 帧的多视点视频编码方案具有压缩效率较高的特点,重要的是该结构还支持多层次时间可分级。图 5.13 为 8×8 的四层 B 帧预测结构,图中 I 表示帧内编码帧,P 帧为单向预测的帧间编码帧,I/P 帧组

成了 GOP 的关键帧；GOP 的其余帧为 B 帧编码方式，B 帧分成多个层次，B1～B4 分别表示 4 个 B 帧层次。该结构的解码帧存储器内存消耗较大，预存帧达一个 GOP，即($N_{view} \times L_{GOP}$)帧，显然，其复杂度较高，实时性较差。其次，该结构适用于时域相关性大于视点间相关性的多视点视频序列，而对于稠密的数据，其编码效率较低。

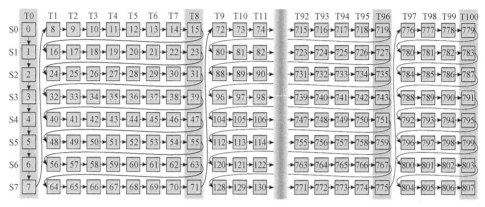

图 5.14　分层 B 帧预测结构的帧重排序

5.3.2　多视点视频编码方案的实验结果与分析

1. 率失真性能分析与比较[27]

为了评估各多视点视频编码算法的编码效率，采用 H.264 JM8.5 main profile[39] 作为基本测试平台实现相关多视点视频编码方法，选用了如表 5.3 所示的 6 组具有不同属性的多视点视频测试序列。各方案中 I、B、P 帧及 M 帧采用一致性量化参数，且使用最少的参考帧数。图 5.15 为各预测结构的率失真性能比较图，其中，HBP 为基于分层 B 帧的多视点视频编码方法[19]，BSVP 和 PSVP 分别表示采用 B 帧和 P 帧的顺序预测法[15]，GoGOP_SR 和 GoGOP_MR 是对应 GoGOP 的两种编码方法[17]，Jeong 表示 Lim 等的方案[37]，而 Mpicture 表示 Fujii 等提出的基于 M 帧的多视点视频编码方法[16]，Simulcast 和 IPPP 分别表示基于 H.264 编码的 Simulcast 方法[14] 及其改进方法[35]。

表 5.3　多视点视频测试序列

测试序列	序列属性	分辨率	相机间距/cm	编码帧数 $V \times T$
Flamenco1	运动缓慢，色度变化			5×105
Race2	运动剧烈	320×240	20	5×105
Golf2	相机平移，运动缓慢			5×105

续表

测试序列	序列属性	分辨率	相机间距/cm	编码帧数 $V \times T$
Vassar	大背景静止,小运动	640×480	19.5	5×105
Xmas	稠密平行相机	640×480	3	5×70
Aquarium	会聚相机阵列,小运动	320×240	≈3	5×105

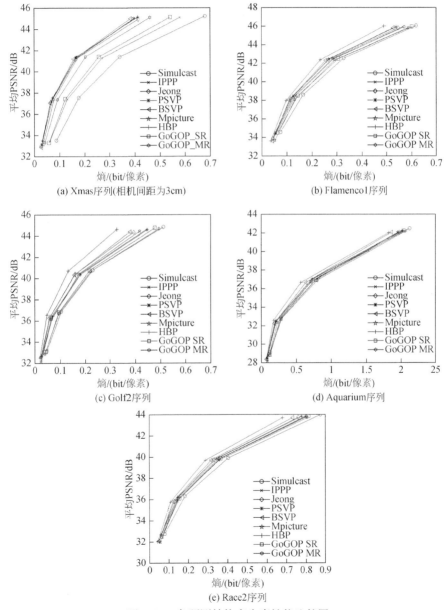

图 5.15　各预测结构率失真性能比较图

实验结果表明,基于分层 B 帧的多视点视频编码方法通过合理的预测,对时域相关性为主导的多视点视频数据(如 Flamenco1、Golf2)以及运动剧烈的多视点视频数据(如 Race2)均取得优良的编码率失真效果,相对于 BSVP 方法,其率失真性能平均提高 0.5～1dB;而对于 Xmas 等稠密序列,以时域预测为主的分层 B 帧的多视点视频编码方法率失真性能有所下降,劣于 BSVP 和 Mpicture 方法。另外,对于所有测试序列,BSVP、PSVP、Jeong、Mpicture 等 4 个方法均保持相对较高的编码效率,但 PSVP、Jeong、Mpicture 方法针对不同属性序列,性能波动相对较大。Jeong 方法编码时域相关性极强的 Vassar 序列的效率低于 Simulcast 方法。Mpicture 方法针对稠密序列具有较高的编码效率,但对于时域相关性为主的测试序列,编码效率较低。GoGOP_SR 和 GOGOP_MR 方法对于稠密序列(Xmas 3cm 相机间距),效率比 Simulcast 有较大提高,然而针对时域相关性主导的多视点测试序列性能较差。对于时域相关性极强的 Vassar 和 Aquarium 等序列,由于本身视点间相关性小,各多视点视频编码方法相对于 Simulcast 的率失真性能提高较少。

2. 随机访问性能分析

单视点视频支持的随机访问包括快进、后退或进度条拖动以观看前面或后面的内容。而多视点视频随机访问的形式复杂许多,一般认为需包括同一视点内的快进、快退,以及播放视点切换(view sweeping)和静止视点切换(也称为 frozen moment)等访问方式。假设用于编码的 n 个视点、每个视点 m 帧的多视点视频帧总数 $s=n×m$ 是有限的,为了分析解码端对用户随机访问的支持能力,令 x_i 表示在对第 i 帧进行解码前需要提前解码的帧数,p_i 为用户随机访问第 i 帧的概率,则随机访问代价的数学期望 F_{av} 和最大预解码帧数 F_{max} 定义为

$$F_{av} = \sum_{i=1}^{m×n} x_i p_i \tag{5.10}$$

$$F_{max} = \max\{x_i\} \tag{5.11}$$

随机访问代价 F_{av} 是评价某种多视点视频编码方案对随机访问支持程度的一个重要指标,这个代价越高,说明解码端对随机访问的支持能力越差,为支持随机访问而消耗的资源就越多,F_{max} 表征随机访问的最大延时。例如,在基于分层 B 帧的多视点视频编码方案中,$F_{max} = \max\{x_i\} = 3×Level_{max} + 2×[(N_{view}-1)/2]$,其中,$Level_{max}$ 和 N_{view} 分别表示最大 B 帧分层数和视点个数,F_{max} 和 F_{av} 随 GOP 长度的增加而增加。随机访问代价表征多视点视频编码算法对随机访问的支持程度,该指数越小,表示支持随机访问性能越好。如表 5.4 所示,Simulcast 和 Lim 方法最佳,GoGOP 和 IPPP 模式次之,最差的是采用 P 帧的顺序视点预测方法。

表5.4　多视点视频编码的预测结构性能对比表

预测结构		随机访问代价		PN_{min}	DPB_{min}	部分解码代价	
		F_{av}	F_{max}			F_{SV}	F_{DV}
Simulcast		3.0	6	30	1	7	14
GoGOP	♯1(SR)	3.63	9	111	16	12.6	21.7
	♯2(MR)	4.63	14	114	16	15.4	25.2
顺序视点预测	P帧	11.0	34	58	7	21	28
	B帧	7.5	19	83	7	21	28
M帧		6.0	20	97	16	16	22.4
HBP*		7.6	16	96♯	21	15.2	26.1
Lim方案		3.14	5	62	8	12.6	18.2
IPPP		4.2	8	34	3	8.2	15.2

* 表示计算相关性能指数时,预测结构为5×8的GOP预测结构;

♯ 表示HBP方法中采用了计算复杂度更大的递归运动估计/视差估计算法。

3. 编解码复杂度分析

1) 计算复杂度

在基于H.264/AVC的多视点视频编码算法中,大量视差补偿预测和运动补偿预测的使用提高了压缩效率,但也导致了较高的计算复杂度,是多视点视频编码所消耗计算时间的主要因素。多视点视频编码或视差补偿预测的次数 PN_{min} 反映了多视点视频编码结构的计算复杂度,PN_{min} 越大,计算复杂度越高,反之,则越低。例如,图5.6(a)的Simulcast方案中,若P帧编码只采用一帧参考帧,则整个GOP所需最少运动估计次数为 $PN_{min}=30$。由表5.4可知,GoGOP方案在编码InterGOP时盲目地参考了不同时刻的不同视点帧,计算代价巨大而压缩性能提高甚微,其计算复杂度最大。采用HBP、M帧的多视点视频编码方法和B帧顺序预测方法计算复杂度其次,Simulcast和IPPP方法计算复杂度最低。

2) 内存消耗

内存消耗可分为编码端内存消耗和解码端内存消耗两部分,在多视点视频编码端的内存消耗主要包括解码帧存储器和实时编码系统的多视点数据缓存,其中解码帧存储器存储编码或重建所需的参考帧;而解码端内存消耗主要包括解码帧存储器和显示输出缓存。在编解码过程中的内存消耗主要取决于参考帧存储帧数,其容量与编码顺序的合理性相关。记各个编码方法均采用了最佳的编码顺序情况下所消耗的解码帧存储器容量为 DPB_{min},以此来表征多视点视频编码方案的内存消耗。例如,Simulcast按视点顺序编码GOP时,即编码完视点 n 后再编码视

点 $n+1$,且只采用一个参考帧的情况下,解码帧存储器容量只需存储当前编码帧的前一预测帧,因此其 $DPB_{min}=1$。基于上述内存管理策略,各算法的最小解码帧存储器值如表 5.4 所示。由表可见,Simulcast 和 IPPP 方法最佳,而 HBP 编码方法、M 帧编码方法和 GoGOP 方法的内存消耗较高。

4. 部分解码性能分析

视点可分级性不仅增强了三维视频系统的视点交互性能,而且使得多视点视频可以显示于不同的显示终端,如多视点显示器、立体显示器或高清晰度电视,该性能展示了编码算法对于不同显示系统的支持程度,即解码器要能够依据显示终端不同的输入视点数选择性解码所需的视点[10]。视点可分级性越好,解码所需视点所需要的预解码帧数就越少。这里,引入两个变量 F_{SV} 和 F_{DV} 来衡量多视点视频编码算法单通道可分级性和双通道可分级性[29]。令 O_n 表示编码 2D-GOP 单元的所有帧的集合,$X_{i,j}$ 表示解码并显示 2D-GOP 中的 (i,j) 位置的帧需要预解码的帧的集合,$X_{i,j}$ 满足 $X_{i,j} \subseteq O_n$。令 ρ_j 为用户选择第 j 个视点播放的概率,$\rho_{j,k}$ 为用户选择第 j 个和第 k 个视点立体播放的概率。因此,单通道可分级指数 F_{SV} 和双通道可分级指数 F_{SV} 和 F_{DV} 可以表示为

$$F_{SV} = \sum_{j=1}^{M_{view}} \left[Card\left(\bigcup_{i=1}^{N_{time}} X_{i,j} \right) \rho_j \right] \tag{5.12}$$

$$F_{DV} = \sum_{j=1}^{M_{view}} \sum_{k=j+1}^{M_{view}} \left\{ Card\left[\bigcup_{i=1}^{N_{time}} (X_{i,j} \bigcup X_{i,k}) \right] \rho_{j,k} \right\} \tag{5.13}$$

式中,Card 表示一个集合的取秩运算。视点可分级性不仅关系到视频的解码帧数,还关系到编码端发送的视点数和帧数。视点可分级性越好,即 F_{SV} 和 F_{DV} 越小,则编码端发送的帧数也随之减少。在评价各个编码算法的视点可分级性时,假设用户选择视点的事件为均匀概率,即 $\rho_j=0.2$,$\rho_{j,k}=0.1$。部分解码性能的优良与否表现了算法对视点可分级、用户的视点切换等功能的支持能力。单/双视点的平均解码代价 F_{SV} 和 F_{DV} 反映了各编码预测结构的部分解码性能,代价越小则支持低延时部分解码能力越强。HBP 编码方案可以直接解码奇数视点,然而当解码偶数视点数据时,必须额外解码所参考的两个奇数视点。由表 5.4 可见,Simulcast 和 IPPP 结构的部分解码性能最佳,GoGOP_SR 方法、Lim 方案和 HBP 方案次之。顺序视点预测方法的顺序依赖结构导致部分解码代价最大。

5.3.3 本节小结

综上所述,Simulcast 预测结构的随机访问、内存消耗、部分解码性能和计算复杂度几项指标均为最佳,然而由于没有考虑视点间相关性,其压缩效率最低。因此,Simulcast 预测结构比较适合于拥有高带宽条件的实时应用系统。IPPP 方法

在 GOP 的第一时刻充分利用视点间相关性,相对 Simulcast 提高了编码效率,但
随机访问等几项性能略有下降。该类结构按时间方向顺序编码,在实时系统中可
节省视频缓存。HBP 预测方法平均压缩性能最佳,并且还支持多层次的时间可分
级,但解码帧存储器消耗较大,另外对于实时编码应用,需增加一个 GOP 的预存帧
数,内存要求高;而该方案的随机访问、计算复杂度、部分解码性能相比各方案地位
居中。顺序视点预测方法虽然有利于缓解遮挡暴露问题,压缩效率较高,且实时系
统视频缓存需求低,然而,顺序依赖的结构形式却导致随机访问代价大,部分解码
能力和视点可分级支持能力差。采用 B 帧顺序视点预测方法一般比 P 帧顺序视
点预测方法有更佳的随机访问性能和压缩效果,但增加了计算复杂度。Lim 方法
采用主、辅码流结构支持视点可分级,并采用将 I 帧置于 GOP 中间的策略,保证了
低资源消耗、高随机访问性能和部分解码能力,同时兼顾时、空冗余,具有较高的压
缩效率。而 GoGOP 方法通过增加 BaseGOP 的方式提高随机访问性能;然而,编
码 InterGOP 时,未充分考虑多视点视频信息的相关性分布情况,较盲目地增加参
考帧以提高编码效率,导致计算复杂度急剧增大和单视点/双视点的部分解码等
性能下降。以上各方案均具有各自的性能优势,适用于不同的应用场合,研究并
优化随机访问、可分级性和编解码复杂度等性能是多视点视频编码方法需要进
一步探究的问题。

5.4　基于 H.264 的多视点视频编码

MPEG 在 MPEG-2 标准中提出了支持宏块级 MVP 方案,随后在 MPEG-4 标
准第 2 版中又增加了 MAC 的扩展以支持多视点视频技术。2003 年,MPEG 广泛
征集对实现三维视频的技术支持,其后征集多视点视频编码的提案,并于 2005 年
起开始了多视点视频编码的标准化进程,进行核心实验,确定测试序列和测试条
件。在 H.264/AVC 视频编码校验模型(joint model, JM)[39] 基础上提出了
JMVM。JMVM 利用分层 B 帧编码预测结构,在发展过程中接纳了亮度改变自适
应运动/视差补偿预测编码、运动估计 Skip(Motion Skip)模式、视点合成预测
(view synthesis prediction)等技术,是研究多视点视频编码的理想研究平台。在
JMVM 基础上发展了 JMVC(joint multiview video coding)标准[40]。多视点视频
序列除了视点内的时域冗余外,视点间也存在较大的空间冗余。时域冗余主要通
过运动补偿预测来消除,而视点间冗余需视差补偿预测来消除,JMVM(JMVC)采
用了图 5.13 所示的分层 B 帧预测结构进行编码。

JMVM 采用了多参考帧和多搜索方向技术,使得帧间预测的可选范围更大,
搜索也更为精确,可以获得较高的编解码图像质量,但同时会增加编码器的计算复

杂度,明显影响编码速度[41-43]。每个编码帧的宏块模式可分为帧内与帧间的预测宏块模式,其帧间预测宏块模式又可分为 Skip、Inter16×16、Inter16×8、Inter8×16、Inter8×8、Inter8×8Frext,而 Inter8×8 模式又可进一步分为 Inter8×4、Inter4×8 以及 Inter4×4 大小的块。帧内模式可分为 Intra16×16、Intra8×8 和 Intra4×4。每种帧间预测宏块模式下,又要遍历多个参考帧和三个搜索方向来寻找最优参考帧。JMVM 采用 H.264 中的最优参考帧选择技术,通过率失真优化准则确定当前宏块模式下的最优参考帧,其率失真代价计算如下:

$$J(s,c,\text{MODE}|\lambda_{\text{MODE}})=\text{SSD}(s,c,\text{MODE}|\text{QP})+\lambda_{\text{MODE}}R(s,c,\text{MODE})$$

(5.14)

式中,MODE 表示当前宏块的一种帧间预测宏块模式,$J(s,c,\text{MODE}|\lambda_{\text{MODE}})$ 表示 MODE 模式下的率失真代价值,s 为原始视频,c 为采用 MODE 模式编码后的重构视频,$R(s,c,\text{MODE})$ 表示 MODE 模式下用来编码宏块头信息、运动(视差)信息和所有 DCT 系数的所有编码比特数,$\text{SSD}(s,c,\text{MODE}|\text{QP})$ 为原始信号和重构信号间的平方差值和(sum of square difference),λ_{MODE} 为拉格朗日乘子,其计算如下:

$$\lambda_{\text{MODE}}=0.85\times2^{(\text{QP}-12)/3}$$

(5.15)

$$\text{SSD}(s,c,\text{MODE}|\text{QP})=\sum_{i=1,j=1}^{B_1,B_2}|s[i,j]-c[i-m_x,j-m_y]|^2$$ (5.16)

式中,B_1 和 B_2 分别表示块的水平像素数和垂直像素数,实验中取值为 16、8 和 4,$\boldsymbol{m}=(m_x,m_y)^\text{T}$ 表示当前块的视差矢量或运动矢量。

图 5.16 为 JMVM 中多参考帧选择和搜索模式选择过程[40]的示意图,具体如下:首先遍历前向搜索方向参考帧列表中的多个参考帧,根据率失真代价准则确定前向搜索方向上的最优参考帧,并把该率失真代价值作为前向搜索方向的率失真代价值;然后遍历后向搜索方向参考帧列表中的多个参考帧,根据率失真代价准则确定后向搜索方向上的最优参考帧,并把该率失真代价值作为后向搜索方向的率失真代价值;接着遍历双向搜索方向参考帧列表中的多个参考帧,根据率失真代价准则确定双向搜索方向上的最优参考帧,并把该率失真代价值作为双向搜索方向的率失真代价值;最后把率失真代价最小的搜索方向确定为最优搜索方向,该方向上的最优参考帧作为这种宏块模式下的最优参考帧。

在多视点视频系统的实际应用中,多参考帧预测补偿的残差与测试序列的特征相关。对于时域相关性较强的序列,当前编码帧只需要搜索参考帧列表中的第一帧就可以找到最优匹配块。这是因为 JMVM 采用参考帧就近重新排序的原理对参考帧进行了重排列。因此,参考帧列表中的第一帧是时间上离当前帧最近的已编码帧。虽然多参考帧技术可以获得良好的编码效果,但显著增加了编码的复杂度。在基于 JMVM 的多视点视频编码中,最优参考帧选择的结果有一定统计规

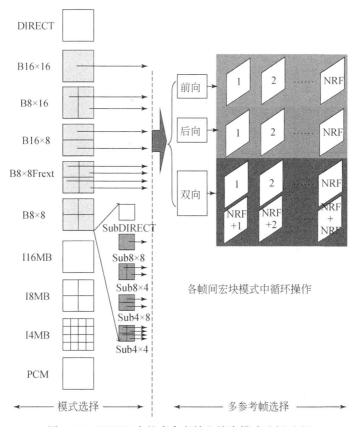

图 5.16　JMVM 中的多参考帧和搜索模式选择过程

律。为了进一步了解不同参考帧在实际多视点视频测试序列中被采纳的情况,这里选择 7 个典型的多视点视频序列,在相同实验条件下(参考帧数目为 4,前向参考 2 帧,后向参考 2 帧)利用率失真优化模型寻找最优参考帧,并统计出最优参考帧的分布概率,实验数据如表 5.5 所示。表中的 P_1 和 P_2 分别表示参考帧列表中第 1 个参考帧(R_1)和第 2 个参考帧(R_2)被选为最优参考帧的概率,P_1 和 P_2 分别计算如下:

$$P_1 = \frac{N_{R_1}}{N_{R_1} + N_{R_2}} \tag{5.17}$$

$$P_2 = \frac{N_{R_2}}{N_{R_1} + N_{R_2}} \tag{5.18}$$

式中,N_{R_1} 和 N_{R_2} 分别表示 R_1 和 R_2 作为最优参考帧的宏块的数量。

表 5.5　最优参考帧概率统计　　　　　　　　　　　（单位：%）

测试序列	第一级辅助视点中 R_1 和 R_2 被选为最优参考帧的概率		第二级辅助视点中 R_1 和 R_2 被选为最优参考帧的概率	
	P_1	P_2	P_1	P_2
Race1	99.46	0.54	98.75	1.25
Exit	97.92	2.08	97.08	2.92
Ballroom	94.99	5.01	92.58	7.42
Ballet	96.84	3.16	96.04	3.96
Breakdancers	91.94	8.06	88.47	11.53
Door Flowers	99.73	0.27	99.01	0.99
Alt Moabit	98.84	1.16	96.01	3.99

由于主视点和第一级辅助视点（S_0、S_2、S_4 和 S_6）除了 P 帧外其他编码帧没有视点间的参考关系，因此 R_1 和 R_2 都为时间上的参考帧，但 R_1 比 R_2 在时间上更接近当前编码帧。第二级辅助视点（S_1、S_3、S_5 和 S_7）按时间顺序优先的原则排列参考帧，即 R_1 表示时间上与当前编码帧最为接近的参考帧，R_2 表示与当前编码帧紧密相邻的视点间参考。从表 5.5 中可以发现以下规律：

（1）R_1 被选为最优参考帧的概率最大，平均有 96.26%，远远大于 R_2 被选为最优参考帧的平均概率 3.74%。这说明对于时域相关性强的测试序列，即使遍历多个参考帧，最终选择 R_1 帧作为最优参考帧的概率比较大。在这种情况下，利用多参考帧提高的编码效率并不明显，而增加的计算量无疑变成了一种浪费。

（2）对于不同测试序列，P_1 和 P_2 的值有所不同，这与测试序列本身的特性有关。对于背景比例大、运动平缓的测试序列，往往在 R_1 中就能找到最优匹配块。而对于运动剧烈、场景变换多的测试序列，由于其视频内容变化较大，R_1 可能很少有对应的最优匹配块，需要在其他参考帧中搜寻最优匹配块。

（3）对于同一测试序列，主视点和第一级辅助视点的 P_2 值要小于第二级辅助视点的 P_2 值。虽然在实际多视点视频采集过程中有噪声的影响，但相邻视点间同一时刻的图像内容还是十分接近的。因此，相邻视点同一时刻的 R_2 帧和当前编码帧的相关性还是比同一视点的 R_2 帧大。

综上所述，对大多数多视点视频序列而言，时域相关性要大于视点间相关性，即与时域的参考帧预测相比，视点间预测的效率较低，多视点视频编码的效率主要来自时域预测。因此，相比 R_1，参考帧列表中其余的参考帧被选为最优参考帧的概率很低，而每增加一个参考帧就会增加一倍的计算量。所以，在一定条件下合理减少参与预测的参考帧数量，对降低编码复杂度和编码时间有重要的意义。

5.5　基于 HEVC 的多视点视频编码

基于 HEVC 标准,JCT-3V 研究形成了 3D-HEVC 标准[44],它包括非独立视点编码、多视点深度视频编码、视点合成优化等技术。

图 5.17 为基于 HEVC 的三维视频编码框架。三维视频中 N 个视点依次编码,每个视点视频都使用基于 HEVC 的编码器,各视频信息成分所生成的网络抽象层被混合成最终的三维视频码流。N 个视点中的第 0 个视点被认定为独立视点(或参考视点),它采用 HEVC 编码器编码,可直接从三维视频码流中分离出基视点码流单独进行解码;而第 $1,2,\cdots,N-1$ 个视点为非独立视点,它们的编码则需要参考其他已编码视点进行预测编码以进一步提高编码效率;每个视点先编码彩色视频帧,再进行对应的深度图像的编码。3D-HEVC 的测试平台(3D-HEVC based test model,3D-HTM)[45] 可支持基于 MV-HEVC 和基于 3D-HEVC 的多视点视频编码。当对非独立视点进行编码时,需要在 HEVC 编码器的基础上增加一些额外的编码技术。

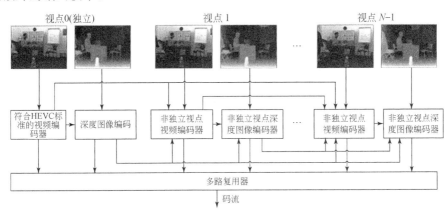

图 5.17　基于 HEVC 的三维视频编码框架[45]

1)非独立视点编码技术

类似基于 H.264 的多视点视频编码中的视点间预测,在对非独立彩色视点进行编码时,为了充分挖掘已编码视点中的信息来有效压缩当前视点,非独立视点编码器需要增加 DCP 和高级残差预测(advanced residual prediction,ARP)等编码技术。DCP 技术沿用了 JMVC 的相应方式,无须改变块单元的语义及解码过程,只在高层次语义中对参考图像列表的构建进行修改,在参考帧列表中增加了其他视点的已编码视频帧。为了充分挖掘视点间的残差相关性,JVT-3V 提出了 ARP 技术,通过参考视点对当前视点由运动补偿产生的运动信息进行校准,并引入加权系数来权衡视点间的质量差异。

2)多视点深度视频编码技术

MVD 格式是三维视频数据传输的一种重要表示格式,对深度视频的编码是 3D-HEVC 的重点关注技术之一。这里,深度视频编码沿用了彩色视频编码技术的混合编码框架。针对深度视频主要用来绘制而非直接观看的特点,且深度视频具有纹理单一、边缘变化剧烈等特性,为了充分挖掘深度视频的信息冗余,3D-HEVC[44-46]涵盖了深度建模模式(depth modelling mode,DMM)、运动参数继承(motion parameter inheritance,MPI)和深度四叉树结构预测(depth quadtree prediction)等技术。

深度图像具有尖锐的物体边缘和大面积的平坦区域,采用 HEVC 帧内预测和变换技术能较好地压缩平坦区域,但在边缘区域的压缩效率提升有限。深度建模模式的主要思想是通过建模的方式将深度块分成两个不规则的区域,每个区域采用一个固定值表示。深度图像编码的深度建模模式主要包含两个方面:①分割信息,即每个样点值所属于的区域;②区域值信息,即相应区域样点值所代表的常数分割值(constant partition value,CPV)。它主要采用楔形模式(wedge-shaped pattern)分割和轮廓模式(contour pattern)分割两种分割形式;二者的区别在于深度块获取分割区域的方式,楔形模式用直线分割深度,轮廓模式用区域边界链码(region boundary chain,RBC)方式来处理区域边界[46]。

3)运动参数继承

由于彩色视频和深度视频具有相同的运动特性,因此同一视点同一时刻代表相同场景的投影。为了有效地提高深度视频的编码压缩效率,深度块编码时可以直接继承相应的彩色已编码的运动参数。

4)视点合成优化

基于多视点视频编码的三维视频系统需要同时压缩彩色和深度视频,然而深度视频通常用于绘制而不是直接观看,因此传统的彩色视频编码器并不适用于编码深度视频。为了充分挖掘深度冗余,JCT-3V 提出了基于视点合成优化(view synthesis optimization,VSO)的深度编码框架,通过提高绘制失真计算精度来提高深度压缩效率。

考虑到深度视频最终是用于绘制的,在深度编码时应该考虑其相应的绘制视点失真(synthesized view distortion,SVD),通常可表示为由原始彩色与深度视频绘制的虚拟视点和由重建的彩色与深度视频绘制的虚拟视点之间的均方误差。由于视频编码框架是基于块操作的,因此深度失真到绘制失真的映射也必须是基于块的。考虑到空洞和遮挡区域的存在,深度失真和绘制失真不能做到一一映射,例如,相邻深度块的失真导致原本出现空洞的当前深度块所绘制区域变得可见,而被遮挡不会影响绘制失真,因此基于块的深度失真到绘制失真之间的映射不能仅考虑当前处理深度块。针对上述问题,当前待处理深度编码块在绘制视点中的绘制失真变化不仅需要考虑当前块,还要兼顾当前待处理深度编码块之外的深度信息。为此,定义两个绘制视点 $\tilde{s}_T$ 和 s'_T 之间失真差异 ΔD,即绘制视点失真变化(synthesized view distortion change,SVDC)[47]来替代 SVD:

$$\Delta D = \tilde{D} - D = \sum_{(x,y) \in I} \left[\tilde{s}_T(x,y) - s'_{\mathrm{Ref}}(x,y) \right]^2 - \sum_{(x,y) \in I} \left[s'_T(x,y) - s'_{\mathrm{Ref}}(x,y) \right]^2$$

$$(5.19)$$

式中,s'_{Ref} 表示由原始彩色视点和原始深度视点绘制得到的参考彩色视点,I 表示绘制视点所有像素坐标的集合。图 5.18 为 SVDC 算法示意图,s'_T 表示由已编码深度块和原始深度块所构成的深度图像 s_D 绘制得到的彩色视点,s_D 中当前待处理深度编码块也是原始深度信息。$\tilde{s}_T$ 则是由深度图像 s'_D 绘制得到的彩色视点。而 $\tilde{s}_D$ 与 s_D 的区别仅在于 $\tilde{s}_D$ 中当前待处理深度编码块为采用当前候选模式预编码的解码重建结果,而非原始深度信息。SVDC 算法思想包含三个方面:①为了更精确地测量绘制视点失真,需要考虑绘制过程中存在的遮挡和空洞问题;②该算法主要针对基于块的失真衡量;③部分失真计算只是附加的。若针对每个深度块失真所引起的绘制失真,计算整个视点的绘制失真,那么每个深度块每次编码模式都需要重新绘制整个视点,这势必带来复杂度的极大提升,而基于块的 SVDC 算法可以同时兼顾绘制失真精度和复杂度。此外,图 5.18 所定义的 SVDC 算法仅代表从一个输入视点绘制虚拟视点的情况。然而,编码端的视点绘制算法同时也支持从左右两个视点绘制中间视点,此时绘制过程需要左视点深度图像 $s_{D,l}$ 和右视点深度图像 $s_{D,r}$。

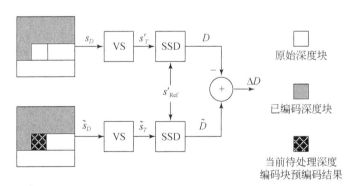

图 5.18　SVDC 算法示意图
VS 为视点绘制;SSD 为平方误差和

由于不同彩色图像信息对深度图像失真的影响不同,深度图像视频编码失真将非线性地影响所绘制的虚拟视点图像失真[48]。在传统视频编码系统中,常采用均方误差来衡量原始深度块和编码深度块之间的失真,计算公式如下:

$$D_{\text{depth}} = \sum_{(x,y) \in B} |s_D(x,y) - \tilde{s}_D(x,y)|^2 \tag{5.20}$$

式中，$s_D(x,y)$、$\tilde{s}_D(x,y)$ 分别表示原始深度图像和重建深度图像，(x,y) 表示像素点在编码块 B 中的位置。然而，传统的均方误差算子并不能很好地评估绘制视点失真，相反，采用深度失真和纹理梯度加权的视点绘制失真（view synthesis distortion，VSD）模型[48]可获得较好的评估效果，VSD 计算公式如下：

$$\text{VSD} = \sum_{(x,y) \in B} \left[\frac{1}{2}\alpha |s_D(x,y) - \tilde{s}_D(x,y)| \begin{pmatrix} |\tilde{s}_T(x,y) - \tilde{s}_T(x-1,y)| \\ + |\tilde{s}_T(x,y) - \tilde{s}_T(x+1,y)| \end{pmatrix} \right]^2 \tag{5.21}$$

式中，$\tilde{s}_T$ 为重建纹理图像，而 α 为由式(5.22)决定的参数：

$$\alpha = \frac{fL}{255}\left(\frac{1}{Z_{\text{near}}} - \frac{1}{Z_{\text{far}}}\right) \tag{5.22}$$

式中，f 为焦距，L 为当前视点到绘制视点之间的基线距离，Z_{near} 和 Z_{far} 分别为场景中最近深度和最远深度，其相应的深度值为 0 和 255。

　　采用绘制虚拟视点失真作为深度视频编码失真的衡量尺度，可能会导致重建后的深度视频保真度严重下降。针对重建深度采用不同的绘制算法时，绘制虚拟视点的质量也会不尽相同。假定编码端采用基于 VSRS 1D fast 的绘制算法计算深度块的绘制失真，而解码端采用基于 VSRS 3.5 的绘制算法绘制虚拟视点，此时绘制得到的虚拟视点可能会出现边缘失真、空洞等现象，而编码端则不会出现类似情况。事实证明，基于绘制算法所编码的深度视频会对该绘制算法产生选择性。针对上述问题，需要在最大限度减小绘制失真的前提下，兼顾深度质量保真度。为此，在深度编码的率失真优化中采用绘制失真和深度失真的加权平均方式来提高深度质量保真度，如式(5.23)所示：

$$D = w_{\text{synth}}D_{\text{synth}} + w_{\text{depth}}D_{\text{depth}} \tag{5.23}$$

式中，w_{synth}、w_{depth} 分别为绘制失真和深度失真的加权系数，D_{synth} 为当前深度块的绘制失真（SVDC 或者 VSD），D_{depth} 为深度块本身的编码失真。

　　为了在率失真优化过程中使用 SVDC，需要在深度图像编码过程中采用绘制模型，并将传统的失真关系式替换为深度失真和 SVDC 的加权失真形式。针对绘制过程所带来的巨大复杂度，并非所有的编码选择过程都采用深度失真和 SVDC 的加权失真形式。其中，帧内模式预选择（intra-mode pre-selection）和残差四叉树结构分割采用 VSD 和深度失真，而运动估计和率失真优化量化（rate-distortion optimized quantization，RDOQ）过程则采用传统的均方误差形式表征深度失真。此外，为了使用绘制视点失真模型进行率失真选择，还需要对拉格朗日乘子 λ 进行调整以获得更优的编码结果。采用一个基于当前编码量化参数相关的调节因子 l_s 对彩色视频和深度视频进行比特分配。调整后的率失真代价函数 J 为

$$J = D + l_s \lambda R \tag{5.24}$$

式中，D 为绘制失真和深度失真的加权失真，l_s 为调节因子，R 为在当前编码模式下编码当前编码块所需的比特数。

5.6　多种模式可选的多视点视频编码方案

传统单一预测结构的编码方法，如顺序预测、GoGOP 和 Mpicture 等，对相机间距不同、运动急慢不同、序列纹理特性不同等导致的相关性迥异的多视点视频序列均采用同一编码结构。为提高压缩性能，传统多视点视频编码方法，如 BSVP 和 Mpicture 等，均采用了多参考帧的方法，使得编码每一帧几乎都需要进行多次视差补偿预测和多次运动补偿预测。例如，BSVP 编码一帧一般需要至少进行两次运动补偿预测和一次视差补偿预测，而 Mpicture 则至少需要运动补偿预测和视差补偿预测各两次。显然，盲目地通过高复杂度的多参考帧方式消除时域/视点间相关性，虽然可以获得较高的编码效率，却以巨大的计算复杂度和随机访问性能下降为代价。另外，对于复杂多变的拍摄环境，单一模式的预测结构适应性较差，如顺序预测不适合于十字形等相机阵列。为了解决传统单一模式预测结构的缺陷，本节提出具有良好适应性和综合性能的多模式多视点视频编码（multi-mode multiview video coding，MMVC）方法。

5.6.1　多模式多视点视频编码方案

图 5.19 为多模式多视点视频编码方案框架，包含相关性分析、模式选择、基于 H.264 的多视点视频编码、模式触发更新四个环节[20]。

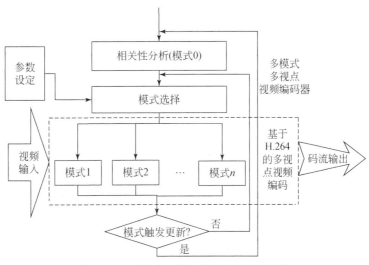

图 5.19　多模式多视点视频编码方案框架

在多视点视频编码之初,需要分析多视点视频序列的时域、视点间相关性,这可以通过对一个或多个连续多视点视频的 GOP 采用图 5.20 中的模式 0 进行编码,得到相关性信息;然后,依据外部设定参数和多视点视频序列相关性,选择合适的多视点视频预测编码模式;其后编码器根据确定的预测模式对多视点视频数据进行编码形成兼容 H.264 的码流。当完成一个 GOP 编码后,多模式多视点视频编码算法通过模式更新触发机制判断当前预测模式是否已不适应于后续序列,如果是,则开启模式更新,进入相关性分析模块;否则,仍以当前模式对后续多视点视频进行编码。

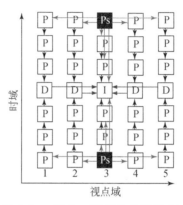

图 5.20　模式 0(统计兼编码模式)

1. 基于相关性分析的预测编码模式设计方案

在对多视点视频序列编码之初,需要得到该多视点视频序列的时域/视点间相关性信息,以确定相应的编码模式。为了降低计算复杂度,可以通过对一个或若干 GOP 执行图 5.20 所示的统计兼编码模式(模式 0),并以编码过程中黑色区域(Ps 帧)的运动/视差矢量的比例来估算得到预编码序列的时域、视点间相关性分布和时域内部相关性分布,从而在编码过程中实现相关性统计分析。模式 0 仅在需要相关性分析时使用。

在多视点预测模式设计时,采用了将 I 帧置于 GOP 中间的策略。该方法将整个 GOP 分成四个相互独立的区域,各区域间的无依赖性提高了随机访问和部分解码性能;同时高质量的 I 帧被多次参考,可以提高编码效率。

根据图 5.4 的多视点视频序列的时域/视点间相关性和表 5.2 的多视点视频序列的时域/视点间相关性分布,针对多视点视频序列的三种相关性时域/视点间分布类型,即以时域相关性为主、时域/视点间相关性相对均衡分布以及以视点间相关性为主三种类型,为每种类型设计了相应的预测模式。

1)第一类预测模式($R_\mathrm{T} \gg R_\mathrm{S}$)

由表 5.2 可得以时域相关性为主的序列占多视点视频的绝大部分(如 Crowd、Race1、Object1、Golf1、Jannie 和 Aquarium 等多视点视频序列),这类视频相机间距较大,运动相对缓慢,导致时域相关性极大(R_T 为 83.21%~90.97%)。由于该类序列视点间冗余小,以多参考方式增加视差补偿预测,不仅压缩效率提高甚微,而且增加了计算复杂度和随机访问代价,显然得不偿失。

由于视点间相关性极小,如图 5.4(a)~(e)所示,$v = \pm 1$(最邻近视点)和 $v = \pm 2$(间隔一个视点)的相关性均微乎其微,因此考虑采用空间跳跃参考以提高随机访问性能。另外,根据时域内部的相关性分布,又可将该类多视点视频序列分成两种,一种是如 Object1、Flamenco1 和 Crowd 等序列,如图 5.4(a)~(c) 所示,其 $t = -1$ 时刻相关性($R_{t=-1}$)明显高于 $t = -2$、-3 时刻相关性($R_{t=-2}$、$R_{t=-3}$),即 ($R_{t=-1} \gg R_{t=-2}$)且($R_{t=-1} \gg R_{t=-3}$);基于编码效率的考虑,对此类序列采用时域连续参考,如图 5.21(a)所示。另一种如 Aquarium 和 Golf1 序列,时域内部各时刻相关性相近,即 $R_{t=-1} \approx R_{t=-2} \approx R_{t=-3}$,其相关性如图 5.4(d)和(e)所示,针对随机访问和部分解码性能的考虑,对此类序列采用时域跳跃参考,如图 5.21(b)所示。图 5.21 中的 I 表示帧内编码帧,D 表示视差补偿预测编码帧,P 表示运动补偿预测编码帧;P′表示时、空双向预测编码帧,可参考 D、P 帧。

2)第二类预测模式($R_\mathrm{T} \approx R_\mathrm{S}$)

Race2、Flamenco1 和 Flamenco2 等多视点视频序列,以时域预测为主,但视点间相关性也占较大比例(R_S 为 25.06%~42.43%),尤其在视频场景移动剧烈或环境光照影响下亮度和色度发生变化巨大时,时域、视点间相关性此消彼长,导致时域、视点间相关性分布发生较大变化。图 5.5(b)中的 Flamenco1 序列总体上以时域相关性为主,时域相关性总和为 75%,而视点间相关性约占 25%,为少数。但在第 180~220 帧以及第 440~460 帧,瞬时 V2 的相关性增加甚至超过 T3 的相关性,这主要是由于 Flamenco1 序列在灯光由亮变暗的过程中,时域相关性减少,而视点间相关性增加。又如图 5.5(e),总体上,Race2 序列以时域相关性为主,约占 58%,而视点间相关性居其次,约占 42%。但序列中从 100 帧开始至 270 帧左右,由于 Race2 拍摄相机安置在赛车上随车运动,大约 100 帧开始,赛车转弯运动剧烈,时域相关性减少而视点间相关性增大,尤其是 200~270 帧这一段,赛车大角度急转弯,导致该时间段视点间相关性大于时域相关性。这些局部区域其时空相关性基本达到均衡,即 $R_\mathrm{T} \approx R_\mathrm{S}$。对于该类相关性分布的多视点序列,单纯的视差补偿预测或运动补偿预测显然会造成较大的率失真性能下降;为此,宜采用多参考方式兼顾时间和空间相关性,其预测结构如图 5.21(c)所示,其中的 B′帧为时、空联合预测帧,可参考已编码的 D、P 和 P′帧。

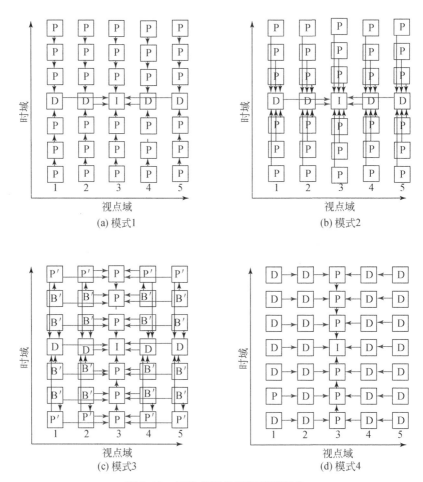

图 5.21　四种多视点视频预测模式

3)第三类预测模式($R_T \ll R_S$)

Xmas 等稠密多视点视频序列,相机间距小,运动缓慢,视点间相关性很大(R_S约为 80%)。因其相关性集中分布于各视点间,所以设计了如图 5.21(d)所示的以视差补偿预测为主的视点间连续预测的预测模式。

根据多视点视频序列的三类时域/视点间相关性情况,多模式多视点视频编码方法中对应确定了上述类型的多视点视频预测结构。不同于之前的顺序预测、GoGOP 和 M 帧等方法对任意相关性的多视点视频序列均采用同一编码结构,多模式多视点视频编码中的 5 种预测模式确定和选择是基于多视点视频序列相关性的,例如,对于时域冗余为主的多视点视频序列,主要采用运动补偿预测的方法消除冗余,即模式 1 或 2,由于具有针对性,因而在保证较高的编码效率的前提下,较大程度地减小了参考帧数,从而提高了随机访问性能,降低了计算复杂度,并更易于部分解码与绘制等。

2. 预测编码模式选择

对于某些特殊的拍摄条件和应用需要,用户可外部直接设定多视点预测编码模式,否则默认条件下根据相关性分布情况选择已确定的编码模式。图 5.22 为多模式多视点视频编码的模式选择流程。

(1) $R_T \ll R_S$ 表示序列以视点间相关性为主,因而选择如图 5.21(d)中视差补偿预测为主的模式 4 编码。

(2) 当 R_T 与 R_S 相接近时,则表示序列时域、视点间相关性分布相对均衡,采用如图 5.21(c)中兼顾时域、视点间的联合预测模式 3 编码。

(3) 当 $R_T \gg R_S$ 时,表示序列以时域相关性为主,应进一步判断相关性在时域内部的分布情况。当 $R_T \gg R_S$ 且在时域内部分布相对均衡时,如 Aquarium 和 Golf1 等多视点序列,选择采用图 5.21(a)的模式 2 编码;反之,相关性集中分布在最邻近的时刻,如 Crowd 等多视点视频序列,则选择如图 5.21(b)中的模式 1 编码。

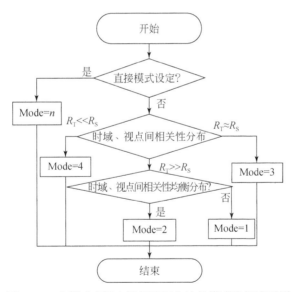

图 5.22 多模式多视点视频编码方法的模式选择流程图

3. 模式触发更新算法

在多模式多视点视频编码中,若频繁开启模式更新,则容易增加计算复杂度;但若模式更新不及时,则编码效率下降,所以模式更新策略将直接影响编码器性

能,可采用的方案如下:

(1)定时更新方案。在编码若干个 GOP 后,触发模式更新一次。显然,定时更新的方案是盲目的,缺乏合理性。

(2)基于视频内容的更新方案。根据 4 个编码模式共性,每个 GOP 总存在一个 I 帧,仅通过视差补偿预测编码与 I 帧相同时刻不同视点图像,其帧内预测块数以 d_i 表示;仅通过运动补偿预测编码 I 帧相同视点不同时刻的图像,其 I 块数由 p_j 表示。令 N_d 和 N_p 分别表示计算相关性系数 d_i 和 p_j 的帧数,则相关性表征系数 α 定义为

$$\alpha(N_d, N_p) = \log_2\left(\frac{1}{N_p}\sum_{j=0}^{N_p} p_j \Big/ \frac{1}{N_d}\sum_{i=0}^{N_d} d_i\right) \tag{5.25}$$

为了分析相关性系数,并确定模式更新触发阈值,对 KDDI 公司和 Tanimoto 实验室提供的 Flamenco1、Crowd、Race2、Xmas 等多视点测试序列进行统计分析,时域最佳匹配块总量记为 N_s,视点间最佳匹配块总量记为 N_t。图 5.23 为 Flamenco1、Crowd、Race2 和 Xmas 序列相关性分析图,水平轴为编码帧序号,竖直轴为 $\log_2(N_s/N_t)$,该值越大表示视点间相关性越大,越小则表示时域相关性越大,在 0 附近则表示时域、视点间相关性相近。如图 5.23 所示,Crowd 和 Flamenco1 序列相对平稳,数值基本在 -2 和 -3 附近,即视点间相关性为时域相关性的 $1/8\sim1/4$,时域相关性极大;Race2 序列选取 $200\sim270$ 帧,$\log_2(N_s/N_t)$ 在 0 附近,主要是由于相机随赛车转弯,整个视频运动剧烈,导致时域、视点间相关性相近。Xmas 相机间距为 3cm 时,$\log_2(N_s/N_t)$ 在 1 左右的数值表示该序列视点间相关性约为时域相关性的 2 倍,该序列以视点间相关性为主。

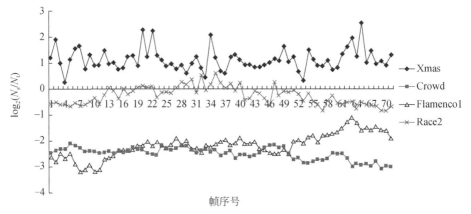

图 5.23　4 个多视点测试序列相关性分析图

当量化参数 QP=24 时编码对应 4 个多视点视频序列,取 I 帧最邻近的 d_i 和 p_j 各 2 个,即 $N_d=N_p=2$,计算所得的相关性表征系数 α,如图 5.24 所示。其中,

水平轴为编码 GOP 的序号,竖直轴为相关性表征系数 α 的值,其值大于 0 表示视点间相关性优于时域相关性,小于 0 表示时域相关性优于视点间相关性,该值越大视点间相关性越好。对于 Flamenco1 和 Crowd 序列,其相关性系数约为−4,表示编码 D 帧帧内块是 P 帧帧内块的 16 倍左右,即时域相关性极大,Xmas 序列则反之。另外,对于 Race2 序列,部分 GOP 中相关性系数接近于 0,表示编码 D 帧与编码 P 帧的帧内块基本一致,时域、视点间相关性比较接近。

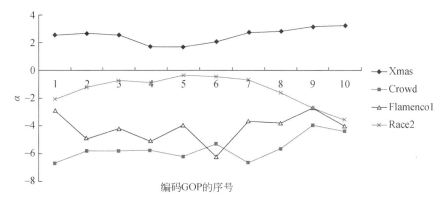

图 5.24　4 个多视点测试序列相关性表征系数 α

　　对比图 5.23 和图 5.24,各序列的 α 与实际相关性趋势一致,接近于序列相关性的采样。对于同一多视点视频序列,若 QP 不同,对应 α 值有所变化,一般当 QP 变小时,α 幅度也相对变小。统计分析结果表明,可以通过 α 来检测多视点视频的相关性变化情况,并可以对 α 采用简单的阈值分割,以确定相应的编码模式。基于低复杂度和高随机访问性能的考虑,设定硬阈值,若 $\alpha<-2$,则采用模式 1/模式 2;若 $\alpha>0.6$,则采用模式 4;否则,采用模式 3。

4. 多模式多视点视频编码的实验分析

1)率失真性能比较

　　为了评估多模式多视点视频编码算法的编码效率,使用 H. 264/AVC(JM8.5 main profile)[39]作为基本测试平台实现相关多视点视频编码方法。实验序列选用了 Tanimoto 实验室和 KDDI 公司提供的 Xmas(视点间相关性大)、Aquarium(会聚相机)、Crowd(十字相机,运动缓慢,相机静止)、Flamenco1 和 Race2(选取运动剧烈,相机随车运动视频段)等多视点视频测试序列集的其中 5 个视点。图 5.25 是各方案的率失真性能比较图,其中,BSVP 和 PSVP 分别表示采用 B 帧和 P 帧的顺序预测方法,Mpicture 表示 Fujii 等基于 Mpicture 的视频编码方法。对于 Flamenco1 和 Crowd 等不同特性的大间距测试序列,相关性集中在时域,BSVP、PSVP 和本节的多模式多视点视频编码方法的率失真性能一致,而 Mpicture 方案

则要差1dB左右。对于运动剧烈的 Race2,视点间相关性提高,4 种方法的率失真
性能基本一致。对于 Xmas 的相机间距为 9mm 的多视点视频序列,虽然以视点间
相关性为主,但空域内部相关性不集中且时域相关性仍有较大比重。所以,多模式
多视点视频编码采用模式 4,编码效率略低(高码率段低 0.4dB 左右)。对于会聚
相机的 Aquarium 序列,多模式多视点视频编码根据序列相关性信息采用模式 1
的编码方法,其率失真性能劣于 BSVP 约 0.6dB。

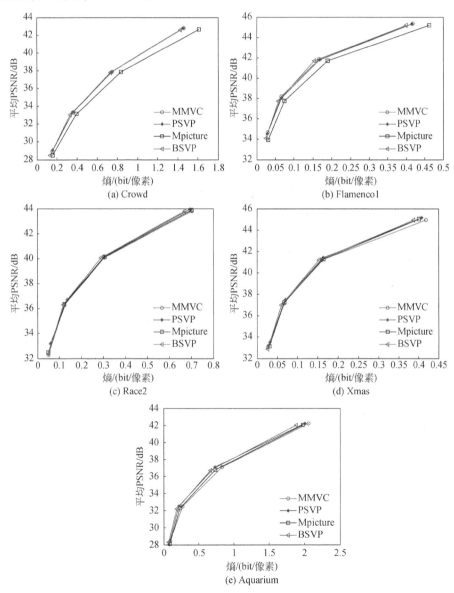

图 5.25　各多模式多视点视频编码方案的率失真性能对比结果

2)随机访问性能比较

多模式多视点视频编码中各模式编码比例 k_i 直接与实际多视点视频序列相关性有关,式(5.21)中 $N=4$(主要编码模式有 4 种),且假定各模式编码的概率相同,即 $k_i=0.25$($i=1,2,3,4$),各方案的随机访问代价如表 5.6 所示。就随机访问性能而言,PSVP 最差,BSVP 和 Mpicture 相对好些,MMVC 的平均随机访问代价只是其他编码方案的 24%~44%,随机访问性能有明显提高。

表 5.6　随机访问代价和计算复杂度比较

编码方案	随机访问代价 $E(X)$	计算复杂度
BSVP	7.5	83
PSVP	11.0	58
Mpicture	6.0	97
MMVC	2.62	40

3)计算复杂度分析比较

基于 H.264/AVC 编码框架的高精度视差补偿预测和运动补偿预测占整个多视点视频编码器的大部分计算时间,这里通过平均编码一个 5×7 的 GOP 所需视差补偿预测和运动补偿预测次数来表征整个编码器的计算复杂度;各方案复杂度比较见表 5.6,由于采用了多参考帧方法,BSVP、PSVP 和 Mpicture 方案计算复杂度都很大,尤其是 BSVP 和 Mpicture 方法。相比其他编码方案,MMVC 的计算复杂度节省 31%~59%。本节通过统计分析多视点视频序列的时域和视点间相关性分布特点,构造了具有良好适应性和可扩展性的多模式多视点视频编码框架。改变了传统单一预测模式的多视点视频编码结构,将多种性能优良的预测编码模式进行有机结合,并可随多视点视频内容变化,灵活选择合理的编码模式。多模式多视点视频编码方法根据多视点视频序列的时域、视点间相关性自适应地选择最佳预测编码模式,集 4 种多视点预测编码模式之所长,在保证高失真率性能的同时,提高了随机访问性能,并降低了计算复杂度;由于编码时选用更少的参考帧,因而也更易于解码端进行部分解码和快速绘制。多模式多视点视频编码方法是灵活的多视点视频编码构架,可以通过对不同预测编码模式的选择和阈值调整,以满足系统对率失真性能、随机访问和计算复杂度等性能不同的需求。然而,多模式多视点视频编码在模式更新时存在滞后现象,存在相关性统计模块导致的计算复杂度问题,各个编码模式(如第三类编码模式)的编码效率还有待进一步改进。

5.6.2　自适应模式切换的多视点视频编码方案

在 5.6.1 节给出的基于相关性分析的多模式多视点视频编码方法(图 5.22)

中,先对多视点视频进行时域、视点间相关性进行分析,然后依据序列的相关性选择预先设定的 4 种预测结构。该方案集 4 种预测结构之所长,提高了随机访问性能并降低了计算复杂度。在对多视点视频序列进行编码前,需要先对多视点视频序列的时域、视点间相关性进行分析。然后,依据外部设定参数和序列相关性,选择多视点预测编码模式,并根据确定的编码模式将多视点数据编码成多视点视频流。当完成一个 2D-GOP 的编码后,多模式多视点视频编码方法通过一定的模式更新触发机制判断当前预测模式是否已不适应于后续序列,如果是,则开启模式更新,进入相关性分析模块;否则,仍然以当前模式对后续多视点视频帧进行编码。

虽然多模式多视点视频编码框架实现了各个预测结构间的相互切换,提高了交互性,但存在以下不足:

(1) 多模式多视点视频编码方法虽然能够根据多视点视频序列的时域、视点间相关性信息,选择最合理的预测模式进行编码,然而该算法中的模式更新滞后。只有在当前编码模式的相关性系数超出设定阈值,即当前编码模式非最佳编码模式时,才采用模式 0 进行编码兼相关性分析,然后,根据模式 0 的相关性分析信息选择最佳编码模式。在更新过程中,由于采用非最佳编码模式和模式 0 编码多视点视频序列,模式更新滞后 1~2 个 2D-GOP,这使算法不易受到视频相关性突变的影响,但缺乏灵敏度,将导致编码效率明显降低。

(2) 模式更新前需要采用模式 0(统计兼编码模式)编码,在编码一个 2D-GOP 的同时可通过 Ps 帧的运动/视差矢量的比例来估算得到预编码序列的相关性信息。采用模式 0 代替纯粹的相关性统计,减少了计算复杂度,但是 Ps 帧编码时采用 7 帧参考,具有较大的计算复杂度;另外,模式 0 本身的编码效率欠佳,也将导致编码效率下降。

(3) 多模式多视点视频编码方法的预测结构中主要采用 P 帧编码方式,虽然降低了计算复杂度,但其编码效率还有提升空间。

为了解决以上三个问题,本节提出自适应模式切换的多视点视频编码(adaptive multi-view video coding, AMVC)方法[29],其编码流程如图 5.26 所示。整个编码器分为两个区,第一个区主要针对完整的 2D-GOP 编码,第二个区主要针对非完整的 2D-GOP 编码,将原多模式的相关性统计环节与预测模式相结合。第一个区主要分为 4 个部分:传统预测结构、模式公共部分(mode public part,MPP)、模式特有部分(mode special part,MSP)和 MSP 选择器。将每个预测模式分成两个组成部分,即模式公共部分和模式专有部分。定义 MPP 为各个预测结构的公有需要编码的编码帧以及它们预测关系的集合,在 GOP 编码中 MPP 所在帧先于其他帧编码;定义 MSP 为各个 GOP 中除 MPP 以外的所有需要编码的帧的集合以及它们的编码预测关系,是各个预测结构区别于其他预测结构的专有部分。所以,对于每个预测结构都可通过 MPP 和 MSP(n)共同描述,n 为不同 MSP 的序号。各个模式的 MPP 和 MSP(n)需要满足以下 3 个规范。

规范 1:

$$\begin{cases} \text{MSP}(n) \bigcup \text{MPP}(n) = \Omega(n) \\ \text{MSP}(n) \bigcap \text{MPP}(n) = \varnothing \\ \parallel \text{MPP}(n) \parallel = \parallel \text{MPP}(m) \parallel, \quad n \neq m \\ \text{MPP} = \text{MPP}(n), \qquad\qquad n \in [0, N-1] \end{cases} \tag{5.26}$$

式中,符号 $\parallel x \parallel$ 表示 x 预测结构中帧的数量以及 x 中所有帧在一个 2D-GOP 中的坐标的信息,N 表示预测结构的数量。

规范 2:在对 MPP 编码后,可估计得到多视点视频序列的序列相关性。

规范 3:每个 2D-GOP 编码过程中,MPP 先于 MSP(n)编码。

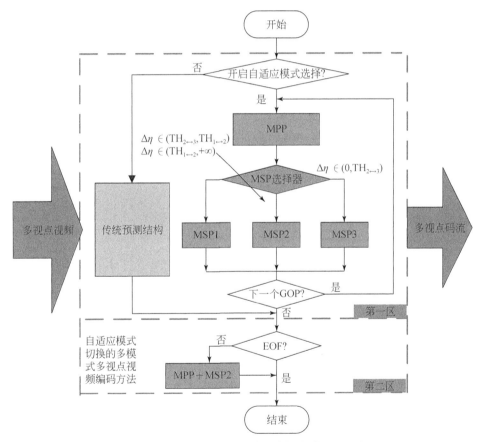

图 5.26　自适应模式切换的多视点视频编码方法流程

自适应模式切换的多视点视频编码方法的编码过程描述如下:首先,用户可根据需要选择是否开启自适应模式选择功能,如果为"否",则可直接选取典型的预测结构如 Simulcast、GoGOP、顺序视点预测等预测结构;如果为"是",则进入自适应模式选择功能。对于每个需要编码的 2D-GOP:

(1)对于 2D-GOP 的 MPP 所在帧进行 H.264 编码,输出该部分的码流,同时采集 MPP 编码时生成的编码信息,如各帧的帧内宏块数信息、率失真代价信息等,用于后续多视点视频序列相关性分析。

(2)MSP 选择器根据(1)编码得到的 MPP 编码信息,预测现有多视点视频的相关性信息,如以时域相关性为主导、以视点间相关性为主导或者时域/视点兼顾的相关性特性,并依据现有的序列相关性判断,选择最佳的 MSP 编码结构,编码 MSP 所在位置的帧。

(3)判断后续需要编码帧是否不足一个 2D-GOP,如果"是",则转入(4)编码;否则,转入(1)继续编码下一个 2D-GOP。

(4)如果需要编码的帧数大于 0,则采用时域/视点兼顾的预测模式编码;否则结束。

下面基于本节自适应模式切换的多视点视频编码方法针对不同多视点视频系统的交互性需求及高压缩率需求,分别提出面向交互性能的自适应多视点视频编码(AMVC for interactive function,AMVC-IF)方法[28]和基于分层 B 帧的自适应模式切换的多视点视频编码(AMVC based on hierarchical B picture,AMVC-HBP)方法[29]。

5.6.3　面向交互性能的自适应多视点视频编码方案

1. 面向交互性能的预测结构设计

不同于传统的面向单通道视频应用的视频编码结构,多视点视频编码结构设计除了需要支持高压缩效率,还需要支持高效的随机访问和视点可分级性,同时,其内存管理和解码延时限制也更为苛刻。Lim 等[37]所提出的 I 帧置于 GOP 中间的策略,将整个 GOP 分成 4 个相互独立的区域,各区域间的无依赖性提高了部分随机访问和部分解码性能;同时高质量的 I 帧被多次参考,也可以在一定程度上提高编码效率。所以本节针对多视点视频序列的相关性情况,将视频序列分成 3 类并设计相应的 3 类 I 帧置于 GOP 中心的预测模式,并且满足式(5.26)的模式约束。根据图 5.4 的多视点视频序列相关性时空分布图和表 5.2 的多视点视频序列时域/视点间相关性分布,多视点视频序列可分为以时域相关性为主的多视点视频序列、时域/视点间相关性相对均衡分布的多视点视频序列和以视点间相关性为主的多视点视频序列。

针对不同相关性类型的多视点视频序列分别设计了如图 5.27 所示的 3 组预测模式,图中,每个矩形为一个视频帧,矩形中的字母表示帧类型,纵向箭头表示时间参考,横向箭头表示视点间参考,阴影标注帧集合构成 MPP 部分,白色帧集合构成 MSP 部分。MPP 部分编码包括 I 帧、MCP 帧(P、B 帧)和 DCP 帧(D 帧)。P 帧和 D 帧均为 H.264/AVC 的 P 帧编码模式,然而由于当前编码帧与其参考帧的相关性的差异性,P 帧和 D 帧的编码效率不同。因此,可以以此信息来反映多视点视频序列的时域/视点间相关性。

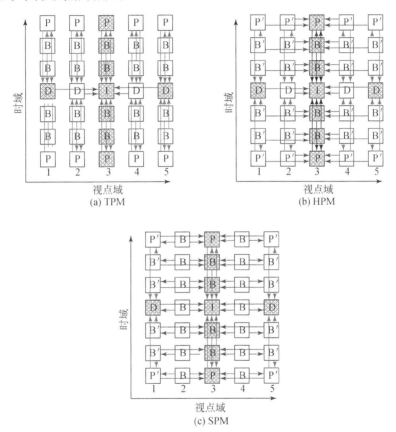

图 5.27　三种类型的预测结构(一个 2D-DOP)

(1) 第一类时域相关性为主预测模式(temporal prediction mode,TPM)($R_{\mathrm{T}} \gg R_{\mathrm{S}}$):针对以时域相关性为主的多视点视频序列,设计采用以时间参考为主的预测模式,仅在 anchor 帧(即与 I 帧平行的帧)采用了视点间预测,其预测结构如图 5.27(a)所示,图中,I 表示帧内编码帧,D 表示视差补偿预测编码帧,P 表示运动补偿预测单向预测编码帧,B 表示运动补偿/视差补偿双向预测编码帧。

(2) 第二类时域、视点间联合预测模式(hybrid prediction mode,HPM)($R_{\mathrm{T}} \approx R_{\mathrm{S}}$):对于时域、视点间相关性相对均衡的多视点视频序列,采用多参考方式以兼顾时域和视点间相关性,其预测结构如图 5.27(b) 所示,P' 表示时空联合单向预测编码帧,可参考 D、P 帧;B' 表示时空联合双向预测编码帧。

(3) 第三类视点间相关性为主预测模式(spatial prediction mode,SPM)($R_T \ll R_S$):对于视点间相关性极大的多视点视频序列,则采用以视差补偿预测为主的视点间连续预测的预测模式,如图 5.27(c) 所示。

2. 基于帧内预测块的自适应模式切换策略

为了使上述 3 个模式可以相互切换,进一步提出了基于帧内预测块的自适应模式切换策略。根据自适应模式切换框架的模式设计规范,MPP 先于各模式的 MSP 编码,MPP 中的 D 帧主要采用视差补偿预测编码以消除视点间的相关性,而 P 帧则采用运动补偿预测编码以消除时域相关性。将采用 H.264/AVC 编码 MPP 的 D 帧和 P 帧所使用的帧内块(intra block)数分别记为 d_i 和 m_i。当多视点视频序列时域相关性大于视点间相关性时,D 帧的编码效率差于 P 帧的编码效率。同时,一般 D 帧编码的帧内预测块会多于 P 帧编码的帧内预测块,即 $d_i > m_i$;反之,则 $d_i < m_i$。因此,定义相关性表征系数 R_p 为

$$R_p = \log_2 \left(\frac{1}{N_m} \sum_{i=0}^{N_m} m_i \bigg/ \frac{1}{N_d} \sum_{j=0}^{N_d} d_j \right) \tag{5.27}$$

定义两个相关性表征系数 R_p 的门限 Th_1 和 Th_2,且 $Th_1 \leqslant 0 \leqslant Th_2$。图 5.28 为模式状态跳转示意图。当 $R_p < Th_1$ 时,确定当前 2D-GOP 所在多视点视频序列的时域相关性较强,即 $R_T \gg R_S$,宜采用 TPM。当 $R_p > Th_2$ 时,确定当前 2D-GOP 所在多视点视频序列视点间相关性较强,即 $R_T \ll R_S$,采用 SMP 比较适合。而当 $Th_1 \leqslant R_p \leqslant Th_2$ 时,则适于选用时域/视点间相关性兼顾的 HPM。通过对不同测试序列的实验分析,设定硬阈值为 $Th_1 = -2$,$Th_2 = 0.6$。

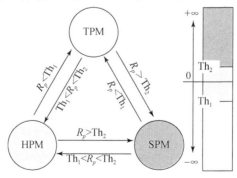

图 5.28　AMVC-IF 的自适应模式跳转示意图

3. AMVC-IF 编码实验与分析

为了评估 AMVC-IF 的编码性能,分别采用量化步长为 18、24、30 和 36 进行

编码实验,与经典多视点视频编码方法 BSVP[36]、PSVP[36]、Mpicture[16]、GoGOP_SR[17]、GoGOP_MR[17]、Simulcast[14] 进行对比实验。测试序列选择了 Aquarium (运动缓慢,会聚相机,20cm 相机间距,分辨率 320×240)、Flamenco1(亮度和色度变化,20cm 相机间距,分辨率 320×240)、Race2(运动剧烈,20cm 相机间距,分辨率 320×240)和 Xmas(视点间相关性大,3cm 相机间距,分辨率 640×480)等多视点视频测试序列集,并将这些序列拼接为一个联合(Joint)的多视点视频序列(标记为 Joint=Aquarium+ Flamenco1+ Race2+Xmas),以模拟实际应用中视频序列的场景切换和时域、视点间相关性变化等特点。

1)率失真性能比较

图 5.29 为 AMVC-IF 与经典多视点视频编码方法的率失真性能对比,图中,BSVP 表示 B 帧顺序预测编码方法,PSVP 表示 P 帧顺序预测编码方法,Mpicture 表示基于 M 帧的多视点视频编码方法,GoGOP_SR 和 GoGOP_MR 分别表示单参考和多参考的 GoGOP 编码方案;而 Simulcast 表示仅有时域预测、没有视点间预测的多视点视频编码方法。针对时域相关性为主的 Flamenco1 和 Aquarium 序列,本节提出的 AMVC-IF 方法自适应选择 TPM 预测结构编码测试序列,率失真效率略低于 BSVP 方法,在相同码率下其差距约为 0.1dB,但优于其他 5 种方法,相同码率下最大优于 Simulcast 约 1.0dB。对于时域、视点间相关性接近的 Race2 序列,AMVC-IF 方法自适应选择 HPM 模式编码序列,率失真性能略劣于 BSVP 而明显优于其他多视点视频编码方法。对于视点间相关性极大的 Xmas(相机间距 3cm)序列,AMVC-IF 方法最优,优于 BSVP 方法最大达 0.4dB,优于其他 5 种多视点视频编码方法 1~4dB。图 5.29(e)显示了 AMVC-IF 方法对于拼接序列 Joint 编码的率失真性能比较结果,AMVC-IF 的编码性能几乎与 BSVP 相当,同时又明显优于其他 5 种多视点视频编码方法。

2)交互性能评价与比较

除了高率失真性能,多视点视频编码方法还需要支持随机访问、视点可分级性、低计算复杂度和低内存消耗等性能。所以,对本节 AMVC-IF 方法的计算复杂度、随机访问性能、视点可分级性和内存消耗性能作进一步的比较分析。

根据不同的多视点视频序列的时域、视点间相关性,本节的 AMVC-IF 方法可自适应选择不同的预测结构来进行编码。在上述实验中,AMVC-IF 自适应选择 TPM 预测结构编码 Aquarium 和 Flamenco1 序列,选择 HPM 编码 Race2 序列,并选择 SPM 编码空间相关性极大的 Xmas 序列。由于 AMVC-IF 中预测结构的选择依赖于被编码的多视点视频时域、视点间相关性,AMVC-IF 的内存消耗、计算复杂度和随机访问等性能的性能指标也依赖于被编码多视点视频的时域、视点间相关性。这里采用各个预测结构的均值来衡量 AMVC-IF 算法的各项性能(注:内存消耗采用最大值表示)。如表 5.7 所示,在随机访问性能上,AMVC-IF 最优,在

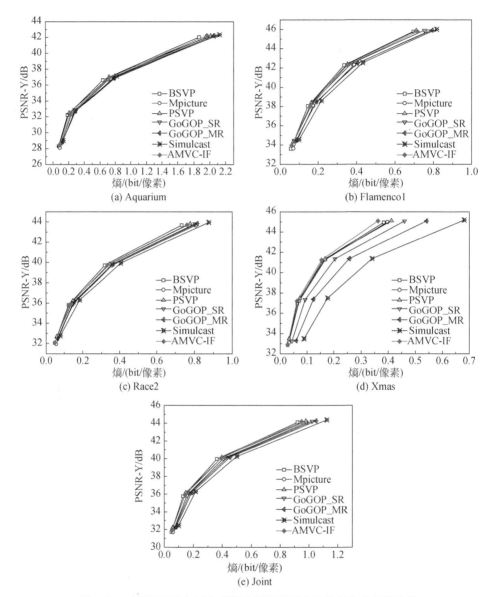

图 5.29　AMVC-IF 与经典多视点视频编码方法的率失真性能比较

PSNR-Y 指视频帧亮度通道的 PSNR 值

平均随机访问性能代价上,优于其他 6 个编码方案 9%～300%,最大随机访问性能
代价上优于其他 6 个编码方案 41%～700%;在计算复杂度、内存消耗和视点可分
级性能上,AMVC-IF 算法略差于 Simulcast,但远远优于 GoGOP_SR、GoGOP_
MR、Mpicture、PSVP 和 BSVP 等 5 种编码方法,在计算复杂度上,节省计算复杂

度 41%～94%,节省内存消耗 40%～220%,提高单视点可分级性 37%～92%和双视点可分级性 25%～62%。虽然 Simulcast 编码方法复杂度和视点可分级性能最佳,然而它的压缩效率远远低于 AMVC-IF 方法。综上分析,在上述几种多视点视频编码方法中,AMVC-IF 方法是性能平衡且综合性能最佳的多视点视频编码方法。

表 5.7　AMVC-IF 与其他多视点视频编码方法性能比较

预测结构		随机访问代价		PN_{min}	DPB_{min}	视点可分级性能	
		F_{av}	F_{max}			F_{SV}	F_{DV}
Simulcast		3.0	6	30	1	7.0	14.0
GoGOP_SR		3.6	9	111	16	12.6	21.7
GoGOP_MR		4.6	14	114	16	15.4	25.2
PSVP		11.0	34	58	7	21.0	28.0
BSVP		7.5	19	83	7	21.0	28.0
Mpicture		6.0	20	97	16	16.0	22.4
AMVC-IF	Aquarium	2.2	3	54	3	7.8	14.6
	Flamenco1	2.2	3	54	3	7.8	14.6
	Race2	3.1	5	62	4	12.6	18.2
	Xmas	3.5	6	64	5	15.4	21.7
	平均	2.75	4.25	58.5	5*	10.9	17.3

注: * 表示取最大值。

传统的顺序视点预测、GoGOP 和 Mpicture 等方法对任意相关性的多视点视频序列均采用同一编码结构,虽然压缩性能优良,但随机访问和视点可分级等性能欠佳。针对多视点视频系统的交互性需求,本节提出 AMVC-IF,即针对三类不同相关性的多视点视频序列设计了三类交互性能优异的预测模式,提出了基于帧内块的自适应模式切换策略,针对不同特性的多视点视频序列,自适应且无附带计算代价地实现各个模式无缝切换,相比于传统预测结构,显著地提高了随机访问、视点可分级性能,降低了计算复杂度。然而,虽然 AMVC-IF 方法的随机访问等交互性能优越,但由于 AMVC-IF 所采用的参考帧数较少,其压缩效率有待于进一步改进;为此,将进一步提出基于分层 B 帧的自适应模式切换的多视点视频编码方法。

5.6.4　基于分层 B 帧的自适应模式切换多视点视频编码方案

基于分层 B 帧的多视点视频编码(HBP-MVC)[19]具有编码效率高、时间可分级性好的特点,已被国际标准化组织 JVT 采纳为多视点视频编码和可分级视频编码的基本预测结构,并应用于多视点视频编码和 SVC 的校验模型 JMVC/JMVM

和 JSVM。虽然 HBP-MVC 结构的压缩效率优异,然而由于采用多参考帧的视差补偿预测和运动补偿预测联合预测以及迭代搜索等技术,计算复杂度极高;由于预测关系错综复杂,依赖路径长,因此随机访问性能和视点分级性能不佳。所以,本节考虑了 HBP-MVC 结构存在的优缺点,针对其存在的计算复杂度高、随机访问和视点可分级性能不佳的问题,充分利用多视点视频序列的时域和视点间相关性特点,设计三类基于 HBP-MVC 的多视点预测模式,并解决各模式间的无缝切换,整体提高多视点视频编码的综合性能,包括计算复杂度、随机访问、视点可分级以及压缩效率[29]。

1. 基于 HBP-MVC 结构的多视点预测模式设计

根据多视点视频序列的三类划分:时间为主、空间为主以及时空联合的多视点视频序列相关性特性,本节对应设计三类如图 5.30 所示的基于 HBP-MVC 结构的多视点预测模式,即 MVC_M1、MVC_M2 和 MVC_M3。图中,每一个矩形表示一个编码帧,矩形中的字母表示帧类型,数字表示该帧编码的层次,每一列表示同一个时刻不同视点的图像,每一行表示同一个视点不同时刻的图像,其中箭头方向表示预测参考关系。MVC_M2 模式用于对同时具有较强时空相关性的多视点视频序列编码,它非常类似于 HBP-MVC 结构,奇数视点采用运动补偿预测消除时域相关性,偶数视点采用运动补偿预测和视差补偿预测联合预测,同时消除时域和视点域相关性。然而 MVC_M2 不同于 HBP-MVC 结构之处在于,MVC_M2 将 I 帧置于中间视点,即 S4。一方面,I 帧由于编码的层次低(第 0 层),编码量化参数小,保证 I 帧具有较高的重建质量,将 I 帧置于中间视点,相比于原来的最边缘视点(S0),高质量的 I 帧被多次参考,利用率高,有利于提高整个编码结构的编码效率。另一方面,将 I 帧置于中间视点,使得预测依赖路径减小。例如,解码 S6T6 帧,在 HBP-MVC 方案中,最短的解码路径为 S0T0/S0T12 → S2T0/S2T12 → S4T0/S4T12→S6T0/S6T12→S6T6,共需要解码 9 帧,而在 MVC_M2 中,解码 S7T0 帧仅需解码 S4T0/S4T12→S6T0/S6T12→S6T6,即只需要解码 5 帧,有效减少了需要解码的帧数,提高了随机访问等性能。

MVC_M2 结构的压缩效率很高,I 帧置于中间也提高了随机访问等性能;然而,由于时空联合预测的特点,该预测结构仍然非常复杂,计算复杂度高,随机访问性能不佳;对于时域相关性极高的多视点视频序列,对于非关键时刻帧(non-anchor 帧)采用视点间预测编码所取得的增益不高,复杂度代价却巨大。所以,设计了如图 5.30(a)所示的 MVC_M1 结构以编码时域相关性极高的多视点视频序列。对于关键时刻帧(anchor 帧)采用了视点间预测,其他非关键帧仅采用运动补偿预测来消除多视点视频序列中主导的时间冗余。这样,可以保证在基本不影响

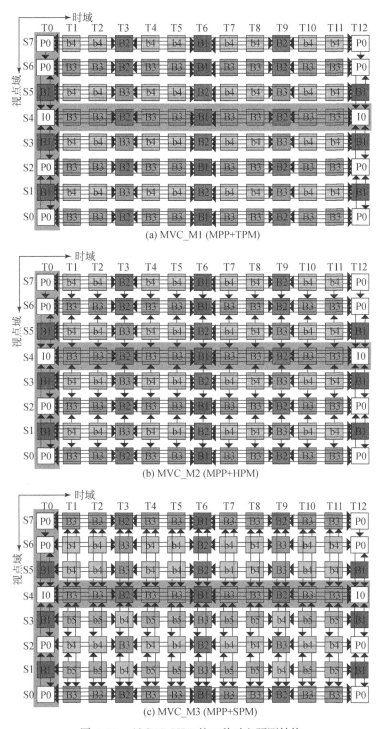

图 5.30　AMVC-HBP 的三种时空预测结构

编码效率的前提下,有效降低多视点视频编码的编解码复杂度,提高随机访问等性能。例如,解码 S5T4 帧,HBP-MVC 需要解码 S0T0/S0T12 → S2T0/S2T12→S4T0/S4T12→S6T0/S6T12→S6T6/S4T6 →S5T6 →S6T3/ S4T3→S6T4/S4T4→S5T4,共计解码 16 帧,但对于 MVC_M1 结构,解码 S5T6 帧需要解码 S4T0/S4T12→S6T0/S6T12→S5T0/S5T12→S5T6→S5T3→S5T4,只需解码 9 帧,大大降低了随机访问一帧所需解码的帧数。

　　除了时间主导和时空联合的多视点视频序列外,还有应用于自由视点视频系统的以视点间相关性为主导的多视点视频序列,如 Xmas 和 Rena 等序列。对于此类相机间距小、视点间相关性极大的多视点视频序列,由于视点间的视差补偿预测相比于运动补偿预测更为有效,所以本节设计了以视点间预测为主的多视点预测结构 MVC_M3。MVC_M3 除了将 I 帧置于中间视点,还增加了视点间预测参考帧,与此同时减少了时域参考帧。例如,对于 S2 视点,在 HBP-MVC 结构中,T1~T11 帧均仅采用了运动补偿预测消除时域相关性,而没有采用视差补偿预测消除视点间的相关性,所以压缩效率低;而在 MVC_M3 中,S2 视点的 T3、T6、T9 帧仅采用视点间预测,而对于 T1/T2/T4/T5/T7/T8/T10/T11 帧同时采用了时间预测和视点间预测,有利于进一步提高压缩效率。

　　为了能够在编码过程中实现各个预测结构的相互转换,按照式(5.26)的约束,设计 MVC_M1、MVC_M2 和 MVC_M3 之间的公共区域 MPP 为 MPP=$\{SnT0\,|\,n\in[0,7]\}\cup\{S4Tm\,|\,m\in[1,11]\}$(对于 8 个视点的编码结构,2D-GOP 长度为 12 的情况),MSP=Ω−MPP,即 2D-GOP 中 MPP 以外的帧为 MSP。三种预测结构仅需要调整 SequenceFormatString 中的参考帧列表重排列命令(reference picture list reordering,RPLR)和内存管理控制命令(memory management control operation,MMCO)[49],所以编码器设计过程为纯编码优化,码流结构和解码算法无须修改。图 5.31 为基于 HBP-MVC 预测结构模式设计中 MPP 和 MSP 示意图,浅灰色部分为 MPP 部分,主要由 T0 时刻的关键帧和具有 I 帧的视点(S4 视点的所有帧)构成,其余部分为 MSP 部分,属于各预测结构(MVC_M1、MVC_M2 和 MVC_M3)的特有部分。在一个 2D-GOP 中,MPP 编码顺序如图 5.32 所示,MPP 区域的编码顺序固定,如图标号所示,MSP 部分的编码顺序依据预测模式的参考关系不同而不同,且 MSP 在 MPP 编码后确定编码顺序、预测关系并进行编码。

　　2. 基于率失真代价的自适应模式切换策略

　　AMVC-HBP 需要根据多视点视频的时域/视点间相关性自适应地选择最佳的预测编码模式。为了降低计算复杂度,在多视点视频编码过程中,并不通过块匹配等方式实际统计多视点视频序列的相关性信息,而是通过编码过程中输出的编码信息,预测多视点视频序列在当前 2D-GOP 的时域/视点间相关性。由于 HBP-

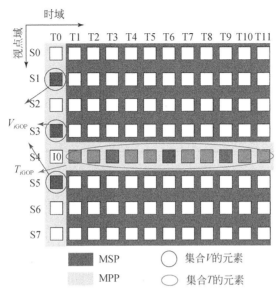

图 5.31　基于 HBP-MVC 预测结构的模式设计中 MPP 和 MSP 示意图

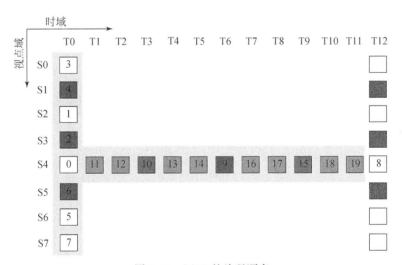

图 5.32　MPP 的编码顺序

MVC 结构多采用分层 B 帧编码当前视频序列,而视频序列的高相关性和分层 B 帧高效的编码效率使得编码过程中帧内块信息都几乎为 0,因而之前的基于帧内块的自适应模式切换策略并不适用于本节的基于分层 B 帧的多视点预测模式切换,所以本节提出新的基于率失真代价的自适应模式切换策略。

现有先进视频编码器(如 H. 264/AVC、HEVC)均采用基于预测和变换的混合编码构架,通过最小化率失真代价函数[50],即 $\min J(\mathrm{MB}_i)$,以得到运动估计、模式选择和参考帧选择的最佳参数,第 MB_i 个宏块的率失真代价函数可表示为

$$J(\mathrm{MB}_i) = D + \lambda R \tag{5.28}$$

式中,D 为失真率,R 为码率,λ 为 Lagrangian 加权系数。

令 n 和 m 分别表示一个 2D-GOP 的视点数和一个视点的时刻数,f_{vt} 表示 2D-GOP 中第 v 个视点第 t 时刻的帧,iGOP 表示 2D-GOP 序号,由此定义集合 $V_{iGOP} = \{f_{vt} | v \in (1,n); t=\text{"T0"}; \mathrm{tp}(f_{vt}) = \text{"B"}\}$ 表示在第 iGOP 个 2D-GOP 中 T0 时刻的双向预测编码的 B 帧,符号"$\mathrm{tp}(f_{vt})$"表示 f_{vt} 的帧类型。显然,对于满足条件 $f_{vt} \in V_{iGOP}$ 的帧仅采用双向视差补偿预测编码。类似地,定义集合 $T_{iGOP} = \{f_{vt} | v = \text{"S4"}; t \in (1 + i\mathrm{GOP} \times m, m + i\mathrm{GOP} \times m); \mathrm{tp}(f_{vt}) = \text{"B"}\}$ 表示第 S4 个视点(首帧为 I 帧的视点)中的所有 B 帧,这些满足条件 $f_{vt} \in T_{iGOP}$ 的 B 帧仅采用双向运动补偿预测编码。V_{iGOP} 和 T_{iGOP} 是 MPP 的子集,并满足条件:

$$V_{iGOP} \bigcup T_{iGOP} \subset \mathrm{MPP} \tag{5.29}$$

$$V_{iGOP} \bigcap T_{iGOP} = \varnothing \tag{5.30}$$

令 $|V_{iGOP}|$ 和 $|T_{iGOP}|$ 分别表示集合 V_{iGOP} 和 T_{iGOP} 中的元素个数,"$|X|$"表示取集合 X 的元素个数。由于 $V_{iGOP} \bigcap T_{iGOP} = \varnothing$,则满足:

$$|V_{iGOP} \bigcup T_{iGOP}| = |V_{iGOP}| + |T_{iGOP}| \tag{5.31}$$

所以,集合 V_{iGOP} 和 T_{iGOP} 中的平均 Lagrangian 代价函数 $g(V_{iGOP}, T_{iGOP})$ 表示为

$$g(V_{iGOP}, T_{iGOP}) = \frac{1}{|V_{iGOP}| + |T_{iGOP}|} \sum_{f_{vt} \in V_{iGOP} \cup T_{iGOP}} J_F(f_{vt}) \tag{5.32}$$

式中,$J_F(f_{vt})$ 表示 2D-GOP 中第 v 视点第 t 时刻帧的整帧的 Lagrangian 代价

$$J_F(f_{vt}) = \sum_{\mathrm{MB}_i \in f_{vt}} J(\mathrm{MB}_i) \tag{5.33}$$

运动补偿预测编码和视差补偿预测编码的平均率失真代价 $\eta_{T,iGOP}$ 和 $\eta_{V,iGOP}$ 可以表示为

$$\begin{cases} \eta_{T,iGOP} = g(\varnothing, T_{iGOP}) \\ \eta_{V,iGOP} = g(V_{iGOP}, \varnothing) \end{cases} \tag{5.34}$$

将式(5.30)代入式(5.32),可以得到

$$\begin{cases} \eta_{T,iGOP} = \dfrac{1}{|T_{iGOP}|} \sum_{F_{vt} \in T_{iGOP}} J_F(f_{vt}) \\ \eta_{V,iGOP} = \dfrac{1}{|V_{iGOP}|} \sum_{F_{vt} \in V_{iGOP}} J_F(f_{vt}) \end{cases} \tag{5.35}$$

多视点视频序列的时域/视间相关性随着相机间距、光线变化、相机阵列类型、场景和相机的运动情况的变化而变化。根据视频场景中物体运动和相机运动的连续性,多视点视频的相关性变化一般为连续过程(由闪光灯导致的闪光等现象为不

连续过程),即一个 2D-GOP 中的时空相关性基本一致。所以,多视点视频序列的相关性可以以 2D-GOP 为单位进行划分。

为了在模式切换过程中避免通过复杂的块匹配等方法来统计多视点视频每帧的相关性,采用 $\eta_{T,iGOP}$ 和 $\eta_{V,iGOP}$ 表示第 $iGOP$ 个 2D-GOP 的相关性。例如,对于时域相关性比较大而视点间相关性比较弱的 2D-GOP,在 MPP 编码后得到的 $\eta_{T,iGOP}$ 将小于 $\eta_{V,iGOP}$,因为在这种情况下运动补偿预测更为有效,压缩效率越高,Lagrangian 代价就越小;反之,对于空间相关性较大的 2D-GOP,在 MPP 编码后一般 $\eta_{T,iGOP}$ 会大于 $\eta_{V,iGOP}$。定义相关性表征系数 $\Delta\eta$ 用于表示多视点视频序列的时域/视点间相关性,有

$$\Delta\eta = \frac{\eta_{V,iGOP}}{\eta_{T,iGOP}} \tag{5.36}$$

令多视点视频序列时域/视点间相关性分别为 R_T 和 R_S,满足 $R_T + R_S = 1$。为了通过 $\Delta\eta$ 来表征多视点视频序列的时域/视点间相关性,假设 $\Delta\eta$ 与 R_T 的函数映射关系为 $h(\cdot)$,即表示为

$$\Delta\eta = h(R_T) \tag{5.37}$$

通过对多视点视频序列的定性分析可以得到,$\Delta\eta$ 是关于时域相关性 R_T 的增函数。为了得到多视点视频序列时域相关性 R_T 与相关性表征系数 $\Delta\eta$ 的函数映射关系 $h(\cdot)$,本节采用前面所述的块匹配的方式对多视点视频序列的相关性进行分析,同时对多视点视频序列进行多视点视频编码以分析相关性表征系数 $\Delta\eta$。测试序列为 Exit、Ballroom、Breakdancers、D-Xmas 和 Aquarium,其中 D-Xmas 表示是经视点间采样,即每 10 个视点采样选取一个视点,采样后的相机间距为 3cm。

图 5.33 为多视点视频序列的时域相关性分布图。对于 D-Xmas 序列,相机间距较小,视点间相关性较大而时域相关性较小;对于 Exit 序列,相机间距较大,运动较为缓和,所以时域相关性较大而视点间相关性较小;对于 Ballroom 序列,仍然

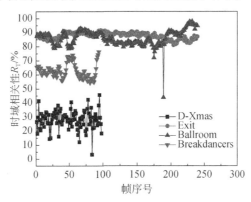

图 5.33　多视点视频时域相关性分布图

以时域相关性为主,其中第 180 帧左右,时域相关性剧减,这主要是因为拍摄闪光灯的时域不同步;对于 Breakdancers 序列,相机间距较大,有 20cm,同时运动剧烈,所以时域和视点间相关性均占较大比例。相关性分析得到多视点视频序列的时域和视点间相关性随着相机间距、光线变化、相机阵列类型、场景和相机的运动情况的变化而变化。图 5.34 为多视点视频序列的 MPP 编码过程中输出的相关性表征系数 $\Delta\eta$,其中,多视点视频编码的量化参数为 31、GOP 长度为 12、视点数为 8。从图 5.33 和图 5.34 中的 D-Xmas、Breakdancers、Exit 和 Ballroom 序列的对比可以看出,相关性表征系数 $\Delta\eta$ 随时间的变化趋势与时域相关性 R_T 非常一致。

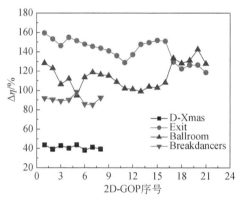

图 5.34　多视点视频相关性表征系数 $\Delta\eta$

图 5.35 是时域相关性 R_T 和相关性表征参数 $\Delta\eta$ 的均值的关系图,x 轴为时域相关性,y 轴为相关性表征系数 $\Delta\eta$,各黑色点表示不同测试序列 R_T 与 $\Delta\eta$ 之间的关系,实线为各黑色点的指数拟合。对于不同的测试序列统计分析,得到平均 $\Delta\eta$ 与 R_T 呈单调递增的一一对应关系,而且呈现近似指数关系。所以可以得到 $\Delta\eta$ 关于 R_T 的函数关系近似为

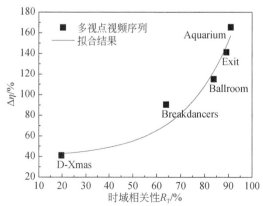

图 5.35　时域相关性 R_T 和相关性表征系数 $\Delta\eta$ 的均值的关系图

$$\Delta\eta = h(R_{\mathrm{T}}) = (y_0 + A\mathrm{e}^{\frac{R_{\mathrm{T}}}{\psi}\times100}) \times 100\% \qquad (5.38)$$

式中,$y_0 = 39.0, A = 1.414, \psi = 20.5$。

3. 自适应模式切换阈值设定

MSP 选择器选择最佳的 MSP 编码 2D-GOP 中剩余部分的帧。对于 3 类 MSP 编码结构,本节定义了两个阈值 $\mathrm{TH}_{1\leftrightarrow2}$ 和 $\mathrm{TH}_{2\leftrightarrow3}$,分别表示模式 MVC_M1 与 MVC_M2 之间的转换阈值和模式 MVC_M2 与 MVC_M3 之间的转换阈值。 MPP 编码后,当输出的当前 2D-GOP 的 $\Delta\eta$ 大于 $\mathrm{TH}_{1\leftrightarrow2}$,即 $\Delta\eta \in [\mathrm{TH}_{1\leftrightarrow2}, +\infty)$ 时,MSP 选择器选择 MVC_M1 作为最佳预测模式。当 $\Delta\eta \in (0, \mathrm{TH}_{2\leftrightarrow3}]$ 时,则表示当前 2D-GOP 主要以视点间相关性为主,因此选择 SPM 作为最佳编码模式;否则,对于时域、视点间相关性相当的序列,即 $\Delta\eta \in (\mathrm{TH}_{1\leftrightarrow2}, \mathrm{TH}_{2\leftrightarrow3})$,则选择 HPM 作为最佳编码模式。Zhang 等[27]针对不同的多视点视频编码结构进行分析,并提出多视点视频编码系统的各项性能的评价方法。不同的多视点视频编码结构 k,其随机访问性能指数 RA_k、压缩效率 RD_k、视点可分级性 VS_k 以及编码复杂度 CC_k 均不相同。对于本节的 AMVC-HBP 方法,其综合性能 $\boldsymbol{P}_{\mathrm{AMVC\text{-}HBP}}$ 可定义为

$$\begin{cases} \boldsymbol{P}_{\mathrm{AMVC\text{-}HBP}} = \displaystyle\sum_{k=1}^{3} \boldsymbol{P}_k \rho_k \\ \boldsymbol{P}_k = [\mathrm{RA}_k \quad \mathrm{RD}_k \quad \mathrm{CC}_k \quad \mathrm{VS}_k]^{\mathrm{T}} \end{cases} \qquad (5.39)$$

式中,$\boldsymbol{P}_k$ 表示编码模式 k 的性能代价指数矩阵,$k \in \{\mathrm{MVC\_M1}, \mathrm{MVC\_M2}, \mathrm{MVC\_M3}\}$;$\rho_k$ 表示编码多视点视频序列过程中,$\Delta\eta$ 位于区间 $(\mathrm{TH}_{k\leftrightarrow k+1}, \mathrm{TH}_{k-1\leftrightarrow k})$ 的 2D-GOP 的百分数。本节方法的性能依赖于多视点视频序列的相关性特性并随编码百分比 ρ_k 而变化。

多视点视频系统的综合性能代价 $\boldsymbol{P}_{\mathrm{MVC}}$ 由随机访问、编码复杂度、视点可分级性等多项性能指标综合而成,可表示为

$$\boldsymbol{P}_{\mathrm{MVC}} = [\xi_1 \quad \xi_2 \quad \xi_3 \quad \xi_4] \boldsymbol{P}_{\mathrm{AMVC\text{-}HBP}} \qquad (5.40)$$

式中,ξ_j 为加权系数,$j \in \{1, 2, 3, 4\}$,分别表示压缩效率、随机访问、编码复杂度和视点可分级性四项指标的重要性,越是系统瓶颈的指数越重要,相应地其加权系数越大。例如,对于面向广播的多视点视频系统,巨大数据量的视频流传输与存储是该系统的瓶颈,所以面向该项应用,以压缩效率为关键性指标,一般增加加权系数 ξ_1。又如,对于多视点视频会议系统,实时的交互性是系统重要指标,所以随机访问和低复杂度成为关键性能。由此可见,面向不同的应用系统,需要选择合理的阈值 $\mathrm{TH}_{1\leftrightarrow2}$ 和 $\mathrm{TH}_{2\leftrightarrow3}$,以最小化综合性能代价 $\boldsymbol{P}_{\mathrm{MVC}}$,即

$$\mathbf{TH} = \arg\min\{\boldsymbol{P}_{\mathrm{MVC}}\} \qquad (5.41)$$

式中,$\mathbf{TH} = [\mathrm{TH}_{1\leftrightarrow2}, \mathrm{TH}_{2\leftrightarrow3}]$。本节以提高压缩效率或保证基本不降低压缩效率

为前提,大幅度提高随机访问和视点可分级性能,降低计算复杂度,由此设定相关性阈值 $TH_{1\leftrightarrow2}$ 和 $TH_{2\leftrightarrow3}$ 分别为 85% 和 55%,即时域相关性大于 85% 的多视点序列采用 MVC_M1 编码,时域相关性小于 55% 序列宜采用 MVC_M3 编码,时域相关性介于 55%～85% 的多视点序列采用 MVC_M2 编码,由此可得

$$\mathbf{TH}=[\,h(T_1)\quad h(T_2)\,]=[\,128\%\quad 60\%\,] \tag{5.42}$$

4. AMVC-HBP 方法的实验分析

为了评估本节 AMVC-HBP 方法的编码效率,进行了多视点视频编码实验。由于新版本的 JMVM 和 JMVC 并不支持"SequenceFormatString"输入,其多视点视频编码过程是一个视点接一个视点地编码,而并非一个 2D-GOP 接一个 2D-GOP 编码,所以选用在 JSVM7.12 平台[50]上进行多视点视频编码实验,采用 8 个视点,GOP 长度为 12,BasisQP 分别设为 25、28、31 和 34。测试序列包括 Exit、Ballroom、Breakdancers、Alt Moabit、D-Xmas 和 Aquarium,各多视点测试序列特性呈多样化,分辨率从 320×240 至 1024×768,兼顾平滑运动和复杂、剧烈运动,平坦纹理和复杂纹理,大相机间距(20cm)和小相机间距(3cm),高采样帧率(25 帧/s)和低采样帧率(15 帧/s)。

1)压缩性能比较

图 5.36 显示了编码各多视点视频序列过程中编码模式的自适应切换过程,编码过程中 ρ_k 见表 5.8。Aquarium、Breakdancers 和 D-Xmas 整个序列的时空相关性在不同时间相对比较一致,主要由相机间距和视频捕获帧率决定序列的时空相

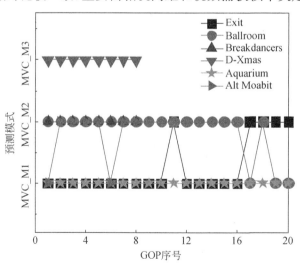

图 5.36　各序列多视点视频编码模式切换图

关性,AMVC-HBP 自适应采用 MVC_M1、MVC_M2 和 MVC_M3 分别编码。对于 Exit、Ballroom 和 Alt Moabit 序列,AMVC-HBP 在 2D-GOP 编码过程中对于不同时刻的 2D-GOP 自适应在 MVC_M1 和 MVC_M2 间切换编码。Exit 序列以时域相关性为主,但序列的后期运动加剧,视点间相关性增加而时域相关性削弱,所以后期 25% 的 2D-GOP(第 11、17～20 个 2D-GOP,共 5 个)采用 MVC_M2 编码,其余 75% 的 2D-GOP 采用 MVC_M1 模式编码。Ballroom 序列前期运动剧烈,视点间相关性较大,序列的后期运动减缓,时域相关性增加,所以前期 85% 的 2D-GOP、AMVC-HBP 采用 MVC-M2 编码,而后期的 15% 的 2D-GOP(第 17、19 和 20 个)采用 MVC_M1 编码。对于 Alt Moabit 序列,由于序列采样率较低,前景汽车经过时运动较为剧烈,所以 75% 2D-GOP 采用 MVC_M2 编码,其余 25% 的 2D-GOP 采用 MVC_M1 编码。

表 5.8　多视点视频编码中采用 3 种模式百分比　　　　　　(单位:%)

多视点序列	ρ_1	ρ_2	ρ_3
Exit	75	25	0
Ballroom	15	85	0
Breakdancers	0	100	0
Aquarium	100	0	0
Alt Moabit	25	75	0
D-Xmas	0	0	100

图 5.37 为 AMVC-HBP 与 HBP-MVC 的率失真性能比较图。对于 Exit、Ballroom 和 Alt Moabit,两者的编码率失真曲线重合,编码效率一致。对于 Ballroom 和 Alt Moabit,大多数 2D-GOP 均采用视差补偿预测和运动补偿预测联合的预测模式 MVC_M2,结构非常类似于 HBP-MVC,所以压缩效率基本一致;对于 Exit 序列,多数 2D-GOP 为时域相关性为主,所以这些 2D-GOP 的编码过程中去除视差补偿预测而仅采用运动补偿预测进行编码并不会对编码效率带来较大影响。对于 Aquarium 序列,AMVC-HBP 整个序列均去除视差补偿预测的预测方式,因此压缩效率略低于 HBP-MVC,相同码率条件下,视频质量降低约 0.1dB。然而,AMVC-HBP 在随机访问、计算复杂度和视点可分级性能上具有较大提高。对于 Breakdancers 序列,AMVC-HBP 自适应采用 MVC_M2 编码整个序列,由于高质量的 I 帧的重复利用,压缩效率略有所提高。

对于以视点间相关性为主的 D-Xmas 序列,AMVC-HBP 自适应采用视差补偿预测为主的 MVC_M3 模式编码,有效地提高了压缩效率,相比于 HBP-MVC,相同码率下平均提高视频质量约 1dB。图 5.38 为 D-Xmas 在 S2T1 位置的解码重

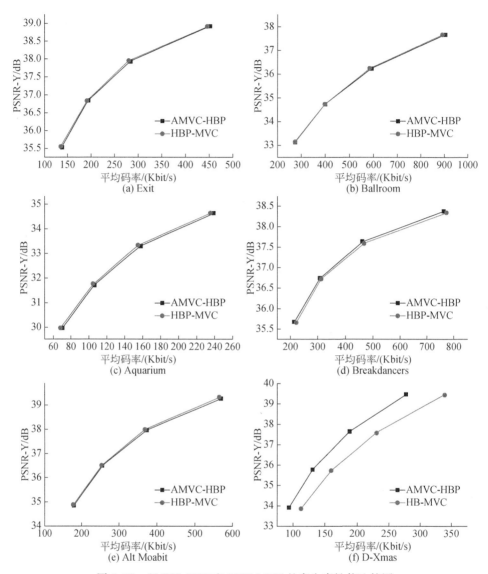

图 5.37 AMVC-HBP 和 HBP-MVC 的率失真性能比较图

建主观对比图,图 5.38(a)为 HBP-MVC 编码后解码重建图像,图 5.38(b)为本节提出的 AMVC-HBP 编码后解码重建图像。图 5.38(b)的重建质量(37.55dB)大于图 5.38(a)的重建质量(37.42dB)0.13dB,其主观质量一致,与此同时,压缩比特数从 21600bit(HBP-MVC)降低至 4592bit(AMVC-HBP),有效提高了编码压缩效率。这主要因为对于 S2 视点,HBP-MVC 仅采用运动补偿预测编码,而本节的 AMVC-HBP 能自适应采用以视差补偿预测为主的预测模式,符合多视点视频序列的时空相关性特性。

(a) HBP-MVC　　　　　　　　　　(b) AMVC-HBP 方法
(Level 3, QP=33, 37.42dB, 21600bit)　(Level 4, QP=34, 37.55dB, 4592bit)

图 5.38　D-Xmas 的解码重建图像

2)随机访问性能比较

为了评价并对比本节 AMVC-HBP 方法的随机访问性能,采用了随机访问性能参数 F_{av} 和 F_{max} 来评价每个 2D-GOP 的平均访问代价和最大访问代价,代价越高则随机访问性能越差。HBP-MVC 的预测结构固定,所以对于不同的测试序列其平均访问代价和最大访问代价确定;假定 2D-GOP 中随机访问一帧为均匀概率事件,即 $p_{i,j}=1/(n\times m)$,其中,m 和 n 分别表示一个 2D-GOP 的视点数和 GOP 长度,那么 HBP-MVC 的平均访问代价和最大访问代价分别为 10.1 和 18,即随机访问 2D-GOP 中一帧平均需要预解码 10.1 帧,最多需要预解码 18 帧,随机访问代价大。

而对于本节的 AMVC-HBP 方法,三种编码模式具有不同的随机访问性能;在编码过程中,AMVC-HBP 根据多视点视频序列的时空相关性信息,自适应选取最佳的编码模式。所以,AMVC-HBP 的随机访问性能取决于各模式的随机访问性能以及编码各视频序列时选择某个模式的概率 ρ_k。首先,计算各个模式的随机访问性能,根据先前定义的平均访问代价和最大访问代价,在随机访问一帧为均匀概率事件的情况下,可以得到各个预测模式的平均访问代价和最大访问代价,如表 5.9 所示。再根据式(5.39)、表 5.8 和表 5.9 计算得到 AMVC-HBP 针对不同多视点视频序列的随机访问代价,如表 5.10 所示,IMPV 表示优化百分比。例如,对于 Exit 序列,75% 的 2D-GOP 采用 MVC_M1 编码,其余 25% 的 2D-GOP 采用 MVC_M2 编码,即 $\rho_1=0.75,\rho_2=0.25,\rho_3=0$。依据式(5.39),可以得到平均访问代价 $F_{av}=6.4\times0.75+8.7\times0.25+9.9\times0\approx7$,由此相比于 HBP-MVC 随机访问代价降低了 30.7%。通过对不同序列分析可知,AMVC-HBP 相比于 HBP-MVC 方案,平均降低平均随机访问代价 20%,降低最大访问代价 23%,有效地提高了随机访问性能。

表 5.9　各编码模式的随机访问代价和视点可分级代价

编码模式	随机访问代价/帧		视点可分级性能代价/帧	
	F_{av}	F_{max}	单视点 F_{SV}	双视点 F_{DV}
MVC_M1	6.4	10.0	14.63	29.79
MVC_M2	8.7	16.0	25.88	45.96
MVC_M3	9.9	16.0	33.75	53.93

表 5.10　AMVC-HBP 与 HBP-MVC 的随机访问性能比较

多视点视频序列	平均访问代价 F_{av}/帧		IMPV/%	最大访问代价 F_{max}/帧		IMPV/%
	HBP-MVC	AMVC-HBP		HBP-MVC	AMVC-HBP	
Exit		7	30.7		11.5	36.1
Ballroom		8.4	16.8		15.1	16.1
Breakdancers	10.1	8.7	13.9	18	16	11.1
Aquarium		6.4	36.6		10	44.4
Alt Moabit		8.1	19.8		14.5	19.4
D-Xmas		9.9	2		16	11.1
平均值	—	—	20	—	—	23

3）视点可分级性能比较

视点可分级性是衡量多视点视频系统对单视点视频显示、双视点立体视频显示等系统支持程度的重要指标，视点可分级性能越好，则经多视点视频编码后的视频流在单/双视点等视频终端解码并显示的代价越小。本节采用前面定义的视点可分级性能代价指数、单视点可分级指数 F_{SV} 和双视点可分级指数 F_{DV}，来衡量多视点视频系统的视点可分级性。假定选取并播放多视点视频流中一个视点或两个视点的事件为均匀概率事件，即 $\phi_j=1/m$ 和 $\phi_{j,k}=m(m-1)/2$，那么 HBP-MVC 的单/双视点可分级代价分别为 27.4 和 46.4，即在 8 个视点、GOP 长度为 12 的 2D-GOP 中，选择解码并显示由 HBP-MVC 编码得到的多视点视频流中的一个视点数据，平均需要解码 27.4 帧，若选择解码并显示 2 个视点，则平均需要解码 46.4 帧，视点可分级代价大。

对于 AMVC-HBP 的视点可分级性能，类似于随机访问的计算方式，依赖于每个预测模式的视点可分级代价和多视点视频编码过程中使用该模式的概率 ρ_k。各个模式的单/双视点可分级代价如表 5.11 所示，模式 MVC_M1 和 MVC_M2 的视点可分级性优于 HBP-MVC 方案。然而，对于模式 MVC_M3，由于大量采用视点间预测方法，所以其视点可分级性能不佳。表 5.11 中，MVC_M1 采用得越多，视点可分级性能越好。针对不同序列的实验可得，本节的 AMVC-HBP 方法在单视

点可分级性上优于 HBP-MVC 平均 15.5%,双视点可分级性上优于 HBP-MVC
平均 10.6%,有效提高了视点可分级性能。

表 5.11　AMVC-HBP 与 HBP-MVC 的视点可分级性比较

多视点视频序列	单视点可分级指数 F_{SV}		IMPV/%	双视点可分级指数 F_{DV}		IMPV/%
	HBP-MVC	AMVC-HBP		HBP-MVC	AMVC-HBP	
Exit		17.4	36.5		33.8	27.2
Ballroom		24.2	11.7		43.5	6.3
Breakdancers	27.4	25.9	5.5	46.4	46	0.9
Aquarium		14.6	46.7		29.8	35.8
Alt Moabit		23.1	15.7		41.9	9.7
D-Xmas		33.75	−23.2		53.93	−16.2
平均值	—	—	15.5	—	—	10.6

4)AMVC-HBP 与 HBP-MVC 的计算复杂度性能比较

本节的 AMVC-HBP 方法与 HBP-MVC 编码实验均在 Dell PowerEdge 2800
服务器(Intel Xeon CPU 3.2GHz,3.19GHz,4GB DDR-2 内存,操作系统 Windows
Server 2003)上运行。表 5.12 给出了 AMVC-HBP 与 HBP-MVC 的编码时间比
较,对于 Aquarium 序列,均采用 MVC_M1 编码,所需的编码时间最少,相比于
HBP-MVC 节省编码时间约 60.3%;对于 Exit 和 Ballroom 等序列,联合采用
MVC_M1 和 MVC_M2 并自适应编码,编码时间优化 12.5%~43.7%;对于 D-
Xmas 和 Breakdancers 序列,采用了 MVC_M3 和 MVC_M2 分别编码,由于 MVC
_M3 和 MVC_M2 所采用的参考帧总数与 HBP-MVC 方案基本相等,所以计算复
杂度相当。总体上,对于不同特性的多视点视频序列编码实验可得,AMVC-HBP
相比于 HBP-MVC 平均节省 21.5%。编码延时主要来自编解码过程中的重排序
过程,所以 AMVC-HBP 与 HBP-MVC 一致,另外,对于所需最小解码缓冲区,
AMVC-HBP 也与 HBP-MVC 一致。

表 5.12　AMVC-HBP 与 HBP-MVC 的编码时间比较

多视点视频序列	编码时间/ms		IMPV/%
	HBP-MVC	AMVC-HBP	
Exit	61328	34555	43.7
Ballroom	68431	59898	12.5
Breakdancers	76333	77046	−0.9

续表

多视点视频序列	编码时间/ms		IMPV/%
	HBP-MVC	AMVC-HBP	
Aquarium	9995	3964	60.3
Alt Moabit	87635	75599	13.7
D-Xmas	17802	17857	−0.3
平均值	—	—	21.5

5. 本节小结

本节将模式自适应切换算法和 HBP-MVC 的基本结构相结合,设计了针对三类不同时空相关性特性的多视点视频编码结构,提出了基于率失真代价的自适应模式切换策略以实现各个预测结构间的无代价和无缝切换。与 HBP-MVC 相比,AMVC-HBP 平均提高 20% 随机访问性能,平均提高 11%~15% 视点可分级性能,平均降低 21.5% 计算复杂度。同时,对于密集相机采集的序列和运动剧烈的序列,AMVC-HBP 在相同码率条件下提高质量 0.1~1dB,提高了多视点视频编码的综合性能。

5.7　联合深度信息的非对称多视点视频编码

三维视频是二维视频的扩展,其同样受各类二维视觉失真的影响,而且深度图像失真会进一步影响三维视觉感知。MVD 的这种三维场景表示方式能够很好地支持立体视频,具有重建质量高、灵活性好、绘制视角广和兼容性好等优点,逐渐成为三维视频系统和自由视点视频系统等主流数据表示格式[51]。联合深度信息,图 5.39 给出了基于 MVD 的多视点视频系统框架[52]。在发送端,采用多相机获取

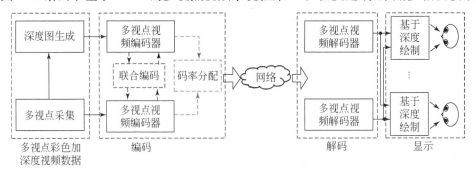

图 5.39　基于 MVD 的多视点视频系统框架

纹理视频,其相应的深度图像通过深度估计方法得到。于是,纹理视频和深度图像采用多视点视频编码方法进行编码。在用户端,通过采用基于 DIBR 技术,从解码的纹理视频和深度图像中绘制得到虚拟视点,给用户提供三维视频体验。带宽需求和视点绘制质量是评价本框架的两个重要指标。由于基于多视点视频编码的三维视频编码必须满足带宽需求,如何找到一种最佳的压缩策略来实现最佳的绘制质量,是一个重要的挑战问题。

　　为了实现较高的绘制质量,需要充分考虑多视点视频非对称编码策略。与文献[22]的研究思路相比,本节的非对称编码多视点视频方法主要由两部分构成:多视点纹理视频和深度视频间的非对称编码,以及多视点纹理视频的非对称编码。在本系统框架中,第一部分通过码率分配模型来实现,只考虑客观质量作为最优准则,第二部分通过色度重构模型来实现,考虑双目抑制视觉特征。因此,可以通过恰当的比特分配和码率控制策略,将上述两部分结合成一个框架。最终,绘制得到的虚拟视点的客观质量能够得到提高,并且保持相同的感知视觉质量。

　　在基于 MVD 的多视点视频系统中,由解码的纹理视频和深度视频绘制得到虚拟视点,因而失真的纹理视频和深度视频会影响虚拟视点质量。因此,基于 MVD 的多视点视频编码需要解决纹理视频和深度视频的最优码率比重问题。在总码率 R_c 限制下,最优码率(R_t^{opt}, R_d^{opt})问题表示为

$$\begin{cases} (R_t^{opt}, R_d^{opt}) = \arg\min_{R_c, R_d \in Q} D_v(R_t, R_d) + D_t(R_t) \\ \text{s. t.} \ R_d + R_t \leqslant R_c \end{cases} \tag{5.43}$$

式中,R_t 和 R_d 分别为纹理视频和深度视频的编码码率,$D_v(R_t, R_d)$ 为视点绘制失真,$D_t(R_t)$ 为纹理视频的编码失真,Q 为编码比特对集合。该模型的一个重要特征是:为了与二维显示兼容,纹理视频的编码失真 $D_t(R_t)$ 也包括进去。

　　设图 5.39 中的多视点视频采集、深度图像生成、虚拟视点绘制和三维显示模块是固定的,绘制的虚拟视点质量主要受纹理视频和深度视频编码失真的影响。假定 $D_d(R_d)$ 为深度图像的编码失真,视点绘制失真 D_v 可以描述为 D_t 和 D_d 的函数,即

$$D_v = f(D_t, D_d) \tag{5.44}$$

　　为了模型化上述的函数 $f(\cdot)$,假定 S_v 为原始纹理图像,$\bar{S}_v$ 为采用原始纹理图像和压缩深度图像绘制得到的图像,$\hat{S}_v$ 为采用压缩纹理图像和原始深度图像绘制得到的图像,视点绘制失真 $D_v(R_t, R_d)$ 能近似分解为两部分:

$$D_v(R_t, R_d) = E\{(S_v - \hat{S}_v)^2\}$$
$$= E\{[(S_v - \bar{S}_v) + (\bar{S}_v - \hat{S}_v)]^2\}$$
$$= E\{(S_v - \bar{S}_v)^2\} + E\{(\bar{S}_v - \hat{S}_v)^2\} + 2E\{(S_v - \bar{S}_v)(\bar{S}_v - \hat{S}_v)\}$$
$$\tag{5.45}$$

式中，$E\{(S_v - \bar{S}_v)^2\}$ 为由深度编码引起的平均视点绘制失真，$E\{(\bar{S}_v - \hat{S}_v)^2\}$ 为由纹理编码引起的视点失真，$E\{(S_v - \bar{S}_v)(\bar{S}_v - \hat{S}_v)\}$ 近似为 $0^{[21]}$。在实际的视点绘制中，虚拟视点从多个相邻的视点绘制得到。理论上，对于 $E\{(S_v - \bar{S}_v)^2\}$ 和 $E\{(\bar{S}_v - \hat{S}_v)^2\}$，需要考虑不同视点对相同虚拟视点的影响。由于不同视点的深度图像有大量的相同区域，如果不考虑遮挡的影响，不同视点对相同虚拟视点的影响是相似的。简单起见，这里只考虑单个相邻视点的影响。

假定虚拟视点的位置已知，对一个特定的虚拟视点，$E\{(S_v - \bar{S}_v)^2\}$ 可通过线性模型进行特征化：

$$E\{(S_v - \bar{S}_v)^2\} = \omega_r^2 E\{\Delta P_r^2\} \psi_r = k_1 E\{\Delta P_r^2\} \quad (5.46)$$

式中，ω_r 为加权因子；ψ_r 为与图像内容相关的线性参数；ΔP_r 为映射误差，表示为

$$\Delta P_r^2 = \left[\frac{f_1 \delta_x}{255} \left(\frac{1}{Z_{near}} - \frac{1}{Z_{far}} \right) \right]^2 D_d(R_d) = k_2 D_d(R_d) \quad (5.47)$$

式中，$D_d(R_d)$ 为深度图像的编码失真，f_1 为相机焦距，δ_x 为虚拟视点与特定视点的距离，Z_{near} 和 Z_{far} 为最近和最远深度值。由于虚拟视点的位置是不固定的，选择中间视点作为虚拟视点，在实验中，$\omega_r = 0.5$。$E\{(S_v - \bar{S}_v)^2\}$ 和 $D_d(R_d)$ 的关系可以近似表示为

$$E\{(S_v - \bar{S}_v)^2\} \approx k_1 k_2 D_d(R_d) \quad (5.48)$$

式中，$k_1 = \omega_r^2 \psi_r, k_2 = \left[\frac{f \delta_x}{255} \left(\frac{1}{Z_{near}} - \frac{1}{Z_{far}} \right) \right]$。类似地，由于纹理编码失真引起的绘制失真可以直接表示为与纹理编码失真的线性结合，$E\{(\bar{S}_v - \hat{S}_v)^2\}$ 和 $D_t(R_t)$ 的关系可以近似表示为

$$E\{(\bar{S}_v - \hat{S}_v)^2\} \approx \omega_r^2 D_t(R_t) \quad (5.49)$$

这样，最优比特分配问题可以简化为

$$\begin{cases} (R_t, R_d) = \arg \min_{R_c, R_d \in Q} D_{total}(R_d, R_t) \\ \text{s. t. } R_d + R_t \leqslant R_c \end{cases} \quad (5.50)$$

式中，$D_{total}(R_d, R_t) = k_1 k_2 D_d(R_d) + (1 + \omega_r^2) D_t(R_t)$。

需要重点指出的是，本模型不仅能应用于纹理/深度比特分配，也能应用于纹理/深度联合编码。这里只考虑前面一种。另外，根据人类视觉系统的双目抑制特性，立体图像对中的高质量视点会主导三维视频感知。这样，重新定义 MVD 数据格式。一种是多视点亮度和色度加深度视频（MLCVD）描述，另一种是多视点亮度加深度视频（MLVD）描述。对于 MLCVD 描述，总数据 D_{MLCVD} 由亮度 Φ_{MLCVD}、

色度 Ψ_{MLCVD} 和深度 Ω_{MLCVD} 构成,即

$$D_{\text{MLCVD}} = \{\Phi_{\text{MLCVD}}, \Psi_{\text{MLCVD}}, \Omega_{\text{MLCVD}}\} \tag{5.51}$$

而对于 MLVD 描述,总数据 D_{MLVD} 仅由亮度 Φ_{MLVD} 和深度 Ω_{MLVD} 构成,即

$$D_{\text{MLVD}} = \{\Phi_{\text{MLVD}}, \Omega_{\text{MLVD}}\} \tag{5.52}$$

这样,MVD 的总数据 D_{total} 表示为

$$D_{\text{total}} = \{D_{\text{MLCVD}}, D_{\text{MLVD}}\} \tag{5.53}$$

由于视点间的关系可以通过辅助的深度信息来反映,在 MLVD 描述中抛弃的色度信息 Ψ_{MLVD} 可以从 MLCVD 数据中重构得到。色度重构可以表示为

$$\Psi_{\text{MLVD}} = g(\Phi_{\text{MLCVD}}, \Phi_{\text{MLVD}}, \Psi_{\text{MLVD}}, \Omega_{\text{MLVD}}, \Omega_{\text{MLVCD}}) \tag{5.54}$$

根据上述比特分配和色度重构模型,文献[53]提出了一种基于 MVD 的非对称三维视频编码方法,如图 5.40 所示。为了精确地控制三维视频的编码码率,采用了合适的码率分配和码率控制策略。该方法由四个阶段构成:模型参数确立、目标码率分配、非对称三维视频编码及色度重构。在该方法中,第一阶段和第四阶段采用离线操作,而第二阶段和第三阶段采用在线操作。

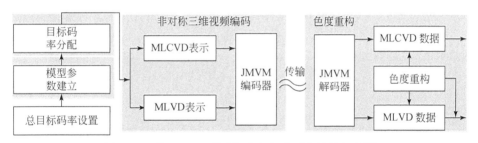

图 5.40　基于 MVD 的多视点视频非对称编码方法[53]

简单起见,本节只考虑基于两个视点的三维视频,该方法能够很容易地扩展到多个视点视频。在基于两个视点的三维视频中,假定一个视点为左视点,另外一个视点为右视点,每个视点分别由纹理视频和相应的深度图像构成。假定 α 为左右视点的初始码率比重,β 为纹理视频的色度与亮度初始码率比重,γ 为深度与彩色的初始码率比重,在总码率限制条件下,通过编码左右视点,得到左右视点码率 R_l 和 R_r,左视点的亮度和色度码率为 R_Φ 和 R_Ψ。通过将式(5.51)比特分配模型应用于左视点,能够得到深度和彩色的码率 R_d 和 R_t。这样,最优模型参数可以表示为

$$\begin{cases} \alpha = R_l/R_r \\ \beta = R_\Psi/R_\Phi \\ \gamma = R_d/R_t \end{cases} \tag{5.55}$$

码率比重 α、β 和 γ 可以通过预编码一些帧来确立,并且假定右视点的 β 和 γ 参数与左视点一致。对于编码比特对集合 Q,在 $0.2 \sim 0.8$ 范围内测试码率比重 $R_d/$

$(R_d + R_t)$。在确立模型参数后,对左右视点采用两种不同的描述,即 MLCVD 和 MLVD。根据已确立的 α、β 和 γ,在总目标码率 R_c 限制下,可以确立左右视点的深度和彩色的目标比特:

$$R_t^l = R_c \frac{\alpha}{1+\alpha} \frac{1}{1+\gamma} \tag{5.56}$$

$$R_d^l = R_c \frac{\alpha}{1+\alpha} \frac{\gamma}{1+\gamma} + R_c \frac{1}{1+\alpha} \frac{\beta}{1+\beta} \frac{1}{1+\gamma} \tag{5.57}$$

$$R_t^r = R_c \frac{1}{1+\alpha} \frac{1}{1+\beta} \frac{1}{1+\gamma} \tag{5.58}$$

$$R_d^r = R_c \frac{1}{1+\alpha} \frac{\gamma}{1+\gamma} \tag{5.59}$$

式中,R_t^l 和 R_t^r 分别为左右视点纹理视频目标码率,R_d^l 和 R_d^r 分别为左右视点深度视频目标码率。

在确立了深度和彩色视频的目标码率后,确立初始的 QP,以提高码率控制的精度,而后续的 P 帧和 B 帧的 QP 值能够在码率控制过程中自动进行调整。这样,只需要对一帧进行编码以测试码率-失真(R-Q)模型。根据统计的 R-Q 特征,进行相关量化参数的设置。R_t^l 和 $1/Q_{t,\text{step}}$、R_d^l 和 $1/Q_{d,\text{step}}$ 的关系表示为

$$R_t^l = \frac{K_t}{Q_{t,\text{step}}^l} + C_t \tag{5.60}$$

$$R_d^l = \frac{K_d}{Q_{d,\text{step}}^l} + C_d \tag{5.61}$$

式中,K_t、K_d、C_t 和 C_d 为常数,$Q_{t,\text{step}}^l$ 和 $Q_{d,\text{step}}^l$ 分别为纹理和深度的量化步长。

由于采用固定 QP 方法很难精确地控制编码码率,可以采用码率控制策略对左右视点图像进行编码。码率控制在本节方法中包括三层:GOP 层、帧层和基本单位层。首先,GOP 层的目标码率根据总的目标码率和初始 QP 进行更新;帧层的目标码率根据缓冲区、编码复杂度和剩余比特来确定;最终,对于第 i 个 GOP 的第 j 帧的左视点的纹理视频,其量化步长通过二次 R-Q 模型来确立:

$$T_t^l(i,j) = a_1 \times \frac{\text{MAD}(i,j)}{Q_{t,\text{step}}^l(i,j)} + a_2 \times \frac{\text{MAD}(i,j)}{Q_{t,\text{step}}^l(i,j)^2} + H(i,j) \tag{5.62}$$

式中,a_1 和 a_2 为模型参数,$T_t^l(i,j)$ 为分配给第 i 个 GOP 的第 j 帧的目标码率,$H(i,j)$ 为表述头文件和运动信息所需的码率之和,$\text{MAD}(i,j)$ 为预测误差。根据 Q_{step} 与 QP 的关系,$Q_{\text{step}} = 2^{(\text{QP}-4)/6}$,可得到最优 QP 值。

在解码端,需要对右视点舍弃的色度信息进行重构。根据左视点的深度信息,可利用 3D Warping 确立左右视点间的对应关系。这样,右视点色度初始重构图像能够直接由左图像信息预测得到。对于空洞遮挡区域,可根据空洞周围已知的色度信息,进一步采用颜色化技术进行重构。通过最小化原始彩色图像与重构彩色

图像间的误差,来得到最佳的重构

$$J(U) = \sum_{(x,y)} [U(x,y) - \sum_{(x',y')\in N(x,y)} w(x,y,x',y')\hat{U}(x',y')]^2 \quad (5.63)$$

式中,$N(x,y)$ 为像素 (x,y) 的邻域范围,$w(x,y,x',y')$ 为加权函数,$w(x,y,x',y') \propto e^{-[Y(x,y)-Y(x',y')]^2/(2\sigma_{xy}^2)}$,$\sigma_{xy}$ 为像素 (x,y) 在窗口 W 的标准差信息。

5.8 本 章 小 结

本章首先统计分析了多视点视频的内在时域和视点间的相关性分布情况,发现多视点视频信号时域及视点间的内容相关性随相机密度、光照、相机及对象运动等因素不同而变化,大致可将多视点视频划分为时域相关性为主、视点间相关性为主和时空相关性兼具三类。针对三类不同相关性特性的多视点视频序列,传统多视点视频编码方法均采用统一的预测结构编码,导致算法的随机访问和视点可分级性能不佳,计算复杂度很高。针对以上问题,提出了自适应模式切换的多视点视频编码方法,并构造了各预测模式的设计规范,从算法结构上解决了已有相关性分析的多模式多视点视频编码方法的模式更新滞后的问题以及相关性统计计算复杂度耗时问题。针对不同的多视点视频系统的应用需求,提出了面向交互性能的自适应多视点视频编码方法,针对三类不同相关性的多视点视频序列设计了三类交互性能优异的预测模式,提出基于帧内块的自适应模式切换策略,针对不同特性的多视点视频序列,自适应且无附带计算代价地实现各个模式切换,相比于传统预测结构,极大地提高了随机访问、视点可分级性能,且降低了计算复杂度。最后,将自适应多视点视频编码算法与已纳入多视点视频编码算法标准的 HBP-MVC 结构相结合,提出了基于分层 B 帧的自适应模式切换多视点视频编码(HBP-MVC)方法,同时提出基于率失真代价的自适应模式切换(AMVC-HBP)策略,更加准确地实现各个预测结构间的模式切换和无缝连接。与原 HBP-MVC 相比,AMVC-HBP 提高了随机访问性能、视点可分级性能,降低了计算复杂度。同时,对于密集相机采集的序列和运动剧烈的序列,AMVC-HBP 在相同码率条件下提高质量 0.1~1dB,提高了多视点视频编码的综合性能。此外,在基于 MVD 的三维视频非对称编码方法中,采用比特分配模型来特征化视点绘制失真,并采用色度重构模型来特征化双目抑制特征,通过结合两个模型,形成了新的非对称编码方法。在总码率限制下,该方法能够较大限度地提高虚拟视点绘制质量。

参 考 文 献

[1] Tech G, Chen Y, Müller K, et al. Overview of the multiview and 3D extensions of high efficiency video coding [J]. IEEE Transactions on Circuits and Systems for Video

Technology,2016,26(1):35-49.

[2] Tanimoto M,Tehrani M P,Fujii T,et al. Free- viewpoint TV[J]. IEEE Signal Processing Magazine,2011,28(1):67-76.

[3] 杨铀,郁梅,蒋刚毅. 交互式三维视频系统研究进展[J]. 计算机辅助设计与图形学学报, 2009,21(5):569-577.

[4] 邵枫. 自由视点视频信号处理中的关键技术研究[D]. 杭州:浙江大学,2007.

[5] Zhang Y,Kwong S,Jiang G,et al. Efficient multi- reference frame selection algorithm for hierarchical B pictures in multiview video coding[J]. IEEE Transactions on Broadcasting, 2011,57(1):15-23.

[6] Peng Z,Jiang G,Yu M,et al. Fast macroblock mode selection algorithm for multiview video coding[J]. EURASIP Journal on Image and Video Processing,2008,Article ID 393727.

[7] Chen Y,Pandit P,Yea S,et al. Draft reference software for MVC[R]. London:JVT,2009.

[8] Vetro A,Wiegand T,Sullivan G J. Overview of the stereo and multiview video coding extensions of the H. 264/MPEG-4 AVC standard[J]. Proceedings of the IEEE,2011,99(4): 626-642.

[9] Hannuksela M M,Yan Y,Huang X,et al. Overview of the multiview high efficiency video coding (MV- HEVC) standard[C]. International Conference on Image Processing,Quebec City,2015.

[10] ISO/IEC JTC1/SC29/WG11. N9163. Requirements on multi- view video coding v. 8[S]. Lausanne,2007.

[11] 杨铀,蒋刚毅,郁梅,等. 基于随机访问的多视点视频编码评价模型[J]. 软件学报,2008, 19(9):2313-2321.

[12] Shimizu S,Kitahara M,Kimata H,et al. View scalable multiview video coding using 3- D warping with depth map[J]. IEEE Transactions on Circuits and Systems for Video Technology,2007,17(11):1485-1495.

[13] Liu Y,Huang Q,Zhao D,et al. Low- delay view random access for multi- view video coding[C]. IEEE International Symposium on Circuits and Systems,New Orleans,2007.

[14] Fecker U,Kaup A. H. 264/AVC-compatible coding of dynamic light fields using transposed picture ordering[C]. The 13th European Signal Processing Conference,Antalya,2005.

[15] ISO/IEC JTC1/ SC29/WG11. N6909. Survey of algorithms used for multi- view video coding (MVC)[S]. Hong Kong,2005.

[16] Oka S,Endo T,Fujii T,et al. Dynamic ray-space coding using multi-directional picture[J]. ITE Technical Report,2004,28:15-20.

[17] Yamamoto K,Kitahara M,Kimata H,et al. Multiview video coding using view interpolation and color correction[J]. IEEE Transactions on Circuits and Systems for Video Technology,2007, 17(11):1436-1449.

[18] Kitahara M,Kimata H,Shimizu S,et al. Multi- view video coding using view interpolation and reference picture selection[C]. IEEE International Conference on Multimedia and

Expo,Toronto,2006.

[19] Merkle P,Smolic A,Muler K,et al. Efficient prediction structures for multiview video coding[J]. IEEE Transactions on Circuits and Systems for Video Technology,2007, 17(11):1461-1473.

[20] 蒋刚毅,张云,郁梅. 基于相关性分析的多模式多视点视频编码[J]. 计算机学报,2007, 30(12):2205-2211.

[21] Wang X,Jiang G,Zhou J,et al. Visibility threshold of compressed stereoscopic image: Effects of asymmetrical coding[J]. The Imaging Science Journal,2013,61(2):172-182.

[22] Shao F,Jiang G,Wang X,et al. Stereoscopic video coding with asymmetric luminance and chrominance qualities[J]. IEEE Transactions on Consumer Electronics, 2010, 56 (4): 2460-2468.

[23] Zhang Y,Jiang G,Yu M. Depth perceptual region-of-interest based multi-view video coding[J]. Journal of Visual Communication and Image Representation,2010,21(5):498-512.

[24] Ho Y S,Oh K. Overview of multi-view video coding[C]. The 14th International Workshop on System,Signals and Image Processing,Maribo,2007.

[25] 张云. 基于 MVD 三维场景表示的多视点视频编码方法研究[D]. 北京:中国科学院计算技术研究所,2010.

[26] 杨铀. 交互式多视点视频系统性能评价方法研究[D]. 北京:中国科学院计算技术研究所,2009.

[27] Zhang Y,Yu M,Jiang G. Evaluation of typical prediction structures for multi-view video coding[J]. ISAST Transactions on Electronics and Signal Processing,2008,2(1):7-15.

[28] Zhang Y, Yu M, Jiang G. New approach to multi-modal multi-view video coding[J]. Chinese Journal of Electronics,2009,18(2):338-342.

[29] Zhang Y, Jiang G, Yu M, et al. Adaptive multiview video coding scheme based on spatiotemporal correlation analyses[J]. ETRI Journal,2009,31(2):151-161.

[30] Kawada R. KDDI multiview video sequences for MPEG 3DAV use[R]. Munich:ISO/IEC JTC1/SC29/WG11,2004.

[31] Tanimoto M,Fujii T. Test sequence for ray-space coding experiments[R]. Honolulu:ISO/IEC JTC1/SC29/WG11,2003.

[32] Vetro A,McGuire M,Matusik W,et al. Multiview video test sequences from MERL[R]. Busan:ISO/IEC JTC1/SC29/WG11,2005.

[33] Heinrich-Hertz-Institut (HHI). Immersive media & 3D video[OL]. http://ip.hhi.de [2019-03-10].

[34] Fecker U, Kaup A. Transposed picture ordering for dynamic light field coding[R]. Redmond:ISO/IEC JTC1/SC29/WG11,2004.

[35] 谢剑,孙立峰,钟玉琢. 基于简单网络环境的交互式多视点视频点播系统[C]. 第一届建立和谐人机环境联合学术会议,昆明,2005.

[36] ISO/IEC JTC1/SC29/WG11. W8019. Description of core experiments in MVC [S].

Montreux,2006.

[37] Lim J,Ngan K N,Yang W,et al. A multiview sequence CODEC with view scalability[J]. Signal Processing：Image Communication,2004,19(3)：239-256.

[38] Tanimoto M,Tehrani M P,Fujii T,et al. Free-viewpoint TV[J]. IEEE Signal Processing Magazine,2011,28(1)：67-76.

[39] ISO/IEC JTC1/SC29/WG11 and ITU-T SG16 Q.6.H.264/MPEG-4 AVC reference software manual[S]. Hong Kong,2005.

[40] Chen Y,Pandit P,Yea S,et al. Draft reference software for MVC[R]. London：JVT,2009.

[41] Zhang Y,Kwong S,Jiang G,et al. Statistical early termination model for fast mode decision and reference frame selection in multiview video coding［J］. IEEE Transactions on Broadcasting,2012,58(1)：10-23.

[42] 郁梅,徐秋敏,蒋刚毅,等. 应用于多视点视频压缩的多参考B帧快速编码算法[J]. 电子与信息学报,2008,30(6)：1400-1404.

[43] 彭宗举,蒋刚毅,郁梅. 基于模式相关性的多视点视频编码宏块模式快速选择算法[J]. 光学学报,2009,29(5)：1216-1222.

[44] Tech G,Wegner K,Chen Y,et al. 3D-HEVC draft text 7[R]. Geneva：JCT-3V,2015.

[45] Zhang L,et al. Test model 7 of 3D-HEVC and MV-HEVC[R]. San Jose：JCT-3V,2014.

[46] 杨小祥. 基于3D-HEVC的深度编码研究[D]. 宁波：宁波大学,2015.

[47] Muller K R,Merkle P,Tech G,et al. 3D video coding with depth modeling modes and view synthesis optimization［C］. The 2012 Asia-Pacific Signal and Information Processing Association Annual Summit and Conference,Hollywood,2012.

[48] Oh B T,Oh K J. View synthesis distortion estimation for AVC- and HEVC-compatible 3D video coding[J]. IEEE Transactions on Circuits System and Video Technology,2012, 22(12)：1649-1668.

[49] Wiegand T,Sullivan G J,Biontegaard G,et al. Overview of the H.264/AVC video coding standard[J]. IEEE Transactions on Circuits and Systems for Video Technology,2003, 13(7)：560-576.

[50] ISO/IEC MPEG & ITU-T VCEG. JSVM software manual[S]. Geneva, 2006.

[51] Muller K, Merkle P, Wiegand T. 3-D video representation using depth maps［J］. Proceedings of the IEEE,2011,99(4)：643-656.

[52] Shao F,Jiang G,Yu M,et al. View synthesis distortion model optimization for bit allocation in three-dimensional video coding[J]. Optical Engineering,2011,50(12)：120502.

[53] Shao F,Jiang G,Yu M,et al. Asymmetric coding of multi-view video plus depth based 3D video for view rendering[J]. IEEE Transactions on Multimedia,2012,14(1)：157-167.

第6章 深度视频处理与编码

本章讨论三维视频系统中深度视频编码与处理方法。尽管深度视频可以参照已有视频编码标准进行编码压缩,但同一视点的深度视频与其对应的彩色视频有着明显的相关性,这使得深度视频编码有其自身的特点。同时,相对于彩色视频,现有深度相机拍摄或算法软件估计得到的深度视频的时间和空间相关性较弱,从而影响深度视频编码效率。因此,研究和讨论深度视频的预处理算法有其实际意义。本章首先讨论深度视频编码技术,接着分析深度视频时/空域一致性预处理方法、深度无失真处理以及基于感知特性的深度视频预处理等理论与方法。

6.1 引 言

三维视频系统中多个真实视点和虚拟视点视频同时呈现,使得用户可以对同一场景拥有不同视角的三维视觉感受[1,2]。MVD 是三维视频系统中场景表示的主要方式[3-5],MVD 编码与虚拟视点绘制是实现交互式三维视频系统、自由视点视频系统应用的关键环节[6,7]。MVD 信号包括多个彩色视频和相对应的深度视频,图 6.1 显示了一个基于 MVD 的三维视频系统架构,通过彩色相机采集、深度相机采集/深度估计得到 MVD 信号,再经编码、传送到客户端;解码后的视频可通过基于深度图像绘制技术生成虚拟视点[8,9],并最终在三维显示器上显示真实/虚拟视点视频信息。

在基于 MVD 的三维视频系统中,深度视频的获取是一项关键技术。目前,深度视频可通过深度相机获取或深度估计软件等方式得到。如图 6.1 所示,MVD 成像系统可包括多个彩色相机和深度相机[10]。深度相机基于飞行时间原理捕获深度视频,但由于环境光噪声、运动伪影等因素,所获取的深度图像可能出现与现场不一致的现象,而且高精度深度相机通常比较昂贵,难以推广应用。深度视频也可利用算法软件估计得到。JVT 提供了相应的深度估计参考软件(depth estimation reference software,DERS)用于获取深度信息[11]。然而,DERS 无论工作在自动模式或半自动模式,都难以产生足够准确和一致的深度视频,这无疑将降低深度视频的编码效率和所绘制虚拟视点视频的质量[9,12-15]。

深度视频编码和处理已成为三维视频领域的一个研究热点。JVT 开展了MVD 编码研究,研发了基于 H.264/AVC 标准的多视点视频编码平台[16],以此来进行 MVD 编码。近些年来,JCT-3V 在 H.265/HEVC 的基础上,制定了 3D-

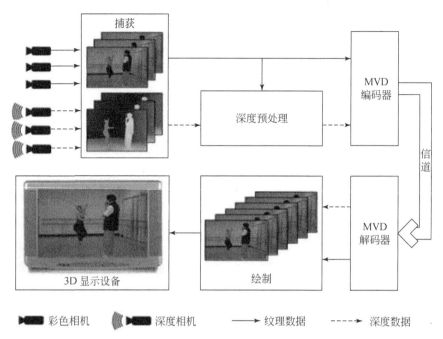

图 6.1 基于 MVD 的三维视频系统示意图

HEVC 和 MV-HEVC 编码标准[17-19]。

6.2 深度图像与视频编码

深度图像可用网格和灰度图像来表示。用三维网格来表示深度图像绘制速度快,并可利用图形处理器(graphics processing unit,GPU)的运算能力,但编码性能相较于基于 H.264/AVC 等编码标准的方法要低。二维深度图像可采用 JPEG、JPEG2000 等静态图像编码标准进行压缩,而深度视频则可采用 MPEG-2、MPEG-4、H.264/AVC、HEVC 等视频编码标准进行压缩。

6.2.1 深度图像编码

深度图像编码主要可分为:①基于变换的 JPEG、JPEG2000 等标准的深度图像编码方式;②基于模式函数的深度图像编码方式;③基于网格的深度图像编码方式。

(1) 基于 JPEG、JPEG2000 等标准的深度图像编码方式。JPEG 编码器采用了离散余弦变换、量化、变长熵编码等算法,在深度图像编码时可能产生块效应;JPEG2000 编码标准使用了离散小波变换和优化截断嵌入式块编码等算法,在深度图像编码时边缘像素位置上可能产生环形的效果。就三维视频系统而言,深度图像边缘失真可能在绘制虚拟视点中产生几何失真,影响所绘制图像的质量。基于此,Krishnamurthy 等[20]提出了一种基于感兴趣区域的深度图像编码方法,通过边缘检测获取感兴趣区域,对其采用无失真编码方式来保证深度图像边缘的准确性。

(2) 基于模式函数的深度图像编码方式。Morvan 等[21]通过分析深度图像的特性,发现深度图像的平坦区域所占比例较大,而其信息主要在对象边界上存在突变,因此可用模式函数来近似描述深度图像的内容。该方法主要使用两类模式函数,一类是分段常函数,另一类是分段线性函数;对于固定深度区域用常函数表示,而对于渐进深度变化区域则用线性函数来表示。当一个块内的深度信息不能由一个模式函数来近似时,这个块就会被分为四个尺寸更小的块。最小块的尺寸是确定的,为了使划分的块不至于过多,在深度不连续区域,通过一条直线把块分为两个区域,每个区域用独立的函数编码。该方法还通过率失真代价函数来选择最优的模式,其编码效率比 JPEG2000 有所提高,但这类算法只考虑了深度图像的空间冗余,对静态深度图像的编码较为有效。

(3) 基于网格的深度图像编码方式。先将深度图像转换为网格[22],在深度图像的平坦区域设置较少的采样点,而在对象边界设置较多的采样点,并采用插值的方式来重建采样点之间区域的信息。所以,需要对采样后的图像构建三角形网格,再通过像素与三角形三个顶点间的线性关系插值三角形内部的像素。当把深度图像转换成网格之后,网格信息需要被传输编码。其编码过程包括两部分:拓扑编码和几何编码。拓扑信息是指多边形网格顶点之间的连接信息,而几何信息是指顶点的位置坐标。在对象边界处的每个点都分配两个深度值,并且保证网格边界沿着对象的轮廓,以防止在同一三角形网格中既含有前景又含有背景,从而影响虚拟视点图像的绘制质量。Grewatsch 等[23]通过编码实验表明,基于网格的编码方式和基于 H.264/AVC 帧内编码方式的编码效率相近,但这两种编码方法对深度序列的编码效率明显低于基于 H.264/AVC 帧间编码方式。

6.2.2 深度视频编码

为了充分利用有限的传输带宽或存储空间,彩色视频编码时需要考虑视频序列的时空相关性;而对于深度序列,同样存在这样的相关性[24]。YUV 格式的深度视频序列中,Y 分量为深度值,而 UV 分量置为常数 128。利用 H.264/AVC、HEVC 等编码标准对深度视频编码可采用与彩色视频编码相类似的方式。为了进一步减小深度视频编码码率,人们提出了对深度图像预先下采样、通过 H.264/AVC 编码、编码后上采样重建的方式,以减少深度视频编码码流[25]。但采样可能影响深度图像边界的准确性,进而影响虚拟视点绘制的质量,同时也增加了后处理的难度。为此,可在编码前先对深度图像进行均值滤波,在降低编码码率的同时,并未明显影响虚拟视点的绘制效果。考虑到基于视频编码标准的深度图像编码方案的编码复杂度较高,Oh 等[26]提出一种用彩色视频编码的相关信息来辅助深度视频编码的思路,设计了相应的编码结构,减少了编码时间。Shao 等[27]提出了一种基于失真分析的深度图像编码方法,以提高虚拟视点图像的绘制性能。Peng 等[5]提出了一种深度视频的联合处理和快速编码算法,利用 MVD 中深度和颜色特征提取深度不连续区域、深度边缘区域和运动区域作为掩模,用于高效处理和实现快速编码。Zhang 等[28]提出了一种虚拟视点视频的视觉质量评测方法,并基于此提出了一种率失真优化算法以提高深度视频编码效率和虚拟视点视频绘制的感知质量。Chiang 等[29]提出了一种帧兼容的非对称双视点深度视频编码方案,在保持虚拟视点图像绘制质量的同时实现高效编码。Peng 等[30]还考虑到深度视频获取技术的局限性可能导致深度视频在时域上的不一致,提出了一种恰可察觉绘制失真模型,并基于该模型提出了一个联合时域与空域处理的深度增强算法,提高了深度视频的时域相关性,从而提高了深度视频的编码效率。

与彩色视频编码相似,深度视频编码同样存在单视点与多视点之分。对于多视点深度视频编码,许多研究考虑了:

(1)借鉴多视点彩色视频的编码方案。以二维图像/视频形式表示的深度图像/深度视频在编码上与彩色图像/视频并没有明显区别,所以可直接借用彩色图像/视频编码方式来编码深度图像/深度视频。最经典的是直接采用分层 B 帧预测结构对深度视频进行编码。

(2)预测编码的方式。Magnor 等[31]和 Oh 等[32]提出了通过虚拟视点绘制的方式绘制得到虚拟视点的深度图像,再以该虚拟深度图像作为参考帧来编码深度图像,以实现高效深度视频编码。Merkle 等[33]也提出以宏块为单位,通过虚拟视点绘制的方式查找当前深度图像在左右视点上的预测宏块位置,结果表明该预测方案可提高编码效率。

6.2.3　面向虚拟视点绘制的深度视频编码

深度图像能有效地表示三维场景的几何信息,在基于深度信息的三维视频系统中需传输深度信息到其用户终端用以辅助虚拟视点图像绘制[34-36]。为有效降低深度图像/视频传输的码率,需要对其进行高效编码。深度图像的成像或估计算法可能导致深度图像不准确,这种不准确将降低深度视频编码效率[13,24,34]。例如,通过视差估计算法所获取的深度图像序列的背景区域可能存在时域抖动效应。图 6.2反映了测试序列 Breakdancers 的彩色视频和深度视频的时域相关性[34,35]。图中二值图为时间连续的前后两帧的差值图二值化后的结果,黑色表示两帧对应位置差值较小,白色表示差值较大。这两个彩色多视点视频序列是在相机固定情况下获取的,因此其视频背景部分的深度值应保持不变。在图 6.2(a)所示的彩色视频中,背景部分以及地板等区域变化较小,二值图中对应位置显现为黑色;但在图 6.2(b)的深度视频的二值图中,其背景以及地板等区域显现出大片的白色区域,说明在这些区域深度值产生了变化。

(a)时间连续的前后两帧彩色图像及其变化分析

(b) 与(a)对应的前后两帧深度图及其变化分析

图 6.2　Breakdancers 序列彩色图像和深度图像变化分析

图 6.3 进一步比较分析了 Ballet 和 Breakdancers 彩色视频和深度视频中部分背景区域的帧间相关性,其横坐标为帧号,纵坐标为帧间相关系数 R,其计算公式如下:

$$R=\frac{1}{n-1}\sum_{i=1}^{n}\frac{(v_i-u_v)(k_i-u_k)}{S_vS_k} \tag{6.1}$$

式中,S_v 和 S_k 分别为前后帧的标准差,u_v 和 u_k 分别为前后帧的均值,v_i 和 k_i 则分别代表前后帧中第 i 个像素的像素值,n 为像素个数。图 6.3 中 Ballet 序列的彩色视频和深度视频的相关系数均值分别为 0.995、0.979;而 Breakdancers 序列的彩色视频和深度视频的相关系数均值分别为 0.910、0.829。由此可见,由于深度图像获取技术的局限性,深度图像背景存在较明显的不精确现象,使得深度图像序列的时域相关性减弱。

总的来说,深度图像有以下特性:①深度图像纹理简单,其编码码率比彩色图像要少;②由于深度图像获取方法的局限性,深度图像并不是很准确。

通过分析深度图像的特征,朱波等[35]给出面向虚拟视点绘制的深度图像编码(virtual view rendering based depth image coding,VVR-DIC)的基本思路。在深度图像/视频编码时,区分静态区域和动态区域,并且保证深度图像/视频对象的边

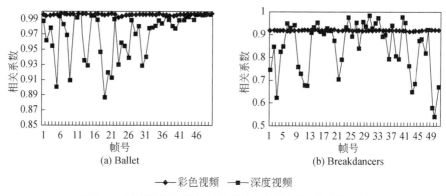

图 6.3　深度图像和彩色图像背景区域帧间相关系数比较

界。在静态区域沿用前一帧的深度值,而在对象边界采用率失真优化以保证该部分深度信息的准确性。图 6.4 所示的 VVR-DIC 框架采用了深度和彩色视频联合编码的方案,以彩色视频编码信息辅助深度图像/视频的编码,主要模块包含:①深度图像不同区域的划分;②彩色图像/视频编码模式和运动矢量的获取;③基于上述两部分信息的深度图像/视频编码。在一定的条件下,彩色图像中像素值不变的区域,对应区域的深度值也保持不变。所以,可以利用彩色图像/视频的编码模式来辅助深度图像/视频的编码。同时,加入区域的限制以提高对象边界和对象内部的深度准确性。

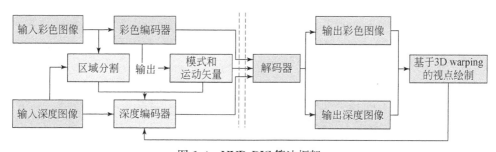

图 6.4　VVR-DIC 算法框架

　　深度图像与彩色图像的区别在于:深度图像在对象边缘处存在深度值跳变,而在对象内部区域显得较为平坦。所以,深度图像各个区域的编码模式具有一定的规律性[24]。研究表明,深度视频的帧间预测主要分布在对象边界区域以及一些时域不一致区域,而对于背景以及对象内部区域主要采用了 Skip 和帧内模式。分析统计结果表明,若就对象内部区域采用 H.264/AVC 技术进行编码,其 Skip、Intra4×4、Intra16×16 模式所占比例很大,例如,"Ballet"序列的对象内部区域,这三种模式所占比例为 97.6%;而对于"Breakdancers"序列,这三种模式所占比例为

94.8%。因此,在进行深度视频编码时,简单的思路可考虑就对象内部区域仅遍历
Skip、Intra4×4、Intra16×16 三种模式。显然,利用深度图像编码的规律性,可以
加快深度图像编码速度。

图 6.4 中的深度图像序列编码算法流程可分为两个部分:区域划分和不同区
域的编码模式选择。在区域划分阶段,深度图像被划分为区域 A(边界区域)、区域
C(运动对象内部区域)、区域 D(背景区域)等。编码时,对不同的区域,采用不同的
编码策略。区域 A 的失真对虚拟视点图像绘制的影响较大,该部分区域编码需要
率失真优化全遍历,选取最优编码模式。区域 C 仅遍历 Intra4×4、Intra16×16 和
Skip 等三种编码模式。对于区域 D 似乎可以直接采用 Skip 模式,然而,考虑到当
对象内部纹理平坦时,对象内部区域有可能被误认为是区域 D,而如果对这部分区
域直接采用 Skip 模式,则由于彩色图像中相邻运动矢量的不同,会引起匹配错误,
因此需要通过彩色图像的编码模式和运动矢量来约束。图 6.4 的 VVR-DIC 算法
步骤如下:

(1)通过边缘检测算子获取对象边界 A,通过帧差获取运动变化区域 B,对象
内部区域 $C=B-A\bigcap B$,背景区域 $D=I-A\bigcup B$,对不同的区域用不同的标识表示。

(2)通过输入的区域标识判断当前宏块是否属于区域 C,若是,则率失真优化
遍历 Skip、Intra4×4、Intra16×16 三种模式,转入(5);否则转入(3)。

(3)判断当前宏块是否属于区域 A,若是,则遍历所有的模式,转入(5);否则转
入(4)。

(4)对于区域 D,判断其对应的彩色图像的编码模式是否为 Skip,其运动矢量
是否为 0,若不满足则编码率失真优化地遍历 Intra4×4、Intra16×16 和 Skip 模
式;否则,直接采用 Skip 模式编码当前宏块。

(5)若存在下一宏块,则将其作为当前宏块转入(2),否则结束当前深度图像
编码。

VVR-DIC 算法的主要特点是:①假定深度视频的 I 帧是准确的前提下,修正
了后续 P 帧中部分深度不准确值;②对深度图像进行区域分类,对不同区域进行不
同处理,在减少编码时间的同时,降低了深度编码码率;③以虚拟视点绘制主观质
量为深度视频压缩的评价标准,编码时着重考虑了最终绘制的虚拟视点图像的主
观质量,而不是考虑深度图像的客观质量。

6.2.4　联合彩色图像编码模式的深度图像预处理与编码

在三维视频系统中,深度视频通过编码传输给用户端进行虚拟视点图像的绘
制,以提供用户多视角的视觉享受。由于深度图像获取算法的局限性,深度视频在
时域存在不一致性等缺陷。为有效降低深度视频编码传输码率,需要对其进行预
处理。

1)深度序列时域一致性问题

如前所述,由于现有的深度图像序列获取方法[11]的局限性,所获取的深度图像序列的时域一致性可能比彩色视频时域一致性差,使得其编码效率降低。因此,在进行深度图像序列编码前,需对深度图像序列进行预处理以增强深度序列时域一致性。在多视点深度序列编码中,不仅存在时空相关性,也存在各视点间的相关性。对于多视点里面的每一个宏块或者是块,其时空、视点间的相关性共存。为了方便描述,令 ICB 表示视点间相关性宏块,SCB 为空间相关性宏块,TCB 为时域相关性宏块。

多视点深度视频的时间不一致性意味着其时间上相关性的降低。令 $\Omega = \{ICB, SCB, TCB\}$, $\kappa \in \Omega$, $\omega(\kappa, s)$ 表示变量 κ 在测试序列 s 中所占的比例, $\xi(\kappa, s)$ 表示变量 κ 在测试序列 s 中率失真代价的平均值,定义时间不一致性 χ 为

$$\chi = \sum_{\kappa \in \Omega} [\omega(\kappa, COL) - \omega(\kappa, DEP)] \xi(\kappa, DEP) / \sum_{\kappa \in \Omega} \omega(\kappa, DEP) \xi(\kappa, DEP) \quad (6.2)$$

式中,COL 和 DEP 分别表示彩色图像及其对应的深度图像。

图 6.5 给出了 Door Flowers 的相关性分析与平均率失真代价。显然,深度图像序列的时域相关性明显低于彩色图像的时域相关性。对于 Door Flowers 序列, $\chi = 14.09\%$ 。因此,在编码之前对深度图像进行预处理是有必要的。

2)彩色图像编码中采用 Skip 模式且运动矢量为(0,0)的宏块统计分析

采用 H.264 编码器对 Door Flowers 和 Pantomime 序列进行编码,并对其中的 Skip(0,0)块进行分析。Door Flowers 中的 Skip(0,0)块主要分布在图像的背景或者是静止区域。这些区域的深度值绝大部分情况下应当是一致的。因此,在 Skip(0,0)块对应的深度视频区域进行当前帧和参考帧之间的平滑,可提高深度序列的时域一致性。但是,在实验中也发现极少数 Skip(0,0)块位于运动对象上,如 Pantomime 序列右边那个小丑的手臂上,这些区域需要通过设定合适的阈值进行排除。

3) 联合彩色视频编码模式的深度图像预处理与编码算法

彩色视频与深度图像序列的运动信息在统计意义上存在着相似性,这意味着可以利用彩色图像的编码模式来对深度图像编码模式进行预处理,以提高深度图像序列在参考帧和当前编码帧之间的背景区域的时域上的一致性,在保证处理后深度图像序列绘制的虚拟视点主观质量不变的前提下,减少由深度图像序列在时域上不一致性在编码过程中造成的额外的比特浪费,提高深度序列的编码效率。

由于彩色视频编码的 Skip(0,0)块基本上位于序列的背景区域或者是静止区域,而这些区域所对应的深度图像与其参考深度图像在时域上应具有一致性,即深度值应该是相同的,因此,可利用彩色视频的编码信息预处理深度图像以加强深度图像与参考深度图像的时域一致性。

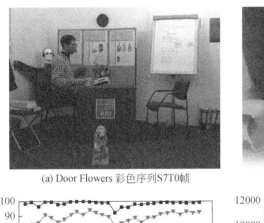
(a) Door Flowers 彩色序列S7T0帧

(b) Door Flowers 深度序列 S7T0帧

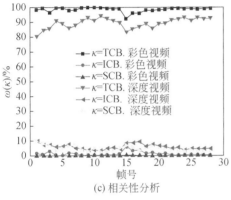
(c) 相关性分析

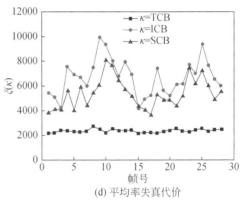
(d) 平均率失真代价

图 6.5　Door Flowers 的相关性分析与平均率失真代价

深度图像预处理算法流程如下：

(1)对目标深度图像 D_T 进行区域划分,得到其运动区域和静止区域。

(2)对于目标深度图像 D_T 的每个宏块进行如下处理。令目标深度图像 D_T 的第 k 个宏块为 $D_{Tm}(k)$,如果其对应的彩色图像 C_T 的第 k 个宏块 $C_{Tm}(k)$ 的编码模式不是 Skip 模式或运动矢量不为$(0,0)$,则不对 $D_{Tm}(k)$ 进行处理;否则进一步判断 $D_{Tm}(k)$ 以及参考深度图像的第 k 个宏块 $D_{Rm}(k)$ 是否同时属于静止区域,若是,则令 $D_{Tm}(k)=D_{Rm}(k)$;否则,令 T_m 表示 $D_{Tm}(k)$ 和 $D_{Rm}(k)$ 的平均深度差值,若 T_m 小于阈值 T_f,则令 $D_{Tm}(k)=D_{Rm}(k)$,否则 $D_{Tm}(k)$ 保持不变。这里的阈值 T_f 计算如下：

$$T_f = \sum_{y=0}^{H-1} \sum_{x=0}^{W-1} \frac{|D_T(x,y) - D_R(x,y)|}{HW} \tag{6.3}$$

式中,$D_T(x,y)$ 和 $D_R(x,y)$ 分别表示目标深度图像与参考深度图像在(x,y)处的深度值,H 和 W 分别为图像的高度和宽度。

采用 H.264/AVC 的参考平台 JM14.2 进行编码实验,编码结构采用 IPPP。

由深度估计软件 DERS3.0[11] 求取多视点彩色视频 Door Flowers、Pantomime 的深度视频序列。图 6.6 给出了原始深度视频以及经过本节方法处理后的深度视频在 QP 为 18、22、26 和 30 时编码的率失真曲线。由于处理后的深度视频时域一致性得到提升，其编码效率也相应得到提高。表 6.1 和表 6.2 给出了 Door Flowers、Pantomime 深度视频序列的实验结果。Door Flowers 序列相比处理前深度视频序列平均可节省 45% 的码率，而 Pantomime 深度序列平均可节省 20% 的码率。图 6.7 为采用原始深度视频和处理后深度视频进行编码和绘制的率失真曲线。由图可知，在相同的绘制质量下，采用经过处理后的深度视频可以节省更多的编码码率。

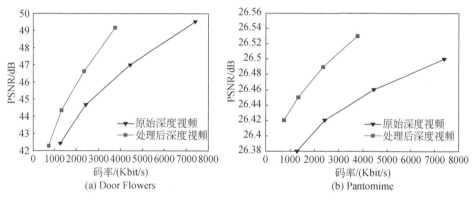

(a) Door Flowers

(b) Pantomime

图 6.6 原始深度视频和处理后深度视频的编码率失真曲线图

表 6.1 Door Flowers 序列的实验结果

QP	码率/(Kbit/s)		节省码率/%	绘制图像质量/dB	
	原始深度视频	处理后深度视频		原始深度视频	处理后深度视频
18	7393.63	3776.50	48.92	26.50	26.53
22	4453.82	2355.22	47.12	26.46	26.49
26	2419.22	1339.44	44.63	26.42	26.45
30	1287.65	750.82	41.69	26.38	26.42

表 6.2 Pantomime 序列的实验结果

QP	码率/(Kbit/s)		节省码率/%	绘制图像质量/dB	
	原始深度视频	处理后深度视频		原始深度视频	处理后深度视频
18	2788.99	2105.66	24.50	31.21	31.24
22	1387.27	1116.24	19.54	31.12	31.14
26	709.15	567.70	19.95	31.02	31.05
30	415.85	340.73	18.06	31.02	31.03

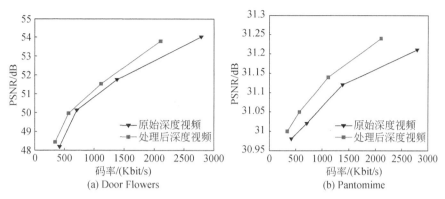

图 6.7　原始深度视频和处理后深度视频的编码和绘制质量的率失真曲线

6.2.5　基于深度最大可容忍失真的多视点深度视频编码

本节分析由深度图像绘制的虚拟视点图像的质量,结合多视点彩色视频的视觉模型探讨多视点深度视频的编码失真、绘制过程中的几何失真与绘制的虚拟视点图像失真三者之间的关系,给出深度最大可容忍失真(depth maximum tolerated distortion,DMTD)的概念与计算方法[37];进而得到一种基于 DMTD 分布图的多视点深度视频码率分配算法,通过挖掘绘制虚拟视点的视觉冗余信息,可进一步提高多视点深度视频的编码压缩效率。

在深度视频编码过程中,量化造成的深度图像失真会导致深度信息的损失。深度图像中任意位置深度值的改变将导致基于深度图像绘制中像素映射的位置偏移,从而引起绘制几何失真。深度图像失真 ΔD 和虚拟视点图像绘制的几何失真 ΔP 的关系可表示如下[38]:

$$\Delta P(x_{ic},y_{ic}) = \begin{bmatrix} g_x(x_{ic},y_{ic}) \\ g_y(x_{ic},y_{ic}) \end{bmatrix} = \Delta D_p(x_{ic},y_{ic}) \begin{bmatrix} k_x \\ k_y \end{bmatrix} \tag{6.4a}$$

式中,$g_x(x_{ic},y_{ic})$ 和 $g_y(x_{ic},y_{ic})$ 分别表示 x 和 y 方向在坐标为 (x_{ic},y_{ic}) 时因深度编码失真 ΔD 而产生的几何误差;k_x 和 k_y 分别是 x 和 y 方向上对应的参数因子,由相机参数和拍摄时的深度值决定,计算如下:

$$k_x = \sigma \eta_x \frac{1}{255} \left(\frac{1}{Z_{near}} - \frac{1}{Z_{far}} \right) \tag{6.4b}$$

$$k_y = \sigma \eta_y \frac{1}{255} \left(\frac{1}{Z_{near}} - \frac{1}{Z_{far}} \right) \tag{6.4c}$$

式中,σ 表示相机的焦距,η_x 和 η_y 分别为左右相机之间的水平方向距离和垂直方向距离,Z_{far} 和 Z_{near} 分别表示最大深度和最小深度,经量化后对应深度图像中的 255 和 0 大小的像素值。显然,对于同一个测试序列,k_x 和 k_y 为常量。g_x 和 g_y 可计算如下：

$$g_x(x_{ic}, y_{ic}) = \sigma\eta_x \frac{\Delta D_p(x_{ic}, y_{ic})}{255} \left(\frac{1}{Z_{near}} - \frac{1}{Z_{far}}\right) \tag{6.5a}$$

$$g_y(x_{ic}, y_{ic}) = \sigma\eta_y \frac{\Delta D_p(x_{ic}, y_{ic})}{255} \left(\frac{1}{Z_{near}} - \frac{1}{Z_{far}}\right) \tag{6.5b}$$

在平行相机成像的前提下，η_y 值为 0，$g_y(x_{ic}, y_{ic})$ 值为 0，$g_x(x_{ic}, y_{ic})$ 可表示为

$$g_x(x_{ic}, y_{ic}) = \Delta D_p(x_{ic}, y_{ic})k_x \tag{6.5c}$$

这样，虚拟视点图像绘制只存在 x 方向的几何失真 ΔP：

$$\Delta P = \Delta D_p(x_{ic}, y_{ic})k_x \tag{6.6}$$

　　显然，此时 ΔP 和 ΔD 为一种线性关系。此外，绘制过程的几何失真对最终绘制质量的影响还与彩色图像的局部特征有关。图像不同区域的视觉敏感度不同，几何误差产生的失真也会表现出不同的视觉感知失真。在纹理复杂区域和对象边缘区域，绘制几何误差对最终绘制质量的影响较大；而在平坦区域或纹理非常简单的区域，绘制几何误差对最终绘制质量的影响较小。

　　1）基于 JND 的深度最大可容忍失真模型

　　在图像的不同区域，相同的失真程度可能有不一样的视觉敏感度，JND 模型是一种图像视觉感知模型，反映人类视觉系统不能感知图像失真的阈值。以下结合 JND 探讨绘制几何失真对虚拟视点图像质量的影响。

　　若能获得虚拟视点图像所对应的原始视点图像，则虚拟视点图像失真可通过绘制的虚拟视点图像和其原始视点图像的比较得出；然而，该原始视点图像通常并不存在。因此，在估计绘制失真时，可利用绘制虚拟视点图像的彩色视频参考帧代替绘制虚拟视点的原始图像。

　　在平行相机成像情况下，定义彩色像素值为 $C(x_{ic}, y_{ic})$，对应的深度像素值为 $D(x_{ic}, y_{ic})$，绘制虚拟视点图像的原始像素值为 $O(x_{ic}, y_{ic})$，用彩色像素代替其真实值，即 $O(x_{ic}, y_{ic}) = C(x_{ic}, y_{ic},)$；相应地求得虚拟视点图像像素 (x_{ic}, y_{ic}) 的 JND 值为 $F_{jnd}(x_{ic}, y_{ic})$。深度失真后的深度像素值为 $D'(x_{ic}, y_{ic})$。令 $O(x_{ic} + \Delta x_{ic}, y_{ic})$ 表示深度失真绘制出的虚拟视点像素值，如果满足条件：

$$|O(x_{ic} + \Delta x_{ic}, y_{ic}) - O(x_{ic}, y_{ic})| < F_{jnd}(x_{ic} + \Delta x_{ic}, y_{ic}) \tag{6.7}$$

说明人眼察觉不到由深度失真引起的绘制失真，同时也说明深度失真对虚拟视点的质量没有影响。否则，说明人眼已经能够观测出其失真。

　　这样，定义 Δx_{ic} 为可容忍失真的极限，包括深度失真引起的绘制向左偏移 Δx_{Lic} 或向右偏移 Δx_{Ric}，$\Delta x_{Lic} < 0$，$\Delta x_{Ric} > 0$。为保证左右偏移引起的失真都不让人眼察觉，取 Δx_{ic} 的绝对值最小值为 Δx_{mic}，则有

$$\Delta x_{mic} = \min(|\Delta x_{Lic}|, |\Delta x_{Ric}|) \tag{6.8}$$

再根据深度失真和绘制几何失真的线性关系公式可求得 DMTD：

$$\Delta D_{\max} = \Delta x_{\mathrm{mic}} / k_x \tag{6.9}$$

利用求得的 DMTD 和原始深度值可求得最大可容忍深度失真图,再根据此深度失真图可以得到绘制的虚拟视点图像。

2)基于 DMTD 的深度视频编码方案

根据 DMTD,这里给出一种基于区域特性的多视点深度视频码率分配优化方案。通过实验定量地解决有不同 DMTD 大小的区域最优码率分配问题,以那些对绘制虚拟视点质量影响较小(即 DMTD 值较大)的区域的深度图像质量下降为代价,有效提高深度视频的压缩编码效率。

在深度视频压缩编码时要考虑到深度失真对绘制虚拟视点质量的影响。不同区域的失真对绘制虚拟视点图像质量的影响不同。通常彩色图像平坦区域所对应的深度图像的 DMTD 更大,其深度失真对绘制虚拟视点图像/视频的主观质量影响较小。本节中的深度视频编码方案就是依据深度图像不同区域的 DMTD 值动态调整 QP 的。对于 DMTD 值大的深度图像区域,采用较大的 QP,进行粗量化,以提高深度视频的编码效率;而对于 DMTD 值小的深度图像区域(作为比较重要的区域),则自适应地选择较小的 QP 进行精细量化编码,以保证绘制虚拟视点图像质量。

通过对彩色图像及其深度图像的 DMTD 块化的分析表明,不同区域的 DMTD 值大为不同。在深度图像平滑区域和彩色图像的平坦区域,若深度失真在对应可容忍的深度失真范围内,并不会影响虚拟视点图像的绘制质量,且其 DMTD 比较大;在深度值变化比较小的区域和彩色图像平坦区域,相应的 DMTD 值比深度图像平滑块的 DMTD 值小;在深度值变化比较大的区域和彩色图像纹理较复杂的区域,其 DMTD 更小。因此,利用这些特性,对深度视频进行分类,并采用不同的编码策略。

考虑到编码过程是以 16×16 块为单位进行的,对 DMTD 分布图进行块化操作。由于深度边缘区域对虚拟视点图像绘制质量影响较大,先采用边缘检测算子提取深度图像边缘,根据阈值 T_1 判断边缘块 A_{edge};对于非边缘块的区域,通过阈值 T_2 和 T_3 分为 4 类,分类过程如下:

(1)当深度图像块的均值大于 T_2 且方差值小于 T_3 时,定义为类型块 A_1,其可容忍失真值较大。

(2)当深度图像块的均值大于 T_2 且方差值大于 T_3 时,定义为类型块 A_2,其均值大于 T_2 表示当前块的可容忍的深度失真大,方差比较大说明该块中存在与均值相差比较大的值,同时也存在可容忍失真值较小的值。

(3)当深度图像块均值小于 T_2 且方差值小于 T_3 时,定义为类型块 A_3,其均值小于 T_2 表示该块的可容忍的深度失真小,方差比较小可知 A_3 类型块所有值整体趋势较小。

(4)当深度图像块的均值小于T_2且方差值大于T_3时,定义为类型块A_4,其均值小于T_2表示该块的可容忍的深度失真小,但方差较大说明存在比平均值更小的值。

图6.8给出了Ballet和Breakdancers的分类结果,共分为5种类型,分别为类型块A_1、A_2、A_3、A_4和边缘块A_{edge};其中,A_4和A_{edge}划为同一种类型块,为图中的白色区域,其可容忍失真的范围是最小的。灰色、暗灰色和黑色分别代表类型块A_1、A_2和A_3,它们的DTMD值依次减少。通过上述分析,A_4类型块和边缘块的QP保持不变,类型块A_1、类型块A_2和类型块A_3编码时,QP分别增加ΔQP_1、ΔQP_2和ΔQP_3,ΔQP_1、ΔQP_2和ΔQP_3通过探索性实验确定,探索性实验结果如表6.3所示。图6.9给出了ΔQP_1、ΔQP_2和ΔQP_3在不同值下的BDPSNR值和使用高斯函数拟合得到的曲线,ΔQP的最优解处于拟合曲线的波峰处。图中,ΔQP_1、ΔQP_2和ΔQP_3的优化值分别为8、5和2。

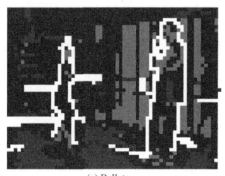

(a) Ballet　　　　　　　　　　　　　(b) Breakdancers

图6.8　深度序列分类结果

表6.3　深度视频的本节编码方案与JMVC编码方案的编码码率比较

深度视频序列	QP	JMVC/(Kbit/s)	本节算法/(Kbit/s)	节省码率/%
Ballet	22	781.18	659.57	15.57
	27	492.26	415.78	15.54
	32	299.24	253.57	15.26
	37	167.86	146.78	12.56
Breakdancers	22	752.48	587.27	21.96
	27	421.12	324.65	22.91
	32	217.24	168.01	22.66
	37	112.74	87.91	22.02

续表

深度视频序列	QP	JMVC/(Kbit/s)	本节算法/(Kbit/s)	节省码率/%
Book Arrival	22	1073.58	768.11	28.45
	27	496.17	360.73	27.30
	32	219.18	160.11	26.95
	37	99.82	76.53	23.33
Alt Moabit	22	836.58	639.53	23.55
	27	394.84	309.78	21.54
	32	182.47	139.05	23.80
	37	82.15	68.43	16.70
Door Flowers	22	918.83	664.44	27.69
	27	405.86	299.74	26.15
	32	168.55	127.59	24.30
	37	68.98	54.75	20.63
Champagne Tower	22	1138.20	892.57	21.58
	27	459.42	365.46	20.45
	32	168.49	138.10	18.04
	37	63.53	54.96	13.49
Pantomime	22	528.64	374.52	29.15
	27	219.64	163.41	25.60
	32	92.05	71.24	22.61
	37	40.52	32.96	18.66

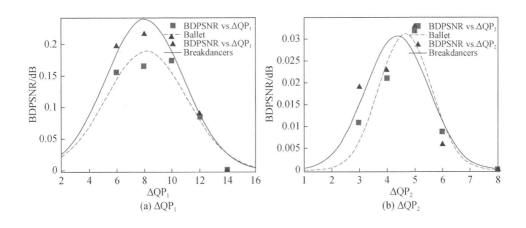

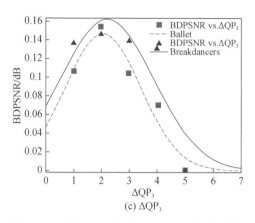

图 6.9　不同 ΔQP 值下的 BDPSNR 拟合曲线

表 6.3 给出了各深度序列在 QP 为 22、27、32 和 37 的情况下,分别采用 JMVC 的原始算法和本节算法编码时的码率对比情况。显然,本节的 DMTD 编码方案能比 JMVC 编码方案节省 12.56%～29.15%的码率。

6.2.6　基于感知绘制质量模型的高效深度视频编码

针对现有技术中存在的虚拟视频质量时域失真问题,本节提出一种基于感知绘制质量模型与 3D-HEVC 的深度视频编码方法[3,39]。首先提出一种感知绘制视频质量评价(synthesized video quality metric,SVQM)算法来评价深度压缩绘制视频,并通过主观实验得到最优的模型参数;接着,针对 SVQM 算法对深度编码器的虚拟 VSO 过程进行处理,主要包括深度失真和视点绘制失真的相关性分析和拉格朗日乘子的计算。

1)感知绘制视频质量模型

现有的三维视频编码平台中绘制视频质量的评价指标主要为 PSNR 或均方误差(mean squared emor,MSE),即通过衡量原始序列与失真序列之间的差别,得到失真度,主要考虑的是空域的纹理特征及其变化。显然,针对绘制视点视频失真的评价算法需要同时兼顾空域失真和时域失真,还要便于集成到深度编码器中。首先,采用传统的像素精度失真 D_S 计算绘制视点视频图像空域失真。令 $I_P(i,j)$ 表示由原始彩色视频和已处理深度视频绘制得到的绘制视频中 (i,j) 处的像素值,$I_R(i,j)$ 表示参考图像 (i,j) 处像素值,绘制的虚拟视点图像的空域失真 D_S 计算公式如下:

$$D_S = \frac{1}{WH} \sum_{i=0}^{W-1} \sum_{j=0}^{H-1} \left[I_P(i,j) - I_R(i,j) \right]^2 \tag{6.10}$$

式中,W 和 H 分别表示图像的宽度和高度。

对于时域失真,采用像素点精度的时域梯度失真来描述。时域梯度失真 $\nabla I(i,j)$ 通过视频当前帧和前一帧的帧差计算,则绘制视点的时域失真 D_T 为

$$D_{\mathrm{T}} = \frac{1}{WH} \sum_{i=0}^{W-1} \sum_{j=0}^{H-1} \left[\nabla I_{\mathrm{P}}(i,j) - \nabla I_{\mathrm{R}}(i,j) \right]^2 \tag{6.11}$$

$$\nabla I_{\phi}(i,j) = I_{\phi}(i,j,n) - I_{\phi}(i,j,n-1), \quad \phi \in \{P,R\} \tag{6.12}$$

式中, $\nabla I_{\mathrm{P}}(i,j)$ 和 $\nabla I_{\mathrm{R}}(i,j)$ 分别表示 $I_{\mathrm{P}}(i,j)$ 和 $I_{\mathrm{R}}(i,j)$ 所对应的时域梯度失真。

绘制视点失真模型 D_{VS} 由空域失真和时域失真加权组成:

$$D_{\mathrm{VS}} = (1-\omega) \times D_{\mathrm{S}} + \omega \times D_{\mathrm{T}} \tag{6.13}$$

式中, ω 表示一个范围为 0 到 1 的加权系数。由于不同的加权系数会引起不同的主观感知效果,加权系数的确定将在接下来的章节通过主观感知实验来确定。

为了更好地符合人眼视觉感知,将绘制视点失真模型 D_{VS} 采用类似 PSNR 的方式进行对数变换。因此,第 n 帧 SVQM 值可以表示为

$$Q_{\mathrm{SVQM}}(n) = 10 \times \lg\left(\frac{255^2}{D_{\mathrm{VS}}}\right) \tag{6.14a}$$

由于第一帧不能计算时域失真,所以整个序列的 SVQM 为 $N-1$ 帧的平均:

$$\bar{Q}_{\mathrm{SVQM}} = \frac{1}{N-1} \times \sum_{n=2}^{N} Q_{\mathrm{SVQM}}(n) \tag{6.14b}$$

2)基于 SVQM 的率失真优化模型

在 3D-HEVC 的 HTM 平台上[40],这里给出一种基于 SVQM 的率失真优化模型,通过分析视点绘制失真和深度失真之间的关系,重新推导基于 SVQM 的率失真优化过程中所使用的拉格朗日乘子。HTM 平台采用了基于 SVDC 和 VSD 模型的视点绘制优化技术,其深度编码器的率失真优化模型可表示为

$$\min\{J\}, \quad J = D_{\mathrm{S}} + l_{\mathrm{S}}\lambda_{\mathrm{mode}}R_{\mathrm{D}} \tag{6.15}$$

式中, J 为率失真代价; l_{S} 为一个可在 HTM 平台通过查表法获得的调节因子; R_{D} 为深度视频比特数; λ_{mode} 为 HTM 平台模式选择过程所采用的拉格朗日乘子,且

$$\lambda_{\mathrm{mode}} = \beta\kappa 2^{(\mathrm{QP}-12)/3} \tag{6.16}$$

式中, β 为与参考图像相关的常数, κ 为基于编码结构和 QP 偏移值的加权因子。

为了最小化 J ,式(6.15)两边分别对 R_{D} 求导,令其等于 0,有 $\frac{\partial D_{\mathrm{S}}}{\partial R_{\mathrm{D}}} = -l_{\mathrm{S}}\lambda_{\mathrm{mode}}$ 。

在三维视频系统中,解码后的深度视频是用来绘制虚拟视点视频的,因此所绘制的虚拟视点视频失真 D_{VS} 应作为深度视频编码器的率失真优化失真模型的要素;而深度视频编码优化的目标就是最小化目标码率 R_{D} 和视点绘制失真 D_{VS} 间的代价函数,根据式(6.15),基于 SVQM 的深度视频编码率失真优化模型可以表示为

$$\min\{J_{\mathrm{VS}}\}, \quad J_{\mathrm{VS}} = D_{\mathrm{VS}} + \lambda_{\mathrm{VS}}R_{\mathrm{D}} \tag{6.17}$$

式中, J_{VS} 和 λ_{VS} 分别为基于 SVQM 的率失真代价和拉格朗日乘子。

类似于式(6.16)，令 D_d 表示深度失真，则基于 SVQM 的深度视频编码率失真优化模型的拉格朗日乘子 λ_{VS} 可计算如下：

$$\lambda_{VS} = -\frac{\partial D_{VS}}{\partial R_D} = -\frac{\partial \left[(1-\omega) D_S + \omega D_T\right]}{\partial R_D}$$

$$= -\frac{\partial D_S}{\partial R_D}\left[(1-\omega) + \omega \frac{\partial D_T/\partial D_d}{\partial D_S/\partial D_d}\right] \tag{6.18}$$

3)深度失真与绘制失真的相关性分析

通过文献[41]，可建立深度失真 D_d 与绘制视点图像空域失真 D_S 间的关系。根据基于深度图像绘制算法，深度失真会引起视点绘制位置的偏移，从而导致视点绘制失真。因此，由深度像素点失真 $\Delta D_d(i,j)$ 所引起的绘制视点的空域失真 $\Delta D_S(i,j)$ 可近似表示为

$$\begin{cases} \Delta D_S(i,j) = I_P(i,j) - I_R(i,j) = \frac{1}{2}\alpha \Delta D_d(i,j) G(i,j) \\ G(i,j) = \left|\hat{I}_T(i,j) - \hat{I}_T(i-1,j)\right| + \left|\hat{I}_T(i,j) - \hat{I}_T(i+1,j)\right| \end{cases} \tag{6.19}$$

式中，$\hat{I}_T(i,j)$ 为当前深度视频同一视点的重建彩色视频中 (i,j) 处的像素值；$G(i,j)$ 为该重建彩色图像中 (i,j) 处的空域梯度；α 的定义为

$$\alpha = \frac{fL}{255}\left(\frac{1}{Z_{near}} - \frac{1}{Z_{far}}\right) \tag{6.20}$$

根据大数定律[42]，当样本数目足够大时，所有样本的平均值近似等于其数学期望。当深度图像的失真 D_d 采用 MSE 衡量时，其绘制视点视频的空域失真可表示为

$$D_S \approx E(\Delta D_S^2) = \frac{1}{4}\alpha^2 \phi_{G(n)} D_d \tag{6.21}$$

式中，$E(\cdot)$ 为数学期望函数；D_d 和 $\phi_{G(n)}$ 分别为深度图像的均方误差值和重建彩色图像的均方梯度值，计算公式为

$$\begin{cases} D_d = \frac{1}{WH}\sum_{i=0}^{W-1}\sum_{j=0}^{H-1}\left[\Delta D_d(i,j)\right]^2 \\ \phi_{G(n)} = \frac{1}{WH}\sum_{i=0}^{W-1}\sum_{j=0}^{H-1}\left[G(i,j,n)\right]^2 \end{cases} \tag{6.22}$$

式中，$G(i,j,n)$ 为当前重建彩色视频在时刻 n 的图像中 (i,j) 处的梯度值。

由上述公式可知，视点绘制时域失真反映时域梯度的变化强度，也可表示前后两帧图像失真的变化强度。为此，由深度失真 $\Delta D_d(i,j)$ 所引起的绘制视点的时域失真 $\Delta D_T(i,j)$ 可近似表示为

$$\Delta D_T(i,j) = (I_P(i,j,n) - I_P(i,j,n-1)) - (I_R(i,j,n) - I_R(i,j,n-1))$$

$$= \frac{1}{2}\alpha\left[\Delta D_d(i,j,n) G(i,j,n) - \Delta D_d(i,j,n-1) G(i,j,n-1)\right]$$

$$\tag{6.23}$$

式中，$\Delta D_{\mathrm{d}}(i,j,n)$ 和 $\Delta D_{\mathrm{d}}(i,j,n-1)$ 分别为当前深度图像和前一帧深度图像在位置 (i,j) 的深度失真，$G(i,j,n-1)$ 为当前重建彩色图像在 $n-1$ 时刻在位置 (i,j) 的梯度值。

类似地，其绘制视点的时域失真可以表示为

$$D_{\mathrm{T}} \approx E(\Delta D_{\mathrm{T}}^2) = \frac{1}{4}\alpha^2 \begin{bmatrix} E((\Delta D_{\mathrm{d}}(n))^2)\,E((G(n))^2) + E((\Delta D_{\mathrm{d}}(n-1))^2) \\ E((G(n-1))^2) - 2E(\Delta D_{\mathrm{d}}(n)\Delta D_{\mathrm{d}}(n-1)) \\ E(G(n)G(n-1)) \end{bmatrix}$$

$$(6.24)$$

式中，深度图像编码失真 $\Delta D_{\mathrm{d}}(\bullet)$ 和重建彩色梯度获取 $G(\bullet)$ 是两个相对独立的过程。

由于深度失真 ΔD_{d} 符合零均值的高斯分布[43]，故 $\Delta D_{\mathrm{d}}(n)$ 和 $\Delta D_{\mathrm{d}}(n-1)$ 之间的相关系数 ρ 可表示为

$$\rho = \frac{\mathrm{cov}(\Delta D_{\mathrm{d}}(n), \Delta D_{\mathrm{d}}(n-1))}{\sqrt{\sigma_{\Delta D_{\mathrm{d}}(n)}^2}\sqrt{\sigma_{\Delta D_{\mathrm{d}}(n-1)}^2}} = \frac{E(\Delta D_{\mathrm{d}}(n)\Delta D_{\mathrm{d}}(n-1))}{E((\Delta D_{\mathrm{d}}(n))^2)} \qquad (6.25)$$

式中，$\sigma_{\Delta D_{\mathrm{d}}(n)}^2$ 和 $\sigma_{\Delta D_{\mathrm{d}}(n-1)}^2$ 分别表示 $\Delta D_{\mathrm{d}}(n)$ 和 $\Delta D_{\mathrm{d}}(n-1)$ 的方差。

根据零均值分布的条件，将式(6.23)代入式(6.24)，可得

$$D_{\mathrm{T}} = \frac{1}{4}\alpha^2 D_d(\phi_{G(n)} - 2\rho\mu_{G(n)G(n-1)} + \phi_{G(n-1)}) \qquad (6.26)$$

式中，$\phi_{G(n-1)}$ 为前一帧重建彩色图像的均方梯度值；$\mu_{G(n)G(n-1)}$ 为当前帧的彩色梯度和前一帧的彩色梯度相乘的均值：

$$\mu_{G(n)G(n-1)} = \frac{1}{WH}\sum_{i=0}^{W-1}\sum_{j=0}^{H-1}[G(i,j,n)G(i,j,n-1)] \qquad (6.27)$$

将上述公式结合可求得拉格朗日乘子 λ_{VS} 为

$$\lambda_{\mathrm{VS}} = l_{\mathrm{S}}\lambda_{\mathrm{mode}}\left[(1-\omega) + \omega \times \frac{(\phi_{G(n)} - 2\rho\mu_{G(n)G(n-1)} + \phi_{G(n-1)})}{\phi_{G(n)}}\right] \qquad (6.28)$$

4) 基于感知绘制质量的高效三维深度视频编码方法

该方法主要包括模式选择优化范围、参考视频的选择和相关系数的计算等方面，分别描述如下：

(1) 模式选择优化范围。在 3D-HEVC 的 HTM 平台编码时，用所提出的算法替换视点绘制优化技术中的失真计算，包括模式选择过程、编码单元(CU)分割过程、Merge 模式、帧内模式预选择和残差四叉树结构分割，而运动估计和率失真优化量化(RDOQ)过程则采用传统的平方差值和(SSD)形式表征深度失真。

(2) 参考视频的选择。式(6.11)中的参考视频可以选择原始视频或者利用原始彩色和原始深度视频所绘制的视频。然而，目前由立体匹配所估计得到的深度视频本身就存在缺陷，在绘制可能出现闪烁、时域抖动等时域失真，若采用绘制视

频作为参考视频,就不利于时域噪声的检测。因此,当计算率失真代价时,式(6.11)所提到的参考视频采用原始视频,而预测参考图像仍然采用绘制视频。同时,SVDC 计算时只考虑一个中间插值视点。此外,SVDC 的计算直接针对空域失真,式(6.19)中所采用的参考视频为原始彩色和原始深度绘制得到的绘制视频。需要注意的是,解码端不需要输入原始视频就能直接解码。

(3)相关系数的计算。针对式(6.17)所示率失真优化过程,需要提前获得 λ_{VS},意味着也需要先得到相关系数 ρ。为了获取 ρ 就要得到当前整个深度图像的失真,而对于率失真优化过程中的深度编码块,当前整个图像的失真是无法得到的。由于前后帧存在时域相关性,前后帧的相关系数也非常接近,因此采用前一深度帧的相关系数来预测当前深度帧的相关系数,当前深度帧编码结束后所得到相关系数也可作为下一帧深度帧相关系数的预测值。

5)实验结果及分析

实验结果分析包括三部分:①简单描述基于虚拟视点视频的主观测试数据库;②评估所提 SVQM 算法的性能,并与目前性能优越的算法进行对比;③将 SVQM 算法植入深度编码器的率失真优化过程中,并利用 SVQM 算法来衡量深度视频编码性能。实验中采用了利用基于深度图像绘制技术得到虚拟视点而建立的视频数据库[44],测试数据选取 Balloons、Kendo、Newspaper、PoznanHall2、PoznanStreet 和 UndoDancer 等彩色加深度视频序列[45],如表 6.4 所示,这些序列包括相机静止、相机平移、真实场景、动画场景等情况。QP 组选择满足质量分布范围均匀且具有感知区分度的原则,QP 为 0 表示不压缩深度视频,其余 4 个 QP 值表示利用相应的值压缩深度视频。对于原始深度视频(QP 为 0)或者解码重建的深度视频,分别利用 VSRS 1D fast 算法[45]绘制中间虚拟视点视频得到主观测试数据库。主观测试条件采用国际标准[46],主观测试者的分数采用百分制的连续平均主观分(mean opinion score,MOS)计算并归一化到[0,10]。

表 6.4　三维测试视频序列的特性

测试序列	分辨率	帧率/(帧/s),间距/cm	输入视点	绘制视点	深度压缩 QP 组
Balloons	1024×768	30,5	1~5	3	0,32,36,38,42
Kendo	1024×768	30,5	1~5	3	0,32,38,44,48
Newspaper	1024×768	30,5	2~4	3	0,28,36,44,50
PoznanHall2	1920×1088	25,13.75	5~7	6	0,28,32,40,46
PoznanStreet	1920×1088	25,13.75	3~5	4	0,32,38,44,48
UndoDancer	1920×1088	25,13.75	1~9	5	0,24,28,40,45

为了评估 SVQM 算法并获取最优参数 ω,需要利用已建立的主观测试数据库进行不同质量评价算法的性能分析,同时与传统的 PSNR、SSIM[47]、VQM(video quality model)[48]、MOVIE(motion-based video integrity evaluation)[49]、PSPTNR (peak signal perceptible temporal noise ratio) 和文献[44]所提算法(记为 VQA[44])进行对比。视频质量评价算法的性能可以通过对各算法计算得到的客观分与主观评分 MOS 进行非线性回归得到预测平均主观分(predicted MOS, MOSp)进行评估[50]。这里采用 VQEG 建议的评价指标斯皮尔曼秩相关系数 (Spearman rank order correlation coefficient, SROCC) 和线性相关系数(linear correlation coefficient, LCC)以及均方根误差(root mean square error, RMSE)[51] 进行评价;SROCC 反映模型的预测单调性,其绝对值越接近 1,表明单调性越好; LCC 和 RMSE 均反映模型的预测准确度,前者绝对值越接近 1,表明准确度越好, 后者值越小越准确。

由表 6.5 可知,SVQM 在不同参数 ω 下,随着 ω 的增大,SROCC 和 LCC 先变大后减小,RMSE 先变小后变大,三种评价指标获得最优参数的结果趋于一致。为了简化处理,本节取 SROCC 达到最大值时的 ω 作为最优参数。图 6.10 为对不同 ω 的 SROCC 进行二次项拟合,得到函数 $\varphi(\omega)$:

$$\varphi(\omega) = a\omega^2 + b\omega + c \tag{6.29}$$

式中,$a = -0.808$、$b = 0.995$ 和 $c = 0.621$。对 $\varphi(\omega)$ 进行求导 $\mathrm{d}\varphi(\omega)/\mathrm{d}\omega$,并令 $\mathrm{d}\varphi(\omega)/\mathrm{d}\omega = 0$,解得最优参数 $\omega = 0.616$。

表 6.5　SVQM 在不同参数 ω 下的性能(SROCC、LCC、RMSE)比较

ω	SROCC	LCC	RMSE	ω	SROCC	LCC	RMSE
0.00	0.615	0.676	0.439	0.55	0.931	0.922	0.235
0.05	0.664	0.717	0.416	0.60	0.951	0.925	0.232
0.10	0.776	0.753	0.393	0.65	0.951	0.921	0.244
0.15	0.776	0.786	0.370	0.70	0.958	0.905	0.256
0.20	0.776	0.816	0.347	0.75	0.902	0.89	0.273
0.25	0.776	0.842	0.324	0.80	0.902	0.872	0.293
0.30	0.811	0.865	0.302	0.85	0.902	0.850	0.315
0.35	0.839	0.884	0.282	0.90	0.874	0.824	0.337
0.40	0.859	0.900	0.264	0.95	0.797	0.796	0.360
0.45	0.909	0.912	0.250	1.00	0.797	0.764	0.383
0.50	0.921	0.919	0.239	—	—	—	—

SVQM 算法与各视频质量算法的性能比较结果如表 6.6 所示。显然,PSNR 并不能很好地预测 MOS,LCC 为 0.667;而 VQM 更差,其 LCC 只有 0.542,说明

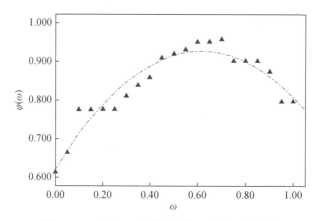

图 6.10　SROCC 在不同参数 ω 下的拟合曲线

传统比较优秀的视频质量评价方法 PSNR 和 VQM 并不适用于评价虚拟视点视频质量。相对而言,SSIM 和 MOVIE 的性能优于 PSNR。SVQM 算法相比于其他算法具有更好的性能,这主要得益于两方面:①SVQM 同时考虑了空域失真和时域失真的影响;②SVQM 主要针对深度压缩绘制视频,而其他算法主要针对传统二维视频。与此同时,PSPTNR 也能获得略逊于 SVQM 的结果,而 VQA 的性能优于 PSPTNR,基本与 SVQM 相当。PSPTNR 主要只考虑时域失真的作用,VQA比起 SVQM 算法增加了更多时域梯度帧的计算,并利用感知恰可察觉失真去检测静止区域。综上所述,SVQM 算法一方面能够达到与 PSPTNR 和 VQA 相当的性能,另一方面具有低复杂度、易集成的特点,因而可用 SVQM 替代 PSNR 来评价绘制视频的质量。

表 6.6　SVQM 算法与各视频质量评价算法的性能比较

质量评价算法	SROCC	LCC	RMSE
MOSp(PSNR)	0.671	0.667	0.432
MOSp(SSIM)	0.694	0.759	0.371
MOSp(VQM)	0.503	0.542	0.487
MOSp(MOVIE)	0.718	0.700	0.356
MOSp(PSPTNR)	0.831	0.807	0.337
MOSp(VQA[44])	0.869	0.893	0.265
MOSp(SVQM)	0.895	0.855	0.303

图 6.11 为各视频质量评价算法预测主观分(横坐标)与主观评分(纵坐标)之间的散点图。纵坐标中 MOS 表示平均质量评分,MOS 越高,主观质量越好;图中虚线表示 MOSp 和 MOS 之间的线性拟合线。由图可知,PSNR、SSIM、VQM、

MOVIE 所代表图中散点与拟合曲线的聚合度较差,而 PSPTNR、VQA 和 SVQM 具有更准确的聚合度。此外,各质量评价算法对不同序列的评价效果不同,而不同序列内容对各质量评价算法的影响也不同。例如,由于缺乏时域失真的考虑,PSNR 低估了序列 Newspaper 的主观 MOS 值,却高估了 PoznanHall2 的主观 MOS 值。VQM 和 PSPTNR 分别高估和低估了序列 Dancer 的主观 MOS 值,意味着这两种算法分别低估和高估了时域失真。SVQM 算法采用了空域失真和时域失真的加权方式,没有出现上述情况。

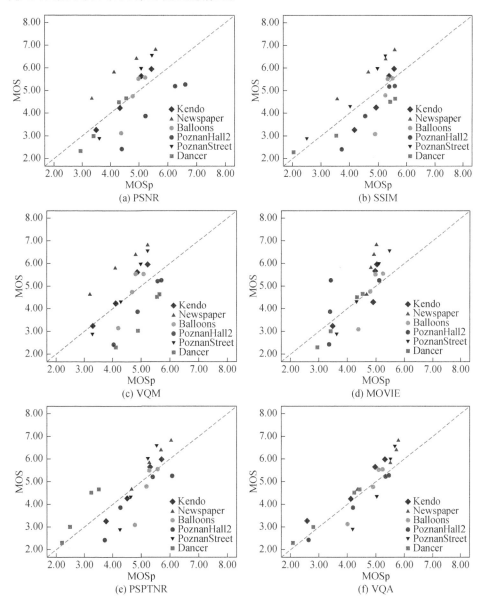

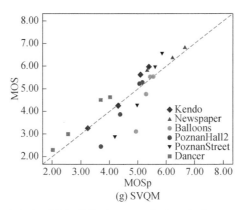

(g) SVQM

图 6.11　各视频质量评价算法 MOSp 与主观实验 MOS 的分布图

接下来的实验采用 HTM-11.0 平台,并对原始 HTM-11.0 编码框架与 SVQM算法进行对比实验。编码环境采用 JVT-3V 推荐的三维视频通用测试条件(common test conditions,CTC)[45],主要配置说明如表 6.7 所示。测试序列采用视频数据库中所提供的六个序列;此外,为了验证该算法对数据库以外的序列同样有效,这里增加 Book Arriaval 和 GhostTownFly 两个序列进行对比测试。编码实验所用计算机配置为 Intel(R) Xeon(R) 双核 2.40GHz E5620 CPU,Windows 7 专业版 64 位操作系统。所有序列都采用上述两种编码框架进行编码,原始 HTM-11.0 平台编码框架标记为"Org_HTM",本节算法标记为"Proposed_SVQM_ENC"。测试结果采用深度视频编码后的绘制视频的 SVQM 作为质量评价指标,这里采用 BDBR(bjontegaard delta bit rate)[52]来衡量相同 SVQM 条件下的码率增益,用 BDSVQM (bjontegaard delta SVQM)来评测相同码率条件的 SVQM 增益。

表 6.7　取值或状态 3D-HEVC 的 HTM 主要配置说明

参数	取值或状态	参数	取值或状态
GOP	4	I 帧周期	16
视点间参考	P-I-P	输入序列	两个视点加深度视频
编码结构	IPPP	EarlyVSOSkip	关闭
RDOQ	开启	绘制算法	VSRS 1D fast
VSO	开启	彩色视频 QP	25,30,35,40
VSD	关闭	深度视频 QP	34,39,42,45

表 6.8 给出了两种深度视频编码框架的性能对比。表中,BDBR 为负和 BDSVQM 为正分别表示 Proposed_SVQM_ENC 相对于 Org_HTM 的码率减少和质量提升。本节的基于 SVQM 的深度视频编码算法能够获得平均 16.28% 的

BDBR 码率减少和 0.41dB 的 SVQM 质量提升。对于序列 Newspaper、Kendo 和 PoznanHall2,Proposed_SVQM_ENC 方案能够比 Org_HTM 方案减少 13.97%～80.04%的总码率,或者提升 0.54～1.63dB 的 SVQM 质量,这都远远优于 Org_HTM 方案。而对于序列 PoznanStreet、Ghosttownfly 和 UndoDancer,本节的 Proposed_SVQM_ENC 方案的提升空间有限。主要原因有三方面:①当采用 PSNR 作为评价算法时,序列 Newspaper 和 PoznanHall2 的时域失真被严重低估,说明采用基于 SVQM 的深度编码方案具有较大的提升空间;②序列 Newspaper 和 PoznanHall2 的时域失真区域要远远大于其他序列;③深度码率在总码率中的比例比较小,以总码率来评估的性能提升不大。例如,就 Balloons 而言,本节算法仅比原始 HTM-11.0 平台的深度编码框架有微弱提升,主要由于序列 Balloons 为相机移动序列,深度码率占总码率比例较小,导致基于 SVQM 的深度编码方案并不能有效提升序列 Balloons 的性能。

表 6.8　两种深度视频编码框架的性能对比(BDBR 和 BDSVQM)

视频序列	QP	Org_HTM				Proposed_SVQM_ENC				BDBR/BDSVQM/(%/dB)
		彩色码率/(Kbit/s)	深度码率/(Kbit/s)	总码率/(Kbit/s)	SVQM/dB	彩色码率/(Kbit/s)	深度码率/(Kbit/s)	总码率/(Kbit/s)	SVQM/dB	
Newspaper	25～34	1804	587	2391	37.50	1802	428	2230	38.18	−20.53/0.54
	30～39	896	243	1139	36.94	896	218	1114	37.42	
	35～42	477	108	585	36.03	476	110	586	36.35	
	40～45	275	46	321	34.61	274	53	327	34.82	
Book Arriaval	25～34	1947	360	2307	37.40	1948	262	2210	39.32	−3.84/0.15
	30～39	923	126	1049	36.40	925	102	1027	37.93	
	35～42	480	55	535	34.80	477	50	527	36.08	
	40～45	260	26	286	32.80	255	26.8	282	33.92	
Balloons	25～34	1631	483	2114	39.51	1631	337	1968	39.44	2.88/−0.05
	30～39	857	187	1044	38.74	856	154	1010	38.59	
	35～42	475	84	559	37.46	474	81	555	37.40	
	40～45	275	37	312	35.74	275	40	315	35.73	
Kendo	25～34	1654	523	2177	38.76	1655	341	1996	39.60	−13.97/0.59
	30～39	850	198	1048	38.04	850	137	987	38.49	
	35～42	469	87	556	36.76	468	67	535	36.91	
	40～45	273	37	310	34.92	273	32	305	34.92	

续表

视频序列	QP	Org_HTM				Proposed_SVQM_ENC				BDBR/ BDSVQM (%/dB)
		彩色码率/ (Kbit/s)	深度码率/ (Kbit/s)	总码率/ (Kbit/s)	SVQM /dB	彩色码率/ (Kbit/s)	深度码率/ (Kbit/s)	总码率/ (Kbit/s)	SVQM /dB	
GhostTownFly	25～34	3997	523	4520	38.27	4005	346	4351	38.43	−4.50 /0.14
	30～39	1527	169	1696	36.67	1529	127	1656	36.73	
	35～42	636	66	702	34.90	637	56	693	34.93	
	40～45	288	30	318	32.96	288	28	316	32.98	
PoznanHall2	25～34	1564	282	1846	35.51	1568	257	1825	37.35	−80.04 /1.63
	30～39	628	124	752	35.35	629	111	740	36.96	
	35～42	314	62	376	35.08	315.	57	372	36.37	
	40～45	174	29	203	34.45	174	29	203	35.33	
PoznanStreet	25～34	5408	932	6340	38.37	5412	729	6141	38.50	−5.52 /0.11
	30～39	1462	691	2153	37.56	1875	244	2119	37.63	
	35～42	829	102	931	36.39	829	104	933	36.44	
	40～45	407	38	445	34.90	406	42	448	34.94	
UndoDancer	25～34	8992	508	9500	36.33	8991	407	9398	36.58	−4.68 /0.17
	30～39	3394	228	3622	34.33	3394	186	3580	34.43	
	35～42	1361	117	1478	32.27	1365	96	1461	32.31	
	40～45	603	60	663	30.40	602	53	655	30.37	
平均值	—	—	—	—	—	—	—	—	—	−16.28 /0.41

　　图 6.12 给出了各序列在不同深度编码框架(Org_HTM 和 Proposed_SVQM_ENC)下的率失真性能曲线对比。纵坐标和横坐标分别表示绘制视点的平均 SVQM 值和总码率。本节的 Proposed_SVQM_ENC 方案针对序列 Newspaper、Kendo 和 PoznanHall2 具有较好的率失真性能提升,而对于序列 Book Arrival、GhostTownFly、PoznanStreet 和 UnoDancer 仅在高码率时有所提升。对于序列 Balloons,Proposed_SVQM_ENC 与 Org_HTM 方案的性能相似。总的来说,本节的深度编码算法对大多数序列都有性能提升,特别是高码率时更加有效。

　　所提的 SVQM 算法相对于其他质量评价算法可以更好地符合人眼视觉感知,基于 SVQM 的深度视频编码器可以有效提升大多数序列的编码性能,而不会增加较大的计算复杂度。

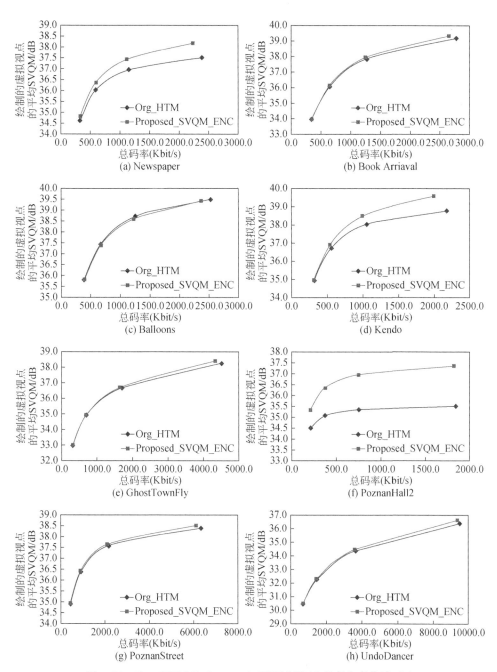

图 6.12　Org_HTM 和 Proposed_SVQM_ENC 的率失真曲线对比

6.3　深度视频的预处理

深度图像由于获取过程中的不精确,可能出现相应的错误,需要进行合适的预处理,本节将基于绘制无失真的深度视频处理、基于类相关与角点感知的深度视频处理、基于稀疏失真模型的深度图像修复进行分析研究。

6.3.1　基于绘制无失真的深度视频处理

在交互式三维视频系统或自由视点视频系统中,深度信息被传输到用户端用以辅助任意角度虚拟视点图像的生成。深度信息是用 8 位的灰度格式表示的。目前,用于测试的深度视频大多可通过深度估计软件得到。然而,深度视频获取算法的局限性造成了深度视频的不连续性。因此,为有效降低深度视频传输的码率,需要对其进行预处理。本节将分析深度视频的绘制无失真特性,并讨论相关的深度视频无失真时间一致性预处理和深度视频编码端无失真处理方案[53]。

1. 深度视频的绘制无失真特性分析

基于深度图像绘制是三维视频和自由视点视频系统中的一项关键技术,其映射过程可表示为

$$Z'\tilde{m}' = ZA'R'R^{-1}A^{-1}\tilde{m} - A'R'R^{-1}t + At' \tag{6.30}$$

式中,m 和 m' 分别为参考视点和虚拟视点中的像素坐标,Z' 和 Z 分别为三维空间点在参考视点和虚拟视点相机坐标系下的深度值,A 和 A' 为相机的内部参数矩阵,R 和 t 分别为参考视点相机的旋转矩阵和平移矩阵。

对于平行相机成像系统,其垂直视差是 0,若令 f、l 和 z 分别表示相机的焦距、两相机间基线距离以及对象的真实深度值,则水平视差 d 可表示为 $d = fl/z$。显然,d 通常为非整数。对于平行相机成像系统,将一个视点图像的像素 $\alpha(x_\Omega, y_\Omega)$ 映射到另一个视点图像的 $\beta(x_\Phi, y_\Phi)$,对于绘制的虚拟左视点图像

$$x_\Phi = x_\Omega + d, \quad y_\Phi = y_\Omega \tag{6.31}$$

如果所绘制的视点图像是右视点图像,则有

$$x_\Phi = x_\Omega - d, \quad y_\Phi = y_\Omega \tag{6.32}$$

在绘制过程中,虚拟视点图像像素的位置通常会经过求整运算。水平视差 d 通过一个与真实深度 z 有关的函数获得。连续的深度值被量化到一个离散的 8 位值,0 和 255 分别表示距离相机最远和最近的点。忽略深度量化的格式,量化函数 $v = Q(z)$ 始终是一个递减函数,一个非线性的 8 位深度量化函数可表示为

$$v = Q(z) = \left\lfloor 255 \frac{Z_{near}}{z} \frac{Z_{far} - z}{Z_{far} - Z_{near}} + 0.5 \right\rfloor \tag{6.33}$$

式中，Z_{near} 和 Z_{far} 为最远和最近深度值。对应地，反量化函数可表示为

$$z = Q^{-1}(v) = \cfrac{1}{\cfrac{v}{255}\left(\cfrac{1}{Z_{near}} - \cfrac{1}{Z_{far}}\right) + \cfrac{1}{Z_{far}}} \tag{6.34}$$

深度信息是用 8 位灰度格式表示的，但视差范围要比 255 小得多。因此，多个深度值可能对应着同一个整像素（亚像素）视差。在平行相机系统中，垂直视差为 0，此时，在绘制无失真绘制模型中，仅考虑水平视差。基于深度图像绘制技术包括虚拟视点图像的映射、虚拟视点图像的融合以及空洞填补等。映射过程中所产生的像素映射位置值通常是非整数，需要处理成整数来确定像素的映射位置。在虚拟视点图像绘制中，基于视差值，像素被映射到 $1/N$ 像素的位置，取整后再被映射到其相邻整像素位置的间隔 $[-((1/N - x), x), 0 < x < 1/N]$。视差取整函数 $R(d)$ 定义为

$$R(d) = \begin{cases} \cfrac{\lfloor dN \rfloor}{N}, & d - \cfrac{\lfloor dN \rfloor}{N} < \lambda \\[3mm] \cfrac{\lceil dN \rceil}{N}, & \text{其他} \end{cases} \tag{6.35}$$

式中，$\lfloor \cdot \rfloor$ 和 $\lceil \cdot \rceil$ 分别表示向下和向上取整运算，则可得

$$R(d) = \cfrac{\lceil (d - \lambda)N \rceil}{N} \tag{6.36}$$

若虚拟视点图像绘制中采用式（6.36）进行处理，则对于某一深度值 v，存在相应的无失真绘制变化范围[54]。为此，深度绘制无失真模型（D-NOSE）定义为 D-NOSE$(v) = [v + \Delta v^-(v), v + \Delta v^+(v)]$。这里，$\Delta v^-(x, y)$ 和 $\Delta v^+(x, y)$ 可分别表示为

$$\Delta v^-(v) = \left[D^{-1}\left(\cfrac{\lceil (D(v) - \lambda)N \rceil - 1}{N} \right) + \lambda \right] - v \tag{6.37a}$$

$$\Delta v^+(v) = \left[D^{-1}\left(\cfrac{\lceil (D(v) - \lambda)N \rceil}{N} \right) + \lambda \right] - v \tag{6.37b}$$

当深度值在 D-NOSE 范围内变化时，不会产生错误的像素映射。显然，D-NOSE 依赖于原始视点与目标视点间的基线距离 l，即 D-NOSE 对不同的目标视点图像是不同的。那么，对于给定的深度 v，D-NOSE 对 M 个目标视点分别对应着 D-NOSE$_i(v)$ $(i = 1, 2, \cdots, M)$。这样，通用的 D-NOSE 可通过各自的 D-NOSE 获取：

$$\begin{aligned} \text{D-NOSE}(v) &= \bigcap_{i=1}^{M} \text{D-NOSE}_i(v), \quad i = 1, 2, \cdots, M \\ &= [v + \max(\Delta v^-(v)), v + \min(\Delta v^+(v))] \end{aligned} \tag{6.38}$$

2. 基于绘制无失真模型的深度视频处理算法总体流程

深度视频序列获取算法的局限性降低了其时域相关性，需要在编码前对深度

视频进行预处理,以修正深度图像的误差,增强其时间上的一致性。基于上述讨论,可得到深度视频无失真的时间一致性预处理算法。假设需要预处理的深度视频序列为 $D(m,n,k)$,其中,m、n 和 k 分别为水平分辨率、垂直分辨率和帧数。这里,基于 D-NOSE 的预处理算法流程如图 6.13 所示,描述如下:

(1)对深度视频 $D(m,n,k)$ 进行深度空间相关性处理,得到 $D'(m,n,k)$[24];

(2)对空间相关性处理得到的深度视频 $D'(m,n,k)$ 进行变换,得到 $D''(m,n,k)$;

(3)依次对经过空间变换得到的 $D''(m,n,k)$ 中每帧每列的像素进行无失真时间一致性预处理,得到 $D'''(m,n,k)$;

(4)对深度视频 $D'''(m,n,k)$ 进行逆变换,得到预处理后的深度视频 $D''''(m,n,k)$。

图 6.13　基于 D-NOSE 的深度预处理算法流程

1)深度视频的空间相关性处理

在对深度视频进行绘制无失真时间一致性处理后,会影响原始深度视频的帧内相关性。因此,在进行时域预处理前,先对其空域进行简单的绘制无失真空间平滑处理。采用高斯滤波对原始深度图像 $I_{original}$ 进行平滑,得到

$$I_{\text{Gaussian}}(x,y) = \sum_{v=-W/2}^{W/2} \sum_{u=-W/2}^{W/2} I_{\text{original}}(x-u,y-v) G_{\sigma_u \sigma_v}(u,v) \tag{6.39}$$

$$G_{\sigma_x,\sigma_u} = \frac{1}{2\pi\sigma_x\sigma_y} \exp\left(-\frac{x^2}{2\sigma_x^2} - \frac{y^2}{2\sigma_y^2}\right) \tag{6.40}$$

式中,I_{Gaussian} 为 I_{original} 经过高斯滤波后的图像,W 为滤波器窗口的大小。

得到 $I_{\text{original}}(x,y)$ 的绘制无失真变化范围 $[\Delta v^-(x,y), \Delta v^+(x,y)]$,则其绘制无失真滤波 I_{filtered} 可定义为

$$I_{\text{filtered}}(x,y) = \begin{cases} \Delta v^-(x,y) + I_{\text{original}}(x,y), & I_{\text{Gaussian}} \leqslant \Delta v^-(x,y) + I_{\text{original}}(x,y) \\ \Delta v^+(x,y) + I_{\text{origina1}}(x,y), & I_{\text{Gaussian}} \geqslant \Delta v^+(x,y) + I_{\text{origina1}}(x,y) \\ I_{\text{Gaussian}}, & \text{其他} \end{cases} \tag{6.41}$$

由式(6.41)中的绘制无失真空域处理后,能最大限度地增大深度图像内部空间的相关性,进而有利于时间上的预处理。

2)深度视频的空间变换

为了能够改善深度视频的时间不一致性,提出了基于绘制无失真的深度视频

处理算法。所提出的预处理算法并不是在空域（common temporal and spatial domain，CTSD）进行的，而是在其对应的变换域（coordinate transform domain，CTD）完成的[14,24]。

图 6.14 给出了从 CTSD 到 CTD 的坐标变换及其对应的逆变换的示意图。H 和 H' 分别表示深度视频序列在 CTSD 和 CTD 的对应序列。如图所示，H' 的第 i 帧由 H 的每一帧中第 i 行依次排列得到，即 H' 的帧高为 H 的帧数，帧宽和 H 的帧宽相同，而 H' 的帧数为 H 的帧高。

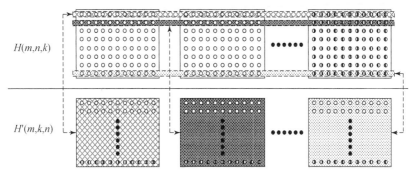

图 6.14　从 CTSD 到 CTD 的坐标变换及其对应的逆变换

图 6.15 给出了 Door Flowers 深度视频序列的第 7 个视点在 CTSD 里面的第 1 帧。图 6.15(a)为原始 Door Flowers 深度序列的第 1 帧，而图 6.15(b)为平滑后的第 1 帧。图 6.15(c)为变换后 $D''(m,k,n)$ 中的第 1 帧。图 6.16 显示了图 6.15(c)的第 11 列的像素值的变化情况。显然，Door Flowers 深度视频序列在时域上的连续性并不很强。

3)深度视频的时间一致性平滑算法

深度视频在时间上的较弱相关性，体现在 $D''(m,k,n)$ 序列中尺寸为 $m\times k$ 的帧中各列像素值的细微变化上。在本节深度视频平滑算法中，主要是根据绘制无失真的深度变化范围，而对时间轴上同一位置的像素进行分类和处理。其算法具体如下：

(1)对深度视频进行如图 6.14 所示的从 CTSD 到 CTD 的变换得到 $D''(m,k,n)$，然后对 $D''(m,k,n)$ 中每帧的每一列像素 $[\mathrm{pl\_}d_0,\mathrm{pl\_}d_1,\cdots,\mathrm{pl\_}d_{k-1}]$ 进行步骤 (2)~(6)处理。

(2)根据 $[\mathrm{pl\_}d_0,\mathrm{pl\_}d_1,\cdots,\mathrm{pl\_}d_{k-1}]$ 对 k 个像素进行分类，令 $[\mathrm{sign\_}d_0,\mathrm{sign\_}d_1,\cdots,\mathrm{sign\_}d_{k-1}]$ 表示这 k 个像素对应的分类结果，初始化为零；令 T 表示分类标记，初始化为 1。

(3)取 $\mathrm{pl\_}d_i$ 作为参考像素，其中 i 是 $\mathrm{sign\_}d_i=0$ 的最小值，$0\leqslant i\leqslant k-1$；同时，令 $\mathrm{sign\_}d_i=T$；根据公式计算 $\mathrm{pl\_}d_i$ 的无失真范围，记为区间 $[\mathrm{min\_}d,\mathrm{max\_}d]$。

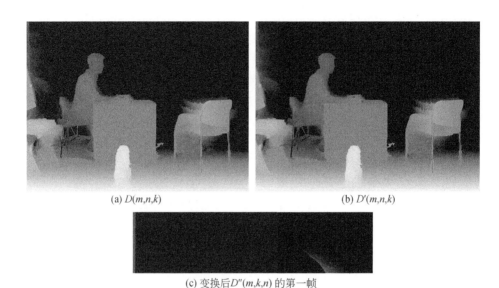

(a) $D(m,n,k)$ (b) $D'(m,n,k)$

(c) 变换后$D''(m,k,n)$的第一帧

图 6.15　Door Flowers 深度视频序列

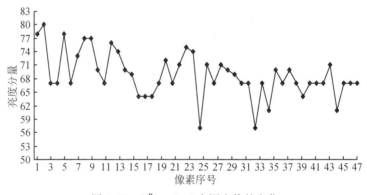

图 6.16　$D''(m,k,n)$中深度值的变化

　　(4)判断剩余像素 pl_d_{i+1},pl_d_{i+2},$\cdots$,pl_d_{k-1}是否位于 pl_d_i 的无失真范围内,将满足条件的像素对应的分类结果 $sign\_d$ 赋值为 T;计算 k 个像素中 $sign\_d$ 值为 T 的对应位置像素的平均值,并分别赋值给对应的像素作为处理后的深度值 pl_d。

　　(5)判断 k 个像素对应的 $sign\_d$ 是否还存在值为 0 的点,若有,则将 T 累加 1,转到步骤(3)。

　　(6)将由上述步骤计算得到的像素值$[pl\_d_0,pl\_d_1,\cdots,pl\_d_{k-1}]$作为 $D'''(m,k,n)$对应列的像素值。

图 6.17 给出了 Door Flowers 序列 $D''(m,k,n)$ 和 $D'''(m,k,n)$ 中深度值的变化情况，$D'''(m,k,n)$ 是 $D''(m,k,n)$ 经过深度无失真预处理后得到的，这里，$n=1$，$k=11$。图 6.17 中，带方块的线给出了 $D''(m,k,n)$ 中深度值的变化情况，而带菱形的线则表示了 $D'''(m,k,n)$ 深度值的变化情况)由图可知，经过无失真处理后的深度视频的时间一致性加强。

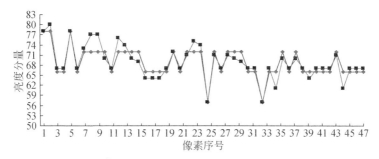

图 6.17　$D''(m,k,n)$ 与 $D'''(m,k,n)$ 中深度值的变化情况

3. 基于绘制无失真模型的深度编码端优化处理

依据绘制无失真特性，对深度视频编码的运动补偿残差根据绘制无失真模型的范围进行处理，给出如图 6.18 所示的基于 D-NOSE 的预测残差处理框架。图中，$I(x,y)$、$\tilde{I}(x,y)$、$R(x,y)$、$\tilde{R}(x,y)$ 和 D-NOSE(x,y) 分别表示原始深度值、运动补偿的深度值、处理之前的残差信号、处理之后的残差信号和绘制无失真的范围。

本节的绘制无失真编码残差块处理是在 DCT 模块之前，每一个运动补偿残差或者帧内预测残差通过绘制无失真模型进行自适应预处理。无失真残差预处理器定义如下：

$$\tilde{R}(x,y)=\begin{cases}0, & I(x,y)+\Delta v^-(x,y)\leqslant \tilde{I}(x,y)\leqslant I(x,y)+\Delta v^+(x,y)\\ R(x,y), & 其他\end{cases}$$

(6.42)

式中，$\Delta v^-(x,y)$ 和 $\Delta v^+(x,y)$ 分别为 $I(x,y)$ 深度值通过绘制无失真计算得到其与深度值的变化最大范围下界和上界。

在原始图像和重建图像间先进行判断，如果满足重建后的深度值的大小在原始图像的深度值的绘制无失真范围内，那么此时两个像素点的残差值定义为 0；否则，残差值为 $R(x,y)$。

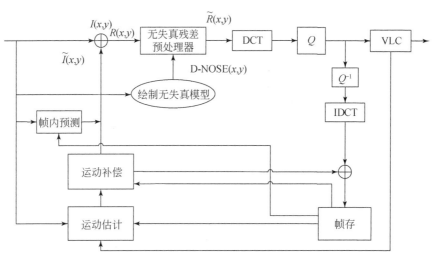

图 6.18　基于 D-NOSE 的编码端残差块补偿算法(VLC 代表变长编码)

6.3.2　基于类相关与角点感知的深度视频处理

深度估计算法得到的深度视频可能存在不准确的现象,会影响所绘制的虚拟视点图像质量。为此,需要能够有效提高深度视频的准确性、抑制深度突变、提高虚拟视点图像质量的深度视频处理算法。图 6.19 为一种基于类相关和角点感知的深度视频处理算法[13,55],它包括深度视频自适应聚类、角点感知处理与边缘区域检测、非边缘像素分类处理等模块。

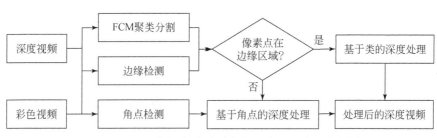

图 6.19　基于类相关、角点感知的深度视频处理流程图

1. 深度视频自适应聚类及边缘区域检测

通常人类视觉更关注图像的前景区域,以往的研究中大多采用大津阈值算法来提取场景中的前景区域,但该算法一般将图像分为前景区域和背景区域两类;从前面分析可知,深度图像只分为两类肯定不足以反映整个场景的特点。为了将具

有不同特点的深度区域有效地分割出来,本节算法采用模糊 C 均值(fuzzy C-means,FCM)聚类算法,并对其聚类中心选择方法进行改进,使其能够自适应地提取出深度视频中具有不同特征的像素区域。

深度视频边缘信息决定着场景中物体的范围,是深度图像中较为敏感的区域,如果边缘信息损失,那么绘制出的虚拟视点图像的边缘失真会比较严重。因此,为了避免损失深度边缘,所提出算法使用 Sobel 算子检测深度视频的强边缘并将边缘块进行保护,块的大小取为 8×8。

2. 深度视频非边缘像素分类处理

在 FCM 自适应聚类后,深度视频被分为 5 类,每类的深度值都有其自身的特点。深度视频中距离相机最近的前景区域和最远的背景区域,这两类的深度值变化范围很小,深度图像较为平滑。在其余 3 类区域中,由于场景的深度层次很丰富,该区域的深度图像中仍然包含有丰富的纹理信息。

前景和背景区域深度值的差别较小,在水平相机系统中,虚拟视点绘制时像素点的映射都在水平方向。为增强这两类像素点在绘制虚拟视点时映射的准确性,本算法采用水平方向均值滤波来增强深度值在水平方向上的一致性,计算公式如下:

$$D_p = \frac{1}{w} \sum_{q \in L} I_q \tag{6.43}$$

式中,p 为当前处理的像素点的坐标,q 和 w 分别为以 p 点为中心的滤波窗口中像素点的坐标和总像素点数,L 为窗口中所有像素点的坐标集合,I_q 为窗口内 q 点的深度值。

在 MVD 视频信号中,深度错误对虚拟视点质量的影响会随着图像内容的变化而变化,通常彩色视频图像中纹理丰富的区域对深度错误的容忍度很低。对于场景中的同一个物体,其深度值很相近,色度值也很相近。因此,在处理含有丰富纹理的深度图像中间区域时,为了保护本应存在的深度纹理,应平滑不准确的深度值;本节算法在传统三边滤波器的基础上,引入对应彩色视频的色度值差别因子,提出如下滤波方法:

$$D_p = \frac{\sum\limits_{q \in R} W_q I_q}{\sum\limits_{q \in R} W_q} \tag{6.44}$$

式中,p 为当前处理的像素点的坐标,q 为以 p 为中心的正方形滤波窗口内的像素点坐标,R 为滤波窗口内所有像素点的坐标集合,I_q 为滤波窗口内 q 点的深度值,D_p 为 p 点处理后深度值,W_q 为 q 点的权重。

该方法利用深度视频与彩色视频的相关性,当深度图像中某个像素点的深度值与周边像素点相差较大而对应的色度值差别较小时,该像素点的深度值很可能是不准确的,此时虽然深度值因子的权重变小,但色度差别因子的权重会变大,有效平滑不准确的深度值。而当某像素点的深度值和对应色度值与周边像素点差别都较大时,说明此像素点处于真实的深度纹理区域,此时深度因子和色度因子的权重都比较小,从而保护了纹理区域。

3. 深度视频边缘像素处理

深度估计不准和场景切换会导致深度突变,造成虚拟视点的空洞现象。为了抑制由深度突变产生的虚拟视点空洞,提高虚拟视点的质量,本节算法采用中值滤波对突变区域进行处理。然而,中值滤波会破坏深度图像边缘中的尖端区域,造成对应的虚拟视点图像中尖端区域的缺失,如图 6.20 所示。

(a) 具有尖端的深度图   (b) 处理后深度图

图 6.20 使用大窗口中值滤波处理尖端区域及结果示意图

相比深度视频,纹理信息丰富的彩色视频中存在更多的尖端区域,并且当深度视频中存在尖端区域而对应彩色视频的相同位置不存在时,可断定此深度尖端为假尖端。因此,本算法先利用经典的角点检测算法分别检测出深度图像和对应彩色图像中的角点;然后分别对深度图像角点和彩色图像角点使用 8×8 的块化膨胀形成尖端区域;最后对彩色视频和深度视频的尖端区域取交集,从而提取出深度视频尖端区域。

最终,在处理深度视频的边缘区域时,本节算法采用窗口可变的中值滤波方法。首先判断当前深度像素点是否在尖端区域,如果处于尖端区域,则采用的中值滤波窗口为 7×7;否则,采用窗口为 11×11 的中值滤波,从而达到抑制深度突变并尽可能保护深度图像尖端的目的。

4. 实验结果与分析

采用 MPEG 提案中的三维视频序列进行测试,每个序列均测试了前 60 帧,测试时采用的虚拟视点绘制软件版本是 VSRS3.5[56]。本节方法以 PSNR 作为客观质量评价指标,表 6.9 列出的是使用深度视频绘制的虚拟视点的信噪比,其中,$PSNR_{ori}$ 为用原始深度视频绘制得到的虚拟视点视频的信噪比,$PSNR_{nonc}$ 和 $PSNR_{pro}$ 分别为本节算法中不使用角点检测和使用角点检测的深度视频生成的虚拟视点信噪比。由表 6.9 可知,所提出算法能平均将虚拟视点 PSNR 提高 0.43dB。同时通过对比表明,角点检测方法能够有效保证虚拟视点质量。

表 6.9 虚拟视点图像的 PSNR 结果 (单位:dB)

测试序列	$PSNR_{ori}$	$PSNR_{nonc}$	$PSNR_{pro}$	$PSNR_{nonc}-$ $PSNR_{ori}$	$PSNR_{pro}-$ $PSNR_{ori}$
Leave Laptop	36.28	36.62	36.67	0.34	0.39
Newspaper	32.63	32.69	32.75	0.06	0.12
Dog	31.15	31.24	31.24	0.09	0.09
Door Flowers	35.38	35.70	35.74	0.32	0.36
Kendo	37.46	38.04	38.04	0.58	0.58
Alt Moabit	34.42	35.56	35.55	1.14	1.13
Book Arrival	36.01	36.31	36.35	0.30	0.34
平均值	—	—	—	0.40	0.43

图 6.21 分别展示了使用角点检测前后的深度图像及对应的虚拟视点图像,其中矩形框内的图像为尖端区域放大图。从图 6.21(a)可以看出,原始深度图像中存在着尖端区域,但使用无角点检测的大窗口中值滤波后得到的图 6.21(b)深度图像中该区域被背景深度值替代,导致绘制出的虚拟视点中该区域的尖端不复存在,如图 6.21(e)所示。相反,在加入了角点检测后得到的图 6.21(c)深度图像中,尖端区域得以保存,在使用其绘制的虚拟视点图像中,尖端区域也依然存在。因此,本算法采用的角点检测方法能够有效保护深度图像及对应虚拟视点图像的尖端区域。

6.3.3 基于稀疏失真模型的深度图像修复

Kinect 相机是一种价廉物美的彩色与深度图像采集设备,但 Kinect 相机获取的场景深度图像会受噪声干扰并出现信息丢失的情况。深度图像失真将直接影响三维视频系统中绘制虚拟视点图像的质量。Kinect 相机获取的深度图像失真可用

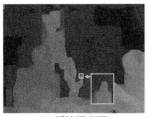
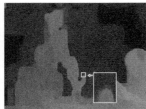
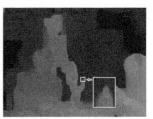

(a) 原始深度图　　　　(b) 不使用角点检测处理的深度图　(c) 使用角点检测处理的深度图

(d) 真实视点　　　　　　　(e) 用(b)绘制的虚拟视点　　　　(f) 用(c)绘制的虚拟视点

图 6.21　采用角点检测前后深度图像及虚拟视点

数学模型来表示。失真深度图像矩阵表示为提取因子矩阵与无失真深度图像矩阵的乘积加上噪声矩阵。如何利用该模型获得与无失真矩阵近似的重建矩阵,本节将探讨基于该模型的一种深度图像修复算法[9,57],如图 6.22 所示。

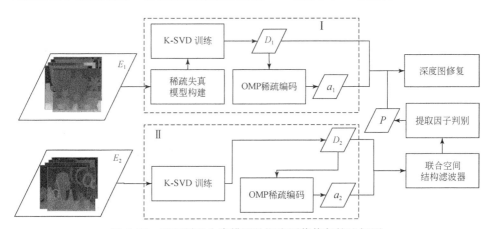

图 6.22　基于稀疏失真模型的深度图像修复算法框图

深度图像失真可以采用输入输出模型来描述,失真深度图像矩阵表示为提取因子矩阵与无失真深度图像矩阵的乘积加上噪声矩阵,具体表达式为

$$Z = PX + v \tag{6.45}$$

式中,X、Z 分别表示原始图像、失真图像,P 为提取因子,即空洞掩膜,v 为高斯噪声。如果已知 Z,并能够去除 v,利用 Z 与 X 的某些特征来获取提取因子,那么再结

合 Z 与提取因子的换算关系,就可得到重建的深度图像,实现深度图像空洞修复和噪声去除。假设式(6.45)中 $X \in \mathbf{R}^{n \times m}$ 和 $Z \in \mathbf{R}^{n \times m}$,$n$ 为矩阵每列的样本点个数。X 与 Z 可表示为 l 个 n 维原子的线性结合。那么,整个稀疏矩阵表示为

$$X = D_x a_x + \varepsilon_x \tag{6.46a}$$
$$Z = D_z a_z + \varepsilon_z \tag{6.46b}$$

式中,$D_x \in \mathbf{R}^{n \times l}$ 与 $D_z \in \mathbf{R}^{n \times l}$ 分别表示训练的字典,每个列向量表示字典原子。$a_x \in \mathbf{R}^{l \times m}$ 与 $a_z \in \mathbf{R}^{l \times m}$ 分别表示稀疏系数向量,ε_x 与 ε_z 表示误差。当 ε_x 与 ε_z 足够小时,可以忽略,那么假设估计的训练样本为 X_E 和 Z_E,具体表达式如下:

$$X \approx X_E = D_x a_x \tag{6.46c}$$
$$Z \approx Z_E = D_z a_z \tag{6.46d}$$

字典训练时为了保证样本提供足够准确的信息量,使得采样得到的字典块为重叠块,在样本重建过程中需要计算相邻字典原子的重叠次数,对应于图像矩阵位置作为重建权重。因此,采用过完备自适应字典,基于训练的方式实现深度图像去噪和空洞修复,通过 K-SVD 算法[58]来进行字典训练。该字典在同等训练误差的条件下需要更少的字典原子,训练性能优于 DCT 字典。

基于稀疏失真模型,本节考虑在去除图像噪声的同时,应该保护图像边缘。双边滤波虽然采用权重卷积去噪,但是对于高斯噪声去除效果并不理想,高斯函数系数很难调到最佳效果。中值滤波、高斯滤波以及均值滤波等经典的去噪方法虽然结构复杂度很低,但是在去除噪声的同时,也会破坏图像边界。因此,本节提出一种联合空间结构滤波方法,该方法先采用标准卷积结构,通过字典训练失真图像,利用该图像自身结构权重进行去噪,原图像与前一次去噪结果相减得到残差,该残差表示图像平坦区域带有的噪声,利用空间结构滤波消除该区域噪声,最后将残差叠加到前一次去噪结果中。该滤波方法在保护图像边界的同时,进一步去除了平坦区域的噪声。前一次滤波的表达式如下:

$$Z_{dn}(i,j) = \frac{Z(i,j) + k\lambda Z_E(i,j)}{1 + k\lambda Z_{\text{weight}}(i,j)} \tag{6.47}$$

式中,k 为常数,λ 为噪声系数,Z 为失真样本矩阵,$Z_{\text{weight}}(i,j)$ 为样本块在图像坐标点 (i,j) 位置上训练重复采样次数所占权重,$Z_E(i,j)$ 为 K-SVD 算法训练后得到的失真图像,Z_{dn} 为失真图像去噪后的结果。Z_{weight} 的计算公式如下:

$$Z_{\text{weight}}(n,m) = \sum_{m=l}^{m=l+\text{size}} \sum_{n=l}^{n=l+\text{size}} \{Z_{\text{weight}}(n,m) + B(n,m)\} \tag{6.48}$$

式中,m 和 n 为矩阵第 m 行 n 列,size 为采用块列数,l 为失真样本矩阵 Z 所有像素点按照采样块尺寸排列后重构矩阵的第 l 列,B 矩阵所有元素都为 1,尺寸与采样块相同。

对于空间结构滤波,本节结合基于空间相似性的非均匀凹形非局部区域滤波

(AFNLM)方法[59]，进一步滤除剩余的噪声。该滤波方法原理为利用凹形距离代替非局部区域滤波中的欧氏距离，并加入了凹形因子奇异性，提高相似块搜索的准确性，具体表达如下：

$$y(p) = \sum_{q \in X} w(p,q)z(q), \quad \forall p \in Q \tag{6.49}$$

式中，$\{w(p,q)\}_{q \in Q}$ 是 p 点的自适应权重，它表示两个块 p 与 q 之间的相似性。

假设噪声图像与第一次去噪结果的差值为 $\boldsymbol{Z}_{\text{diff}}$，则有

$$\boldsymbol{Z}_{\text{diff}} = \boldsymbol{Z} - \boldsymbol{Z}_{dn} \tag{6.50}$$

采用 AFNLM 方法对差值进行滤波，所得到结果与第一次去噪结果求和，获得最终的去噪结果 $\boldsymbol{Z}_r$，表示为

$$\boldsymbol{Z}_r = \boldsymbol{Z}_{dn} + \text{AFNLM}\{\boldsymbol{Z}_{\text{diff}}\} \tag{6.51}$$

式中，$\boldsymbol{Z}_r$ 为联合空间结构去噪结果，$\text{AFNLM}\{\cdot\}$ 为非均匀凹形非局部区域滤波算子。

提取因子 $\boldsymbol{P}$ 为深度图像获取空洞的一种操作数，它的功能是实现原始深度图像中某些位置像素点丢失，即产生空洞。基于以上分析，将提取因子设为深度图像空洞掩膜，提取因子对应位置为 0 即空洞，为 1 则表示无信息丢失。因此，可通过 $\boldsymbol{Z}_r$ 获得空洞提取因子 $\boldsymbol{P}$，设定阈值 T 来判定，其表达式如下：

$$\boldsymbol{P}(x,y) = \begin{cases} 0, & \boldsymbol{Z}_r(x,y) < T \\ 1, & \text{其他} \end{cases} \tag{6.52}$$

根据稀疏失真模型，设去除模型中的噪声 v 之后得到的图像为 $\boldsymbol{X}_{\text{hole}}$，即空洞图像，可表示为

$$\boldsymbol{Z}_r = \boldsymbol{X}_{\text{hole}} \approx \boldsymbol{P}\boldsymbol{X}_E \tag{6.53}$$

设最终重建图像为 $\boldsymbol{X}_{rp}$，则可表示为

$$\boldsymbol{X}_{rp} = \boldsymbol{P}^{-1}[\boldsymbol{X}_{\text{hole}}] = \boldsymbol{P}^{-1}[\boldsymbol{Z}_r] \tag{6.54}$$

式中，$\boldsymbol{P}^{-1}[\cdot]$ 表示 $\boldsymbol{P}$ 的还原因子。可利用正交匹配追踪(orthogonal matching pursuit，OMP)算法对无失真深度图像 $\boldsymbol{X}_k$ 和字典 $\boldsymbol{D}_1$ 进行匹配跟踪，获得稀疏系数 $\boldsymbol{a}_1$，那么当误差足够小时，$\boldsymbol{X}_k \approx \hat{\boldsymbol{X}}_k = \boldsymbol{D}_1 \boldsymbol{a}_1$。通过提取因子 $\boldsymbol{P}$，即可获得重建的深度图像 $\boldsymbol{X}_{rp}$，计算公式如下：

$$\boldsymbol{X}_{rp}(x,y) = \begin{cases} \hat{\boldsymbol{X}}_k(x,y), & \boldsymbol{P}(x,y) = 0 \\ \boldsymbol{Z}_r(x,y), & \text{其他} \end{cases} \tag{6.55}$$

式中，$\hat{\boldsymbol{X}}_k$ 为第 k 幅训练得到的近似无失真深度图像，$\boldsymbol{P}$ 为提取因子，$\boldsymbol{X}_{rp}$ 为重建的深度图像。

采用 Middlebury 立体图像库和立体视频序列库[60]进行算法修复质量评价，在 Middlebury 立体图像库中选取 10 幅真实深度图像作为训练样本集，从剩余图像中

选取 12 幅预处理后的标准深度图像用于测试。测试图像分别为 Mobieus、Baby、Dolls、Aloe、Bowling、Cloth、Flowerports、Lampshade1、Midd1、Plastic、Art 和 Books。为了定量评价算法的性能,利用测试样本集人工模拟了深度图像失真,建立了失真样本集。失真样本集中的失真为深度图采集过程中出现的空洞和噪声。失真样本集可通过测试样本集中的深度图像分别加入噪声系数 $\lambda = 10$ 的高斯噪声和 30% 的随机空洞建立。除此之外,对三维立体视频库中 Door Flowers 序列深度视频加入噪声系数 $\lambda = 10$ 的高斯噪声和 50% 的随机空洞构造失真样本集进行虚拟视点绘制质量测试。测试训练字典采用学习的过完备字典,字典原子数为 512,字典块大小为 8×8,迭代 20 次,结构权重滤波的系数 k 取 0.031,AFNLM 中的滤波参数 h 取 10,阈值 T 设为 20。

关于深度图像修复的实验测试,将本节方法与 DCT 方法、Ram 方法[61]、BF 方法[62]和 FMM 方法[63]进行比较。对于 Middlebury 立体图像库,可利用标准深度图像进行修复质量评价,PSNR 结果如表 6.10 所示。

表 6.10　各方法修复结果的 PSNR 比较　　　　　　（单位:dB）

测试图像	$PSNR_{DCT}$	$PSNR_{Ram}$	$PSNR_{BF}$	$PSNR_{FMM}$	$PSNR_{Pro}$
Moebius	41.5400	41.1473	40.2854	40.0849	41.9163
Baby	45.4858	41.1554	41.5820	41.6340	45.9104
Dolls	42.4854	41.0705	41.7031	41.2637	42.7357
Aloe	41.5857	40.5777	38.2536	38.0875	41.8374
Bowling	44.0258	40.9218	41.0471	40.9687	44.2345
Cloth	48.0983	41.3157	45.8579	46.2992	48.2760
Flowerpots	42.4265	40.6530	38.9212	38.7347	42.9067
Lampshade1	43.1560	41.0096	39.9332	39.9313	43.4839
Midd1	43.4538	41.1103	41.3583	41.3417	44.0106
Plastic	45.9657	41.3163	43.1877	43.2285	46.2140
Art	40.1165	40.0641	35.7757	35.8986	40.6265
Books	42.6781	41.1643	40.6845	40.8723	43.0323
平均值	43.4181	40.9588	40.7158	40.6954	43.7654

表 6.10 中,$PSNR_{Pro}$、$PSNR_{DCT}$、$PSNR_{Ram}$、$PSNR_{BF}$ 和 $PSNR_{FMM}$ 分别表示本节方法、DCT 训练方法、Ram 的方法、BF 方法和 FMM 方法所得到的 PSNR。从表 6.10 可以看出,本节方法平均 PSNR 比 DCT 训练方法高 0.3473dB,与 Ram 的方法相比增加 2.8066dB,比 BF 和 FMM 方法分别要提高 3.0496dB 和 3.0700dB。除此之外,每幅测试图像修复后的 PSNR 都比其他方法要高。由于本节训练过完

备字典是逐列更新,训练的精度高于 DCT 字典。而深度图像总体上特征复杂度相对彩色图像要低,因此本节训练的准确度很高。而 DCT 方法与本节对比时仅在字典选取上有所区别,整体上的客观质量差别不大。而本节的去噪算法在纹理平坦处优于 Ram 方法,修复得到的深度图像平坦区域更加平滑。因此,在纹理平坦区域多的序列中,本节方法比 Ram 方法要好很多,如 Baby、Cloth 等序列。由于本节方法是基于字典特征学习的修复策略,对于纹理平坦的图像比相对复杂的图像训练的精度要高,因此平坦的深度图像比纹理复杂深度图像的 PSNR 要高。例如,Cloth 图像的纹理平坦、结构简单,而 Art 图像纹理复杂度很高,因而 Cloth 图像修复的 PSNR 比 Art 图像的 PSNR 要高很多。整体客观指标表明,本节方法客观质量与其他方法相比均有所提高。

　　本节方法深度图像修复主观结果与其他方法相比略有提升,为了进一步验证本节方法修复结果是否适用于自由视点视频系统中虚拟视点绘制,本节选用视频加深度的多视点序列 Door Flowers,人工加入高斯噪声和随机空洞,观察各个修复算法处理后绘制虚拟视点质量。相关结果表明,本节方法处理后绘制出的虚拟视点的主观质量总体高于其他方法。

6.4　本 章 小 结

　　深度图像不是用于观看的,而是用来绘制虚拟视点图像的,在考虑其压缩性能时也需要考虑利用其绘制的虚拟视点图像的质量;而虚拟视点图像质量的评价需要进一步考虑人眼视觉感知特性。显然,如何利用绘制的虚拟视点图像/视频的感知质量来评价深度图像/视频编码失真效应有其实际意义。

参 考 文 献

[1] Shao F,Lin W,Jiang G,et al. Low-complexity depth coding by depth sensitivity aware rate-distortion optimization[J]. IEEE Transactions on Broadcasting,2016,62(1):94-102.

[2] McIntire J P,Havig P R,Geiselman E E. Stereoscopic 3D displays and human performance: A comprehensive review[J]. Displays,2014,35(1):18-26.

[3] Zhang Y,Yang X,Liu X,et al. High-efficiency 3D depth coding based on perceptual quality of synthesized video[J]. IEEE Transactions on Image Processing,2016,25(12):5877-5891.

[4] Marcelino S,Soares S,de Faria S M M D,et al. Reconstruction of lost depth data in multiview video- plus- depth communications using geometric transforms[J]. Journal of Visual Communication and Image Representation,2016,40(Part B):589-599.

[5] Peng Z,Han H,Chen F,et al. Joint processing and fast encoding algorithm for multi-view depth video[J]. EURASIP Journal on Image and Video Processing,2016,2016:24.

[6] Tanimoto M. FTV: Free- viewpoint television [J]. Signal Processing: Image

Communication,2012,27(6):555-570.

[7] Zarb T,Debono C J. Broadcasting free- viewpoint television over long- term evolution networks[J]. IEEE Systems Journal,2016,10(2):773-784.

[8] Cho J H,Song W,Choi H,et al. Hole filling method for depth image based rendering based on boundary decision[J]. IEEE Signal Processing Letters,2017,24(3):329-333.

[9] Chen F,Hu T,Zuo L,et al. Depth map inpainting via sparse distortion model[J]. Digital Signal Processing,2016,58(C):93-101.

[10] Domanski M,Grajek T,Klimaszewski K,et al. Poznan multiview video test sequences and camera parameters[R]. Xi'an:ISO/IEC JTC1/SC29/WG11,2009.

[11] Tanimoto M,Fujii T,Suzuki K. Depth estimation reference. Software (DERS) 5.0[R]. Xi'an:ISO/IEC JTC1/SC29/WG11,2009.

[12] Foix S,Alenyà G,Torras C. Lock- in time- of- flight (ToF) cameras:A survey[J]. IEEE Sensors Journal,2011,11(9):1917-1926.

[13] Peng Z,Guo M,Chen F,et al. A depth video processing algorithm based on cluster dependent and corner- ware filtering[J]. Neurocomputing,2016,215:90-99.

[14] Peng Z,Jiang G,Yu M,et al. Temporal pixel classification and smoothing for higher depth video compression performance[J]. IEEE Transactions on Consumer Electronics,2011,57(4):1815-1822.

[15] Muddala S M,Sjöström M,Olsson R. Virtual view synthesis using layered depth image generation and depth- based inpainting for filling disocclusions and translucent disocclusions[J]. Journal of Visual Communication and Image Representation,2016,38(C):351-366.

[16] Chen Y,Pandit P,Yea S,et al. Draft reference software for MVC[R]. London:JVT,2009.

[17] Tech G,Chen Y,Müller K,et al. Overview of the multiview and 3D extensions of high efficiency video coding [J]. IEEE Transactions on Circuits and Systems for Video Technology,2015,26(1):35-49.

[18] Tan S,Ma S,Wang S,et al. Inter- view dependency- based rate control for 3D- HEVC[J]. IEEE Transactions on Circuits and Systems for Video Technology,2017,27(2):337-351.

[19] Hannuksela M M,Yan Y,Huang X,et al. Overview of the multiview high efficiency video coding (MV- HEVC) standard[C]. IEEE International Conference on Image Processing,Quebec City,2015.

[20] Krishnamurthy R,Chai B B,Tao H,et al. Compression and transmission of depth maps for image- based rendering [C]. IEEE International Conference on Image Processing,Thessaloniki,2001.

[21] Morvan Y,Farin D,Peter H N,et al. Depth- image compression based on an R-D optimized quadtree decomposition for the transmission of multiview images[C]. IEEE International Conference on Image Processing,San Antonio,2007.

[22] Chai B B,Sehuraman S,Hatrack P. Mesh- based depth map compression and transmission for real- time view- based rendering [C]. IEEE International Conference on Image

Processing,Rochester,2002.

[23] Grewatsch S,Muller E. Fast mesh-based coding of depth map sequences for efficient 3D-video reproduction using OpenGL[J]. Journal of Antimicrobial Chemotherapy,2005,67(1):159-166.

[24] 彭宗举.面向自由视点视频系统的编码方法研究[D].北京:中国科学院计算技术研究所,2010.

[25] Ho Y S,Lee C,et al. Depth map generation and virtual view synthesis[R]. Shenzhen:JVT,2007.

[26] Oh H,Ho Y S. H.264-based depth map sequence coding using motion information of corresponding texture video[C]. Pacific RIM Conference on Advances in Image and Video Technology,Hsinchu,2006.

[27] Shao F,Lin W,Jiang G,et al. Depth map coding for view synthesis based on distortion analyses[J]. IEEE Journal on Emerging and Selected Topics in Circuits and Systems,2014,4(1):106-117.

[28] Zhang Y,Yang X,Liu X,et al. High-efficiency 3D depth coding based on perceptual quality of synthesized video[J]. IEEE Transactions on Image Processing,2016,25(12):5877-5891.

[29] Chiang J C,Wu J R. Asymmetrically frame-compatible depth video coding[J]. Electronics Letters,2015,51(22):1780-1782.

[30] Peng Z,Chen F,Jiang G,et al. Depth video spatial and temporal correlation enhancement algorithm based on just noticeable rendering distortion model[J]. Journal of Visual Communication and Image Representation,2015,33(2015):309-322.

[31] Magnor M,Eisert P,Girod B. Multi-view image coding with depth maps and 3-D geometry for prediction[C]. Visual Communications and Image Processings,San Jose,2001.

[32] Oh K J,Yea S,Vetro A,et al. Depth reconstruction filter for depth coding[J]. Electronics Letters,2009,45(6):305-306.

[33] Merkle P,Smolic A,Mueller K,et al. Multi-view video plus depth representation and coding[C]. IEEE International Conference on Image Processing,San Antonio,2007.

[34] 朱波.自由视点视频系统中深度场的处理和任意视点的绘制[D]. 宁波:宁波大学,2010.

[35] 朱波,蒋刚毅,张云,等.面向虚拟视点图像绘制的深度图编码算法[J].光电子·激光,2010,21(5):718-724.

[36] Stankiewicz O,Wegner K. Depth map estimation software version 2[R]. Archamps:ISO/IEC JTC1/SC29/WG11,2008.

[37] 皮师华.基于视觉感知的多视点视频及深度信号编码研究[D]. 宁波:宁波大学,2012.

[38] Zhao Y,Yu L. A perceptual metric for evaluating quality of synthesized sequences in 3DV system[C]. Visual Communications and Image Processing,Huangshan,2010.

[39] 杨小祥.基于3D-HEVC的深度编码研究[D]. 宁波:宁波大学,2015.

[40] Zhang L,Tech G,Wegner K,et al. Test model 7 of 3D-HEVC and MV-HEVC[R]. San Jose:JCT-3V,2014.

[41] Oh B T,Lee J,Park D S. Depth map coding based on synthesized view distortion function[J].

IEEE Journal of Selected Topics in Singnal Processing,2011,5(7):1344-1352.

[42] Yang W,Liu W. Strong law of large numbers and Shannon-McMillan theorem for Markov chain fields on trees[J]. IEEE Transactions on Information Theory,2002,48(1):313-318.

[43] Robertson M A,Stevenson R L. DCT quantization noise in compressed images[J]. IEEE Transactions on Circuits Systems Video Technology,2005,15(1):27-38.

[44] Liu X,Zhang Y,Hu S,et al. Subjective and objective video quality assessment of 3-D synthesized view with texture/depth compression distortion[J]. IEEE Transactions on Image Processing,2015,24(12):4847-4861.

[45] Müller K,Vetro A. Common test conditions of 3DV core experiments[R]. San Jose:JCT-3V,2014.

[46] ITU-R Recommendation BT.500-10. Methodology for the subjective assessment of the quality of the television pictures[S]. Geneva,2000.

[47] Wang S,Rehman A,Wang Z,et al. Perceptual video coding based on SSIM-inspired divisive normalization[J]. IEEE Transactions on Image Processing,2013,22(4):1418-1429.

[48] Seshadrinathan K,Bovik A C. Motion tuned spatio-temporal quality assessment of natural videos[J]. IEEE Transactions on Image Processing,2010,19(2):335-350.

[49] Pinson M H,Wolf S. A new standardized method for objectively measuring video quality[J]. IEEE Transactions on Broadcasting,2004,50(3):312-322.

[50] Seshadrinathan K,Soundararajan R,Bovik A C,et al. Study of subjective and objective quality assessment of video[J]. IEEE Transactions on Image Processing,2010,19(16):1427-1441.

[51] Video Quality Experts Group (VQEG). Final report from the Video Quality Experts Group on the validation of objective models of video quality assessment[OL]. http://www.vqeg.org[2019-04-01].

[52] Bjøntegaard G. Calculation of average PSNR differences between RD-curves[R]. Austin:Video Coding Experts Group,2001.

[53] 孙凤飞. 三维电视中编码技术研究[D]. 宁波:宁波大学,2012.

[54] 郭明松. 深度视频预处理及其编码技术研究[D]. 宁波:宁波大学,2016.

[55] Zhao Y,Zhu C,Chen Z,et al. Depth no-synthesis-error model for view synthesis in 3-D video[J]. IEEE Transactions on Image Processing,2011,20(8):2221-2228.

[56] Tanimoto M,Fujii T,Suzuki K. View synthesis algorithm in view synthesis reference software 3.5(VSRS3.5)[R]. Lausanne:ISO/IEC JTC1/SC29/WG11(MPEG),2009.

[57] 胡天佑. 深度视频空洞修复技术研究[D]. 宁波:宁波大学,2017.

[58] Elad M,Aharon M. Image denoising via learned dictionaries and sparse representation[C]. IEEE Conference on Computer Vision and Pattern Recognition,New York,2006.

[59] Foi A,Boracchi G. Anisotropically foveated nonlocal image denoising[C]. IEEE International Conference on Image Processing,Melbourne,2013.

[60] Middlebury Stereo Datasets[OL]. http://vision.middlebury.edu/stereo/data[2006-01-04].

[61] Ram I,Elad M,Cohen I. Image processing using smooth ordering of its patches[J]. IEEE Transactions on Image Processing,2013,22(7):2764-2774.

[62] Zhang M,Gunturk B K. Multiresolution bilateral filtering for image denoising[J]. IEEE Transactions on Image Processing,2008,17(12):2324-2333.

[63] Telea A. An image inpainting technique based on the fast marching method[J]. Journal of Graphics,GPU and Game Tools,2004,9(1):23-34.

第7章　基于感兴趣区域的三维视频编码

本章从人类视觉系统中存在的区域选择性出发,研究三维视频中的人眼立体视觉注意模型和深度感知特性,定义三维感兴趣区域(three dimensional region of interest,3D-ROI),设计基于深度的 3D-ROI 提取方法和基于立体视觉注意的 3D-ROI 提取方法。根据多视点视频中的 3D-ROI,讨论后向兼容的基于 3D-ROI 的多视点视频编码框架和基于区域的多视点码率分配算法,通过挖掘区域选择性立体视觉冗余,进一步提高多视点视频的压缩效率。最后根据立体视频的非对称掩蔽效应,研究分析基于立体视觉阈值的非对称立体/多视点视频编码方案。

7.1　引　　言

三维视频的数据量巨大,是普通单通道视频的几倍甚至几十倍;除传统单通道视频所具有的时域冗余、像素间的空域冗余、频域冗余外,三维视频还包括视点间冗余[1,2]、视觉感知冗余[3]等。这些海量数据对数据处理、传输和存储提出了重大挑战,所以研究高压缩率的视频编解码算法是将三维视频推向广泛应用的核心环节。然而,经典的三维视频编码方案虽然能降低时域/空域/视点间冗余,在较大程度上提高了编码效率,却因没有充分考虑用户对视频不同区域的视觉感知和视觉敏感度的区别,未能进一步挖掘人类视觉系统对三维视频的感知冗余(perceptual redundancy)以提高压缩效率。如何根据人们对多视点视频的三维视觉感知模型,划分多个层次并区别处理,同时研究相应的 ROI 提取算法,并与先进的预测结构相结合,研究基于 ROI 的多视点视频编码方法,通过合理的码率分配和计算量分配来提高多视点视频编码效率是一个值得进一步研究的问题。

人眼视觉感知计算模型不仅可以从计算模拟的角度推动立体视觉基本机理的研究,还可有效促进视觉编码技术的发展。人眼视觉感知除了双目掩蔽效应,还存在视觉注意机制等。研究人眼的立体视觉注意机制和计算模型,提出基于立体视觉关注的三维视频编码技术可进一步挖掘视觉冗余,在保证主观视觉质量的前提下,可较大幅度地提高三维视频编码效率[4]。此外,通过研究三维视频感知编码技术,还可进一步实现降低计算复杂度、提高三维视频码流对网络传输的容错性等,以提高三维视频系统的整体性能。

7.2 基于三维感兴趣区域的三维视频编码

3D-ROI 不仅建立在传统二维感兴趣区域(2D-ROI)的基础上,还与视觉的深度感/立体感存在密切的关联[5]。立体视觉注意的主观实验表明,用户一般对深度较小的区域或对象(即与相机距离较近的视频区域或对象等)或者立体感较强(即深度差异度大、纵深感强)的区域更为感兴趣。由此,3D-ROI 被认为是三维显示过程中立体感/深度感较强的感兴趣区域。经典的基于对象的视频编码方法(如MPEG-4)依据理想的对象分割模型,但由于现有自动视觉对象分割算法的局限性,通常难以完美地提取自然场景中的对象,很大程度上限制了基于对象/感兴趣区域的视频编码方法的应用。由此,为进一步挖掘视觉冗余以提高压缩效率,本节提出基于 3D-ROI 的三维视频编解码框架[3],如图 7.1 所示。首先,通过平行或会聚型的相机阵列采集得到 N 个通道同步彩色视频;然后,采用深度图像生成方法利用 N 个通道的彩色视频生成 N 个通道相同分辨率、帧率的深度视频。其中的立体视觉注意(stereo visual attention,SVA)感兴趣区域提取(ROI extraction)模块利用了 MVD 信号,提取符合语义和视觉感知特性的 ROI 及其基于块的 ROI 掩模,以适用于基于块的三维视频编码器,并兼容于相关视频编码标准。利用该基于块的掩模信息,可采用基于区域的编码码率分配策略,为视觉敏感度较高的 ROI 分配较多的比特以提高相应的视频质量;同时,为视觉敏感度较低的背景区域分配较少比特,以提高视频编码效率。另外,该框架还适用于根据视频各区域的感兴趣程度,自适应动态分配多视点视频编解码器的计算量,为容易引起编码误差感知的视觉高敏感区分配较多的计算量,提高视频质量;而为视觉非敏感区分配较少的计算量,降低编解码系统的整体计算复杂度,使得压缩效率与计算复杂度之间达到平衡,实现三维视频编码器的码率分配优化和计算量分配优化。最后,将编码彩色视频流、深度视频流以及相机参数等信息复用并传输至解码端。

不同于传统的基于对象的视频编码方法,在图 7.1 的编解码框架下对 3D-ROI 的提取精度要求低(原因在于在编码中采用基于块的编码技术),同时基于块的 3D-ROI 掩模并不需要传输至解码端,从而节省了传输掩模所需的码率。该框架与当前基于块的三维视频编码标准和码率控制算法完全兼容,并不需要修改码流语义,也不需要调整解码算法。同时,通过有效利用三维视频中的深度信息,可提高 ROI 提取精度和效率,使其更符合人眼立体视觉系统的感知特性。

在解码端,对彩色与深度视频流解复用,然后经三维视频解码器解码重建多视点彩色视频和深度视频,由解码得到的重建视频数据、相机参数以及显示设备信息,采用基于深度图像绘制技术生成不同视角的更密集虚拟视点视频。例如,对于单通道显示设备,每个时刻输出一个通道视频,对于立体和多视点显示器则每一时刻输出两个或两个以上的多视点视频。

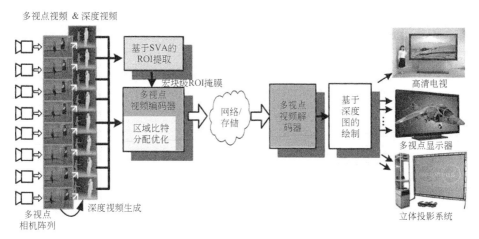

图 7.1　基于 3D-ROI 的三维视频编解码框架

7.3　基于深度的三维感兴趣区域提取

　　单视点视频对象的提取过程主要利用了颜色、边缘以及运动等信息,然而,对于自然场景的单视点视频对象自动分割仍然存在较大困难。幸运的是,在立体/多视点视频中可以获得单视点视频中所没有的视差或深度信息,由于深度信息接近于语义对象,因此其有利于对象的自动分割[6]。利用视差信息辅助立体图像的对象提取,可以根据视差不连续性提取不同深度层次的对象[7]。Marugame 等利用三个通道视频提取视差,辅助对象分割[8],提取的对象轮廓比较准确,但是该方法计算复杂度很高。传统方法只考虑一帧图像的 ROI 提取,没有考虑到多个视点视频的视点间和时域的相关性,联合提取二维图像组(2D-GOP)感兴趣区域,不仅计算复杂度高,而且不同时间和视点间 ROI 的一致性难以保证。

　　鉴于单视点视频在时域上密切的相关性,采用对象检测与跟踪技术可以有效提高 ROI 提取算法的处理速度和准确性。通过利用颜色、边缘、光流以及纹理等视觉特征信息,能够基本实现对象跟踪(即 ROI 的跟踪),但由于图像噪声、复杂的对象非刚性运动和对象轮廓、亮度变化以及遮挡等问题,对象检测与跟踪变成一个复杂的问题[9]。通常使用的对象检测方法是背景差法,利用当前视频帧减去已建立的背景模型得到对象[10]。该方法主要针对静止相机捕获的视频,且难以应用于无法完整提取背景的情况。例如,可视对讲类视频,对象面积较大,而且始终存在于屏幕中,难以构建背景。针对背景差法的局限性,Yilmaz 等提出基于轮廓的对象跟踪技术,通过最小化基于 Bayesian 模型的能量函数以实现准确的对象跟踪,而且适用于处理遮挡等问题[11]。史立等使用 Hausdorff 对象跟踪器跟踪运动对象模型,为了适应对象的形状变化,使用了 Snake 技术对运动对象进行拟合匹配[12]。但是传统时域的 ROI 跟踪和提取方法并不适用于视点间的 ROI 跟踪。

　　本节根据人眼的深度感知特性和 MVD,提出联合利用深度、纹理和运动信息的 3D-ROI 提取算法,即基于深度的感兴趣区域提取(depth based region-of-interest extraction,DBRE)算法[13]。然后,讨论分析 5 种时间、视点间联合的 ROI 跟踪和提取算法。在时域上,根据前一时刻的 ROI 和视频的时域相关性可以联合提取时域连续的 ROI,提出基于时间预测的 ROI 提取方法。另外,除了时域相关性外,三维视频各个通道间的视频和 ROI 也具有很大的相似性,所以根据相邻视点的已提取 ROI 信息和相机内在的几何关系提取当前视点 ROI 的策略将有助于提高 ROI 提取效率和视点间的一致性;并由此提出了基于深度的视点间 ROI 提取算法。最后,分析对比 5 种 ROI 跟踪和提取结构的计算复杂度。

7.3.1　多视点联合的三维感兴趣区域提取结构

　　MVD 的数据表示格式能够支持自由视点绘制以及低复杂度三维视频重建,已成为三维视频主流的内容表示格式。针对 MVD,将 3D-ROI 对应于不同视点的感兴趣区域,记为多视点 ROI。针对多视点 ROI 提取,在 DBRE 算法提取 ROI 的基础上考虑多视点视频内在的时域/视点间相关性,以提高 ROI 提取与跟踪的效率。假设 m 个时刻和 n 个视点组成一个 2D-GOP,本节设计的时间、视点间的感兴趣提取与跟踪结构如图 7.2 所示,图中白色矩形(图 7.2(a)的 S0T0 帧)表示采用 DBRE 算法提取 ROI 的帧,灰色矩形(图 7.2(b)的 S0T1 帧)表示采用时域对象跟踪技术提高 ROI 提取效率的帧,黑色矩形(图 7.2(c)的 S1T0 帧)表示采用视点间对象跟踪技术提高 ROI 提取效率的帧,箭头表示跟踪参考关系。

　　图 7.2(a)为基于 DBRE 算法的独立结构(independent structure,IS),2D-GOP 中的每帧 ROI 只是单纯地采用 DBRE 算法,并没有考虑多视点视频的时域/视点间相关性,复杂度高且准确度较低。图 7.2(b)为基于时域跟踪的多视点 ROI 提取结构(temporal extraction structure,TES),T0 时刻帧简单利用 DBRE 算法提取 ROI,后续时间帧(T1~T4)则利用本视点已提取的 ROI 和运动等信息进行 ROI 跟踪和提取。该结构是传统单通道视频时间上对象跟踪技术简单扩展至多视点的应用,虽然利用了时域 ROI 的相关性,却未考虑视点间的相关性。图 7.2(c)为基于视点间跟踪的多视点 ROI 提取结构(inter-view extraction structure,IES)。S0 相机捕获的视频帧采用 DBRE 算法提取 ROI,其余视点(S1~S4)则通过几何对应关系或视差关系进行视点间跟踪并提取 ROI。该结构虽然能够利用多视点视频视点间的相关性,但未利用视频时域相关性。另一方面,图 7.2(c)结构中视点间连续预测,预测路径长,也容易导致误差累积与传播。

　　基于以上分析,Zhang 等提出了时间、视点间联合的多视点 ROI 提取结构[13],如图 7.2(d)和(e)所示。图 7.2(d)为基于时域预测的时、空联合多视点 ROI 提取结构(temporal based joint extraction structure,TBJES),先对中间视点仅第一帧(S2T0)采用 DBRE 算法提取 ROI,对于其余的 S0、S1、S3 和 S4 等视点的第一帧,则利用视点间几何相关性跟踪并提取 ROI。对各视点的后续帧,则利用时域相关性跟踪并提取 ROI。图 7.2(e)为基于视点跟踪的时、空联合多视点 ROI 提取结构(inter-view based joint extraction structure,IBJES),与图 7.2(d)结构不同的是,除 S2 外的所有视点帧主要基于视点间的跟踪技术提取 ROI。这两种结构同时利用时间和视点间相关性跟踪并提取 ROI,降低了计算复杂度且提高了 ROI 提取准确性。参考中间视点进行视点间跟踪,有效利用了单帧提取的 ROI 信息,降低误差累计和传播,能有效降低计算量,提高 ROI 跟踪与提取算法的准确性。

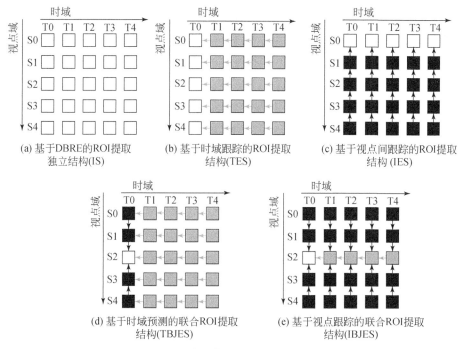

图 7.2　5 种三维视频的 ROI 提取方案

7.3.2　基于深度的感兴趣区域提取算法

　　ROI 是图像/视频中最能表现视觉内容的关键区域。在三维视频中,可以发现人们对前景区域的感兴趣程度大于背景区域的感兴趣程度,对运动区域感兴趣程度大于非运动区域的感兴趣程度,对图像中心区域的感兴趣程度大于四周区域的感兴趣程度,对大物体的感兴趣程度大于小物体的感兴趣程度[14]。基于该前提,可以将图像划分为 6 个区域:前景运动区域、前景非运动对象区域、前景非运动环境区域、背景运动对象区域、背景运动环境区域和背景环境区域。根据人们对视频区域的感兴趣程度,可大致将视频区域分成 5 类,例如,对于前景大运动区域,通常最能吸引人们的注意力,感兴趣指数标记为 5 分;对于前景非运动对象的感兴趣指数标记为 4;依次对背景非运动环境区域标记为 1,即最不感兴趣。各区域的感兴趣程度如图 7.3 所示[13]。根据对各个区域的感兴趣程度,将多视点视频图像划分为 ROI 和背景区域。其中,前景运动区域和前景非运动对象记为 ROI 区域,图像其他区域记为背景区域。

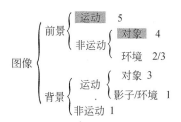

图 7.3　三维视频各区域的感兴趣程度划分(1～5 表示
感兴趣程度,1 表示最不感兴趣,5 表示最感兴趣)

多视点视频中的深度信息接近于语义对象,有利于视频中的 ROI 分割与提取。在深度图像视频中:①同一物体所处的深度区域内容一般比较平坦;②深度不连续区域通常处于物体与物体或物体与环境的边界;③三维视频深度值越小(越靠近相机)则感兴趣程度越高。基于以上深度图像的特点,基于深度的感兴趣区域提取算法联合利用了深度、纹理和运动信息提取 ROI,基于深度的感兴趣区域提取算法流程如图 7.4 所示,其算法过程描述如下[3]。

用向量 $\boldsymbol{F}_{v,t}$ 表示一幅 $W \times H$ 尺寸的二维图像,v、t 分别表示该帧在 V 个视点 T 个时刻二维图像组中所处的时间和空间位置,$0 \leqslant v \leqslant V$,$0 \leqslant t \leqslant T$。图像每个像素的亮度值由 $l_{v,t}(x,y)$ 表示,x、y 分别表示像素在二维图像中的横、纵坐标。深度图像由二维向量 $\boldsymbol{D}_{v,t}$ 表示,合理深度值记为 $d_{v,t}(x,y)$。

图像 $\boldsymbol{F}_{v,t}$ 在位置 (x,y) 的亮度值梯度可由下列向量表示:

$$\nabla \boldsymbol{g}(l) = \begin{bmatrix} \dfrac{\partial l}{\partial x} & \dfrac{\partial l}{\partial y} \end{bmatrix}^{\mathrm{T}} \tag{7.1}$$

式中,梯度向量 $\nabla \boldsymbol{g}$ 的幅值 ∇g 表示在 $\nabla \boldsymbol{g}$ 方向上每增加单位距离后 $l_{v,t}(x,y)$ 值增大的最大变化率,它是边缘检测中的重要变量,∇g 可表示为

$$\nabla g(l) = \mathrm{mag}(\nabla \boldsymbol{g}(l)) = \left[\left(\dfrac{\partial l}{\partial x} \right)^2 + \left(\dfrac{\partial l}{\partial x} \right)^2 \right]^{1/2} \tag{7.2}$$

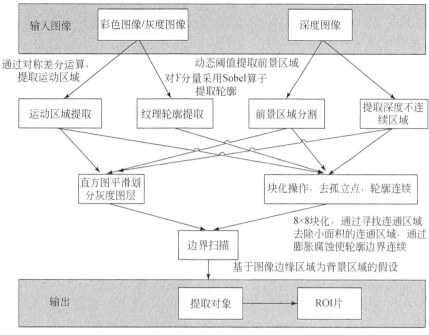

图 7.4　基于深度的感兴趣区域提取算法流程[13]

为了减少计算量,利用 $\nabla g'$ 来近似 ∇g,并采用低计算量的 Sobel 算子计算偏导。

$$\nabla g'(l) = \max\left(\left| \frac{\partial l}{\partial x} \right|, \left| \frac{\partial l}{\partial y} \right| \right) \tag{7.3}$$

二值化后灰度图像轮廓和深度轮廓掩模可分别表示为

$$\boldsymbol{M}_{v,t}^{c} = \{(x,y) \mid \nabla g'[l_{v,t}(x,y)] \geqslant T_c, x \in [0,W], y \in [0,H) \} \tag{7.4}$$

$$\boldsymbol{M}_{v,t}^{c_d} = \{(x,y) \mid \nabla g'[d_{v,t}(x,y)] \geqslant T_d, x \in [0,W], y \in [0,H) \} \tag{7.5}$$

运动区域检测可以采用经典方法来处理,这里从计算简化的角度选用多帧帧差法和阈值法提取运动区域掩模 $\boldsymbol{M}_{v,t}^{m}$,$\boldsymbol{M}_{v,t}^{m}$ 可表示为

$$\boldsymbol{M}_{v,t}^{m} = \left\{ (x,y) \mid \min\left(\left| \frac{\partial l}{\partial t} \right|_{t=t}, \left| \frac{\partial l}{\partial t} \right|_{t=t+1} \right) \geqslant T_m, x \in [0,W], y \in [0,H) \right\}$$

$$\tag{7.6}$$

相机运动的影响一般需要通过全局运动矢量得以补偿。由于 $d_{v,t}(x,y)$ 表示物体与相机的相对距离,可通过对 $d_{v,t}(x,y)$ 的阈值划分区分视频的前景与背景区域。前景区域 $\boldsymbol{M}_{v,t}^{f_d}$ 可表示为

$$\boldsymbol{M}_{v,t}^{f_d} = \{(x,y) \mid d_{v,t}(x,y) \geqslant T_f, x \in [0,W], y \in [0,H) \} \tag{7.7}$$

式中，$T_f = \dfrac{\sum\limits_{x=1}^{W}\sum\limits_{y=1}^{H} d_{v,t}(x,y)}{W \times H}$。

ROI 为前景区域的子集，所以只需对前景区域做进一步处理：

$$D_{v,t}^{A_1} = \{d_{v,t}(x,y) \mid (x,y) \in M_{v,t}^{f_d} \cap [M_{v,t}^m \cup M_{v,t}^{c_d}]\} \tag{7.8}$$

式中，$D_{v,t}^{A_1}$ 为视频中运动和深度不连续区域的深度特征点，统计 $D_{v,t}^{A_1}$ 直方图并将其表示为 $h(D_{v,t}^{A_1},i)$，$h(D_{v,t}^{A_1},i)$ 表示 $D_{v,t}^{A_1}$ 中深度为 i 的像素数。平滑后以聚类的方式区分对象的图层为

$$h'(D_{v,t}^{A_1},i) = \sum_j \xi_j h(D_{v,t}^{A_1},i) / \sum_j \xi_j \tag{7.9}$$

式中，ξ_j 为平滑系数，对结果 $h'(D_{v,t}^{A_1},i)$ 分段，并求取各连续区域的均值 λ_k 和方差 σ_k，k 表示深度平面个数，每个深度平面至少有一个 ROI，可表示为

$$D_{v,t}^k = \{d_{v,t}(x,y) \mid d_{v,t}(x,y) \in [\lambda_k - \omega\sigma_k, \lambda_k + \omega\sigma_k]\} \tag{7.10}$$

式中，$D_{v,t}^k$ 包含感兴趣对象与前景环境区域，ω 为加权系数。无论环境或者对象，一般认为深度图像中同一物体内部的深度接近或者深度变化呈渐变趋势，所以可以通过寻找深度不连续幅度较大的区域来定位物体轮廓。为了降低后处理的计算复杂度和提高边缘连续性，以块的方式构建前景对象特征区域 $M_{v,t}^{B_1}$：

$$\begin{cases} M_{v,t}^{B_1} = \left\{(x,y) \mid \sum\limits_{(x,y)\in B_1(b_x,b_y)\cap M_{v,t}^{\text{cdmf}}} 1 \geqslant T_b \right\} \\ M_{v,t}^{\text{cdmf}} = M_{v,t}^{f_d} \cap [M_{v,t}^m \cup M_{v,t}^{c_d} \cup M_{v,t}^c] \\ B_1(b_x,b_y) = \left\{(x,y) \mid \begin{matrix} x \in [b_x \times W_b, (b_x+1)\times W_b), \\ y \in [b_y \times H_b, (b_y+1)\times H_b) \end{matrix}\right\} \\ b_x \in \left[0, \dfrac{W}{W_b}-1\right], \quad b_y \in \left[0, \dfrac{H}{H_b}-1\right] \end{cases} \tag{7.11}$$

式中，$M_{v,t}^{B_1}$ 以 B_1 为基本单元，W_b 和 H_b 分别为结构元素 B_1 的宽和高。

然后，对特征区域 $M_{v,t}^{B_1}$ 计算基于 B_1 元素的 8 邻域的连通域。假设 $M_{v,t}^{B_1}$ 中有 n_c 个连通域，且每个连通域由 k_c 标记，各连通域可表示为 $C_{k_c}(v,t)$，函数"$\mathbb{S}(\cdot)$"表示计算连通域面积，得到各连通域的像素数，那么大面积连通域的集合可表示为

$$M_{v,t}^C = \{C_{k_c} \mid \mathbb{S}(C_{k_c}) \geqslant T_s, k_c \in [1,n_c]\} \tag{7.12}$$

再对 $M_{v,t}^C$ 用结构元素 B_2 做膨胀操作，可以得到

$$M_{v,t}^{B_2} = \{(x,y) \mid [M_{v,t}^C \cap (\hat{B}_2)_{x,y}] \subseteq M_{v,t}^C\} \tag{7.13}$$

最后，以 $M_{v,t}^{B_2}$ 为特征点，在 $D_{v,t}^k$ 边界扫描，可消除前景影响得到 ROI。边界扫描由函数 $h(\boldsymbol{\Gamma},\boldsymbol{T})$ 表示，其中 $\boldsymbol{T}$ 和 $\boldsymbol{\Gamma}$ 分别表示特征点和扫描区域。先以区域 $\boldsymbol{\Gamma}$ 上边界为扫描起始点，从上至下方向扫描，至特征点 $\boldsymbol{T}$ 终止该方向的扫描，否则扫描直至

下边界；然后重复下至上、左至右和右至左三个方向的扫描。所有扫描经过区域归为非感兴趣区域(non-ROI)，而未被扫描的区域即 ROI 区域，$L_{v,t}^{\triangle}$ 为

$$\begin{cases} \boldsymbol{L}_{v,t}^{\triangle} = \{l_{v,t}(x,y) \mid (x,y) \in \boldsymbol{D}_{v;t}^{\triangle_2}\} \\ \boldsymbol{D}_{v;t}^{\triangle_2} = \bigcup_k \hbar [\boldsymbol{M}_{v;t}^{B_2}, \boldsymbol{D}_{v,t}^k] \end{cases} \tag{7.14}$$

将前景区域配置为一个片(slice)，采用相对较小的量化参数，将背景区域配置为另一个片，采用较大的量化参数。所以，对已提取 ROI $L_{v,t}^{\triangle}$ 进行 16×16 宏块化后处理得到 ROI 二值掩模片 $\boldsymbol{M}_{v;t}^{B_3}$：

$$\boldsymbol{M}_{v;t}^{B_3} = \left\{ (x,y) \,\middle|\, \sum_{(x,y) \in \boldsymbol{B}_3(b_x,b_y) \cap \boldsymbol{D}_{v;t}^{\triangle_2}} 1 \geqslant T_{mb}, \; b_x \in \left[0, \frac{W}{16}-1\right], \; b_y \in \left[0, \frac{H}{16}-1\right] \right\}$$

$$\tag{7.15}$$

式中，$\boldsymbol{B}_3$ 为图像块，考虑到视频编码标准，可以选 16×16 宏块。

1. 时域 ROI 跟踪与提取算法

定义 t 时刻第 k 个 ROI 矩形窗口函数为 $W_k(t) = f(k, x_{t,k}, y_{t,k}, w_{t,k}, h_{t,k})$，$(x_{t,k}, y_{t,k})$ 表示 ROI 的重心坐标，$w_{t,k}$ 和 $h_{t,k}$ 分别是 ROI 的最大宽度和最大高度。定义 t 时刻第 k 个 ROI 预测窗口函数为 $W_k'(t) = f(k, x_{t,k}', y_{t,k}', w_{t,k}', h_{t,k}')$，$(x_{t,k}', y_{t,k}')$ 表示预测的在 t 时刻对象中心的坐标，$w_{t,k}'$ 和 $h_{t,k}'$ 分别为预测窗口的宽与高。如图 7.5 所示，小矩形框为当前时刻 ROI 的边界窗口 $W_k(t)$。根据 $W_k(t)$ 和 ROI 的运动情况，包括运动方向、距离和形变幅度等，预测下一时刻 ROI 可能的所处的范围，即大矩形窗口 $W_k'(t+1)$。最后，在 $W_k'(t+1)$ 中利用 DBRE 算法提取 ROI，从而无须对整幅图像进行 ROI 提取，可降低计算复杂度[3]。具体算法框图如图 7.6 所示，算法步骤描述如下：

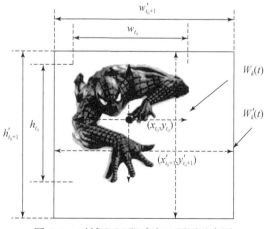

图 7.5　时域 ROI 跟踪窗口预测示意图

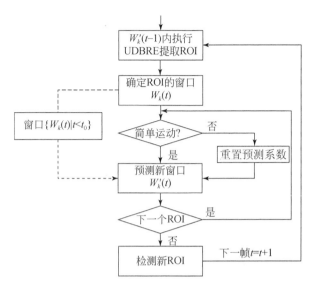

图 7.6　时域 ROI 跟踪与提取框图

(1)根据 t_0-1 时刻的预测窗口 $W'_k(t_0-1)$,采用 DBRE 算法提取 ROI。

(2)根据提取的 ROI,更新并确定 $W_k(t_0)$,$k=1,2,\cdots,k_{r,t}$,$k_{r,t}$ 表示 t 时刻 ROI 的个数。

(3)将 ROI 的运动划分为两种类型:①简单运动,主要包括静止、缓慢的平移运动等可预测运动;②复杂运动,包括快速非刚性运动和不规则运动等,一般难以准确预测。对于简单运动,由于物体变化的连续性,可根据前 p 个时刻对象变化的情况,预测 t_0 时刻的对象在 t_0+1 时刻所处的窗口 $W'_k(t_0)$。参数 x'_t、y'_t、w'_t、h'_t 符合函数:

$$\begin{cases} w'_{t,k}=k_w\sum_{i=1}^{p}\alpha_{t-i}w_{t-i,k}, \quad h'_{t,k}=k_h\sum_{i=1}^{p}\beta_{t-i}h_{t-i,k} \\ x'_{t,k}=\sum_{i=1}^{p}\xi_{t-i}(x_{t-i,k}-x_{t-i-1,k})+x_{t-1,k} \\ y'_{t,k}=\sum_{i=1}^{p}\zeta_{t-i}(y_{t-i,k}-y_{t-i-1,k})+y_{t-1,k} \\ w'_{t,k},x'_{t,k}\in[0,W-1], \quad h'_{t,k},y'_{t,k}\in[0,H-1] \end{cases} \quad (7.16)$$

式中,α_t、β_t、ζ_t、ξ_t、k_w 和 k_h 为窗口预测系数,W 和 H 分别为图像的宽和高。

复杂运动对象属于无后效性运动,通过扩大预测窗口系数以保证 ROI 被控制在预测窗口内,令 $k_\phi=1+\max(0,\theta\times(\phi_{k,t-1}-\phi_{k,t-2}))/\phi_{k,t-1}$,$\phi\in\{w,h\}$,其中,$\theta$ 为尺度变换系数。对于无法处理的异常情况,最大化重置预测窗口,即 $w'_t=W$,$h'_t=H$,转(1)。如果还有下一个 ROI,则转向下个 ROI 并重复(3);否则,完成窗口预测并转向(4)。

(4)检测新 ROI 的出现,若是,则分配并初始化新 ROI 预测窗口,对于 ROI 退出视频则自动删除窗口。

(5)$t=t+1$,返回(1)重复上述过程。

2. 视点间 ROI 跟踪与提取算法

对于多视点视频成像系统,其三维空间中的点成像于多个不同视点的相机平面,以两个不同相机为例,对应相机平面 a 和平面 b,如图 7.7 所示。三维空间的感兴趣对象的点 $M=(X,Y,Z)$ 成像在视点 a 上的点记为 $m_a=(x,y)$;同样,M 成像在视点 b 上的点记为 m_b。令 $\tilde{M}$ 和 $\tilde{m}_a$ 分别表示 M 和 m_a 的扩展向量,即 $\tilde{M}=(X,Y,Z,1)$,$\tilde{m}_a=(x,y,1)$,那么相机坐标系与世界坐标系之间的关系可以用旋转矩阵和平移向量来描述,两个投影方程可以表示为

$$\begin{cases} s_a\,\tilde{\boldsymbol{m}}_a=\boldsymbol{A}_a\boldsymbol{P}\begin{bmatrix} \boldsymbol{R}_a & \boldsymbol{t}_a \\ 0 & 1 \end{bmatrix}\tilde{\boldsymbol{M}} \\[3mm] s_b\,\tilde{\boldsymbol{m}}_b=\boldsymbol{A}_b\boldsymbol{P}\begin{bmatrix} \boldsymbol{R}_b & \boldsymbol{t}_b \\ 0 & 1 \end{bmatrix}\tilde{\boldsymbol{M}} \end{cases} \tag{7.17}$$

式中,$\boldsymbol{R}_a$ 和 $\boldsymbol{R}_b$ 分别是像平面 a 和 b 的旋转矩阵,t_a 和 t_b 分别为像平面 a 和 b 的平移向量,$\boldsymbol{P}$ 是投影方程的归一化矩阵,s_a 和 s_b 是变化尺度。根据式(7.17),可以通过如下方程定义三维空间上的感兴趣对象点在两个不同视点上投影点间的关系:

$$Z_b\,\tilde{\boldsymbol{m}}_b=Z_a\,\boldsymbol{A}_b\,\boldsymbol{R}_b\,\boldsymbol{R}_a^{-1}\,\boldsymbol{A}_a^{-1}\,\tilde{\boldsymbol{m}}_a-\boldsymbol{A}_b\,\boldsymbol{R}_b\,\boldsymbol{R}_a^{-1}\,\boldsymbol{t}_a+\boldsymbol{A}_a\,\boldsymbol{t}_b \tag{7.18}$$

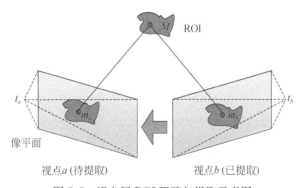

图 7.7　视点间 ROI 跟踪与提取示意图

根据式(7.18),可以得到 m_b 和 Z_b,即当 a 平面的 ROI 已知时,就可通过相机内部参数和深度信息得到感兴趣对象在 b 平面的对应区域[14]。由于遮挡和暴露以及运算过程中的取整过程,m_a 和 m_b 并非完全一一对应,可能造成空洞;由于取整形成的空洞细小,可以根据周围像素填补。为了简化,将式(7.18)表示为 $\overline{\boldsymbol{m}}_b=f(\overline{\boldsymbol{m}}_a,$

Z_a)，其中 $f(\,\cdot\,)$ 为映射关系。令 $\bar{m}_a^+=(x_a+\sigma_x,y_a+\sigma_y,\boldsymbol{I}_a^+)$ 和 $\bar{m}_b^+=(x_b+\sigma_x,y_b+\sigma_y,\boldsymbol{I}_b^+)$ 分别为 $\bar{m}_a$ 和 $\bar{m}_b$ 的相邻像素，σ_x 和 σ_y 分别表示 x 轴和 y 轴上的像素位置差异，$\boldsymbol{I}_a^+$ 和 $\boldsymbol{I}_b^+$ 分别为 $(x_a+\sigma_x,y_a+\sigma_y)$ 和 $(x_b+\sigma_x,y_b+\sigma_y)$ 位置上的像素值。令 Z_a^+ 为 Z_a 相邻像素的深度值，那么在 b 平面上与像素 $\bar{m}_a^+$ 对应的像素可计算为

$$\widetilde{\bar{m}_b^+}=f(\bar{m}_a^+,Z_a^+) \tag{7.19}$$

由于深度图像的平滑性，ROI 内部的深度图像的相邻像素间具有很强的空间相关性，所以当 $|\sigma_x|$ 和 $|\sigma_y|$ 较小时，$\widetilde{\bar{m}_b^+}$ 非常接近于 $\bar{m}_b^+$，可表示为

$$\begin{cases}\widetilde{\bar{m}_i^+}\approx\bar{m}_i^+\\ \text{s. t. } |\sigma_x|\leqslant T_x,|\sigma_y|\leqslant T_y\end{cases} \tag{7.20}$$

式中，T_x 和 T_y 分别为 x 和 y 方向的阈值。所以，不同视点间的 ROI 提取可以通过式(7.18)和式(7.20)的相互结合，降低计算复杂度为 $1/[(T_x+1)\times(T_y+1)]$，T_x 和 T_y 越大，计算量降低越多，精度越低。

3. ROI 提取实验结果与分析

为了检验所提出 ROI 提取算法的提取效果，采用不同相机间距、运动特性、采集帧率等特性有区别的七组多视点视频测试序列，分别为德国 HHI 的 Door Flowers、Alt Moabit 序列[15]，微软亚洲研究院的 Ballet、Breakdancers 序列[16]，韩国 ETRI 的 Lovebird1[17] 序列，日本名古屋大学的 Champagne Tower 和 Dog 序列[18]，这些多视点视频序列的分辨率分别为 1024×768 或 1280×960。Door Flowers 序列为复杂纹理环境，运动缓慢，视差大；Alt Moabit 序列为室外场景，纹理复杂；Ballet 序列中女舞蹈者运动剧烈，而男士运动缓慢、微小，甚至部分时刻不运动；Breakdancers 序列中间的舞者运动非常剧烈，其他观看者运动缓和，人物服装、肤色与背景比较接近；Lovebird1 序列室外场景，背景复杂；Champagne Tower 和 Dog 序列则运动缓慢，背景简单，视差小。对各个序列的其中 5 个视点和 5 个时刻分别进行了 ROI 提取实验。图 7.8 为 7 个多视点视频序列的其中一个视点图像帧。

1)基于 DBRE 算法的 ROI 提取实验

图 7.9～图 7.11 为采用 DBRE 算法提取 7 个多视点视频序列的 S2 视点 ROI 的结果图，即对应于提取结构图 7.2(d)和(e)的 S2T0 帧。图 7.9 为 Ballet 序列第 10 时刻的 ROI 提取结果及其中间结果，图 7.9(a)为 Ballet 原图，图 7.9(b)为基于 8×8 块的轮廓掩模 $\boldsymbol{M}_{8\times8}^{B_2}$，反映对象的纹理轮廓、运动和深度轮廓信息；图 7.9(c)和(d)分别为不同深度层 $\boldsymbol{D}^1$ 和 $\boldsymbol{D}^2$，反映了 ROI 所处的不同深度层次；图 7.9(e)和(f)为 DBRE 算法提取的 ROI 和宏块级 ROI 掩模，白色部分为非感兴趣的背景区域。由于 H.264/AVC 和多视点视频编码等编码算法一般以宏块

图 7.8 7 个多视点视频序列的其中一个视点的图像帧

作为最小处理单元,如码率分配等,所以对提取的 ROI 宏块化为 16×16 的宏块,以供多视点视频编码优化。

(a) 原图   (b) 轮廓掩模 $M_{v,t}^{B_2}$ (c) 深度层 D^1

(d) 深度层 D^2 (e) DP-ROI   (f) 宏块级DP-ROI掩模

图 7.9 采用 DBRE 算法提取的 ROI(Ballet 序列,第 4 视点,第 10 帧)

图 7.10 为 Ballet 序列每隔 15 帧(第 25、40、55、70 帧)的 ROI 提取结果。显然,针对 Ballet 序列的不同时刻帧,DBRE 算法均能比较完整、有效地提取 ROI。图 7.11 为 Breakdancers、Dog、Champagne Tower 序列的结果。需要说明的是,对于 Breakdancers 序列,由于其中两个人所处深度较大,所以被直接划分为背景区域,Breakdancers 序列地面部分主要为运动阴影导致。总体上,对于不同的视频序

(a) 第25帧　　　　　　(b) 第40帧　　　　　　(c) 第55帧　　　　　　(d) 第70帧

图 7.10　采用 DBRE 算法提取的 ROI(Ballet 序列，第 4 视点)

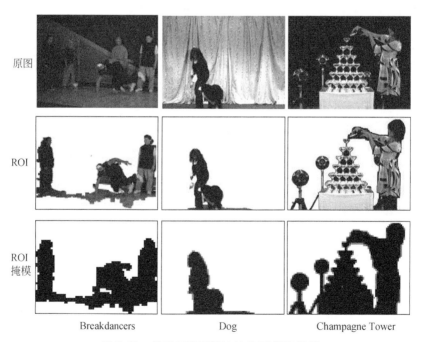

原图

ROI

ROI
掩模

Breakdancers　　　　　　　　Dog　　　　　　　　Champagne Tower

图 7.11　基于 DBRE 算法的 ROI 提取结果

列,DBRE 算法的提取效果均非常好,甚至能提取复杂纹理环境和运动缓慢场景中的 ROI。DBRE 算法除了利用运动和轮廓信息,还可以进一步结合深度信息,通过提取深度不连续区域修正和弥补运动与轮廓信息的不足,以提高 ROI 提取速度和准确度,能较好地满足多视点视频编码对 ROI 提取算法的需求。同时,DBRE 算法的主要运算为简单的逻辑运算和加减运算,其计算复杂度很低;另外,ROI 提取过程中的膨胀和计算连通区域都是基于 8×8 块进行,计算量是基于单像素运算的 1/64,这也降低了计算复杂度。

　　2)时域 ROI 跟踪与提取实验

　　由于视频序列具有较强的时域相关性,利用已提取的前一时刻 ROI 和视频的时域相关性可提高 ROI 提取算法的精度(时间一致性)和提取速度。图 7.12 为多视点视频序列时域后续帧的 ROI 跟踪与提取结果,对应于提取结构图 7.2(d)和(e)的 S2T1、S2T2、S2T3 和 S2T4。如图 7.12(a)的 Ballet 序列中,女舞蹈者的运动包括非刚性的快速运动和旋转,运动复杂,而一旁的男士运动缓慢。图 7.12(b) Breakdancers 图像中的舞蹈者运动幅度大、速度快,两旁的观者运动缓慢。其他序列提取结果类似。通过连续多帧的动态视频分析,能有效地提取 ROI,不仅适合于运动缓慢的对象,而且适合于运动快、变化多样的复杂运动对象。总体上,该算法能完整、快速地提取 ROI,而且 ROI 的轮廓也保存得较好。

(a) Ballet序列

(b) Breakdancers序列

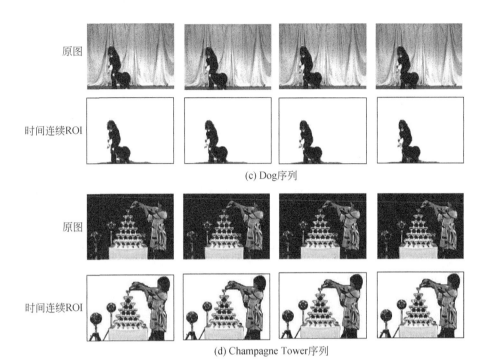

图 7.12　部分多视点视频序列连续时域 ROI 提取结果

3)视点间 ROI 跟踪与提取实验

除了时域相关性,多视点视频各个视点间的视频内容也具有很大的相似性,所以可以根据相邻视点的已提取 ROI 信息和相机内在的几何关系提取当前视点的 ROI 以有效提高 ROI 的提取效率。为了进一步降低提取算法的计算复杂度,本节采用基于块的视点间对象跟踪方法。图 7.13 为不同块尺寸的视点间跟踪和提取结果(基于 S2 视点提取 S1 视点 ROI),第一行为提取的 ROI,第二行为 ROI 宏块级掩模。当系数 $T_x = T_y = 0$ 时,ROI 轮廓最为细致和准确,但由于每个像素都需要映射,计算复杂度最大;随着 T_x 和 T_y 的不断增大,计算复杂度降低为 $1/[(T_x + 1) \times (T_y + 1)]$,ROI 及其掩模的边界等变得粗糙且不完整。根据实验分析,$T_x = T_y = 3$ 或 $T_x = T_y = 1$ 时的掩模基本与 $T_x = T_y = 0$ 时掩模相同,如图 7.13 所示。因此,$T_x = T_y = 3$ 或 $T_x = T_y = 1$ 时能保证计算复杂度降低,也能保证较高质量的 ROI,本节采用 $T_x = T_y = 1$。

图 7.14 分别为多视点视频序列中不同视点的 ROI 提取结果,对应于提取结构图 7.2(d)和(e)的 S0T0、S1T0、S3T0 和 S4T0,图 7.14(a)为 Ballet 序列相邻视点的提取结果。根据相邻视点间的几何关系,通过视点间的跟踪与提取方法可以利用已提取视点的 ROI 准确地提取相邻视点的 ROI,轮廓清晰,几何位置准确。

ROI

16×16掩模

(a)T_x=T_y=0　　　(b)T_x=T_y=1　　　(c)T_x=T_y=3　　　(d)T_x=T_y=15

图 7.13　不同块尺寸的视点间 ROI 跟踪结果

但 Ballet 的 S3T0 和 S4T0 帧右边站立者的肘部和腿部 ROI 区域出现了空洞,这是由不同视点间的遮挡与暴露问题所引起,S2 视点并不完全具备其他所有视点的信息。遮挡和暴露问题可通过双向融合来解决,而采用宏块化处理,也可填补遮挡暴露导致的小空洞,如图 7.14(a)中 Ballet 序列的 ROI 掩膜所示。图 7.14(b)～(d)为其他序列不同视点的 ROI 提取结果,可以清晰看出本节视点间跟踪算法的有效性。

S0T0　　　　S1T0　　　　S3T0　　　　S4T0

原图

视点间ROI

ROI掩模

(a) Ballet序列

原图

视点间ROI

(b) Breakdancers序列

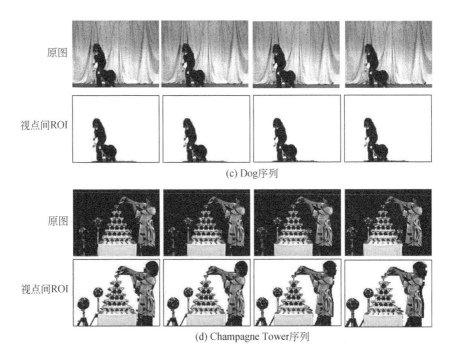

图 7.14　多视点视频序列的视点间 ROI 提取

4) ROI 提取结构的计算复杂度分析

时域 ROI 跟踪与提取算法采用窗口预测下一时刻 ROI 所处的位置,再用 DBRE 算法在预测窗口中提取 ROI。记 DBRE 算法提取一帧视频 ROI 的计算复杂度为 $O_1(s)$,其中 s 表示图像尺寸,由于时域 ROI 跟踪与提取算法仅需要在预测窗口内部执行 DBRE,所以,提取一帧的计算复杂度可以表示为 $(\sum_{k=1}^{k_{r,t}} w'_{t,k} h'_{t,k}) O_1(s)/s$。算法的复杂度正比于预测窗口的尺寸,对于简单运动,预测窗口较为准确,复杂度低;而对于复杂突变的运动,为了保证 ROI 提取的鲁棒性,可选择较大的预测窗口。算法中不存在复杂的迭代和能量最小化匹配运算,复杂度很低,尤其有利于简单运动的 ROI 跟踪与提取。假设视点间 ROI 提取的计算量为 $O_2(s)$,那么本节视点间 ROI 跟踪与提取算法的计算量为 $\dfrac{1}{(T_x+1)(T_y+1)} \dfrac{s_r}{s} O_2(s)$,其中 s_r 表示已提取视点的 ROI 像素数。以 m 个时刻 n 个视点的 2D-GOP 为单位,表 7.1 为图 7.2 中 5 种多视点视频 ROI 跟踪与提取方案的总计算量比较。

表 7.1　各个 ROI 提取结构的计算复杂度比较

结构	计算复杂度
方案 IS 图 7.2(a)	$\Theta_{\text{IS}}=mnO_1(s)$
方案 TES 图 7.2(b)	$\Theta_{\text{TES}}=nO_1(s)\left(1+\dfrac{1}{s}\displaystyle\sum_{t=1}^{m-1}\sum_{k=1}^{k_{r,t}}w'_{t,k}h'_{t,k}\right)$
方案 IES 图 7.2(c)	$\Theta_{\text{IES}}=mO_1(s)+\dfrac{m(n-1)}{(T_x+1)(T_y+1)}\dfrac{s_r}{s}O_2(s)$
方案 TBJES 图 7.2(d)	$\Theta_{\text{TBJES}}=O_1(s)+\left(\dfrac{n-1}{s}\displaystyle\sum_{t=1}^{m-1}\sum_{k=1}^{k_{r,t}}w'_{t,k}h'_{t,k}\right)O_1(s)+\dfrac{m}{(T_x+1)(T_y+1)}\dfrac{s_r}{s}O_2(s)$
方案 IBJES 图 7.2(e)	$\Theta_{\text{IBJES}}=O_1(s)+\left(\dfrac{1}{s}\displaystyle\sum_{t=1}^{m-1}\sum_{k=1}^{k_{r,t}}w'_{t,k}h'_{t,k}\right)O_1(s)+\dfrac{m(n-1)}{(T_x+1)(T_y+1)}\dfrac{s_r}{s}O_2(s)$

实验中,通过统计 DBRE 算法和视点间 ROI 提取(式(7.18))的算术运算和逻辑运算的计算量总和,基本可得 $O_2(s)\approx O_1(s)/3,\dfrac{s_r}{s}\approx 1/4,\displaystyle\sum_{k=1}^{k_{r,t}}w'_{t,k}h'_{t,k}\approx s/3$。 另外,当 $T_x=T_y=1$ 时可以得到令人满意的视点间 ROI 跟踪和提取效果。基于以上条件,可以得到在 $m=n=5$ 的 2D-GOP 中,各方案的计算复杂度为

$$\Theta_{\text{IBJES}}=\frac{1}{1.76}\Theta_{\text{TBJES}}=\frac{1}{1.97}\Theta_{\text{IES}}=\frac{1}{4.24}\Theta_{\text{TES}}=\frac{1}{9.09}\Theta_{\text{IS}} \tag{7.21}$$

基于时、空联合跟踪的多视点 ROI 提取结构的计算复杂度为其他三个方案计算量的 11%~50%,说明了 ROI 提取过程中利用多视点视频的时间和空间相关性的必要性和有效性。

本节给出三维 ROI 的描述,并在传统二维 ROI 的基础上考虑深度感知特性,利用三维视频的 MVD 数据中深度、纹理和运动信息,提出了基于深度信息的 ROI 提取算法(DBRE)。针对三维视频内在的时域和视点间相关性,分析比较了 5 种三维视频 ROI 跟踪与提取方法的特点和计算复杂度,确定基于时间、视点间联合的对象提取与跟踪结构,充分利用了三维视频内在的时间和视点间相关性,DBRE 的计算量是其他三个方案的 11%~50%,有效提高了 ROI 提取效率和准确性。

对应 5 种结构中时域和视点间的 ROI 跟踪方法,给出了适用于复杂运动对象的时域 ROI 跟踪与提取算法。首先,为每个 ROI 分别定义了一个 ROI 矩形窗口和一个预测窗口,通过对窗口的跟踪和预测来确定下一个 ROI 区域的大致所处区域;然后,在预测窗口内部利用 DBRE 提取对象,以此实现不同时刻 ROI 的快速提取。除时域相关性外,多视点视频在视点间还存在较强的相关性。本节还给出了

基于深度的视点间 ROI 提取和跟踪算法,通过不同像平面间的区域映射,跟踪当前视点的 ROI 在其他平面的 ROI,提高了 ROI 提取效率。

7.4　基于立体视觉注意的感兴趣区域提取

研究表明,人脑对视觉信息是分层次进行处理的,在各层次内部的信息则是并行处理的。在这些信息处理过程中,大脑对于外界信息并非一视同仁,而是表现出选择性[19,20]。这可能有两个原因,一是可用资源有限,大脑所能存储信息的容量远低于感受系统所提供的信息总量,特别是在视觉系统中尤为突出。大脑细胞所能处理的视觉信息量远远小于不同时间累积所获取的视觉信息量,这就是信息处理中的瓶颈效应。要实时处理全部信息是不可能的,因此视觉系统能有选择地对一部分信息进行处理。另外,对于观察者来说,并不是全部外界信息都是重要的,所以大脑可以有选择性地对一部分重要的信息做出响应,并进行控制。这种选择性即神经系统的注意(attention)机制。视觉注意力线索研究主要划分为:自顶向下(top-down,也称为概念驱动(concept-driven))的注意力线索和自底向上(bottom-up,也称为刺激驱动(stimulus-driven))的注意力线索[21]。自顶向下的注意力线索主要来自复杂的心理过程,一般直接注意于场景中的某些语义对象,包括对象形状、动作以及模式等其他相关的识别特征,该线索受个人知识、兴趣爱好、潜意识等因素的影响,因人而异。另一种线索是自底向上的注意力线索,主要来自视频场景的视觉特征因素对视皮层引起的直接刺激,主要包括颜色、亮度、方向等刺激,自底向上的注意力线索是本能的、自动的,具有较好的普遍适用性,且相对稳定,不易受个人知识、爱好等意识因素的影响。Itti 等提出自底向上的注意力模型,该模型依据特征整合理论提取图像亮度、色度和方向的特征,然后分析、融合得到显著图(saliency map),再经过竞争得到最终的 ROI[21,22]。Zhai 等在 Itti 等提出的自底向上图像注意力计算模型的基础上,结合运动、字幕和人脸识别等信息,提出自底向上与自顶向下线索相结合的注意力分析模型[23]。Wang 等提出基于分割的运动图像注意力分析,并给出多核的实时处理方法,没有考虑图像域的注意力元素[24]。另外,Ma 等将图像内部的对比度信息与运动、声音、文字以及人脸识别等信息结合在一起分析注意力模型[25]。

单通道视频的注意力计算模型已使用了图像对比度、运动和人脸识别等信息,但由于缺乏深度信息,难以在复杂环境中比较准确地提取注意力对象。相比于传统单通道视频,多视点视频能够提供特有的立体感和交互性,所以传统单通道视频注意力模型已难以适用。因为多视点视频所提供的独有的立体感,人眼对于近景物体以及深度差异性较大区域的感兴趣程度较大。本节利用多视点视频所具有的深度信息,并将其与图像域的注意力分布和运动注意力分布相结合,建立自底向上基于深度感知的立体视觉注意计算模型。最后,根据立体视觉注意模型提取立体图像/视频中的三维 ROI。

7.4.1 立体视觉注意计算模型

在静态图像中,经典的视觉注意模型主要基于 Treisman 的特征整合理论,从输入图像提取多方面的特征,包括亮度、方向和颜色特征,其中,对于人体肤色特征的注意力计算是颜色特征的一种特例。然后分析这些特性图(feature map),融合得到显著图(saliency map)[21,22]。在二维视频中,运动信息是视觉注意检测的另一个重要的特征信息。在人眼立体视觉系统中,由于左右眼的微小位置差异(间距约 6.5cm),所以实际场景投入左右眼有一定的位置差别,即视差,它随着景深的变大而减小,有一定位置差异的左右两个视点图像在输入人脑后形成立体效果。三维视频系统正是模拟并为人眼立体视觉系统提供具有一定位置差异的左右图像,从而提供用户以特有的三维立体视觉和深度感。这种深度感差异令人眼视觉感知过程更为真实,也是影响人眼视觉注意的另一重要因素。例如,人们对于靠近拍摄相机阵列的景物(或物体)的感兴趣/视觉注意程度一般大于远离拍摄相机阵列的景物(或物体)。所以,本节中的立体视觉注意模型包括 4 个底层特征部分,即深度、深度显著特征、图像域特征和运动特征,表示为

$$S_{SVA} = \{D, S_D, S_M, S_I\} \tag{7.22}$$

式中,S_{SVA} 表示立体视觉注意显著性图,D 表示视频对象与成像相机间距的相对深度信息,S_I 和 S_M 分别表示图像显著性和运动显著性,S_D 表示深度显著性。

图 7.15 为基于立体视觉注意的 3D-ROI 提取框图,定义纹理视频帧为多视点彩色视频,深度视频帧为与纹理视频对应的相同分辨率和时间采样率的深度图像序列。首先,对于纹理视频帧,分别采用静态域视觉注意检测方法和运动视觉注意检测方法检测图像域的视觉显著性和运动视觉显著性,对于深度视频帧,采用深度视觉注意检测方法确定三维视频中的深度视觉显著性;然后采用基于深度感知的方法来融合深度、深度视觉注意、静态图像视觉注意和运动视觉注意等,形成 3D-ROI 的显著性图;最后根据提取的显著性图,经过宏块化和阈值化等后处理操作,提取适用于三维视频编码的 3D-ROI。

1. 视觉注意力计算模型

视觉生理学的研究指出,对于彩色静态图像,初级视皮层注意力模型主要受亮度、色度和纹理方向等特征因素的影响。本节选择亮度、色度和纹理方向这三类视觉特征参与注意力检测,并沿用 Itti 等提出的图像域自底向上的视觉注意力计算模型[21,22]。图像域视觉注意力提取流程和数据流图如图 7.16 所示,图中每个矩形表示一种数据处理过程,每个菱形分别表示一幅图像,不同尺寸的菱形表示不同分

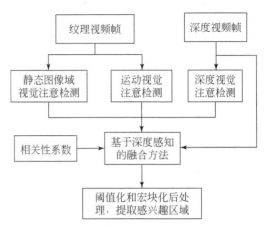

图 7.15　基于立体视觉注意的 3D-ROI 提取框图

辨率的图像,是相应操作的输入输出数据。当前纹理视频帧为 RGB 格式图像,图像中的每个像素由 R、G 和 B 三个颜色通道表示。图像域视觉注意力提取主要步骤如下:

(1)将当前纹理视频帧每个像素的各颜色通道分量线性变换,分解为一个亮度分量图和两个色度分量图(即红绿分量图和蓝黄分量图),亮度分量图、红绿分量图及蓝黄分量图分别记为 I、RG 及 BY,亮度分量图 I 在 (x,y) 坐标的像素值表示为

$$I_{x,y}=(r_{x,y}+g_{x,y}+b_{x,y})/3 \tag{7.23}$$

式中,$r_{x,y}$、$g_{x,y}$ 和 $b_{x,y}$ 分别为当前纹理视频帧在 (x,y) 坐标的 R、G、B 三个颜色通道的像素值。所以,红绿分量图 RG、蓝黄分量图 BY 两个色度分量图在 (x,y) 坐标的像素值分别表示为

$$\begin{cases} R_{x,y}=r_{x,y}-(g_{x,y}+b_{x,y})/2 \\ G_{x,y}=g_{x,y}-(r_{x,y}+b_{x,y})/2 \\ B_{x,y}=b_{x,y}-(r_{x,y}+g_{x,y})/2 \\ Y_{x,y}=r_{x,y}+g_{x,y}-2(|r_{x,y}-g_{x,y}|+b_{x,y}) \\ RG_{x,y}=R_{x,y}-G_{x,y} \\ BY_{x,y}=B_{x,y}-Y_{x,y} \end{cases} \tag{7.24}$$

式中,$RG_{x,y}$ 表示红绿分量图 RG 在 (x,y) 坐标的像素值,$BY_{x,y}$ 表示蓝黄分量图 BY 在 (x,y) 坐标的像素值。

(2)将一个亮度分量 I、两个色度分量 RG 和 BY 高斯金字塔下采样分解为 9 个层次,分解得到第 $\sigma(\sigma\in[0,8])$ 个层次的图像分辨率为原图像分辨率的 $1/2^{\sigma}$ 倍,分解得到的 27 个不同层次的分解图分别表示为 $I(\sigma)$、$RG(\sigma)$ 和 $BY(\sigma)$。

(3)采用 Gabor 滤波器对 9 个不同层次的亮度分量 $I(\sigma)$ 进行卷积运算,提取不

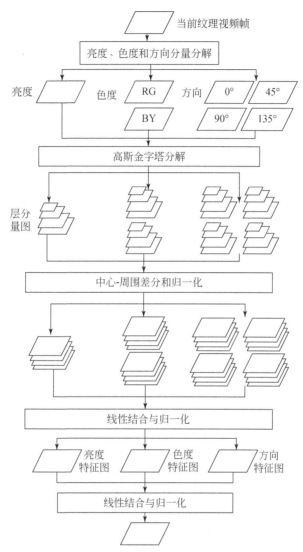

图 7.16　图像域视觉注意力提取流程和数据流图

同层次的纹理视频的方向分量图 $O_{T,\theta}(\sigma)$

$$O_{T,\theta}(\sigma) = \parallel I(\sigma) * G_0(\theta) \parallel + \parallel I(\sigma) * G_{\pi/2}(\theta) \parallel \qquad (7.25)$$

式中,Gabor 滤波器为

$$G_\psi(x,y,\theta) = \exp\left(-\frac{x'^2 + r^2 y'^2}{2\delta^2}\right) \cos\left(\frac{x'}{\lambda} + \psi\right) \qquad (7.26)$$

在 Gabor 滤波器中,设置纵横比 $\gamma = 1$,标准差 $\delta = 7/3$ 像素,波长 $\lambda = 7$ 像素,

$\psi \in \left\{0, \dfrac{\pi}{2}\right\}$,滤波模板为 19×19,变换的坐标 (x', y') 是关于方向 θ 的函数:

$$\begin{cases} x' = x\cos\theta + y\sin\theta \\ y' = -x\sin\theta + y\cos\theta \end{cases} \tag{7.27}$$

由此,生成 9 个不同层次 $O_{T,\theta}(\sigma)$,每个 σ 下 4 个不同方向的纹理视频的方向分量图记为 $O_{T,\theta}(\sigma)$,$\theta \in \left\{0, \dfrac{\pi}{4}, \dfrac{\pi}{2}, \dfrac{3\pi}{4}\right\}$,$\sigma \in [0, 8]$,共 36 个方向分量层次图。

(4)采用中心-周围差异(center-surround difference,CSD)网络计算 I、RG、BY 和 $O_{T,\theta}$ 等 7 个分量的特征图

$$\mathcal{F}_{l,c,s} = \mathcal{N}(|l(c) \ominus l(s)|), \ \forall l \in \{I\} \bigcup \{RG, BY\} \bigcup \{O_{T,0}, O_{T,\pi/4}, O_{T,\pi/2}, O_{T,3\pi/4}\} \tag{7.28}$$

式中,s 和 c 分别表示周围和中心层次,$s, c \in [0, 8]$,$s = c + \delta$,$\delta = \{-3, -2, -1, 1, 2, 3\}$,符号"$|\cdot|$"为绝对值运算符号,符号 $\ominus$ 为跨层次相减运算符(across-level subtraction),符号 $\mathcal{N}$ 为归一化算子。Itti 等提出了有监督的学习算法,基于内容的全局加强法和局部迭代法以放大局部较大视觉注意的主导性地位,而抑制相对注意度较小的区域,捕捉第一注意点,计算复杂度高。然而,在视频编码中,那些非局部最大的区域仍然为人们观看视频中的潜在 ROI(第二注意点或第三注意点),需要保护;另外,为了降低计算复杂度,本节 $\mathcal{N}$ 采用线性归一化方案,归一化所有的特征图至 0~255 表示范围。

(5)每个分量的特征图层次叠加(across-level addition),并再次归一化,得到 4 个分量的特征图为

$$\bar{\mathcal{F}}_l = \mathcal{N}\left(\bigoplus_{c=2s=c+3}^{4} \bigoplus^{c+4} \mathcal{F}_{l,c,s} \right), \quad \forall l \in \{I\} \bigcup \{RG, BY\} \bigcup \{O_{T,0}, O_{T,\pi/4}, O_{T,\pi/2}, O_{T,3\pi/4}\} \tag{7.29}$$

式中,$\oplus$ 为跨层次叠加运算符。

(6)将各分量特征图线性融合并归一化,即得到彩色图像的显著性分布图 S_s:

$$S_s = \mathcal{N}\left[\bar{F}_I + \mathcal{N}\left(\sum_{l \in \{RG, BY\}} \bar{\mathcal{F}}_l \right) + \mathcal{N}\left(\sum_{l \in \{O_{T,0}, O_{T,\pi/4}, O_{T,\pi/2}, O_{T,3\pi/4}\}} \bar{\mathcal{F}} \right) \right] \tag{7.30}$$

式中,S_s 值越大表示静态图像域视觉注意力分布越多。

2. 时域运动视觉注意力计算模型

视觉心理学研究表明,除对图像域的亮度、色度以及纹理方向性因素具有选择性外,视皮层神经元对视觉刺激的各种动态特征也有高度选择性[26,27]。所以,视频中的运动信息是影响人类视觉感知注意力分布的另一重要因素。可以采用基于块的光流法等方法提取视频的运动信息,进而提取运动视觉注意力显著性图。图 7.17 为运动视觉注意提取流程和数据流图。定义 $f_{v,t}$ 为多视点视频的第 v 视点

第 t 时刻的图像,那么, $f_{v,t}$ 帧的运动信息可以由水平和垂直方向两个分量结合表示为

$$M_{v,t}^k = \Theta_{m,n}\big[\,|\Phi_{m,n}^h(f_{v,t},f_{v,t+k})|+|\Phi_{m,n}^v(f_{v,t},f_{v,t+k})|\,\big] \tag{7.31}$$

式中, $\Phi_{m,n}^h$ 和 $\Phi_{m,n}^v$ 分别表示基于 $m\times n$ 块尺寸的水平和垂直运动方向的光流算子, $\Theta_{m,n}$ 为 $m\times n$ 倍高斯上采样算子,将光流法得到的块运动矢量上采样至图像分辨率。通过对 $M_{v,t}^k$ 和 $M_{v,t}^{-k}$ 求交集运算,消除运动过程中由对象运动导致的背景暴露区域,表示如下:

$$M_{v,t}(k)=\begin{cases}(M_{v,t}^k+M_{v,t}^{-k})/2, & \min(M_{v,t}^k,M_{v,t}^{-k})>0\\0, & \text{其他}\end{cases} \tag{7.32}$$

对运动信息加权得到运动分布图:

$$M=\sum_{k=1}^n \zeta_k M_{v,t}(k) \tag{7.33}$$

式中, ζ_k 为加权系数,它满足 $\sum_{k=1}^n \zeta_k=1$ 。

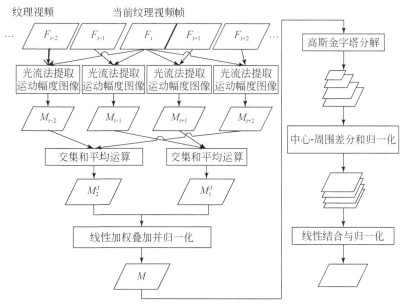

图 7.17　运动视觉注意提取流程和数据流图

对运动视觉注意的分析表明,人眼运动视觉注意强度随着视觉对象的特征变化而加强或减弱[27],如对视觉对象方向性的感知和相对运动特性有利于加强运动视觉注意。另外,相比于绝对运动幅度,运动视觉注意强度与视觉对象的相对运动强度的相关性更高[28,29]。例如,在物体的运动过程中,人的运动视觉注意程度主要

受相对运动而非绝对运动的影响,例如,对于绝对运动大而相对运动小,即前景和背景均向一个方向剧烈运动的情况,运动注意程度低;相反,对于绝对运动小而相对运动大的物体,对该物体的视觉注意程度高,具体运动视觉注意强度与绝对/相对运动幅度的关系如表 7.2 所示。针对以上分析,将已提取的运动幅度 M 进行高斯金字塔分解为 9 个层次,并做 CSD 运算,以提取其运动对比度较大的区域,即相对运动区域,得到运动显著性分布图 S_M 为

$$S_M = \mathcal{N}(\overset{4}{\underset{c=2}{\oplus}} \overset{c+4}{\underset{s=c+3}{\oplus}} \mathcal{N}|M(c) \ominus M(s)|) \tag{7.34}$$

式中,$s, c \in [0,8]$,$s = c + \delta$,$\delta = \{-3, -2, -1, 1, 2, 3\}$。

表 7.2　运动视觉注意程度

相对运动	绝对运动	运动注意程度
低	低	低
低	高	低
高	低	高
高	高	中

3. 立体视觉注意计算模型

在二维视频中,深度线索存在于亮度、物体的相对尺寸、运动情况、遮挡、纹理梯度以及几何透视信息等。然而,这些深度线索无法满足用户的深度感和真实感需求,因为最为有效的深度线索来源于我们左右眼所看到场景的微小位置偏差,即视差,双眼所收到的物体影像投影到视网膜上形成的视觉影像有微小的位置偏差,这个微小偏差通过大脑自动综合为具备深度的立体图像,形成立体视觉,这是传统二维视频无法模拟的。在立体视觉中,这种深度感所体现的对象间的相对距离信息是影响视觉注意选择的另一重要因素。图 7.18 为立体视觉注意提取框图。通常,深度对比度较大和深度边缘的区域为主要深度视觉注意区域,所以可以对深度图像进行高斯金字塔分解并采用 CSD 网络提取深度特征图

$$\bar{\mathcal{F}}_D = \mathcal{N}[\overset{4}{\underset{c=2}{\oplus}} \overset{c+4}{\underset{s=c+3}{\oplus}} \mathcal{N}(|D(c) \ominus D(s)|)] \tag{7.35}$$

式中,D 表示深度图像。同时,对于高斯金字塔分解的不同层次的深度图像 $D(\sigma)$,采用 Gabor 滤波器提取各层次的深度图像 $O_{\theta,D}(\sigma)$,其中 $\sigma \in [0, 1, \cdots, 8]$ 为金字塔分解后的层级,$\theta \in \left\{0, \frac{\pi}{4}, \frac{\pi}{2}, \frac{3\pi}{4}\right\}$,通过 CSD 网络运算和归一化后,得到深度方向特征图为

$$\bar{\mathcal{F}}_{O_D} = \frac{1}{4} \sum_{\theta \in \left\{0, \frac{\pi}{4}, \frac{\pi}{2}, \frac{3\pi}{4}\right\}} \mathcal{N}[\overset{4}{\underset{c=2}{\oplus}} \overset{c+4}{\underset{s=c+3}{\oplus}} \mathcal{N}(|O_{D,\theta}(c) \ominus O_{D,\theta}(s)|)] \tag{7.36}$$

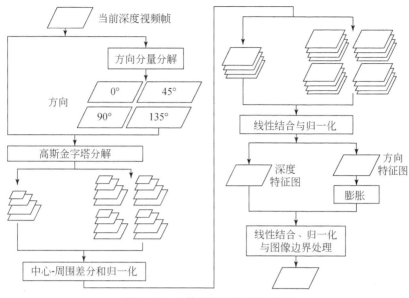

图 7.18　立体视觉注意提取框图

由于现有立体视觉显示系统的限制,对于屏幕边缘的三维视频内容所体现的立体感相对较弱,所以需要对图像边缘部分的深度显著性进行抑制,最后将深度特征图和深度方向特征图结合,归一化得到深度视觉注意分布图 S_D:

$$S_D = \mathcal{N}\left[(\mathcal{N}(\bar{\mathcal{F}}_{O_D}) + \mathcal{N}(\bar{\mathcal{F}}_D)) \otimes G\right] \tag{7.37}$$

式中,G 为边缘抑制矩阵,符号 $\otimes$ 是一个标量乘法符号,表示 $\mathcal{N}(F_{O_D}) + \mathcal{N}(F_D)$ 中的每个元素与矩阵 G 中对应位置的每个元素相乘运算。

4. 基于立体视觉感知的融合方法

在二维视频中,对于都为静止的物体,颜色鲜艳的区域、色彩或亮度对比度较大的区域、纹理方向差异性较大的区域等更容易引起观看者的注意,运动物体相比于静止物体更容易引起观看者的注意。若相对运动对比度较大,则运动视觉注意占主导;相反,若相对运动对比度较小,则静态视觉注意占主导地位。

然而,在立体视频中,人眼的视觉注意分布除了受运动视觉注意和静态图像域视觉注意影响外,还受立体视频给予用户特有的立体感的影响。对于立体视频的视觉注意力,深度感主要通过以下 4 个方面影响用户的视觉注意力:

(1)用户通常对近景对象更感兴趣,如突出屏幕的对象。

(2)用户对于靠近拍摄相机阵列的景物(或物体)的感兴趣程度一般大于远离拍摄相机阵列的景物(或物体),并且感兴趣的程度随着相对距离的增大而减小,所以前景区域通常是立体视频观看者 ROI 的重要潜在区域。

（3）用户对于深度场（depth of field，DOF）以外的物体的视觉注意程度较低，如散焦的背景或者前景区域。

（4）深度不连续区域提供给用户以强烈的深度对比和深度位置差异，具有更强的立体感或深度感，尤其在视角转换或视点转换过程中更容易引起用户注意。

基于以上分析，确定影响人眼三维视觉注意的因素包括静态图像域视觉注意、运动视觉注意、深度视觉注意以及深度四个因素，因此三维视频中在坐标(x,y)的立体视觉注意$s_{SVA}(x,y)$可表示为

$$S_{SVA}(x,y)=\mathcal{N}\Big[Q(d(x,y)]\Big[\sum_{a\in\{D,M,I\}}K_a s_a(x,y)-\sum_{a,b\in\{D,M,I\},a\neq b}C_{ab}\Theta_{ab}(x,y)\Big]$$

(7.38)

式中，K_D、K_M和K_I分别为$\boldsymbol{S}_D$、$\boldsymbol{S}_M$和$\boldsymbol{S}_I$的加权系数，加权系数满足条件$\sum_{a\in\{D,M,I\}}K_a=1,0\leqslant K_D,K_M,K_I\leqslant 1$；$s_D(x,y)$、$s_M(x,y)$和$s_I(x,y)$分别表示$\boldsymbol{S}_D$、$\boldsymbol{S}_M$和$\boldsymbol{S}_I$中坐标为$(x,y)$的像素值，$\Theta_{ab}(x,y)$为视觉注意的相关值，且有

$$\Theta_{ab}(x,y)=\min(s_a(x,y),s_b(x,y))$$

(7.39)

式中，$\min(\cdot)$为取最小值函数。C_{ab}为相关系数，相关系数满足条件$0\leqslant C_{ab}\leqslant 1$，相关系数$C_{DM}$表示$\boldsymbol{S}_D$与$\boldsymbol{S}_M$的相关度，相关系数$C_{DI}$表示$\boldsymbol{S}_D$与$\boldsymbol{S}_I$的相关度，相关系数$C_{IM}$表示$\boldsymbol{S}_I$与$\boldsymbol{S}_M$的相关度，$a,b\in\{D,M,I\}$且$a,\neq b$，$Q(\cdot)$为深度尺度变换函数。

对于无深度的单通道视频的情况，通过静态图像的视觉注意和运动图像的视觉注意联合提取视频显著性特征图，式(7.38)退化为

$$s_{ST}(x,y)=\mathcal{N}(K_M s_M(x,y)+K_I s_I(x,y)-C_{MI}\Theta_{MI}(x,y))$$

(7.40)

7.4.2　基于立体视觉注意的感兴趣区域提取

基于立体视觉注意的ROI，当宏块$\boldsymbol{B}_{u,v}$中的显著性能量大于阈值T_1时，将该宏块$\boldsymbol{B}_{u,v}$标记为ROI；否则，标记宏块$\boldsymbol{B}_{u,v}$为非感兴趣的背景区域，该过程可表示为

$$\boldsymbol{B}_{u,v}=\begin{cases}1, & \iint_{\boldsymbol{B}_{u,v}}s_{SVA}(x,y)\mathrm{d}x\mathrm{d}y\geqslant T_1 \\ 0, & \text{其他}\end{cases}$$

(7.41)

式中，1表示ROI，0表示背景区域。同时，为了后续多视点视频编码的码率分配优化设计，这里在ROI与背景区域之间增加了过渡区域，使得码率分配后，保证ROI与背景区域之间图像质量的平滑过渡。过渡区域设置示例如图7.19所示，其中，黑色区域为式(7.41)处理后的ROI，将背景区域中与黑色区域最邻近的宏块设置为第一级过渡宏块（深灰色宏块）；然后将与第一级过渡宏块相邻的背景宏块设置为第二级过渡宏块（浅灰色宏块）。

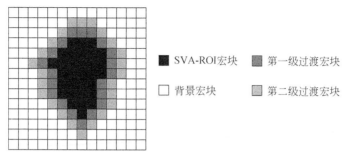

图 7.19　视觉注意掩模示意图(以宏块为单位)

7.4.3　客观实验结果与分析

为了评估本节基于立体视觉注意 3D-ROI 提取方法的有效性,分别对不同特性的 7 个多视点视频序列进行视觉注意的分析。在传统视频运动中,显著性区域一般为主要显著性区域,图像纹理显著性居其次。对于立体视频,除非立体感/深度感特别强烈的情况,深度显著性的重要性一般低于运动显著性和图像显著性。基于以上分析,本节显著性加权值 K_D、K_I 和 K_M 分别设置为 0.2、0.35 和 0.45。另外,图像域、深度以及运动显著性之间存在一定的相关性,图像域与运动显著性的相关性最大,大于深度与图像域和深度与运动之间的显著相关性,所以相关性系数 C_{DM}、C_{DI} 和 C_{IM} 分别为 0.2、0.2 和 0.6。$Q(x)=x+\gamma$,其中,γ 为常数系数,深度感越强,γ 系数越大。在本节立体视觉注意提取实验中,γ 设为 50。

图 7.20 为立体视觉注意的 3D-ROI 提取结果,图 7.20 中的 1 为彩色原图像,2 为与彩色图像对应的深度图像[30],3 为图像的亮度特征图,4 为图像的颜色特征图,5 为图像的方向特征图,6 为图像视觉注意分布图,对应像素越亮表示视觉注意度越高。对于背景纹理相对简单的序列,如 Dog、Pantomime 和 Champagne Tower 序列,基本能比较好地表现注意力分布情况。然而,对于背景和运动复杂的序列,如 Ballet、Breakdancers 和 Alt Moabit 等序列,其静态注意力分布难以反映立体视觉中的注意力分布情况。例如,对于 Ballet 序列,由于环境色与女舞蹈者的人体肤色、男士的裤子颜色非常接近,所以没能被提取为视觉注意区域;另外,背景墙面与地板接合处的黑色区域与环境对比度比较大,成为视觉注意的重要区域。静态视觉注意简单地通过对比度信息反映人眼的视觉注意,但并不能有效地反映视频对象的语义信息,不能准确地反映人眼的 3D-ROI。

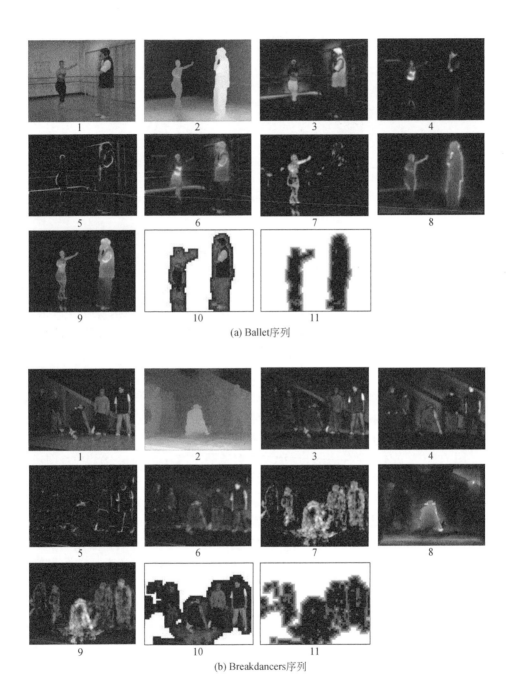

(a) Ballet序列

(b) Breakdancers序列

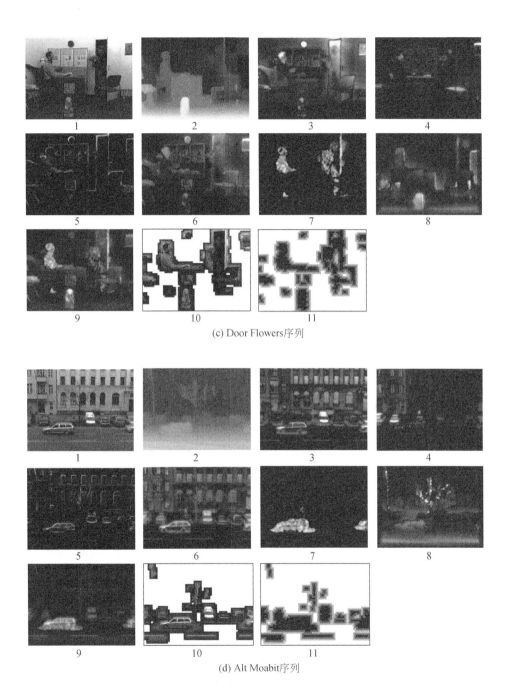

(c) Door Flowers序列

(d) Alt Moabit序列

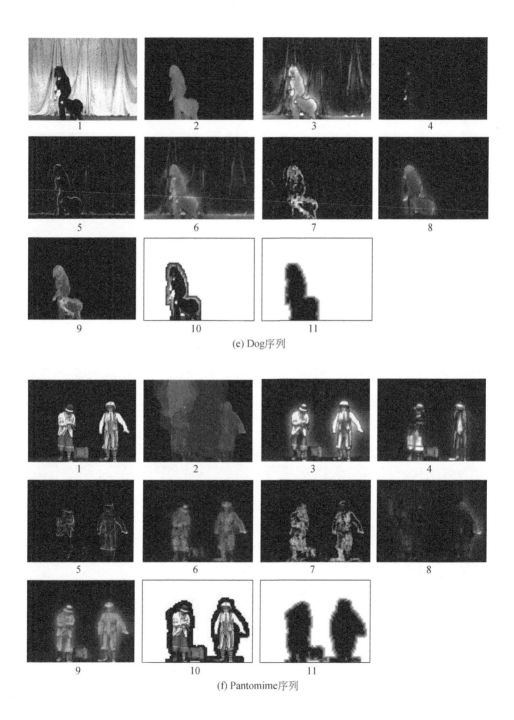

(e) Dog序列

(f) Pantomime序列

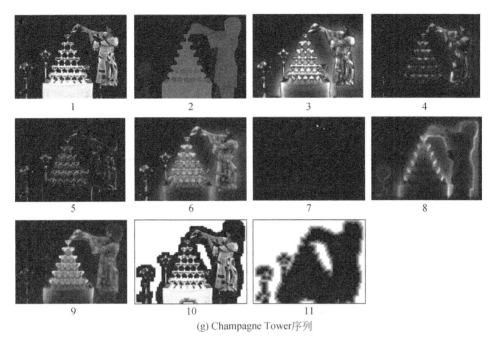

(g) Champagne Tower序列

图 7.20　多视点视频序列的 ROI 提取结果

　　图 7.20 中的 7 为运动视觉注意区域,运动通常能表现人眼的视觉注意区域。
然而,由于视频运动检测算法检测的运动区域为视频序列在时间上的差异部分,纹
理平坦的运动对象内部将被判定为非运动区域,成为空洞,如 Dog 序列,运动检测
算法只能提取运动轮廓。另外,视频中的运动对象可能时而缓慢运动,时而快速运
动,或者视频场景中同时具有快速和缓慢运动物体,对于缓慢运动对象通过视频运
动视觉注意检测,并不能很好地完全表现人眼的视觉注意信息,如 Champagne
Tower 序列中,只有女士的手部运动。又如,Ballet 序列,由于女舞蹈者的运动,背
景的影子部分也随之运动,在视频运动注意检测过程中,背景影子的运动也被认为
是人眼对运动的视觉注意。此外,对于视频中的男士,由于运动幅度微小,甚至在
许多帧中处于静止的状态,所以简单地通过运动信息提取人眼的 ROI,难以提取小
运动或静止的感兴趣对象,同时可能将影子等环境变化错误地划分为 ROI。
　　图 7.20 中的 8 为本节算法提取的深度视觉注意分布图,虽然深度信息非常接
近于人类的语义信息,通过本节方法提取的深度视觉注意能基本确定 ROI,但仍然
存在很多噪声和不确定性。例如,Breakdancers 的前景地面部分,由于深度提取的
不确定性,地面原本应该平滑的深度过渡变成波浪形过渡,从而误检为深度视觉注
意区域,类似地,还有 Door Flowers 和 Alt Moabit 序列的地面部分。又如,
Pantomime 序列,由于算法所估计的深度图像可能存在不准确性,深度视觉注意误

检测,从而导致最后的 ROI 误判。另外,只考虑了立体视频中的深度感知效果,单纯地通过深度视觉注意衡量视频中的 ROI,并没有充分利用运动信息和彩色图像的纹理内容信息,不符合人眼的视觉特性,欠准确也不够稳定。

图 7.20 中的 9 为本节方法提取的立体视觉注意分布图,亮度值越大表示注意力程度越高。它同时考虑了静态图像视觉注意、运动视觉注意、深度视觉注意以及深度距离信息,取各个视觉注意分量之长,同时有效抑制了各个视觉分量中的噪声信息,提取的注意分布更加符合人眼的视觉特性。例如,Ballet 序列,其立体视觉注意分布图比较完整,完全包含了感兴趣对象,相比于静态图像的视觉注意,抑制地面部分的噪声,而且提取了与环境色非常相近的肤色和裤子区域,相比于动态视觉注意分布图,消除了女舞蹈者的影子"噪声",而且提取了缓慢运动的男士。又如,Door Flower 序列,其有效地融合运动注意力(运动人物和门)的同时,还将图像注意力(钟、椅子和画等)及其深度(塑像等)准确地结合进入立体注意力中。实验说明本节立体视觉注意力模型是有效的,而且具有较好的鲁棒性和噪声抑制功能。

图 7.20 中的 10 分别为基于立体视觉注意提取的 ROI(以宏块为单位),白色为非感兴趣区域,11 为 ROI 的宏块化掩模,黑色为 ROI,白色为非感兴趣区域,灰色为过渡宏块。总体上,提取的基于立体视觉注意的 3D-ROI 符合人眼的视觉感知特性。

图 7.21 为四种基于视觉注意的 3D-ROI 提取结果比较图,图 7.21 中的 1 为基于静态视觉注意的 ROI 提取方法(记为 S-Scheme)提取的 ROI 图,2 为基于运动视觉注意 ROI 提取方法(记为 T-Scheme)提取的 ROI 图,3 为基于静态视觉注意与运动视觉注意联合的 ROI 提取方法(记为 ST-Scheme)提取的 ROI,4 为本节提出的基于立体视觉注意的 ROI 提取方法提取的 ROI 图。通过对不同序列提取结果的对比可知,本节方法提取的 ROI 完整覆盖了主要的 ROI,而且噪声小,更符合人眼的视觉特性。例如,Ballet 序列、S-Scheme、T-Scheme 以及时空联合的 ST-Scheme 提取的 ROI 中均有很大的背景噪声,而且属于 ROI 的男士的裤子部分未能提取,而采用本节的基于立体视觉的 3D-ROI 提取方法不仅能完整地提取 ROI,而且 ROI 更为符合人眼的立体视觉特性。为了更好地证明本算法的有效性,对提取的 ROI 进行主观对比评价实验。

7.4.4 三维感兴趣区域的主观实验分析

1. 主观实验环境

为了比较各 ROI 提取算法的性能,这里对各个算法提取的 ROI 进行主观打分评价。采用立体双投影系统显示立体视频和立体图像,立体双投影系统如图 7.22 所示,系统主要包括一台配备双头输出的显卡的高性能计算机,两台投影仪、两个

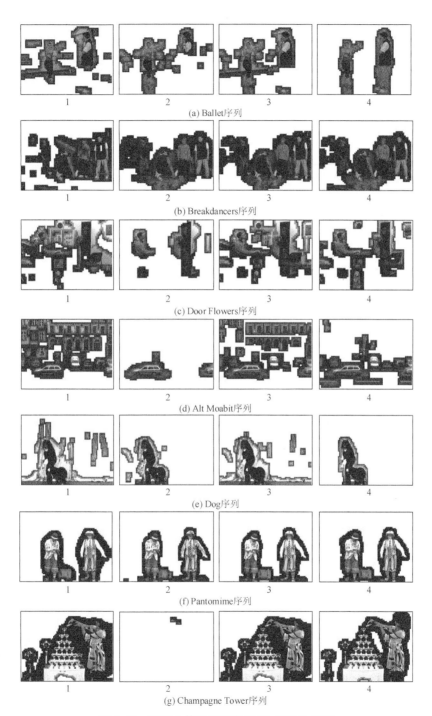

(a) Ballet序列

(b) Breakdancers序列

(c) Door Flowers序列

(d) Alt Moabit序列

(e) Dog序列

(f) Pantomime序列

(g) Champagne Tower序列

图 7.21 基于立体视觉注意的 3D-ROI 比较图

线性偏振镜头、一个 150in(1in＝2.54cm)金属幕以及多副线性偏振眼镜。立体显示示例如图 7.23(a)所示,实验志愿者经佩戴偏振光眼镜可以看到立体图像带来的立体视觉效果。另外,提取 4 个 ROI 随机排列显示于 4 个不同的区域,然后同时显示于传统单通道 21in 液晶显示器,ROI 显示为原像素值,非感兴趣的环境区域均显示为黑色,过渡区域则降低亮度显示,ROI 显示示例如图 7.23(b)所示。

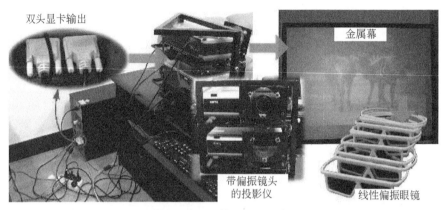

图 7.22　立体双投影系统

(a) 主观实验播放的立体视频/图形用户界面　　(b) 单通道显示器上播放的ROI图的用户界面

图 7.23　立体主观实验显示样例

主观实验在约 20m² 的房间进行,亮度、温度和环境声均按照 ITU-R 500[31] 的要求进行控制。邀请 20 名志愿者进行立体主观实验,年龄范围在 22～32 岁,平均年龄 24 岁,7 名女性,13 名男性,20 名志愿者中 3 名具有丰富的立体视频处理知识和立体视频观看经验,14 名志愿者具有一般视频处理知识并具有立体视频观看经验,3 名志愿者无视频处理相关知识。志愿者视力正常或矫正后视力正常,立体视锐度检查采用金贵昌所著的《双眼立体视觉检查图》[32],志愿者在佩戴红蓝滤色眼镜后,需要能辨认视差小于 40″ 的检测图。在主观实验之前,所有志愿者均体验立体视频系统显示效果,并被告知播放 7 个序列,根据观看的立体视频/图像,排序 4 个 ROI 图。

七个序列的播放顺序为 Champagne Tower→Dog→Door Flowers→Breakdancers →Alt Moabit→Pantomime→Ballet,每个序列的 4 个 ROI 分别如图 7.21(a)~(d)所示。立体视频和 ROI 图的播放时序如图 7.24 所示,立体双投影系统针对每个序列首先播放 6s,显示黑屏 5s,然后重复播放当前的立体视频,切换为黑屏 1s 后显示静态立体图像,最后显示黑屏,在此过程中,单通道液晶显示器在第一次立体视频播放后显示 ROI,直至该序列打分结束。图 7.25 为主观实验打分表,其中的每个 "田"字格用于一个序列的打分,共 7 个"田"字格对应 7 个多视点视频序列,每个 "田"字格的 4 个区分别对应单通道显示器上显示的 4 幅 ROI 图,对 4 个图进行打分排序,打分范围是 1~4 分;认为最符合人眼立体视觉的 ROI,则在对应位置上打分为"1",最不符合的打分为"4"。

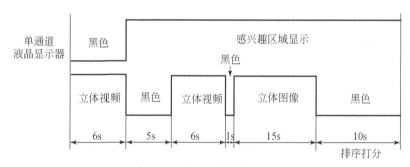

图 7.24 主观实验播放时序图

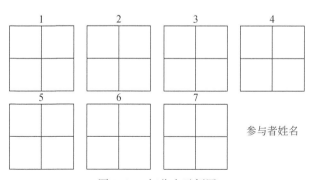

图 7.25 打分表示例图

2. 主观实验结果与分析

对于实验获得的数据,采用 Thurstone 模型[33]进行分析。对于任意的两个

ROI 图 L_i 和 L_j,根据实验数据可以统计出 L_i 高于 L_j 的概率为 p_{ij},获得对应的偏好矩阵(preference matrix),各序列的偏好矩阵如表 7.3～表 7.9 所示,利用正态分布概率函数的反函数可以求出两个 ROI 图之间的 Z-scores 差异,即

$$\Phi^{-1}(p_{ij})=L_i-L_j \tag{7.42}$$

式中,$\Phi^{-1}(p_{ij})$ 为正态分布概率函数的反函数,以此类推,将每种 ROI 提取方法提取的 ROI 图进行两两比较,可求出所有 ROI 图之间的 Z-scores 差异,以此为基础,可以确定合适的回归矩阵(regression matrix),并建立如下线性回归方程:

$$\Phi^{-1}(p)=aA+bB+cC \tag{7.43}$$

式中,A、B、C 和 D 分别对应 S-scheme、T-scheme、ST-scheme 和本节提出的 ROI 提取方法,a、b、c 和 d 分别为对应各个 ROI 提取方法的 Z-scores。需要注意的是,为了衡量各编码参数之间 Z-scores 的差异,参数 D 的 Z-scores 此处设为 0。

表 7.3   序列 Ballet 的偏好概率矩阵(左)

Ballet	A	B	C	D
A	0.50	0.45	0.40	0.30
B	0.55	0.50	0.50	0.20
C	0.60	0.70	0.50	0.30
D	0.70	0.80	0.70	0.50

表 7.4   序列 Breakdancers 的偏好概率矩阵(右)

Breakdancers	A	B	C	D
A	0.50	0.20	0.25	0.20
B	0.80	0.50	0.35	0.60
C	0.75	0.65	0.50	0.70
D	0.80	0.40	0.30	0.50

表 7.5   序列 Door Flowers 的偏好概率矩阵(左)

Door Flowers	A	B	C	D
A	0.50	0.60	0.40	0.20
B	0.40	0.50	0.40	0.40
C	0.60	0.60	0.50	0.20
D	0.80	0.60	0.80	0.50

表 7.6　序列 Alt Moabit 的偏好概率矩阵(右)

Alt Moabit	A	B	C	D
A	0.50	0.55	0.40	0.35
B	0.45	0.50	0.35	0.30
C	0.60	0.65	0.50	0.50
D	0.65	0.70	0.50	0.50

表 7.7　序列 Dog 的偏好概率矩阵(左)

Dog	A	B	C	D
A	0.50	0.35	0.40	0.40
B	0.65	0.50	0.60	0.35
C	0.60	0.40	0.50	0.40
D	0.60	0.65	0.60	0.50

表 7.8　序列 Pantomime 的偏好概率矩阵(右)

Pantomime	A	B	C	D
A	0.50	0.50	0.35	0.35
B	0.50	0.50	0.15	0.20
C	0.65	0.65	0.50	0.55
D	0.85	0.80	0.45	0.50

表 7.9　序列 Champagne Tower 的偏好概率矩阵

Champagne Tower	A	B	C	D
A	0.50	0.90	0.45	0.10
B	0.10	0.50	0.20	0.10
C	0.55	0.80	0.50	0.20
D	0.90	0.90	0.80	0.50

表 7.10 为四种 ROI 提取方法提取的 ROI 的 Z-scores,Z-scores 越大表示对应方法提取的 ROI 相对更符合人眼视觉感知特性。另外,两个方法的 Z-scores 的差异越大,表示越容易区分,本节方法作为参考基准,所以 Z-scores 设置为 0。对于其中的 5 个多视点视频序列,Champagne Tower、Dog、Door Flowers、Alt

Moabit 以及 Ballet,本节提出的基于立体视觉注意的 ROI 提取方法提取的 ROI 最符合人眼的立体视觉特性,最为有效。对于 Breakdancers 序列,基于时间和时空联合视觉注意的 ROI 提取方法的 Z-scores 分别为 0.401 和 0.167;Z-scores 大于 0,表示基于时间和时空联合视觉注意的 ROI 提取方法相比于本节方法更符合视觉特性,主要原因在于该序列的视频采样率低,同时运动非常剧烈,导致运动视觉注意成为主导条件。对于 Pantomime 序列,基于时空联合视觉注意的 ROI 提取方法最为有效,本节提出的方法居其次,主要原因在于 Pantomime 背景非常简单,提取的 ROI 基本一致,被测试的志愿者在黑色背景下可能难以区域 4 种 ROI 图的区别,另一方面,该序列的深度感相对较弱。

表 7.10 4 种 ROI 提取方法提取的 ROI 的 Z-scores

多视点视频序列	S-scheme	T-scheme	ST-scheme	本节方法
Champagne Tower	−0.700	−1.786	−0.700	0
Dog	−0.446	−0.159	−0.286	0
Door Flowers	−0.669	−0.661	−0.538	0
Breakdancers	−0.597	0.167	0.401	0
Alt Moabit	−0.354	−0.485	−0.066	0
Pantomime	−0.467	−0.718	0.104	0
Ballet	−0.703	−0.775	−0.409	0
平均	−0.541	−0.574	−0.193	0

总体上,根据 Z-scores 的平均值,本节的基于立体视觉注意的 3D-ROI 提取方法最为符合人眼的视觉特性,同时具备良好的稳定性和准确性;基于时空联合视觉注意的 3D-ROI 提取方法居其次;基于运动视觉注意的 3D-ROI 提取方法则时好时坏,非常依赖于序列的运动特性,欠稳定,相对较差;基于静态视觉注意的 3D-ROI 提取方法可以利用的信息有限,只能简单地通过对比度表现人眼底层的视觉注意特性,在没有进一步结合上层信息的条件下,并不能很好地表现人眼的 3D-ROI。

本节有效利用多视点视频所具有的深度信息,并将其与图像域的注意力分布和运动注意力分布相结合,建立自底向上基于立体视觉注意的计算模型,并根据立体视觉注意分布提取立体视频/图像中的 3D-ROI。通过对多视点视频序列的主、客观提取实验分析,说明本节立体视觉注意模型和 3D-ROI 提取方法是有效的,而且具有较好的鲁棒性和噪声抑制功能。

7.5　多视点视频码率分配优化方法

为了提高视频编码的压缩效率,人们研究了应用于视频编码的码率分配优化算法[34-38]。Kaminsky 等提出了码率-失真-复杂度(rate-distortion-complexity, RDC)模型,在计算量和失真约束下动态分配码率[34]。Lu 等提出了 GOP-Level 的码率分配[35],Shen 等提出了帧级(frame level)的码率分配算法[36]以减少不同帧之间的视频质量差异。Özbek 等提出了应用于可分级多视点视频编码的码率分配方法[37],用以分配不同视点间的码率。这些码率分配方法一般以提高平均 PSNR 的方式达到压缩效率的提高,但没有考虑人眼的视觉特性,Chen 和 Wang 等提出了基于 MPEG-4 的码率分配策略[38,39],为 ROI 分配更多的码率,但在方案中要求 ROI 的提取精度非常高。Chi 等提出了应用于低码率多媒体通信的码率分配方案[40],根据人体肤色提取 ROI,并通过模糊逻辑为每个宏块分配码率。Tang 等提出了基于视觉敏感度的视频编码方法,主要考虑了视频中的运动和纹理特性[41]。以上方法都针对传统单通道视频编码,并不能直接应用于多视点视频编码方案,因为多视点视频编码中需要采用视差补偿预测进一步消除视点间相关性。另外,单通道视频缺乏深度信息,提取的 ROI 难以应用于复杂背景环境,而且也并不符合人眼立体视觉的语义特点。

根据已提取的符合人眼立体视觉特性和深度感知特性的 ROI,本节提出基于区域的多视点码率分配优化方法。通过建立相应的图像质量和码率节省的数学模型,定量地解决 ROI 与背景区域的最优码率分配问题,以非感兴趣的、失真敏感度较低的背景区域的图像质量下降为代价,以有效地提高压缩比。

7.5.1　多视点视频码率分配优化方法

多视点视频编码标准 H. 264/AVC(JMVC)中采用了基于分层 B 帧预测的多视点视频编码结构(MVC-HBP),这里,GOP 长度分别为 12 和 8,该结构通过复杂的时间和视点间预测消除多视点视频信号中的时间冗余和视点间冗余,其中的 0、2、4、6 视点采用运动补偿预测消除时域相关性,1、3、5、7 视点采用运动补偿预测和视差补偿预测联合的方法,消除时域和视点间相关性。MVC-HBP 多视点视频编码方案中的率失真性能优异的一个重要原因就是采用了新颖的量化策略,如果 MVC-HBP 结构中的基础量化参数(basis quantization parameter,BQP)确定,那么其他编码帧的量化参数 QP 可以确定为

$$QP^l = \begin{cases} BQP+3, & l=1 \\ QP^{l-1}+1, & l>1 \end{cases} \tag{7.44}$$

式中，l 表示不同分层 B 帧的层次。

在人类的视觉系统中，主要的视觉注意力集中于感兴趣的视觉注意区域，而对于非感兴趣区域的视觉注意相对较少。因此，人眼对于相同失真度的感兴趣区域与非感兴趣区域所体现的失真敏感度不同，对于 ROI 的失真敏感度较高，而对于非感兴趣区域的失真敏感度相对较低。基于人眼视觉特性，在视频编码过程中可以考虑对 3D-ROI 分配相对较多的码率，提高视频质量；而对于非感兴趣的背景区域分配较少的码率，提高压缩比。在码率分配过程中，区域性的量化参数调整是其中的一个重要方法和手段。图 7.19 为视觉注意掩膜示意图，每个小方块表示一个宏块，黑色区域为视觉注意区域，白色区域为非感兴趣的背景区域，灰色区域表示视觉注意区域与背景区域间的过渡区域，失真敏感度和分配的码率介于视觉注意区域和背景区域之间。如立体视觉注意区域的量化参数设为

$$QP_{SVA}^l = QP^l \tag{7.45}$$

那么，在 l 层的编码中的背景区域和过渡区域的量化参数定义为 QP_{BG}^l 和 $QP_{T_i}^l$，它们分别设为

$$\begin{cases} QP_{BG}^l = QP_{SVA}^l + \Delta QP \\ QP_{T_i}^l = QP_{SVA}^l + \lfloor \Delta QP/\eta_i \rfloor \end{cases} \tag{7.46}$$

式中，符号"$\lfloor \cdot \rfloor$"表示取整操作，ΔQP 为背景区域和立体视觉注意区域的量化参数差异值，值越大表示背景区域相对于 ROI 分配的码率越少；当 η_i 大于 1 时，过渡区域量化参数介于背景区域和立体视觉注意区域的量化参数之间。根据人眼的选择性视觉特性，需要对 ROI 着重保护而对于非感兴趣区域分配相对较少的码率，所以可以得到 $QP_{BG}^l > QP_{SVA}^l$，即 $\Delta QP > 0$。然而，码率分配问题的关键之一在于如何确定图像不同区域间的分配，以达到码率-失真（主观质量）最优情况。由此，本节针对该关键问题提出面向多视点视频编码的码率分配策略。

为了研究面向视觉注意的多视点视频码率分配策略，引入了两个评价指标，一个为由码率分配优化带来的平均码率节省百分比 R_{BSR}，另一个为因码率分配优化而导致的图像失真指标 ΔD。平均码率优化百分比 $R_{BSR}(BQP, \Delta QP_{ROI}, \Delta QP_{BG})$ 定义为

$$R_{BSR}(BQP, \Delta QP_{SVA}, \Delta QP_{BG})$$
$$= \frac{1}{NM} \sum_{j=1}^{N} \sum_{i=1}^{M} \frac{EB^{i,j}(QP_{SVA}^l, QP_{SVA}^l) - EB^{i,j}(QP_{SVA}^l + \Delta QP_{SVA}, QP_{SVA}^l + \Delta QP_{BG})}{EB^{i,j}(QP_{SVA}^l, QP_{SVA}^l)}$$
$$\tag{7.47}$$

式中，M 和 N 分别表示一个 2D-GOP 中的视点数和一个视点中所有的时间帧数，用 i 和 j 分别表示某一个编码帧在 2D-GOP 中所处的时间和视点间的位置，$EB^{i,j}$ (QP_1, QP_2) 表示编码 (i, j) 位置的一帧图像所需的比特数，QP_1 表示编码该帧 ROI 所采用的量化参数，QP_2 为编码该帧背景区域所采用的量化参数；ΔQP_{SVA} 和

ΔQP_{BG}分别表示视觉注意区域与背景区域的量化参数调整值,越大则对应区域分配的码率越少。

图 7.26 为对于不同多视点视频序列(不同分辨率、相机间距、运动特性和时空相关性)编码的 ΔQP 与码率节省率 R_{BSR}(BQP,ΔQP_{SVA},ΔQP_{BG})$\big|_{\Delta QP_{SVA}=\Delta QP,\Delta QP_{BG}=\Delta QP}$(简化表示为 R_{BSR}(BQP,ΔQP,ΔQP))的关系图,从图中可知,随着 ΔQP 的增加,R_{BSR}(BQP,ΔQP,ΔQP)基本呈负指数增长,所以 R_{BSR}(BQP,ΔQP,ΔQP)经拟合可表示为

$$R_{BSR}(BQP,\Delta QP,\Delta QP)=A_0 e^{-\frac{\Delta QP}{T}}+y_0 \qquad (7.48)$$

式中,A_0 和 T 分别表示幅度和周期,与多视点视频编码的基础量化参数 BQP 相关,但独立于视频编码内容,y_0 表示最大的码率节省百分比。因为基于立体视觉注意的 3D-ROI 和背景区域并不相交,可以得到

$$R_{BSR}(BQP,\Delta QP,\Delta QP)=R_{BSR}(BQP,0,\Delta QP)+R_{BSR}(BQP,\Delta QP,0) \quad (7.49)$$

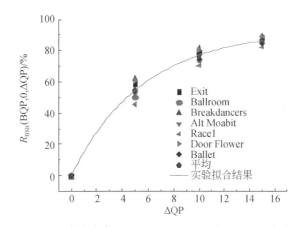

图 7.26　码率节省率 R_{BSR}(BQP,0,ΔQP)与 ΔQP 的关系图

另外,根据多视点视频编码的残差信息呈现高斯分布特性,一旦多视点视频中基于立体视觉注意的 3D-ROI 和背景区域的分割确定,3D-ROI 的码率节省率将与背景区域的码率节省度呈比例关系,即

$$\rho=\frac{R_{BSR}(BQP,0,\Delta QP)}{R_{BSR}(BQP,\Delta QP,0)} \qquad (7.50)$$

式中,ρ 与立体视觉注意分割和多视点视频内容相关,但独立于 ΔQP;所以,将式(7.49)和式(7.50)代入式(7.48)可以得到

$$R_{BSR}(BQP,0,\Delta QP)=A e^{-\frac{\Delta QP}{T}}+y \qquad (7.51)$$

式中,$A=\dfrac{1}{1+\rho}A_0$,$y=\dfrac{1}{1+\rho}y_0$,$|A|$ 表示码率分配的幅度。

另外,由背景区域分配码率减少而导致图像质量下降,图像失真度 $\Delta D(\mathrm{BQP},$ $\Delta \mathrm{QP}_{\mathrm{ROI}}, \Delta \mathrm{QP}_{\mathrm{BG}})$ 可定义为

$$\Delta D(\mathrm{BQP}, \Delta \mathrm{QP}_{\mathrm{SVA}}, \Delta \mathrm{QP}_{\mathrm{BG}})$$
$$= \frac{1}{NM} \sum_{j=1}^{N} \sum_{i=1}^{M} \left[Q^{i,j}(\mathrm{QP}_{\mathrm{SVA}}^{l} + \Delta \mathrm{QP}_{\mathrm{SVA}}, \mathrm{QP}_{\mathrm{SVA}}^{l} + \Delta \mathrm{QP}_{\mathrm{BG}}) - Q^{i,j}(\mathrm{QP}_{\mathrm{SVA}}^{l}, \mathrm{QP}_{\mathrm{SVA}}^{l}) \right]$$
(7.52)

式中,$Q^{i,j}(\mathrm{QP}_1, \mathrm{QP}_2)$ 表示 2D-GOP 中在 (i, j) 位置的重建帧图像质量,其中 ROI 采用 QP_1 编码,背景区域采用 QP_2 编码;$\Delta \mathrm{QP}_{\mathrm{SVA}}$ 和 $\Delta \mathrm{QP}_{\mathrm{BG}}$ 分别表示视觉注意区域与背景区域的量化参数调整值。由于编码引起的图像失真与视频编码的量化参数之间呈现线性关系,所以由码率优化引起的图像失真度 $\Delta D(\mathrm{BQP}, 0, \Delta \mathrm{QP})$ 可近似表示为

$$\Delta D(\mathrm{BQP}, 0, \Delta \mathrm{QP}) = b_1 \Delta \mathrm{QP} + a_1$$
(7.53)

式中,系数 b_1 表示图像失真度的梯度,为小于 0 的负数,系数 a_1 独立于 $\Delta \mathrm{QP}$。失真度 $\Delta D(\mathrm{BQP}, 0, \Delta \mathrm{QP})$ 是负数,并且随着 $\Delta \mathrm{QP}$ 的增大而减小,即压缩率越大,图像质量越差。

为了在提高压缩效率的同时保证较高的图像质量,需要找到最佳的 $\Delta \mathrm{QP}$ 以保证失真度在范围 T_D 以内,最大限度地提高压缩比 R_{BSR},可表示为

$$\begin{cases} \arg \max\{R_{\mathrm{BSR}}(\mathrm{BQP}, 0, \Delta \mathrm{QP})\} \\ \mathrm{s.\,t.} \ |\Delta D(\mathrm{BQP}, 0, \Delta \mathrm{QP})| < T_D \end{cases}$$
(7.54)

为了解决式(7.54)的条件问题,采用一个非条件式求解,即

$$\arg_{\Delta \mathrm{QP} \in \mathbf{z}^{+}} \max\{R_{\mathrm{BSR}}(\mathrm{BQP}, 0, \Delta \mathrm{QP}) + \mu \Delta \mathrm{D}(\mathrm{BQP}, 0, \Delta \mathrm{QP})\}$$
(7.55)

式中,μ 是将 R_{BSR} 和 ΔD 调整到同一范围的尺度系数。为了求解上述最大值条件下的最佳 $\Delta \mathrm{QP}$,对 $R_{\mathrm{BSR}}(\mathrm{BQP}, 0, \Delta \mathrm{QP}) + \mu \Delta D(\mathrm{BQP}, 0, \Delta \mathrm{QP})$ 求关于 $\Delta \mathrm{QP}$ 的偏导,并令其为 0,即

$$\frac{\partial [R_{\mathrm{BSR}}(\mathrm{BQP}, 0, \Delta \mathrm{QP}) + \mu \Delta D(\mathrm{BQP}, 0, \Delta \mathrm{QP})]}{\partial \Delta \mathrm{QP}} = 0$$
(7.56)

求解式(7.56)后,可以得到最佳整数 $\Delta \mathrm{QP}$ 为

$$\Delta \mathrm{QP} = \left\lfloor T \ln \frac{A}{\mu T b_1} + 0.5 \right\rfloor$$
(7.57)

式中,$\lfloor \cdot \rfloor$ 为向下取整操作,如果 $\Delta \mathrm{QP}$ 小于 0 则将 $\Delta \mathrm{QP}$ 置为 0。参数 A、T 和 b_1 是关于基础量化参数 BQP 的函数,它们将通过实验的方式确定。

7.5.2　基于三维感兴趣区域的图像质量评价方法

传统视频质量评价方法主要采用 PSNR、MSE 等基于像素评价方法衡量视频每一帧的图像质量,它们具有计算复杂度低、稳定等特点。然而,传统视频质量评

价方法的共有缺点是基于人眼对图像中的每个像素的失真都是一样的假设,仅通过计算失真图像 I_D 与原始图像 I_R 的失真度来衡量失真图像的质量。实际上,由于人们往往仅注意视频场景中的一部分内容,所以视频质量评价方法研究需要考虑人眼的视觉选择特性[42]。Engelke 等提出了区域选择性的客观质量评价方法[43],该方法结合了归一化混合图像质量评价(normalized hybrid image quality metric,NHIQM) 方法、质降参考图像质量评价(reduced-reference image quality assessment,RRIQA)方法、基于 SSIM 评价方法[44]和 PSNR 评价方法。

JVT 已经将 SSIM 算法作为图像质量的评价指标引入 H. 264/HEVC 中,是除 PSNR 外的另一项评价质量指标。自然图像信号具有高度的结构化,当图像中各像素点在空间位置相邻时,会呈现出强烈的相关性。而这些相关性携带了大量有关视觉场景中目标结构的信息。本节采用基于区域选择性的 SSIM 评价方法和基于区域选择性的 PSNR 评价方法来评价所提出的码率分配优化方法。SSIM 评价指数可表示为

$$\text{SSIM}(R,D)=\frac{(2\mu_R\mu_D+C_1)(2\sigma_{RD}+C_2)}{(\mu_R^2+\mu_D^2+C_1)(\sigma_R^2+\sigma_D^2+C_2)} \tag{7.58}$$

式中,R 和 D 分别表示要比较的两个非负的图像信号,R 为参考图像信号,D 为失真图像信号,μ_R 和 μ_D 为图像 R 和 D 的均值,σ_R 和 σ_D 分别为 R 和 D 的标准差,σ_{RD} 是图像 R 和 D 的协方差,$C_1=(K_1L)^2$,$C_2=(K_2L)^2$,L 为像素值的动态范围(对于 8 比特深度表示的图像,L 为 255),常数系数 K_1 为 0.01,K_2 为 0.03。显然,$0\leqslant\text{SSIM}(R,D)\leqslant1$,其中,$\text{SSIM}(R,D)=1$ 表示图像 R 和 D 完全相同。图像 $I_R(x,y)$ 和 $I_D(x,y)$ 的亮度分量的 PSNR 可以计算为

$$\begin{cases} \text{PSNR}-Y=10\log\dfrac{\Gamma^2}{\text{MSE}} \\ \text{MSE}=\dfrac{1}{MN}\sum_{x=1}^{M}\sum_{y=1}^{N}[I_R(x,y)-I_D(x,y)]^2 \end{cases} \tag{7.59}$$

式中,M、N 分别表示图像的长和宽;Γ 为像素值的最大值,这里取值为 255。

图 7.27 为区域选择性图像质量评价算法框图,首先,采用客观质量评价方法(SSIM 和 PSNR)对 ROI 和背景区域分别进行评价,通过参考图像与失真图像的 ROI 比较计算得到 ROI 质量指数 Φ_{ROI},同样,可以得到背景区域的质量指数为 Φ_{BG}。然后,将两个不同区域的质量指数 Φ_{ROI} 和 Φ_{BG} 结合成为区域选择性评价方法:

$$\Phi(\omega,\kappa,\nu)=[\omega\Phi_{\text{ROI}}^{\kappa}+(1-\omega)\Phi_{\text{BG}}^{\kappa}]^{1/\nu} \tag{7.60}$$

式中,$\Phi(\omega,\kappa,\nu)\in\{\text{SSIM},\text{PSNR}-Y\}$,$\omega\in[0,1]$,$\kappa,\nu\in\mathbf{Z}^+$。最后通过指数函数映射,得到预测主观平均得分(predictive mean opinion score,PMOS):

$$\text{PMOS}_{\Phi(\omega,\kappa,\nu)}=a\text{e}^{b\Phi(\omega,\kappa,\nu)} \tag{7.61}$$

式中, a 和 b 为加权系数。通过主观实验分析,得到基于区域选择 SSIM(记为 $PMOS_{SSIM}$)的评价方法和基于区域选择 PSNR 的评价方法(记为 $PMOS_{PSNR}$)的 ω、κ、ν、a 和 b 系数,如表 7.11 所示[43]。

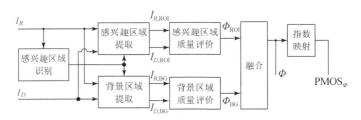

图 7.27   区域选择性图像质量评价算法框图[43]

表 7.11   区域选择性质量评价方法的参数设置

评价方法	ω	κ	ν	a	b
$PMOS_{SSIM}$	1	4	2	26.224	1.148
$PMOS_{PSNR}$	0.522	1	5	0.204	2.855

7.5.3   基于立体视觉注意的多视点视频编码码率分配优化方法

为了在多视点视频编码过程中选择最佳的 ΔQP 用于合理的码率分配,可以通过实验的方式确定相关参数。多视点视频编码实验参数为:JMVM7.0 校验平台[45],MVC-HBP 预测结构,GOP 长度为 12,视点数为 8,基础量化参数 $BQP \in \{12,17,22,27,32,37\}$,$\Delta QP \in \{0,2,4,6,8,10,12\}$,$\eta_1$ 和 η_2 分别为 3 和 6。

针对 Ballet 和 Breakdancers 测试序列,图 7.28 显示了码率节省率 $R_{BSR}(BQP, 0, \Delta QP)$ 关于 ΔQP 的关系,其中 x 坐标为 ΔQP,y 坐标为码率节省率 $R_{BSR}(BQP, 0, \Delta QP)$,图中的点为实际编码结果,曲线为负指数拟合曲线。从图中可以看出,码率节省率随着 ΔQP 的增加而增加,即随着 ΔQP 增加,压缩比增大。然而,随着 ΔQP 增加,码率节省率的变化梯度区域平坦,最后趋于饱和,变化趋势基本符合负指数增长函数。另外,各条曲线间(即不同的 BQP),随着 BQP 增加,码率节省率 $R_{BSR}(BQP, 0, \Delta QP)$ 的饱和上限减小,也更快地趋于饱和状态,如 Breakdancers 和 Ballet 序列,当 BQP 大于 27 时,ΔQP 大于 8 便基本趋于饱和状态(码率节省率 R_{BSR} 不再增加),这是由于背景部分采用大量化步长量化,量化后的变换系数基本趋于零,继续增大量化参数已无编码增益。

针对图 7.28 中的码率节省率和 ΔQP 的关系,提取负指数拟合后的参数 T 和 A 关于 ΔQP 的关系图,分别如图 7.29 和图 7.30 所示。周期系数 T 表示码率节省率趋于饱和的速率,T 越大,趋于饱和速率越慢。由图 7.29 可以得到随着 BQP 的

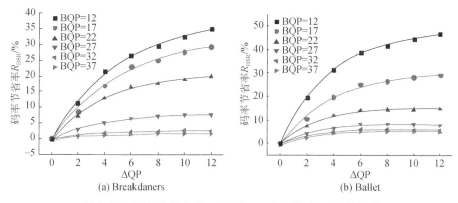

图 7.28　码率节省率 $R_{\mathrm{BSR}}(\mathrm{BQP},0,\Delta\mathrm{QP})$ 关于 $\Delta\mathrm{QP}$ 的关系

增加，T 减小，即趋于饱和的速率加快。通过对图 7.29 中各点均值进行直线拟合，得到 T 关于 BQP 的函数关系为 $T=\alpha_1+\beta_1\mathrm{BQP},\alpha_1=6.27,\beta_1=-0.10$。$|A|$ 表示码率节省率的幅度，随着 BQP 的增加而减小，逐渐趋近于 0。本节采用 Boltzmann 函数拟合得到幅度系数 A 关于 BQP 的函数关系为

$$A=\alpha_2+\beta_2/(1+\mathrm{e}^{\frac{\mathrm{BQP}-r_2}{\omega_2}}) \tag{7.62}$$

式中，$\alpha_2=-2.75,\beta_2=-52.10,r_2=18.30$ 和 $\omega_2=4.17$。

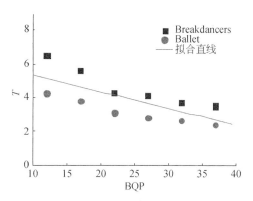

图 7.29　系数 T 与 BQP 的关系图

　　另外，可以采用基于区域的 PSNR 图像质量方法（PMOS_PSNR）评价因码率分配编码而引起的失真。图 7.31 分别为 Breakdancers 和 Ballet 序列编码后图像质量 PMOS_PSNR 与 $\Delta\mathrm{QP}$ 的关系，其中每个点分别为不同 BQP 和 $\Delta\mathrm{QP}$ 参数条件下多视点视频编码所得图像失真指数，每条线是一个 BQP 的不同 $\Delta\mathrm{QP}$ 的各个点的线性拟合直线，直线拟合函数见式（7.53）。由图 7.31 可以看出，码率分配后的视频质量 PMOS_PSNR 基本随着 $\Delta\mathrm{QP}$ 的增加而线性减小；同时随着 BQP 的增

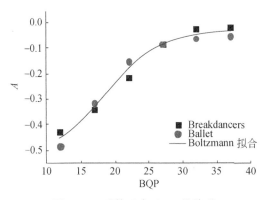

图 7.30 系数 A 与 BQP 的关系

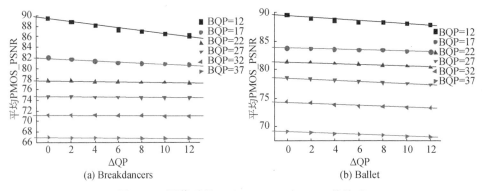

图 7.31 图像质量 PMOS_PSNR 与 ΔQP 的关系

加,质量下降的速度即直线的梯度随之减小,逐渐趋于 0。图 7.32 为直线拟合参数 b_1 (直线斜率)关于 BQP 的关系图,图中的每个点来源于图 7.31 中的一条拟合直线。通过对图 7.32 中各个点的负指数拟合,得到 b_1 关于 BQP 的近似函数关系为

$$b_1 = \alpha_3 + \beta_3 e^{-\frac{BQP}{r_3}} \tag{7.63}$$

式中,$\alpha_3 = -0.05$,$\beta_3 = -6.57$,$r_3 = 3.21$。

将拟合得到的 T、A 和 b_1 关于 BQP 的函数关系代入式(7.57),便可以得到最佳 ΔQP 关于 BQP 的关系曲线。对于不同的常数系数 μ,对应有一条最佳 ΔQP 关于 BQP 的关系曲线,如图 7.33 所示。对于不同的系数 μ,最佳 ΔQP 关于 BQP 的关系曲线变化趋势一致,但最佳 ΔQP 值随着 μ 的增大而减小。由于图像质量与码率节省率两者都很重要,其重要性相当,所以确定 μ 为 0.08 时,得到最佳的 ΔQP 如图 7.33 所示,其中曲线表示 BQP 对应的最佳 ΔQP 值,离散点为最佳的整数 ΔQP 值。对于高码率段(小 BQP),如 BQP<15,虽然较大的 ΔQP 能带来巨大的码率节省率,然而图像失真指数也很大,所以 ΔQP 相对较小,一般小于 8;对于低

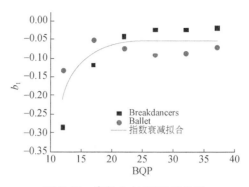

图 7.32　参数 b_1 与 BQP 的关系

码率段(大 BQP),如 BQP>30,大部分背景区域已经采用无残差信息的 Skip/DIRECT 模式编码,所以即使 ΔQP 增大,码率节省率也很小;然而,图像失真度却会因为 ΔQP 的增加而变化较大;在该码率段,ΔQP 的编码码率将不能被忽略,大 ΔQP 可能引起码率节省率为负,即码率增加。所以在低码率段也不宜选取较大的 ΔQP,一般小于 4。

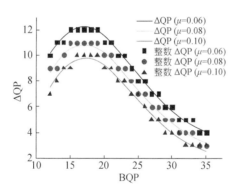

图 7.33　最佳 ΔQP 与 BQP 的关系

7.5.4　基于立体视觉注意的多视点视频编码实验结果与分析

根据前面算法提取的立体视觉注意区域,实验分成两个部分,首先通过实验分析区域性码率分配优化的最佳参数,然后进行多视点视频编码实验以分析本节提出的码率优化算法的有效性。实验中,采用了 Door Flowers、Alt Moabit、Dog、Pantomime、Champagne Tower、Ballet 和 Breakdancers 等 7 个代表性的多视点测试序列。

为了评估本节提出的基于视觉注意的码率分配优化编码方法,采用基于 JMVM 7.0 校验模型软件[45],MVC-HBP 编码结构,GOP 长度 15,8 个时刻,每个视点 91 帧,即 6 个 GOP。在 MVC-HBP 中有三种帧类型,即帧内编码帧(I 帧)、单向预测编码帧(P 帧)和分层双向预测帧(HBP 帧)。由于 I 帧为关键帧,将被多次参考并直接影响后续编码的整体质量,所以 I 帧采用原始编码方法;P 帧和 HBP帧占 2D-GOP 中总帧数的 99% 以上(以 GOP 长度 15,8 个视点计算),是优化的主要部分,所以本节对于 P 帧和 HBP 帧引入码率分配优化。BQP 分别设为 12、17、22、27 和 32,对于立体视觉注意的 ROI、背景区域和过渡区域的量化参数的设置分别如式(7.45)和式(7.46)所示,最佳 ΔQP 见图 7.33 圆形点,即 μ 为 0.08。其他编码参数选择如下,编码帧率为 15 帧/s,搜索范围 64,4 次迭代搜索,迭代搜索范围8,参考帧数 MaxRefIdxActiveBL0、MaxRefIdxActiveBL1 和 MaxRefIdxActiveP 分别为2、2 和 1。

图 7.34 和图 7.35 为本节方法与 JMVM 的率失真对比图。图 7.34 的编码失真采用 PMOS_PSNR 衡量,图 7.35 中的编码失真采用 PMOS_SSIM 衡量,各曲线采用 Bjontegaard 提出的率失真曲线拟合方法拟合得到。由图 7.34(a)可以看到,对于 Breakdancers 序列,在相同视频质量的条件下,有约 10% 的码率节省;对于图 7.34(b)~(g)显示的 Ballet 和 Door Flowers 等其他 6 组序列,本节方法与JMVM 在低码率段的编码性能相当,但对于高码率段,本节方法显著优于 JMVM,在相同视频质量的条件下,有 20% 以上的码率节省。对于不同编码序列的编码实验,在高码率段,码率节省率主要来源于背景区域高量化参数编码,同时保证背景区域的失真在不易察觉的范围。然而,在低码率段,背景区域的大多数宏块已采用DIRECT/Skip 模式或者大量化参数编码后的量化系数接近于 0,在这种情况下,对于背景区域进一步增大量化参数并不能带来较大码率节省,反而可能引起较大的失真和 ΔQP 编码码率。另外,对于图 3.35(a)~(g)率失真对比图,编码失真采用PMOS_SSIM 衡量,可以看到,对于不同的多视点序列,本节方法在全码率段均显著优于 JMVM,相同视频质量下码率节省达 20%~40%。

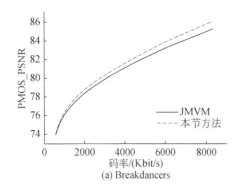

(a) Breakdancers

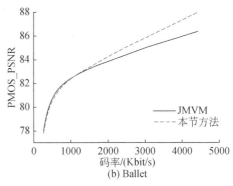

(b) Ballet

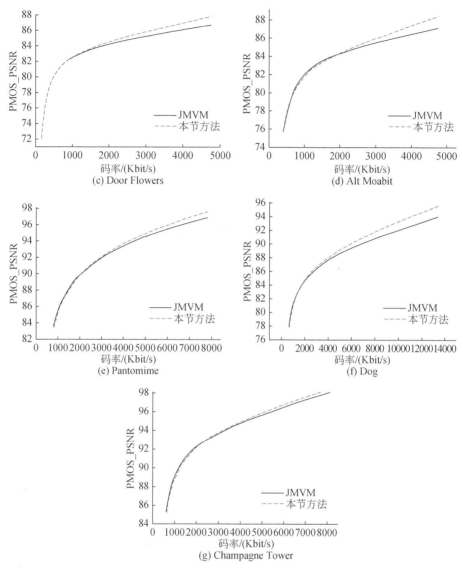

图 7.34　本节方法与 JMVM 的率失真比较图（PMOS_PSNR 衡量）

图 7.36 为本节方法与 JMVM 编码的重建图像的主客观质量比较,其中重建图像均为 2D-GOP 中的第 2 视点第 15 帧,图 7.36(a)为 JMVM 编码重建图像,图 7.36(b)为本节方法编码后的重建图像。针对不同序列,分别对比了编码比特数和其他 5 个图像质量指数,包括立体视觉注意区域的亮度分量的 PSNR 值（PSNR_Y_{SVA}）、背景区域的亮度分量 PSNR 值（PSNR_Y_{BG}）、整个图像的亮度分量 PSNR 值（PSNR_Y）、整个图像的基于 SSIM 的预测主观平均分（PMOS_SSIM）和

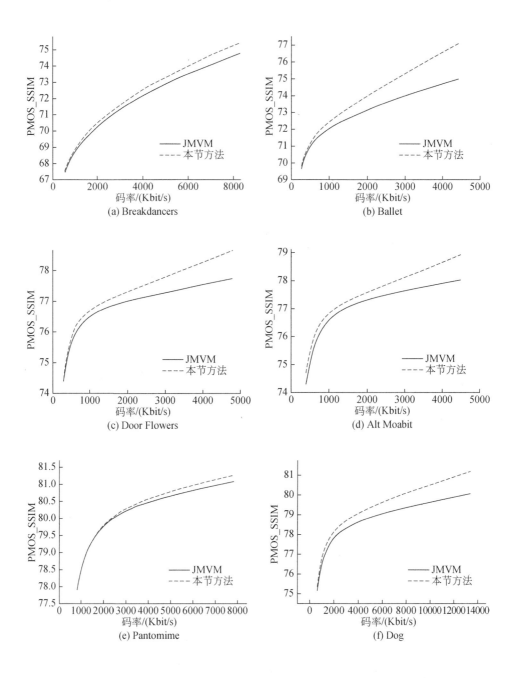

(a) Breakdancers

(b) Ballet

(c) Door Flowers

(d) Alt Moabit

(e) Pantomime

(f) Dog

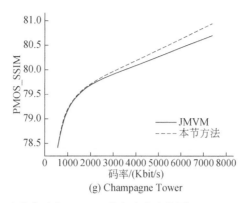

(g) Champagne Tower

图 7.35　本节方法与 JMVM 的率失真比较图(PMOS_SSIM 衡量)

整个图像的基于 PSNR 的预测主观平均分(PMOS_PSNR)。另外,为了有效对比,各项图像质量指数和比特数的差异计算如下:

$$\begin{cases} \Delta\Theta = \Theta_{\mathrm{Proposed}} - \Theta_{\mathrm{JMVM}} \\ \Delta\mathrm{EB}^{i,j} = \dfrac{\mathrm{EB}^{i,j}_{\mathrm{JMVM}} - \mathrm{EB}^{i,j}_{\mathrm{Proposed}}}{\mathrm{EB}^{i,j}_{\mathrm{JMVM}}} \times 100\% \end{cases} \tag{7.64}$$

式中,$\Theta \in \{\mathrm{PSNR\_Y_{SVA}}, \mathrm{PSNR\_Y_{BG}}, \mathrm{PMOS\_PSNR}, \mathrm{PMOS\_SSIM}\}$,$\mathrm{EB}^{i,j}_{\mathrm{JMVM}}$ 和 $\mathrm{EB}^{i,j}_{\mathrm{Proposed}}$ 表示分别采用 JMVM 和本节方法编码 2D-GOP 中(i,j)帧所需要的比特数,$\Delta\mathrm{EB}^{i,j}$ 表示 2D-GOP 中(i,j)帧编码比特数的节省百分比。根据人眼的视觉选择特性,人们对于感兴趣的立体视觉注意区域比背景区域更加关注,同时,人眼对于感兴趣的立体视觉注意区域失真相对于非感兴趣的背景区域的失真更为敏感,即失真敏感度更高,所以本节对于失真敏感度较高的立体视觉注意区域进行了重点保护,而对于背景区域分配较少的码率,以背景失真为代价提高压缩效率和立体视觉注意区域的质量提升。

对于 Ballet 序列,$\Delta\mathrm{PSNR\_Y_{SVA}}$ 为 0.46dB,$\Delta\mathrm{PSNR\_Y_{BG}}$ 为 -1.11dB,虽然背景区域的质量下降 1.11dB,然而主导整体图像主观质量的立体视觉注意区域的 PSNR 提高了 0.46dB。与此同时,JMVM 编码后,背景区域的图像质量优于感兴趣的立体视觉注意区域的质量,即 $\mathrm{PSNR\_Y_{SVA}} < \mathrm{PSNR\_Y_{BG}}$,有悖于人眼的视觉选择特性;采用本节方法编码后,感兴趣的立体视觉注意区域的图像质量提升并优于背景区域的图像质量,即 $\mathrm{PSNR\_Y_{SVA}} > \mathrm{PSNR\_Y_{BG}}$,相比于 JMVM 编码,更为符合人眼失真敏感度和视觉选择特性,因此更为合理。采用基于区域选择性的图像质量评价方法,得到 $\Delta\mathrm{PMOS\_SSIM}$ 为 0.78,$\Delta\mathrm{PMOS\_PSNR}$ 为 -0.70,均值 $(\Delta\mathrm{PMOS\_SSIM} + \Delta\mathrm{PMOS\_PSNR})/2 > 0$,说明本节方法编码后的重建图像的质量与 JMVM 编码后的重建图像质量相当,甚至略优。但非常重要的是,在图像质量相当甚至更优的情况下,$\Delta\mathrm{EB}^{2,15}$ 为 21.06%,即本节方法相比于 JMVM 有

21.06%的巨大码率节省。

(a) JMVM　　　　　　　　　　　　　　　(b) 本节方法

$(\mathrm{QP_{SVA}}:23, \mathrm{QP_{BG}}:23, \mathrm{PSNR\_Y_{SVA}}:40.92\mathrm{dB}$　　　　$(\mathrm{QP_{SVA}}:22, \mathrm{QP_{BG}}:31, \mathrm{PSNR\_Y_{SVA}}:41.50\mathrm{dB}$

$\mathrm{PSNR\_Y_{BG}}:40.87\mathrm{dB}, \mathrm{PSNR\_Y}:40.88\mathrm{dB}$　　　　$\Delta\mathrm{PSNR\_Y_{SVA}}:0.58\mathrm{dB}, \mathrm{PSNR\_Y_{BG}}:39.75\mathrm{dB}$

$\mathrm{EB_{JMVM}^{2,15}}:306720\mathrm{bit}, \mathrm{PMOS\_PSNR_{JMVM}}:82.06$　　　$\Delta\mathrm{PSNR\_Y_{BG}}:-1.12\mathrm{dB}, \mathrm{PSNR\_Y}:40.16\mathrm{dB}$

$\mathrm{PMOS\_SSIM_{JMVM}}:73.72)$　　　　　　　　　$\mathrm{EB_{Proposed}^{2,15}}:237744\mathrm{bit}, \Delta\mathrm{EB^{2,15}}:22.49\%$

　　　　　　　　　　　　　　　　　　　　　　　$\mathrm{PMOS\_PSNR_{Proposed}}:81.51, \Delta\mathrm{PMOS\_PSNR}:-0.55$

　　　　　　　　　　　　　　　　　　　　　　　$\mathrm{PMOS\_SSIM_{Proposed}}:74.58, \Delta\mathrm{PMOS\_SSIM}:0.86)$

图 7.36　本节方法与 JMVM 的重建图像主客观质量比较图

　　对于 Breakdancers 序列,$\Delta\mathrm{PSNR\_Y_{SVA}}$ 为 0.58dB,$\Delta\mathrm{PSNR\_Y_{BG}}$ 为 $-1.12\mathrm{dB}$,同时 $\Delta\mathrm{EB^{2,15}}$ 为 22.49%,即通过 1.12dB 背景区域的质量下降,有效换取了 22.49%码率节省和 0.58dB 的立体视觉注意区域的图像质量提升。图像质量上,PMOS_PSNR 和 PMOS_SSIM 指数说明本节方法的重建图像质量比 JMVM 编解码后的重建图像质量略优,同时码率节省率达 22.49%,有效提高了压缩效率。

　　对于其他多视点序列,也可以得到类似的编码效果。综上所述,本节提出的多视点视频编码算法以非感兴趣的、失真敏感度较低背景区域的图像质量下降为代价,有效地提高了压缩比率,码率节省达 21.06%～34.29%,立体视觉注意区域的质量提高 0.46～0.61dB。同时,立体视觉注意区域的图像质量优于背景区域的图像质量,符合人眼的视觉选择和敏感度特性,提高了主观效果。另外,通过基于区域选择的质量评价方法,本节方法实现码率节省率达 20%以上,与此同时,重建图像的质量(采用基于区域选择的质量评价指数 PMOS_SSIM 衡量)还略优于 JMVM 方法编码后的重建图像,充分说明本节多视点视频编码算法的有效性。

　　此外,姜求平等[46,47]从二维图像入手,针对二维图像视觉关注区域的检测问题展开研究,提出了一种基于超像素颜色对比和相似性分布的视觉显著对象提取方法,并通过实验验证了该方法的良好性能。姜求平等综合考虑各种低层次视觉特征和深度感知特征,进一步提出了一种基于监督学习的立体图像视觉关注计算模型;该方法将视觉关注计算看成一种监督学习问题,利用随机森林算法建立图像特征向量与真实显著值之间的非线性映射模型,在新加坡国立大学 NUS 3D 显著性数据库和法国南特大学 3D 显著性数据库两个数据库上的实验结果证明了该方法的有效性。进一步的研究工作可以通过考虑时域显著性将现有模型拓展至三维视频信号,还可以探索视觉舒适度等因素对视觉注意力机制的影响[48]。三维视觉关注度除了应用于三维视频编码,也已被应用于立体图像重定位[49]、三维视觉舒适度评价[50]等。

7.6　本 章 小 结

人眼观看视频的过程中对于视频各个区域的误差的感知程度并非是一致的,而是表现出选择性,通常对于视觉注意度较高的 ROI 的误差敏感度较高,而对于视觉注意度较低的背景区域的误差敏感度较低。针对以上特性,本章提出了基于 ROI 的多视点视频编码框架,不同于传统基于对象的编码方法,在该框架下对 ROI 的提取精度要求低(基于块),同时基于块的 ROI 掩模无须传输至解码端,从而节省了传输掩模的码率。该框架与当前基于块的多视点视频编码标准和码率控制算法兼容,并不需要修改码流语义,也无须调整解码算法。根据人眼立体视觉特性中的区域选择特性,提出了新的基于区域的多视点码率分配策略,定量地解决 ROI 与背景区域的最优码率分配问题。为失真敏感度较高的区域分配较多的码率提高图像质量,以非感兴趣的、失真敏感度较低的背景区域的图像质量下降为代价,有效地提高了压缩比,码率节省达 21.06%～34.29%,同时立体视觉注意区域的质量提高 0.46～0.61dB。通过基于区域选择的质量评价方法,基于立体视觉冗余的多视点视频编码算法节省码率达 20%以上。

参 考 文 献

[1] Pan Z, Zhang Y, Kwong S. Efficient motion and disparity estimation optimization for low complexity multiview video coding[J]. IEEE Transactions on Broadcasting, 2015, 61(2): 166-176.

[2] Shao F, Jiang G, Lin W, et al. Joint bit allocation and rate control for coding multi-view video plus depth based 3D video[J]. IEEE Transactions on Multimedia, 2013, 15(8): 1843-1854.

[3] 张云. 基于 MVD 三维场景表示的多视点视频编码方法研究[D]. 北京: 中国科学院计算技术研究所, 2010.

[4] 蒋刚毅, 朱亚培, 郁梅, 等. 基于感知的视频编码方法综述[J]. 电子与信息学报, 2013, 35(2): 474-483.

[5] Aziz M Z, Mertsching B. Fast depth saliency from stereo for region-based artificial visual

attention[C]. International Conference on Advanced Concepts for Intelligent Vision Systems, Sydney,2010.

[6] Gvili A R, Kaplan A, Ofek E, et al. Depth keying[C]. Stereoscopic Displays and Virtual Reality Systems X, Santa Clara,2003.

[7] 安平,刘苏醒,高欣,等. 基于视差和阈值分割的立体视频对象提取[J]. 中国图象图形学报, 2006,11(11):1669-1672.

[8] Marugame A, Yamada A, Ohta M. Focused object extraction with multiple cameras[J]. IEEE Transactions on Circuits and Systems for Video Technology,2000,10(4):530-540.

[9] Yilmaz A, Javed O, Shah M. Object tracking: A survey[J]. ACM Journal of Computing Surveys,2006,38(4),1-13.

[10] Stauffer C, Grimson W E L. Learning patterns of activity using real time tracking[J]. IEEE Transactions on Pattern Analysis and Machine Intelligence,2000,22(8):747-767.

[11] Yilmaz A, Li X, Shah M. Contour-based object tracking with occlusion handling in video acquired using mobile cameras[J]. IEEE Transactions on Pattern Analysis and Machine Intelligence,2004,26(11):1531-1536.

[12] 史立,张兆杨,马然. 基于运动跟踪匹配技术的视频对象提取[J]. 通信学报,2001,22(11): 77-85.

[13] Zhang Y, Jiang G, Yu M, et al. Depth perceptual region-of-interest based multiview video coding[J]. Journal of Visual Communication and Image Representation, 2010, 21(5-6): 498-512.

[14] 周晓亮. 基于感知的多视点彩色深度视频联合编码方案[D]. 宁波:宁波大学,2012.

[15] Feldmann I, Mueller M, Zilly F, et al. HHI test material for 3D video[R]. Archamps:SO/IEC JTC1/SC29/WG11,2008.

[16] Zitnick C L, Kang S B, Uyttendaele M, et al. High-quality video view interpolation using a layered representation[J]. ACM Transactions on Graphics,2004,23(3):600-608.

[17] Um G M, Bang G, Hur N, et al. 3D video test material of outdoor scene [R]. Archamps: ISO/IEC JTC1/SC29/WG11,2008.

[18] Tanimoto M, Fujii M, Fukushiuma K. 1D parallel test sequences for MPEG-FTV[R]. Archamps:ISO/IEC JTC1/ SC29/WG11,2008.

[19] Desimone R, Duncan J. Neural mechanisms of selective visual attention[J]. Annual Review of Neuroscience,1995,18(1):193-222.

[20] 单列. 视觉注意机制的若干关键技术及应用研究[D]. 合肥:中国科学技术大学,2008.

[21] Itti L. Models of bottom-up and top-down visual attention[R]. Pasadena:California Institute of Technology,2000.

[22] Itti L, Koch C. Computational modeling of visual attention [J]. Nature Reviews Neuroscience,2001,2(3):194-203.

[23] Zhai G, Chen Q, Yang X, et al. Scalable visual sensitivity profile estimation[C]. IEEE International Conference on Acoustics, Speech, and Signal Processing, Las Vegas,2008.

[24] Wang P P, Zhang W, Li J, et al. Real-time detection of salient moving object: A multi-core solution[C]. IEEE International Conference on Acoustics, Speech, and Signal Processing, Las Vegas, 2008.

[25] Ma Y, Hua X, Lu L, et al. A generic framework of user attention model and its application in video summarization[J]. IEEE Transactions on Multimedia, 2005, 7(5): 907-919.

[26] Horowitz T, Treisman A. Attention and apparent motion[J]. Spatial Vision, 1994, 8(2): 193-219.

[27] Alais D, Blake R. Neural strength of visual attention gauged by motion adaptation[J]. Nature Neuroscience, 1999, 2(11): 1015-1018.

[28] Lu Z, Lin W, Yang X, et al. Modeling visual attentions modulatory aftereffects on visual sensitivity and quality evaluation[J]. IEEE Transactions on Image Processing, 2005, 14 (11): 1928-1942.

[29] Zhang Y, Jiang G, Yu M, et al. Stereoscopic visual attention based bit allocation optimization for multiview video coding[J]. EURASIP Journal on Advances in Signal Processing, 2010, Article ID 848713.

[30] Tanimoto M, Fujii T, Suzuki K. Depth estimation reference. Software(DERS)5. 0[R]. Xi'an: ISO/IEC JTC1/SC29/WG11, 2009.

[31] ITU-R Recommendation BT. 500-11. Methodology for the subjective assessment of the quality of television pictures[S]. Geneva, 2002.

[32] 金贵昌. 双眼立体视觉检查图[M]. 北京: 人民卫生出版社, 2006.

[33] Rajae-Joordens R, Engel J. Paired comparisons in visual perception studies using small sample sizes[J]. Displays, 2005, 26(1): 1-7.

[34] Kaminsky E, Grois D, Hadar O. Dynamic computational complexity and bit allocation for optimizing H. 264/AVC video compression[J]. Journal of Visual Communication and Image Representation, 2008, 19(1): 56-74.

[35] Lu Y, Xie J, Li H, et al. GOP-level bit allocation using reverse dynamic programming[J]. Tsinghua Science and Technology, 2009, 14(2): 183-188.

[36] Shen L, Liu Z, Zhang Z, et al. Frame-level bit allocation based on incremental PID algorithm and frame complexity estimation [J]. Journal of Visual Communication and Image Representation, 2009, 20(1): 28-34.

[37] Özbek N, Tekalp A M. Content-aware bit allocation in scalable multi-view video coding[C]. International Workshop on Multimedia Content Representation, Classification and Security, Istanbul, 2006.

[38] Chen Z, Han J, Ngan K N. Dynamic bit allocation for multiple video object coding[J]. IEEE Transactions on Multimedia, 2006, 8(6): 1117-1124.

[39] Wang H, Schuster G M, Katsaggelos A K. Rate-distortion optimal bit allocation for object-based video coding[J]. IEEE Transactions on Circuits and Systems for Video Technology, 2005, 15(9): 1113-1123.

[40] Chi M C, Chen M J, Yehb C H, et al. Region-of-interest video coding based on rate and distortion variations for H. 263＋[J]. Signal Processing: Image Communication, 2008, 23 (2):127-142.

[41] Tang C, Chen C, Yu Y, et al. Visual sensitivity guided bit allocation for video coding[J]. IEEE Transactions on Multimedia, 2006, 8(1):11-18.

[42] Cavallaro A, Winkler S. Perceptual Semantics. Chapter I: Digital Multimedia Perception and Design[M]. Toronto: Idea Group Inc. , 2006.

[43] Engelke U, Nguyen V X, Zepernick H J. Regional attention to structural degradations for perceptual image quality metric design[C]. IEEE International Conference on Acoustics, Speech and Signal Processing, Las Vegas, 2008.

[44] Wang Z, Bovik A C, Sheikh H R, et al. Image quality assessment: From error visibility to structural similarity[J]. IEEE Transactions on Image Processing, 2004, 13(4):600-612.

[45] ISO/IEC JTC1/SC29/WG11. Joint multiview video model(JMVM)7. 0[S]. Istanbul, 2008.

[46] 姜求平,邵枫,蒋刚毅,等. 基于视觉重要区域的立体图像视觉舒适度客观评价方法[J]. 电子与信息学报, 2014, 36(4):875-881.

[47] 姜求平. 基于显著分析的立体图像视觉舒适度及质量评价研究[D]. 宁波:宁波大学, 2015.

[48] Jiang Q, Shao F, Jiang G, et al. A depth perception and visual comfort guided computational model for stereoscopic 3D visual saliency[J]. Signal Processing: Image Communication, 2015, 38(C):57-69.

[49] Shao F, Jiang Q, Jiang G, et al. Stereoscopic visual attention guided seam carving for stereoscopic image retargeting[J]. IEEE/OSA Journal of Display Technology, 2016, 12(1): 22-30.

[50] Jiang Q, Shao F, Jiang G, et al. Leveraging visual attention and neural activity for stereoscopic 3D visual comfort assessment[J]. Multimed Tools and Applications, 2016, 76 (7):9405-9425.

第8章 低复杂度三维视频编码

为了传输和存储三维电视和自由视点电视等三维视频系统中庞大的三维视频数据,现有的三维视频编码方法和标准采用了视点可分级、多参考帧、可变尺寸模式选择、运动/视差补偿预测等技术来提高压缩效率,同时也导致其编码复杂度呈几倍甚至几十倍的增长,这迫切需要发展低复杂度编码技术,从而在保证视频质量不受影响的前提下,提升编码速度,以实现实时视频系统应用。考虑到三维视频包括多视点视频、MVD 等形式,本章就多视点视频、MVD 的低复杂度编码进行讨论。

8.1 引　　言

三维视频的数据量是二维视频的几倍甚至几十倍[1-4]。显然,如此庞大的数据量不利于三维视频数据传输和存储,因此必须对三维视频信号进行高效压缩[5-8]。同时,现有三维视频编码标准(JMVC、3D-HEVC)中采用了视点可分级、多参考帧、可变尺寸模式选择、运动估计和视差估计等技术以提高视频编码效率,这导致编码复杂度显著提升[8-11]。因此,编码复杂度也是三维视频系统应用需要解决的一个重要问题。

从视频编码应用与系统实现角度考虑,可从系统级、算法级和指令级等方面来降低视频编码系统的复杂度。在系统级,可根据具体的视频系统应用环境设计整体视频编码系统方案解决复杂度问题[12],例如,对于基于无线视频传感网络的视频应用系统,由于编码端的计算能力、电源供给能力非常有限,分布式视频编码(distributed video coding,DVC)方案是一种有效的整体复杂度控制方法[13]。对于一般的视频系统,直接选择基于编码标准的视频压缩方案就可。对于传输信道性能不佳的情形,多描述视频编码方案可能是一个值得考虑的选择。

在系统级的整体视频编码方案已确定的情况下,还可以在算法级降低编码的复杂度,通过快速帧内/帧间预测(宏块模式选择、多参考帧选择)等来实现视频系统的低复杂度编码[8,14,15]。现有大多数视频应用系统采用了国际国内视频编码标准(如 H.264/AVC、HEVC、H.264/MVC、3D-HEVC 和 AVS 等)对视频数据进行压缩,这些视频编码标准的计算复杂度问题成为研究热点[9,16,17]。指令级低复杂度视频编码是在系统级、算法级低复杂度编码的基础上,基于具体系统软硬件平台通过系统指令优化来进一步降低编码复杂度。以下先概要分析系统级、算法级和指令级低复杂度视频编码方案。

8.1.1　系统级低复杂度视频编码

在无线传感网络视频应用系统中,编码端的计算能力、内存容量、耗电量等都受限,而对解码端功耗限制相对较小。当前主流视频编码技术如 H. 264/AVC、HEVC 等的视频编码复杂度一般为其解码器复杂度的 5～10 倍甚至更多。因此,无线网络视频应用与主流视频编码标准中编解码端的复杂度分布特性恰好相反;因而在此类应用环境下,直接采用现有视频编码标准进行数据压缩并非是最佳的,低复杂度视频编码是无线传感网络视频应用的关键技术之一。

系统级的低复杂度视频编码优化主要是通过合理分配运算量以及增强运算能力来提高编码或解码速度,如分布式视频编码、并行视频编码等。其中,分布式视频编码是分布式计算和视频编码技术结合的产物。为了实现低复杂度视频编码,将视频编码中一些非常复杂的、编码耦合性不强的模块放在专业服务器上完成,而在网络的输入端与客户端只需做一些简单的串行处理工作。

分布式视频编码具有编码器复杂度低、编码端耗电量低、容错性好等特点,适合一些计算能力、内存容量、电量都受限的无线视频传感器网络等。分布式视频编码通常采用编码端独立编码、解码端联合解码的方式,彻底改变了传统视频编码标准中编解码端复杂度分布状况;典型的分布式视频编码包括基于 Wyner-Ziv 的分布式视频编码[18-20]和基于网络驱动(network-driven)的分布式视频编码[12,21,22]。

1. 基于 Wyner-Ziv 的分布式视频编码

在视频编码标准中,帧间预测的计算复杂度占据了视频编码的大部分计算复杂度。分布式视频编码正是从免除或显著减少帧间预测的方式来降低视频系统编码端的计算复杂度[23]。Slepian 和 Wolf 最早从理论上证明了互相独立地编码两路信号 X 和 Y,其总码率依然可以降低至两路信号的联合熵 $H(X,Y)$,就像是对两路信息 X 和 Y 进行联合编码一样;并基于该理论提出了 Slepian-Wolf 编码[24],表示为

$$\begin{cases} R_x + R_y \geqslant H(X,Y) \\ R_x \geqslant H(X|Y), \quad R_y \geqslant H(X|Y) \end{cases} \tag{8.1}$$

此后,Wyner 与 Ziv 在 Slepian-Wolf 编码理论基础上,提出了边信息(side information,SI)辅助解码的 Wyner-Ziv 编码(Wyner-Ziv coding,WZC)理论[25]。

作为一个例子,图 8.1(a)给出一种基于离散余弦变换的 Wyner-Ziv 编码预测残差编码框图,编码端不存在帧间预测,计算复杂度小,以此实现低复杂度的编码。图 8.1(b)给出了基于 Wyner-Ziv 编码的多视点视频编码结构,图中各视点间并不通信,彼此独立编码。按照边信息技术的不同,基于 Wyner-Ziv 编码的多视点视频

编码边信息生成算法可分为时域边信息生成(temporal SI generation,TSG)算法、视点间的边信息生成(inter-view SI generation,ISG)算法。时域边信息生成算法主要是利用了视频序列前后几帧中运动情况一致性或者相似性。但在实际序列中,由于场景变化、相机移动、颜色失真、物体运动不规则等因素的影响,视频序列前后时刻相邻帧的运动情况可能会发生较大变化,使得当前帧存在不可预测性。另外,由于缺乏原始数据,边信息生成算法在遮挡暴露区域处理上显得困难。按照预测原理的不同,时域边信息生成算法可划分为线性预测和非线性预测两种算法;而按照参考帧位置不同,时域边信息生成算法又可分为运动矢量外推和运动矢量内插两种算法。

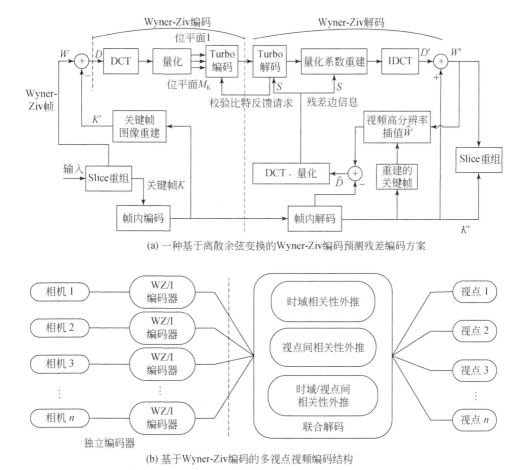

(a) 一种基于离散余弦变换的Wyner-Ziv编码预测残差编码方案

(b) 基于Wyner-Ziv编码的多视点视频编码结构

图 8.1 Wyner-Ziv 编码方案

2. 基于网络驱动的分布式视频编码

基于 Wyner-Ziv 编码的分布式视频编码主要是在编码端采用了帧内预测加上相应的边信息重建技术来实现低复杂度编码,其对于编码效率的提升有限。基于网络驱动的分布式视频编码[12,26]则是将编码过程中高计算复杂度的模块从编码端移至网络中心节点(network center node,NCN),以此降低无线视频传感网络编码端的功耗。如图 8.2 所示,基于网络驱动的分布式视频编码系统[12,21]主要包含:位于编码端的带视频编码功能的采集相机(video camera/encoder)、位于网络中心节点的计算单元(high power CPU)、位于用户端的视频解码/显示终端(video decoder/display)等功能模块。相机及编码器受到功耗限制,计算能力有限,它通过网络与网络中心节点相连,一方面接收来自网络的编码驱动信息,另一方面将编码后的视频流发送给网络中心节点。网络中心节点由计算能力强大、功能齐全的流媒体服务器组成,除了要计算并产生视频编码驱动信息,还要将视频流通过网络转发给终端用户。视频解码/显示终端模块主要实现对视频采集数据的解码与显示,此外还可实现用户和网络中心的交互。

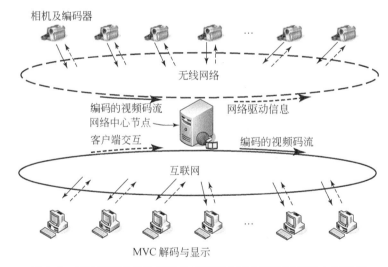

图 8.2　基于网络驱动的无线传感阵列多视点视频编解码方案[12,21]

8.1.2　算法级低复杂度视频编码

算法级低复杂度视频编码方法是在不改变视频编码标准结构的前提下,针对编码器中最耗时的模块进行优化,如运动估计、宏块编码模式选择、多参考帧选择、整数变换等。H.264/AVC 采用许多优化技术来提高编码效率,这也导致其复杂度明显增加[27,28]。H.264/AVC 帧内预测编码采用了 4×4 子块或 16×16 宏块，其中 4×4 子块有 9 种预测模式，16×16 亮度宏块有 4 种预测模式。H.264/AVC 帧间预测的亮度宏块可划分为 16×16、16×8、8×16 和 8×8 块等 4 种，而 8×8 块方式还可进一步划分为 8×8、8×4、4×8 和 4×4 块等子块。H.264/AVC 的宏块编码模式可分为 Skip、Inter16×16、Inter16×8、Inter8×16、Inter8×8Frext、Inter8×8、Intra16×16、Intra8×8 和 Intra4×4 等。其中，Skip 模式是所有编码模式中最简单、计算量最小的模式。对于每种帧间预测模式都需分别进行前向、后向和双向预测的多个参考帧搜索来确定最佳参考帧、最佳运动矢量，因而其计算量巨大。

若对 H.264/AVC 的帧内模式进行全搜索，则需搜索 $4\times(4+16\times9)$，共 592 次，这意味着需要进行 592 次不同帧内模式的率失真代价计算来得到最佳帧内模式。而帧间模式 Inter16×16、Inter16×8、Inter8×16、Inter8×8Frext 和 Inter8×8 等的选择具有较大的计算复杂度，其原因在于每种帧间模式在进行运动估计时，都需要分别进行前向、后向和双向预测的多个参考帧搜索。假定搜索范围设定为 96，则在一个参考帧内需要搜索的整像素点个数为 $(96\times2+1)^2=37249$。为了提高视频编码效率，H.264/AVC 还引入了 1/2 和 1/4 像素精度的运动矢量，进一步增加了运动估计的计算量。H.264/AVC 帧间预测采用了 RDO 技术，选择最优的模式实现编码率失真代价最小。在 RDO 过程中，首先在指定参考帧的情况下求出最优运动矢量，然后按多参考帧代价计算选择出最优参考帧，最后进行所有模式的遍历选择最佳模式。RDO 具有非常高的计算复杂度。

HEVC 在编码块/预测块/变换块尺寸、帧内预测、帧间预测等技术要比 H.264/AVC 更加先进和复杂，在提高编码效率的同时也成倍增加了编解码复杂度。据测试，HEVC 的编码效率比 H.264/AVC 提高了 1 倍左右，但计算量增加了 $2\sim4$ 倍甚至更多[16,29]。在基于 H.264/AVC 的单视点视频编码基础上，面向多视点视频数据，人们进一步发展了多视点视频编码标准 H.264/MVC(JMVC)，并研制 JMVM 作为多视点视频信号编解码测试平台[30]，以及基于 HEVC 的 3D-HEVC(和 MV-HEVC)编码标准。

H.264/AVC、HEVC、JMVC、3D-HEVC 等为了更为有效地实现码率压缩，采用了多帧参考技术，这些技术虽然能够提高视频编码效率，但编码器端的计算复杂度成倍增长，如何有效解决数据的调度问题，提高搜索速度是该技术得到成功应用的前提[7-11]。

8.1.3　指令级低复杂度视频编码

在完成编解码算法级优化的基础上，若要进一步降低编码计算复杂度，通常就需要进行编码系统的指令级优化。以 H.264/AVC 编码为例，需要优化的模块有 SAD、DCT、IDCT、插值、内存操作和输入输出模块等。在进行指令级优化时，可以先进行 C 代码的优化,针对硬件的具体特征进行代码功能精简、数据结构优化、循环优化、代码并行化处理。在优化完成 C 代码后,可以用性能测试软件测试特定模块的性能,再考虑用单指令多数据(single instruction multiple data,SIMD)指令集进行改写。针对多媒体数据处理,Intel 公司推出了多媒体扩展(multimedia extension,MMX)技术。MMX 技术是在 CPU 中加入了专为视频信号、音频信号以及图像处理而设计的 57 条指令,其中最基本的是单指令多数据技术。该技术允许利用任何新增加的单个指令处理多组数据。因此,MMX CPU 极大地提高了多媒体(如立体声、视频、三维动画等)处理功能,比普通 CPU 在运行含有 MMX 指令的程序时,处理多媒体的能力提高了 60% 左右。随着多核技术的不断发展,Intel 公司推出了 Intel 高性能多媒体函数库等,这无疑使得编解码执行变得更为快速有效。

8.2　基于网络驱动的分布式三维视频编码

作为三维视频系统的特例,FTV 可以使用户自由选择观看的视点和方向,获得更加真实的三维视觉感知。为了绘制高质量的虚拟视点图像,FTV 可能需要密集相机阵列进行真实视点成像。与单视点视频相比,FTV 要处理至少 N 倍的数据量(N 为视点数)。只有采用具有高效低复杂度的编码技术,才能进行实时有效的数据存储与传输。

图 8.3 为日本名古屋大学构建的两套密集相机阵列视频采集系统[31],该系统视频采集不仅数据量大,而且相机与计算机间存在大量数据连线。因此,密集相机阵列和网络中心节点之间最好采用无线传输模式。此外,视频阵列各相机间难以实现通信,各视点通常需要独立编码。为了精简系统,可采用 Wyner-Ziv 视频编码方案[18-20],但它们的视频数据压缩效率有待于进一步改进。

图 8.3　日本名古屋大学构建的密集相机阵列的视频采集系统

8.2.1　基于网络中心节点运动矢量外推的无线传感阵列多视点视频编码

　　在基于无线视频传感网络的应用系统中,由于资源的限制,编码端要求低复杂度、低功耗。为了降低无线传感阵列多视点视频编码端的复杂度,可以将编码端的计算复杂度转移到网络中心节点或解码端。本节给出基于网络中心节点运动矢量外推的无线传感阵列多视点视频编解码方案[21],如图 8.4 所示。由于密集型视频传感阵列各视点间通信复杂,布线繁重,各相机节点内的编码器的计算能力、存储能力和功耗有限,难以完成复杂的编码过程,该方案利用运动矢量外推逼近技术将大量的运动估计计算从编码端迁移至网络中心节点,以降低计算复杂度。

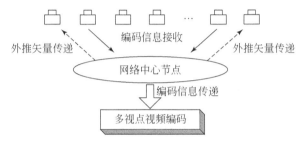

图 8.4　基于网络中心节点运动矢量外推的无线传感阵列的多视点视频编解码

　　在图 8.4 中,各视点间不进行通信,而是利用网络中心节点反馈的外推运动矢量进行独立视频编码,为了进行运动矢量外推,每个图像组初始时可考虑采用两个H.264-I 帧;对于网络中心节点,利用已解码的视频图像,采用非线性外推法获取外推运动矢量,再将其反馈给无线传感阵列多视点视频编码端,编码端利用接收到的编码信息以及逼近后的运动矢量,进行高效视频编码。上述通过网络中心节点产生运动矢量的方法并不增加解码的计算量。

　　非线性外推得到的运动矢量与真实运动矢量之间存在偏差,需要进一步求精。根据前述分析可知,对于当前帧中的背景块,其外推运动矢量与真实运动矢量的偏差小。而对于有不同特征的运动块,其情况则不尽相同:若运动块较为平坦,即使运动矢量略有偏差,该运动块的预测残差也相对较小;若运动块为纹理块,或者该运动块位于遮挡或暴露区域(通常在物体边缘附近),即使外推运动矢量偏差不大,其预测残差也相对较大。因此,从降低编码复杂度的角度出发无须对背景块和平坦运动块的外推运动矢量进行修正求精,而从提高编码压缩效率的角度出发则应对位于纹理区和遮挡暴露区的运动块的外推运动矢量进行修正求精。

　　考虑到纹理区和遮挡暴露区的运动块的预测残差较大,可利用 SAD 值的大小来判断块的特征;将相应的 16×16 宏块划分成 4 个 8×8 块,分别记为 $S_i(i=1,2,\cdots,4)$,令 $SAD_{ij}=SAD(S_i)-SAD(S_j)$,若 $SAD_{12}<T_{SAD}$、$SAD_{23}<T_{SAD}$ 且 $SAD_{34}<$

T_{SAD},则该块为背景块或平坦块;反之,为纹理块或遮挡暴露块。块特征判定在网络中心节点进行的优点是进一步降低了编码器的计算复杂度,但块特征需要反馈给编码端,增加了通信的开销,而且块特征判定的误差相对后一种方法也更大,因而其率失真性能也有一定的损失。

由于运动矢量具有较强的空间相关性,可先利用当前块的 8 个相邻块的外推运动矢量对当前块外推矢量进行 x、y 方向的中值滤波修正,以排除孤立块运动矢量所引起的严重偏差;再根据当前块特征决定是否对其外推运动矢量进行求精:对于背景块及平坦块直接采用中值滤波后的运动矢量;而对于纹理运动块或遮挡暴露块,则采用十字形二次匹配法对其运动矢量进行求精。十字形二次匹配法是指对由外推运动矢量所指示的点及与其同行或同列的四个相邻点进行块匹配搜索,从中选择具有最小残差的点计算得到运动矢量的方法。对编码后残差仍然较大的块,可以通过与相应帧内预测块(I块)的率失真优化计算比较,适时地用 I 块进行替换。虽然十字形二次匹配法需要在编码端才能完成,但由于该算法只有部分宏块需要对步长为±1 的十字形的 5 个点进行搜索,因此与传统运动估计相比,极大地降低了计算复杂度;此外,在匹配算法中还加入了提前终止算法,在保持编码率失真性能不变的前提下也可进一步降低计算复杂度。

8.2.2　基于视点分层的无线传感阵列多视点视频编码

为了进一步提高密集相机采集数据的压缩效率,这里对 8.2.1 节中的基于网络中心节点运动矢量外推的无线传感阵列多视点视频编码方法进行改进,给出如图 8.5 所示的基于视点分层的无线视频传感阵列多视点视频编码框架[12]。首先,由相机阵列捕获现实场景的图像数据形成简单视频码流发送到网络中心节点,经网络中心节点处理获得网络驱动信息并发送回相机端;然后,无线传感阵列编码端依据从网络中心节点接收到的网络驱动信息进行低复杂度和高压缩效率的视频编码;最后,将编码端的高效视频编码码流传送至网络中心节点和用户端。网络中心节点由功能强大的流媒体服务器组成,具有较强的实时处理能力。网络中心节点先解码来自相机端的视频流,并对解码图像进行处理,该处理过程包括两部分:生成有效的视差信息,将压缩后的视差码流和视频流一起发送至用户端;进行时域率失真优化预测和虚拟视点预测,生成网络驱动信息发送至相机端。用户端解码得到密集视点视频数据,然后根据虚拟相机的位置信息绘制出任意视点图像。

在图 8.5 系统中,无线传感阵列采集的视点分为基本层视点(base view,BV)和增强层视点(enhanced view,EV)。各视点交替排列,彼此不进行通信,仅依靠从网络中心节点发送的网络驱动信息进行当前帧编码。该编码方案将计算量庞大的率失真优化过程移到网络中心节点实现,降低相机端视频编码的复杂度。为求取相应网络驱动信息,在编码基本层视点视频信号时,相机端在每个图像组初始放置

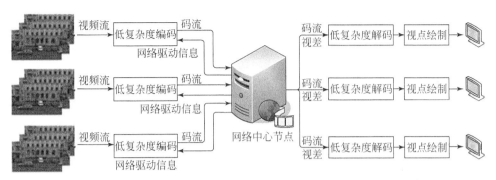

图 8.5　基于视点分层的无线传感视频阵列多视点视频编码框架[12]

两个 H. 264/AVC 的 I 帧。而在编码增强层视点视频信号时,考虑到可以利用视点间相关性,只需放置一个 H. 264/AVC 的 I 帧。

1. 网络中心节点

视频序列的时域相关性很强,可利用前一时刻帧物体运动状况,推导出当前时刻帧物体的运动情况。借鉴这一特性,可采用前一时刻率失真优化结果推导出当前帧编码时所需的网络驱动信息。另外,由于相机阵列视频数据之间也存在较高的相关性,可以通过视差估计补偿挖掘视点间冗余,以进一步提高压缩效率。图 8.6 给出了图 8.5 中编码方案的网络中心节点的算法流程图,其中相关模块如下:

(1)区分当前编码视点的类型:若当前视点为基本层视点,则转入步骤(2);否则,转入步骤(3)。

(2)时域率失真优化预测:在编码基本层视点时,中心节点对已解码的前一时刻图像,进行时间轴上的外推,产生网络驱动信息编码当前帧。

(3)视差图的生成和虚拟预测帧绘制:网络中心节点对相邻基本层视点进行视差估计,产生增强层视点的虚拟预测图像。该过程首先求取 8×8 块视差,再以 8×8 块视差为基准,求取 4×4 块大小视差,其后以 4×4 块视差为基准,求取单像素精度视差,最后利用单像素视差,以及相邻基本层视点绘制虚拟预测帧。

(4)块视差矢量编码:为了减轻用户端的负担,将绘制视点阶段最耗时的视差估计部分转移到有强大计算能力的网络中心节点进行计算。网络中心节点得到块视差矢量信息,采用无失真编码方式传输给用户端,用户端在进行视差估计求解深度信息时参考块矢量信息以提高估计的速度和精度。将视差信息转移到网络中心节点计算,涉及视差分辨率以及压缩方式两个问题。一些研究表明,8×8 块视差图在传输代价、视差信息的准确性及用户端绘制复杂度方面都较为合适[32]。因此,选取 8×8 块精度视差图,经 CABAC 无失真编码发送至用户端进行视差图求精并用于虚拟视点图像绘制。

(5)视点间率失真优化预测:在得到虚拟预测帧后,以该预测图像作为当前时刻编码帧,以式(8.2)~式(8.4)为代价函数,进行率失真优化,产生网络驱动信息,发送至相机端编码。公式中的 MV_COST 表示运动矢量代价;REF_COST 表示参考帧选择代价;MODE_COST 表示块模式选择代价;SAD 是当前块和参考帧搜索位置块的差值;SSD 为当前块与重构块的差值;MV_Bits 是编码运动矢量 MV 的比特数;REF_Bits 是编码参考帧号的比特数,由参考帧给出;BLOCK_Bits 为某种块模式下的块编码比特数,由熵编码结果给出,包括残差块、运动矢量和参考帧编码比特数;λ_{MODE}、$\lambda_{\text{motion\_factor}}$ 为用于模式择优的拉格朗日系数;QP 为量化参数,与编码帧类型有关。率失真优化过程首先在块模式、参考帧确定的情况下,求出最优运动矢量,然后按式(8.5)求取最优参考帧,最后进行所有模式遍历。

$$MV\_COST=SAD+\lambda_{\text{motion\_factor}}\times MV\_Bits \tag{8.2}$$

$$REF\_COST=SAD+\lambda_{\text{motion\_factor}}\times[REF\_Bits+MOVE\_Bits] \tag{8.3}$$

$$MODE\_COST=SSD+\lambda_{\text{MODE}}\times BLOCK\_Bits \tag{8.4}$$

$$\lambda_{\text{MODE}}=0.85\times2^{(QP-12)/3},\quad \lambda_{\text{motion\_factor}}=\sqrt{\lambda_{\text{MODE}}} \tag{8.5}$$

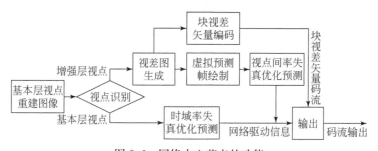

图 8.6   网络中心节点的功能

2. 率失真优化的预测技术

在之前介绍的方法中,将运动估计移到网络中心节点,通过运动矢量外推技术获得待编码帧的运动矢量,并将计算所得的运动矢量回传到相机端编码。这种方法虽然可以降低编码器复杂度,但由于预测精度不高,编码效率受到影响。因此,文献[13]在编码端对接收到的运动矢量进行了求精处理,这虽然可提高运动矢量精度,但也额外增加了编码复杂度。针对这一情况,图 8.7(a)通过基于多种模式编码、多参考帧预测的率失真优化技术既提高运动矢量预测的精度,又避免额外增加编码器的复杂度。该过程包括运动估计优化、宏块编码模式选择优化。运动估计优化包括最佳运动矢量的决定和最佳参考帧、最佳运动信息的决定。宏块编码模式选择优化则是遍历每种可用编码模式,计算出每种模式的代价,选择最佳模式作为最终编码模式。在得到所有网络驱动信息后,依据视频序列时域相关性,利用前一帧各块所得到的编码信息来推算当前帧对应位置块的编码信息。图 8.7(a)的 MV_t 表示外推运动矢量，MV_{t-1} 表示前一帧对应位置运动矢量，P_t 表示外推宏块编码模式，P_{t-1} 表示前一帧对应宏块编码模式。利用非线性外推原理，有 $\mathrm{MV}_{t-1}=\mathrm{MV}_t,P_{t-1}=P_t$。

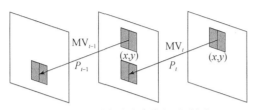

(a) 时域的率失真优化预测技术

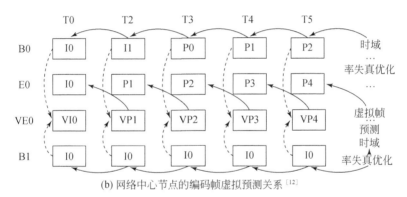

(b) 网络中心节点的编码帧虚拟预测关系[12]

图 8.7　基于视点分层的无线传感阵列多视点视频编码的预测技术

3. 网络中心节点的虚拟帧预测技术

图 8.7(b)给出了网络中心节点的编码帧虚拟预测关系。时域的率失真优化预测技术虽然可以降低编码器复杂度，但由于没有考虑待编码帧的原始数据，仅通过时域相关性进行外推，所获得的运动矢量以及宏块编码模式仍存在较大误差。图 8.7(b)利用视点间相关性来提高预测精度，图中的 E0 为 EV 视点，B0、B1 为相邻的 BV 视点，VE0 为 E0 的虚拟预测视点，虚线表示视点绘制关系，实线表示率失真优化预测关系。图 8.7(b)的算法描述如下：

(1)求取以 8×8 块为单位的视差图像 $D_{8\times8}$：以式(8.6)为代价函数，求取 B0、B1 的 8×8 块视差；其中，C_{sim} 为 8×8 块的 SAD 值，C_{reg} 为相邻视差平滑约束，D 为视差图，$\lambda=1$ 为平滑约束系数，用以控制平滑程度。

$$C(x,y,d)=C_{\mathrm{sim}}(x,y,d)+\lambda C_{\mathrm{reg}}(x,y,d) \qquad (8.6)$$

$$C_{reg}(x,y,d)=\frac{1}{4}(|D(x-1,y)-d|+|D(x-1,y-1)-d|+|D(x,y-1)-d|$$
$$+|D(x+1,y-1)-d|)$$

$$(8.7)$$

$$f(x,y)=\begin{cases}1, & \max(d-d[i])>T, i\in[0,7]\\0, & 其他\end{cases}$$

$$(8.8)$$

(2)求取以 4×4 块为单位的视差图像 $D_{4\times4}$：以 $D_{8\times8}$ 为基础，按照式(8.8)计算 $f(x,y)$，阈值 T 为1，d 为视差值，$d[i]$ 为周围第 i 邻域视差值。若 $f(x,y)=1$，则以 4×4 块为单位求取视差图 $D_{4\times4}$；否则，判断当前 8×8 块中 4 个 4×4 块具有相同的视差 d。

(3)求取单像素视差图像 D_{piexl}：以 $D_{4\times4}$ 为基础，计算 $f(x,y)$。若 $f(x,y)=1$，则以单像素为单位求取视差图 D_{piexl}；否则，当前 4×4 块中的 16 个像素点有相同的视差 d。

(4)预测图像绘制和率失真优化：设当前时刻为 t，在得到视差图 D_{piexl} 后，通过虚拟视点绘制技术绘制出视点 VE0 的 t 时刻图像 VPt。然后用 VPt 进行运动估计率失真优化、宏块编码模式选择率失真优化，得到最佳宏块编码模式。

选用 JM8.6 作为实验平台，采用 Akko 作为测试序列，抽取 Akko 第 26、27、28 视点各 100 帧图像进行测试，编码帧率为 30 帧/s。图 8.8 为本节方法与其他编码方法的率失真性能比较，图中，H.264_I 表示 H.264 帧内编码方案、H.264_P 表示 H.264 帧间编码方案、MoExtrapol 表示文献[13]提出的算法、NetDr-RDO 表示本节的基于时域率失真优化预测技术的网络驱动编码方案，NetDr-Pre_RDO 表示本节的基于虚拟帧预测技术的网络驱动编码方案。研究表明，本节所给出方法性能优于 MoExtrapol 算法；其中，就 Akko 序列来说，NetDr-RDO 与 NetDr-Pre_RDO 率失真性能接近，都比 MoExtrapol 高出了 1.5dB 左右。另外，虚拟预测技术受相机间距影响，当间距较大时，预测精度就会下降，时域率失真优化技术不受相机间

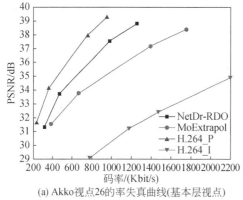

(a) Akko视点26的率失真曲线(基本层视点)

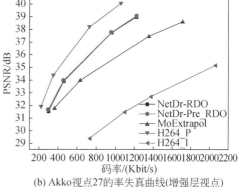

(b) Akko视点27的率失真曲线(增强层视点)

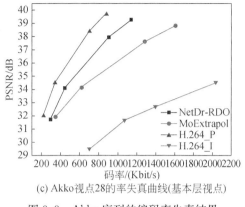

图 8.8 Akko 序列的编码率失真结果

距影响,但无论是采用虚拟帧技术还是时域率失真优化技术,编码效果都要优于运动矢量外推的编码方法。针对自由视点视频的密集相机阵列采集的多视点视频,本节方法通过网络中心节点的率失真优化技术,既提高了运动矢量预测精度,又不增加编码器额外计算量。结果表明本节方法降低了无线传感阵列编码端的计算复杂度,同时保持了较高的编码性能。在此基础上,Shao 等[22]进一步通过颜色校正,给出了多相机成像时颜色不一致问题的解决途径,并进一步改进了系统的编码性能。

8.3 基于联合多视点视频模型的多视点视频编码快速算法

JVT 提出了多视点视频编码标准 MVC,并提供了相应的校验模型,即联合 JMVM 作为多视点视频编解码的研究平台,JMVM 兼具 H.264/AVC 中可变尺寸块、多参考帧运动估计和率失真优化等编码特征[30],其宏块模式包括 Skip、Inter16 ×16、Inter16×8、Inter8×16、Inter8×8、Inter8×8Frext、Intra16×16、Intra8×8 和 Intra4×4 等。JMVM 中采用了对各个宏块编码模式全遍历的选择方法。

8.3.1 基于动态多阈值的多视点视频编码宏块模式选择快速算法

图 8.9 是 JMVM 中多视点视频编码的分层 B 帧预测结构,利用多视点视频编码宏块模式选择的相关特性,可以有效提高编码速度[33-35]。本节根据多视点视频编码中宏块模式选择的统计特性,采用 3 个动态更新的阈值来提前终止宏块模式选择过程,以提高编码速度。

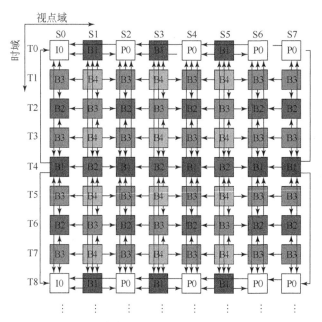

图 8.9　JMVM 中多视点视频编码的分层 B 帧预测结构

1. 宏块模式选择统计特性参数及宏块模式的分类

在 JMVM 中,每个宏块按照率失真优化技术选择最优宏块模式。在多视点视频编码过程中,各帧编码宏块模式选择具有相应的统计规律。为了描述统计特性,引入参数 $N(M)$ 和 $T(M)$,分别表示在帧编码过程中最优宏块模式属于宏块模式类 M 的概率及其率失真代价平均值,计算公式如下:

$$N(M)=\frac{\sum\limits_{g=1}^{HV}\phi(g,M)}{HV},\quad \phi(g,M)=\begin{cases}0,& m\notin M\\1,& m\in M\end{cases} \tag{8.9}$$

$$P(M)=\frac{\sum\limits_{g=1}^{HV}(\phi(g,M)\mathrm{Rd}(g,m))}{\sum\limits_{g=1}^{HV}\phi(g,M)},\quad \sum\limits_{g=1}^{HV}\phi(g,M)\neq 0,\phi(g,M)=\begin{cases}0,& m\notin M\\1,& m\in M\end{cases}$$

$$\tag{8.10}$$

式中,H、V 分别表示水平方向和垂直方向的宏块数,m 为最优宏块模式,$\mathrm{Rd}(g,m)$ 为第 g 个宏块的最优宏块模式的代价。

采用 JMVM 帧间预测宏块选择算法,对测试序列 Ballroom 中 8 个视点采用分层 B 帧编码结构进行编码,其中的 S0T4 帧宏块模式选择统计结果如表 8.1 所示。各宏块模式的分布数量比例和率失真代价均值是不均衡的,具体特征为[2]:

（1）Skip 模式所占比例最大，为 71.83%，其率失真代价均值最小，为 3383.79。

（2）Inter16×16 占较大比例，为 13.25%；其率失真代价均值为 6142.68。

（3）Inter16×8 和 Inter8×16 所占比例相当，分别为 4.09% 和 4.33%，率失真代价均值接近，分别为 9886.00 和 9092.33。

（4）Inter8×8、Inter8×8Frext 以及帧内预测模式（表中用"其他模式"表示）所占比例较小，合计比例为 6.5%，率失真代价均值较大，Inter8×8 和 Inter8×8Frext 的率失真代价均值为 12689.78，帧内预测模式的率失真代价均值为 11888.79。

表 8.1　Ballroom 序列的分层 B 帧预测结构中 S0T4 帧宏块模式选择情况统计

类型	{Skip}	{Inter16×16}	{Inter16×8}	{Inter8×16}	{Inter8×8,Inter8×8Frext}	其他模式
P(类型)	3383.79	6142.68	9886.00	9092.33	12689.78	11888.79
N(类型)	71.83%	13.25%	4.09%	4.33%	3.75%	2.75%

对其他多视点视频测试序列进行分析也有相似的统计结果，可以把宏块模式分为 4 类，即 {Skip}、{Inter16×16}、{Inter16×8,Inter8×16} 和 {Inter8×8,Inter8×8Frext,Intra16×16,Intra8×8,Intra4×4}，分别用 M_1、M_2、M_3 和 M_4 表示。

2. 算法描述及其率失真性能分析

在 JMVM 编码过程中，定义 4 类宏块模式的率失真代价均值为 $P(M_1)$、$P(M_2)$、$P(M_3)$ 和 $P(M_4)$，它们之间的差别比较大。若 $P(M_1)$、$P(M_2)$、$P(M_3)$ 和 $P(M_4)$ 已知，则可以用来建立阈值条件以提前终止宏块模式搜索过程。在快速算法中，如果采用单阈值作为宏块模式搜索过程提前终止条件，常常难以搜索到最优的宏块模式。针对该问题，本节提出的快速算法将采用 3 个阈值，其值为 JMVM 中模式类率失真代价均值 $P(M_1)$、$P(M_2)$ 和 $P(M_3)$，具体流程如图 8.10 所示。

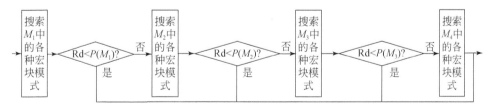

图 8.10　基于动态多阈值的多视点视频编码宏块模式选择快速算法

在图 8.10 的快速算法中，Rd 表示宏块模式搜索时的率失真代价值，M_1 类中的宏块模式搜索的优先级高于 M_2 类中的宏块模式，即只有在搜索了 M_1 类中的宏块模式后，才进行搜索 M_2 类中的宏块模式。以此类推，M_2 类中的宏块模式的搜索

优先级高于 M_3 类中的宏块模式，M_3 类中的宏块模式的搜索优先级高于 M_4 类中的宏块模式。在各宏块模式类中的宏块模式具有相同的搜索优先级。只要在宏块模式搜索过程中满足三个阈值条件之中的任何一个，均能提前结束宏块模式搜索，从而提高宏块模式选择速度，达到提高编码速度的目的。

采用上述方法可能引起很少数量的宏块模式误匹配，即快速宏块模式算法中选择的宏块模式和 JMVM 中通过全搜索得到的最优宏块模式的不一致。因此，该帧的编码率失真性能会略有下降，而且这种误匹配也会影响直接或者间接以当前帧作为参考帧进行编码的率失真性能。在 JMVM 中，若第 k 个宏块的最优宏块模式属于 M_i，同一个宏块采用上面所提出的快速算法的编码模式属于 M_j，如果该宏块出现误匹配，则必须满足以下条件：

(1) $j<i$。

(2) $\mathrm{Rd}(k,m_i)<\mathrm{Rd}(k,m_j)$。

(3) $\mathrm{Rd}(k,m_l)\geqslant P(M_l)，1\leqslant l<j$。

在条件(2)和(3)中，m_i、m_j 和 m_l 分别为宏块类 M_i、M_j 和 M_l 中率失真值最小的宏块模式。上述条件是单个宏块误匹配的条件。因此，利用条件对整帧宏块进行统计分析，才能衡量该算法的编码性能。对视频序列中的一帧图像采用快速算法进行编码时，出现宏块模式误匹配的概率为

$$K=\sum_{g=1}^{4}\big[\mu_g N(M_g)\big] \tag{8.11}$$

式中，$N(M_g)$ 为该帧图像在采用 JMVM 宏块模式选择算法时最优宏块模式属于宏块类 M_g 的比例，μ_g 为最优宏块模式属于宏块类 M_g 的宏块在宏块模式选择快速算法出现误匹配的概率。由于宏块误匹配必须满足上述严格的约束条件，所以 μ_i 非常小。特别地，由于误匹配条件(1)，所以 $\mu_1=0$，即在 JMVM 中最优宏块模式类属于 C_1 的宏块不可能出现误匹配。

3. 阈值的计算和动态更新

前面提出的多阈值快速编码算法有一个前提条件是多个阈值已知。因此，为了实现该算法，必须找到一种合理的阈值计算与更新方法。经过系列的实验分析发现，$P(M_i)$ 和拉格朗日乘子与时间参考帧的所有宏块率失真代价均值呈近似线性关系，如图 8.11 所示。图 8.11(a) 中的横坐标为拉格朗日乘子，纵坐标为 Ballroom 序列在分层 B 帧预测结构中 S0T6 帧宏块类率失真代价均值 $P(M_1)$、$P(M_2)$ 与 $P(M_3)$；图 8.11(b) 中的横坐标为参考帧 S0T6 率失真代价均值 $P(M_1\cup M_2\cup M_3\cup M_4)$，纵坐标为当前帧宏块模式类率失真代价均值 $P(M_1)$、$P(M_2)$ 与 $P(M_3)$。本节快速算法的阈值计算公式如下：

$$P(M_i)\approx a_i L+b_i R+c_i，\quad i=1,2,3 \tag{8.12}$$

式中,L 为拉格朗日乘子,R 为参考帧的所有宏块最优宏块模式率失真代价的均值,a_i、b_i 和 c_i 为线性关系的系数。

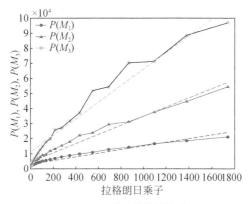

(a)$P(M_i)$和 L 的线性关系

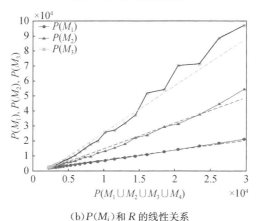

(b)$P(M_i)$和 R 的线性关系

图 8.11　$P(M_i)$ 与拉格朗日乘子 L 和参考帧率失真均值 R 的线性关系(Ballroom 序列的 S0T6 帧)

R 通常在该帧编码后才能计算得到,这形成了一个僵局,即上面的公式也不能直接用于计算阈值。在算法的实际实现中,R 可以用已经编码的同一个图像组中 anchor 帧的平均率失真代价进行估算。通常情况下,anchor 帧通常采用 I 帧、P 帧或者仅有视点参考的 B 帧编码,所以其平均率失真代价均值一般大于非 anchor 帧的率失真代价均值。如图 8.12 所示,Ballroom 序列中序号为 0、12 和 24 的 anchor 帧的率失真代价均值超过 7500,而其他非 anchor 帧的率失真代价均值约为 5050。因此,式(8.12)可修正为

$$P(M_i) = a_i'L + b_i'R' + c_i', \quad i = 1, 2, 3 \tag{8.13}$$

式中,L 为拉格朗日乘子,R' 为同一图像组中 anchor 帧的率失真代价均值。由于 L 通常比 R' 小 1~2 个数量级,所以 $P(M_i)$ 主要由 $b_i'R'$ 确定,$a_i'L + c_i'$ 用于对 $P(M_i)$

进行微小调节。在本节快速算法中,线性系数 a_i'、b_i' 和 c_i' 可按经验值设置如下:a_1' $=-5$,$a_2'=-5$,$a_3'=20$,$b_1'=0.45$,$b_2'=0.75$,$b_3'=0.9$,$c_1'=0$,$c_2'=0$,$c_3'=0$。

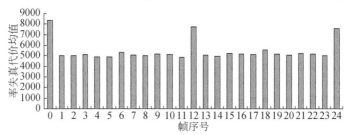

图 8.12　Ballroom 序列视点 0 的各帧率失真代价均值

在编码过程中,如果采用固定阈值,那么随着时间的推移,图像内容发生变化,势必会产生严重的宏块模式误匹配现象,导致编码率失真性能下降。由于编码图像在时间上具有非常强的相关性,因此在每个非 anchor 帧编码时,需要动态地改变阈值,这样才能保证编码的压缩效率和图像质量。本节的宏块模式选择快速算法中的阈值动态更新算法描述如下:

(1)若当前帧为 anchor 帧,则进入步骤(2),否则转步骤(3)。

(2)按照 JMVM 中宏块模式选择算法选择最优宏块模式,对该帧进行编码,并计算所有宏块的最优宏块模式的率失真代价均值 R'。

(3)根据当前帧的 QP 值,由式(8.13)动态地更新阈值 $P(M_i)(i=1,2,3)$,按照多阈值帧间预测宏块模式选择快速算法选择最优宏块模式,对该帧进行编码。

选用 Breakdancers、Ballet、Door Flowers、Alt Moabit、Ballroom、Exit 和 Race1 等 7 个代表性多视点视频测试序列对本节宏块模式选择快速算法进行测试。各序列在不同 Basis QP 的情况下,本节算法相比于 JMVM 宏块模式选择算法,其编码速度提高 1.92~7.07 倍;其中,大部分测试序列的编码速度提高倍数都在 2~4 倍的范围内,但由于 Race1 序列的 Skip 模式占据更大比例,因此有更多宏块的模式搜索过程可提前终止,其编码速度提高 3.63~7.07 倍。

8.3.2　基于宏块模式视点间相关性的宏块模式选择快速算法

多视点视频是通过多个相机从不同角度对同一场景采集而得到的。因此,各个视点视频信号间存在相关性,这些相关性可以用来提高多视点视频编码的压缩效率。例如,在图 8.9 的分层 B 帧预测编码结构中,除了时间参考帧,还引入了视点参考帧。另外,相邻视点间的相关性会带来宏块模式的相关性,这些相关性可以用来设计快速编码算法。

1. 基于宏块模式视点间相关性的宏块模式选择快速算法[2]

相邻视点间的宏块模式非常类似,因此在对当前帧进行编码时,其宏块模式选择可以参照已编码的相邻视点同一时刻帧的宏块模式。也就是说,已经编码帧的宏块模式可以用来预测相邻视点帧的宏块模式。在图 8.9 的分层 B 帧预测结构中,可以存在着预测关系:视点 0→视点 2、视点 2→视点 4、视点 4→视点 6、视点 6→视点 7、视点 0→视点 1、视点 2→视点 1、视点 2→视点 3、视点 4→视点 3、视点 4→视点 5 和 视点 6→视点 5。其中视点 i→视点 j 表示视点 i 的宏块模式可以用作视点 j 编码宏块模式的预测值。

　　如果采用分层 B 帧预测结构和上述宏块模式预测,多视点视频信号可以按照视点 0、视点 2、视点 1、视点 4、视点 3、视点 6、视点 5 和视点 7 的顺序快速地编码。其中,视点 0 可以用宏块模式全搜索的方式进行编码,其他视点中宏块编码时,如果满足设定的率失真条件,那么只要搜索相邻视点中对应宏块的模式就可以了,因而可以显著减少宏块模式搜索次数从而提高编码速度。为了实现该算法,必须确定当前宏块对应宏块的位置,这个位置可以通过当前视点和相邻视点的以宏块为单位的全局视差矢量(global disparity vector,GDV)来确定[2,36]。图 8.13 给出了GDV 的概念,在分层 B 帧编码结构中,对每个 anchor 帧进行 GDV 估计,而其他非anchor 帧通过最邻近的两个 anchor 帧的 GDV 进行插值得到。图 8.14 显示了GDV 插值方法。GDV_{cur} 为当前帧的 GDV,其计算方法为

$$\text{GDV}_{\text{cur}} = \text{GDV}_{\text{ahead}} + \left\lfloor \frac{\text{POC}_{\text{cur}} - \text{POC}_{\text{ahead}}}{\text{POC}_{\text{behind}} - \text{POC}_{\text{ahead}}} \times (\text{GDV}_{\text{behind}} - \text{GDV}_{\text{ahead}}) \right\rfloor \quad (8.14)$$

式中,$\text{GDV}_{\text{ahead}}$ 和 $\text{GDV}_{\text{behind}}$ 是时间上最相近的两个 anchor 帧的 GDV,POC_{cur}、$\text{POC}_{\text{ahead}}$ 和 $\text{POC}_{\text{behind}}$ 表示当前帧和两个相应的 anchor 帧的图像序号(picture ordercount,POC)。

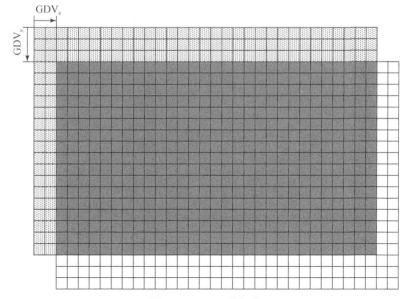

图 8.13　GDV 的概念

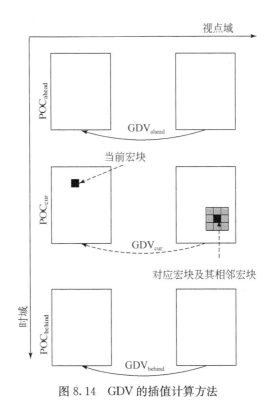

图 8.14　GDV 的插值计算方法

　　如果仅利用相邻视点中对应宏块的编码模式作为当前宏块模式选择的预测值,那么编码速度可显著提高。但由于以下原因,编码率失真性能可能会下降:

　　(1)这里 GDV 是以宏块为单位的,所以 GDV 不是当前宏块和对应宏块的真正视差,即以宏块为单位的视差和以像素或者亚像素为单位的视差相比是有误差的。

　　(2)在多视点视频中,不同区域的宏块模式的视点间相似程度是不一致的。在背景区域和静止区域的宏块模式的视点间相似程度要强于前景区域和运动区域。

　　为了消除由不精确的 GDV 和模式相似程度不一致带来的编码率失真性能的下降,在本节算法中,除了搜索相邻视点中对应宏块的模式,还要搜索相邻视点中对应宏块的周围宏块(corresponding neighboring macroblock,CNM)的宏块模式。这些宏块模式采用非重复的搜索方法。例如,相邻视点中对应宏块的模式为 Inter16×16,则 CNM 中即使有模式 Inter16×16,也不用搜索了。为了叙述方便,称相邻视点中对应宏块的周围宏块为 CNM。当前宏块、相邻视点中对应宏块以及 CNM 位置关系如图 8.14 所示。

　　根据上述分析,这里给出基于宏块模式视点间相关性的宏块模式选择快速算

法的核心流程,具体描述如下:

(1)不重复搜索相邻视点中对应宏块和 CNM 的宏块模式,得到当前率失真代价 RDcost,若 RDcost 小于某阈值,则宏块模式搜索过程结束,否则转到步骤(2)。

(2)搜索其他宏块模式,结束宏块模式搜索过程。

在快速算法实现中,阈值设置为 βE_{RD},E_{RD} 是相邻视点中对应宏块的率失真代价,β 是比例系数。阈值的设置主要适用于边缘宏块,这些宏块往往不能准确预测,且率失真通常和周围宏块有巨大的差异值。

2. 宏块模式的视点间相关性分析

宏块模式的视点间相关性是上述快速算法的基础,因此该算法的性能主要由两方面因素确定,第一方面是当前帧与相邻视点同时刻帧宏块模式的相似程度,第二方面是相邻视点帧中各种宏块模式的聚集程度。前者影响宏块模式预测的准确程度,或者说是影响算法率失真性能,后者影响宏块模式的搜索次数,即决定算法的加速性能。为了叙述方便,把宏块模式的视点间相似性和模式的聚集特性分别称为宏块模式的视点间相关性和帧内相关性。

对宏块模式的量化分析有利于验证所提出算法的有效性。以 Ballroom 序列的帧 S0T6 和 S2T6 为例来研究宏块模式的相关性。假设 S2T6 为当前编码帧,S0T6 为相邻视点的同一时刻的已编码帧。这两帧之间的 GDV 的水平和垂直分量分别为 2 和 0。根据 GDV,可以得到这两帧中的重叠区域。S2T6 中的重叠区域中最上一行、最下一行和最右一列的宏块只有一个对应宏块且 CNM 数小于 8 个。CNM 数量的变化给模式相关性分析带来了难度。为了简化分析,采用如下两种方式:

(1)在模式相关性分析中,只考虑那些有一个对应宏块和 8 个 CNM 的宏块。

(2)把宏块分为 6 种类型:①Skip;②Inter16×16;③Inter16×8;④Inter8×16;⑤Inter8×8、Inter8×8Frext;⑥Intra16×16、Intra4×4 和 Intra8×8。

如果当前宏块的坐标为 (x,y),$g(x,y)$ 为在对应宏块和 8 个 CNM 中宏块模式和当前宏块模式属于同一类的宏块个数,$h(x,y)$ 为对应宏块和 8 个 CNM 中宏块模式的种类数;则当前宏块 (x,y) 的宏块模式的视点间相关性和当前宏块的对应宏块及 8 个 CNM 的帧内相关性可以分别表示为

$$f(x,y)=\frac{g(x,y)}{9} \tag{8.15}$$

$$s(x,y)=h(x,y) \tag{8.16}$$

$f(x,y)$ 越大,表示宏块模式的视点间相关性越强;但 $f(x,y)$ 越大,宏块模式的帧内相关性越弱。通过分析 Ballroom 序列的帧 S0T6 和 S2T6 的宏块模式分布可以得知,与运动区域相比,静止区域宏块模式的视点间相关性和帧内相关性较强。例

如,帧 S2T6 中的坐标为(4,5)和(19,16)的宏块分别位于静止区域和运动区域。在帧 S0T6 中对应的宏块为(6,5)和(21,16)。S2T6 中的坐标为(4,5)的宏块及其在帧 S0T6 中的对应宏块和 8 个 CNM 的模式均为 Skip。因此,$g(4,5)=9,h(4,5)=1,f(4,5)=1,s(4,5)=1$。$f(4,5)=1$ 意味着当前宏块、对应宏块及 CNM 的模式都属于同一模式类。也就是说,对应宏块及 8 个 CNM 中任意一个宏块的模式均可用于当前宏块的编码而不会引起率失真性能的下降。$s(4,5)=1$ 意味着对应宏块和 8 个 CNM 的模式属于同一类。因此,只需要搜索一类模式就可以得到当前宏块的最优模式。对于 S2T6 中的坐标为(19,16)的宏块,其宏块模式的视点间相关性和帧内相关性分别为 $f(19,16)=0.22$、$s(19,16)=4$;与静止区域宏块相比,其宏块模式的视点间相关性弱,需要搜索的宏块模式也更多。

3. 快速算法性能分析

上述宏块模式的视点间相关性和帧内相关性的统计结果直接影响该算法的率失真性能和加速性能。图 8.15 显示了 Ballroom 序列中帧 S2T6 中各宏块和帧 S0T6 的视点间相关性。对于背景区域中的大部分宏块,$f(x,y)=1$。据统计,仅有极少数宏块和对应宏块及 8 个 CNM 的模式完全不相关。在重叠区中(除去最顶行、最下一行和最右一列)的宏块的模式视点间相关性均值达到 0.6。这意味着 $g(x,y)$ 的均值为 5.4。因此,S0T6 中绝大部分宏块的编码模式可以用来预测 S0T6 的宏块模式。只要 $f(x,y)>0$,宏块 (x,y) 的模式就能通过其对应位置的宏块和 CNM 的编码模式准确预测得到。宏块模式的准确预测率高于宏块模式的视点间相关性均值。对于 Ballroom 序列中帧 S2T6,宏块模式的视点间相关性为 0.6,而在相同区域中,宏块模式的准确预测率达到 91.51%,即在宏块模式预测方面,本节算法是非常有效的。

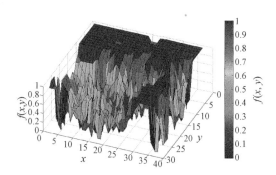

图 8.15　宏块模式的视点间相关性

图 8.16 显示了宏块模式的帧内相关性与其宏块模式的视点间相关性有类似的规律,大部分静止区域的宏块的帧内相关性等于 1,即 $s(x,y)=1$。然而,在运动

区域的某些宏块的帧内相关性值高达 6。一般情况下,在运动区域编码时,需要搜索更多的宏块模式以得到最终编码模式。

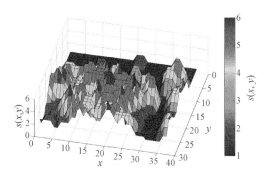

图 8.16　宏块模式的帧内相关性

　　表 8.2 列出了宏块模式的相关性统计结果。表中各单元格给出了满足特定宏块模式视点间相关性和帧间相关性条件的宏块数量/比例。例如,在 $s(x,y)=1$ 的 357 个宏块中,有 336 个宏块 $f(x,y)>0$,21 个宏块 $f(x,y)=0$。若采用本节算法,则需要搜索的宏块模式类的数目为 $336 \times 1 + 21 \times 6 = 462$。而采用全搜索算法,则需要搜索的宏块模式类的数目为 $357 \times 6 = 2142$。根据表 8.2 中列出的宏块模式的帧内相关性,与全搜索算法相比,本节算法能将宏块模式类搜索的速度提高 2.07 倍。由于在各序列中,Skip 模式占绝大部分比例,且该模式的处理速度快,因此该快速算法的加速倍数更高。采用 Ballroom 和 Exit、Race1 作为测试序列,对各序列的第 0 个视点采用全搜索算法进行编码,对其他视点采用本算法进行编码,因此仅比较除第 0 个视点外的其他视点的编码加速性能和率失真性能。图 8.17 显示了本节算法的编码加速性能,本节算法能提高编码速度 2.35～4.33 倍;其中,Race1 序列的加速性能强于其他两个序列,其原因是 Race1 的宏块模式中 Skip 模式比例更大,宏块模式更加集中。该算法几乎不影响编码率失真性能。

表 8.2　宏块模式相关性统计结果

参数	$s(x,y)=1$	$s(x,y)=2$	$s(x,y)=3$	$s(x,y)=4$	$s(x,y)=5$	$s(x,y)=6$	合计
$f(x,y)>0$	336/ 32.43%	157/15.15%	150/14.48%	167/16.12%	121/11.68%	17/1.64%	948/91.50%
$f(x,y)=0$	21/2.03%	10/0.97%	16/1.54%	31/2.99%	10/0.97%	0/0.00%	88/8.50%
合计	357/34.46%	167/16.12%	166/16.02%	198/19.11%	131/12.65%	17/1.64%	1036/100%

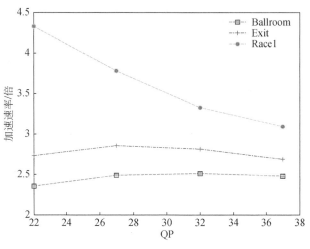

图 8.17　各测试序列的编码加速性能

8.3.3　基于 B 帧的多视点视频编码模式选择快速算法

多视点视频的 JMVM 采用了分层 B 帧预测结构,利用了视点内和视点间的相关性而取得很好的预测性能,它大量使用 B 帧是其提高编码性能的重要原因[10,37]。就图 8.9 中分层 B 帧预测结构,每个图像组包含帧数为视点数(N_{view})×GOP 长度(L_{GOP}),对于不同图像组结构中的 B 帧数量百分比为

$$P_{\mathrm{B}} = \left(1 - \frac{N_{\mathrm{view}}/2 - 1}{N_{\mathrm{view}} L_{\mathrm{GOP}}}\right) \times 100\% \tag{8.17}$$

由此可知,当 N_{view} 和 L_{GOP} 为 8 时,B 帧有 59 个,占整个图像组的 92.19%。同样,图像组长度还可以为 12 或 15,其 B 帧所占百分比更高,如表 8.3 所示。B 帧采用了双向预测的编码方式,计算复杂度极高。为此,本节从宏块模式时域相关性、Skip 模式快速判断及帧间模式参考帧相关性等三方面进行研究,在保证编码质量的前提下,优化编码模式选择过程,提高多视点视频编码速度。

表 8.3　分层 B 帧预测结构中一个图像组的 B 帧所占比例

图像组长度	8	12	15	…
B 帧所占比例/%	92.19	94.79	95.83	…

JMVM 中 B 帧的编码方式与 H.264/AVC 相同,预测方式包括前向预测、后向预测和双向预测。B 帧用到 List0 和 List1 两个参考帧列表,这两个列表都包括前向和后向的已编码图像[38]。视频序列内容存在空间冗余和时间冗余。在时间相邻帧的同类型帧中,运动甚微或几乎不变的区域(一般为背景或平坦区域)的编

码模式相同的概率将会很大，即时间相邻帧存在着帧间模式相关性。图 8.18 为时间相邻帧的帧间模式相关性示意图，ref0 和 ref1 分别表示 List0 中的最近前向 B 帧和 List1 中的最近后向 B 帧，mode0 和 mode1 分别表示 ref0 和 ref1 中与当前编码宏块相对应位置的宏块模式。MODE 为当前宏块模式。对于运动变化缓慢的序列，mode0、mode1 和 MODE 相同的可能性很大。特别是背景区域，采用 Skip 模式和 Inter16×16 模式的概率较大，mode0、mode1 和 MODE 相同的概率会更大。

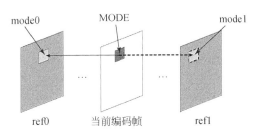

图 8.18　时间相邻帧的帧间模式相关性示意图

图 8.19 为 7 个测试序列中 8 个视点的 264 个 B 帧在全遍历方式下的统计分析图[37]，图中反映了当前编码帧与前后两个最近的参考帧（假设为 ref0 和 ref1）中同一位置的宏块模式相关性结果。也就是 mode0 和 mode1 同时为 Skip 或 Inter16×16 模式下 MODE 也为 Skip 或 Inter16×16 的百分比。图中的横坐标表示实验序列，纵坐标表示当 mode0 和 mode1 为 Skip 和 Inter16×16 模式的组合时，当前块选择的最优模式也为 Skip 或 Inter16×16 的百分比。T4、T5、T7、T8 和 T10 分别表示一个图像组中不同时刻的 B 帧。由图可以看出，Alt Moabit、Leave Laptop 和 Champagne Tower 序列模式为 Skip 或 Inter16×16 的概率都在 98% 以上，而运动较多的 Ballroom 和 Breakdancers 序列最低也高于 90%。显然，帧间对应位置的宏块模式存在较强的相关性，利用参考帧宏块模式来预测当前块模式可节省部分模式遍历的时间。

基于这些分析，可以提出以下快速编码策略：如果参考列表 List0 和 List1 中最近帧为 B 帧，且两参考 B 帧中相同位置的宏块模式为 Skip 或 Inter16×16，则当前块仅搜索 Skip 和 Inter16×16，并选择率失真代价值较小的为最优宏块模式。

每个宏块的率失真代价由残差和编码比特数两部分构成。而 B 帧的 Skip 模式率失真代价值仅由运动/视差矢量、参考帧和模式等的编码比特数决定。当编码静止或背景区域的宏块时，最终选择 Skip 模式为最优模式的概率也会很大。在这些区域通常 Skip 模式的率失真代价值比 Inter16×16 模式的率失真代价值小，可以把 Inter16×16 模式的率失真代价值作为判断 Skip 模式的动态阈值。假设 RD (Skip) 为 Skip 模式的率失真代价值，RD(Inter16×16) 为 Inter16×16 模式的率失

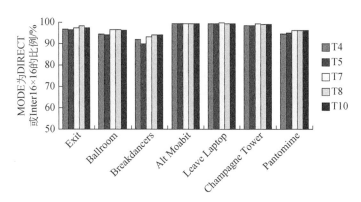

图 8.19　多视点视频序列图像对应区域的宏块模式相关性分析

真代价值。即当满足式(8.18)时,就跳出对其他模式的搜索。

$$RD(Skip) \leqslant RD(Inter16 \times 16) \tag{8.18}$$

表 8.4 为对每个序列的 8 个视点中共 264 帧的 Skip 模式进行统计的结果。表中第二列表示满足式(8.18)时的宏块总数;第三列表示在全搜索方式下最优模式为 Skip 的宏块数,括号中表示既满足式(8.18)又为真正 Skip 模式的概率;第四列表示满足式(8.18)但真正最优模式并不是 Skip 的概率。显然,此方法的判断准确性较高,误判比例较少,尤其是 Race1 序列,符合式(8.18)且最优宏块模式为 Skip 的概率达到 99.75%。

表 8.4　多视点视频编码的 B 帧 Skip 模式的统计结果

序列视频序列	满足式(8.18)的宏块总数	最优模式为 Skip 的宏块数(百分比)	最优模式不为 Skip 的宏块数(百分比)
Race1	75075	75263(99.75%)	188(0.25%)
Exit	211734	221315(95.67%)	9581(4.33%)
Ballroom	203482	189863(93.31%)	13619(6.69%)
Breakdancers	480569	438279(91.20%)	42290(8.80%)
Alt Moabit	724671	730059(99.26%)	5388(0.74%)
Leave Laptop	699690	695179(99.36%)	4511(0.64%)
Champagne Tower	1127594	1138084(99.08%)	10490(0.92%)
Pantomime	1019415	1001357(98.23%)	18058(1.77%)

　　JMVM 中 B 帧编码有 7 种不同块大小的帧间模式,每种模式都有至少 1~2 个前向参考帧和 1~2 个后向参考帧。所有模式在每个参考帧中都进行运动/视差估计,这种多参考帧全搜索的方法可以获得最好的编码效果,然而编码复杂度随着

参考帧数量的增加而线性增长。表 8.5 反映了参考帧数目对编码时间的影响。显然,参考帧越多,编码时间越长,4 个参考帧所需的编码时间平均大约为 2 个参考帧的 1.8 倍,而 6 个参考帧所需的编码时间平均大约为 2 个参考帧的 2.5 倍;显然,使用大量的帧作参考可能会严重影响编码的实时性。一般地,对于图像内容平坦或运动缓慢的区域,最近的参考帧对提高编码效率的作用最明显。随着参考帧距离的增加,较远的参考帧对提高编码效率的贡献越来越小。但对于一些特殊的区域,如遮挡暴露区域或是场景变化较快区域,距离较远的参考帧能提高编码效率。

表 8.5　多视点视频编码中参考帧数量对编码时间的影响(QP＝22)　（单位:ms）

参考帧数量	Breakdancers		
	view0	view2/4/6	view1/3/5
Ref2	1061172	2889798	1200349
Ref4	1973765	5190954	2344833
Ref6	2666187	6895921	3123521

对于同一个宏块,不同宏块模式间的最佳参考帧存在一定的相关性,即每种模式的最优参考帧为同一帧的可能性将很大。为此,定义 Inter8×8、Inter8×4、Inter4×8 和 Inter4×4 的最优参考帧分别为 Best_$Ref_{8×8}$、Best_$Ref_{8×4}$、Best_$Ref_{4×8}$ 和 Best_$Ref_{4×4}$。表 8.6 统计了 Best_$Ref_{8×8}$、Best_$Ref_{8×4}$、Best_$Ref_{4×8}$ 和 Best_$Ref_{4×4}$ 的相关性。表中,$P(A)$ 表示 Best_$Ref_{8×8}$ 和 Best_$Ref_{4×4}$ 相等的概率,$P(B|A)$ 为在满足 Best_$Ref_{8×8}$ 和 Best_$Ref_{4×4}$ 相等(定义为 Ref_{same})的条件下 Best_$Ref_{8×4}$ 也为 Ref_{same} 的概率,$P(C|A)$ 为在满足 Best_$Ref_{8×8}$ 和 Best_$Ref_{4×4}$ 相等的条件下 Best_$Ref_{4×8}$ 也为 Ref_{same} 的概率。由表可知,$P(B|A)$ 和 $P(C|A)$ 的值都超过 75%,也就是说,Inter8×4 和 Inter4×8 模式的最优参考帧与 Inter8×8 和 Inter4×4 的最优参考帧有很大的相关性。类似地,Inter16×8、Inter8×16 Inter4×8 和 Inter4×4 也会存在这种关系。

表 8.6　多视点视频编码中帧间模式参考帧相关性的统计结果（单位:%）

序列	Race1	Exit	Ballroom	Breakdancers	Alt Moabit	Leave Laptop	Champagne Tower	Pantomime
$P(A)$	93.57	79.72	72.29	67.15	89.45	89.91	89.56	84.17
$P(B|A)$	98.41	96.05	95.83	94.08	97.70	97.94	97.97	98.03
$P(C|A)$	93.11	92.16	92.38	78.66	90.35	75.96	94.64	80.24

$$P(B|A) = \frac{|A \bigcap B|}{|A|}, \quad P(C|A) = \frac{|A \bigcap C|}{|A|} \tag{8.19}$$

式中，A、$A \bigcap B$ 和 $A \bigcap C$ 分别表示为

$A = \{$满足 Best_Ref$_{8 \times 8}$ = Best_Ref$_{4 \times 4}$ 的宏块个数$\}$；

$A \bigcap B = \{$同时满足 Best_Ref$_{8 \times 4}$ = Best_Ref$_{8 \times 8}$ 和 Ref$_{8 \times 4}$ = Best_Ref$_{4 \times 4}$ 的宏块个数$\}$；

$A \bigcap C = \{$同时满足 Best_Ref$_{4 \times 8}$ = Best_Ref$_{8 \times 8}$ 和 Ref$_{4 \times 8}$ = Best_Ref$_{4 \times 4}$ 的宏块个数$\}$。

根据以上分析，可以得到以下快速多参考帧选择策略：如果 Best_Ref$_{8 \times 8}$ 和 Best_Ref$_{4 \times 4}$ 为同一帧（Ref$_{same}$），那么，Inter8×4、Inter4×8、Inter16×8 和 Inter8×16 模式仅搜索 Ref$_{same}$。否则，搜索所有的候选参考帧。

基于上述分析，本节提出基于 B 帧的多视点视频编码快速模式选择算法，步骤如下：

(1)编码 B 帧时，当 ref0 和 ref1 都为 B 帧，若这两个参考帧中对应相同位置宏块的编码模式 mode0 和 mode1 为 Skip 和 Inter16×16 的组合时，当前块仅搜索 Skip 和 Inter16×16 两种模式。

(2)比较 RD(Skip) 和 RD(Inter16×16)，如果 RD(Skip)≤RD(Inter16×16)，则终止搜索过程，Skip 即当前宏块最终模式，转到步骤(6)；否则，转到步骤(3)。

(3)对 Inter8×8 和 Inter4×4 的所有参考帧进行搜索，找出两者的最优参考帧 Best_Ref$_{8 \times 8}$ 和 Best_Ref$_{4 \times 4}$。如果 Best_Ref$_{8 \times 8}$ = Best_Ref$_{4 \times 4}$，则记这两个相同的参考帧为 Ref$_{same}$，Inter16×8、Inter8×16、Inter8×4 和 Inter4×8 都只对 Ref$_{same}$ 进行搜索，转到步骤(5)；否则，转到步骤(4)。

(4)分别对 Inter16×8、Inter8×16、Inter8×4 和 Inter4×8 的所有参考帧进行搜索，保留最小率失真代价值及其模式，转到步骤(5)。

(5)遍历 Intra 模式，比较每种模式下（包括所有帧间和帧内模式）的率失真代价值，确定代价最小的为最终模式，转到步骤(6)。

(6)确定最优宏块模式。

选用 Race1、Ballroom、Exit、Alt Moabit、Leave Laptop、Breakdancers、Champagne Tower 和 Pantomime 等作为测试序列对上述算法进行实验分析，其中，图像组长度分别为 12 和 15。表 8.7 比较了本节快速算法与 JMVM 的编码性能，表中的 FDSI 方法只采用快速 Skip 模式和 Inter16×16 模式判断方法，FDS 方法为动态阈值判断 Skip 模式的方法，CRFS 方法是利用帧间模式参考帧相关性的方法，FDSI+FDS+CRFS 为前面 3 种方法相结合的融合算法。表中的 ΔPSNR 表示峰值信噪比的波动，ΔBR 表示码率的变化，加速速率为 JMVM 编码时间与快速算法编码时间的比值。显然，本节算法对所有测试序列都有很好的适应性。编码

速度都有不同程度的提高,FDSI 方法编码速度平均提高了 2.24 倍,FDS 方法提高了 3.78 倍,而 CRFS 方法提高了 1.61 倍,融合算法的提高速度达到 5.42 倍。然而,融合算法的编码速度并不是 FDSI、FDS 和 CRFS 方法的线性叠加。这是因为 3 种方法在实现上有重叠的部分。例如,FDSI 方法只对参考帧是 B 帧的编码帧进行优化,从而会有一半的 B 帧采用全搜索的方式编码;FDS 方法对所有 B 帧都采用快速编码的方法。所以,FDS 方法在编码速度上提高最多;CRFS 方法没有在模式上进行优化,仅优化了参考帧的数目,从而它的速度提高最小,但码率控制得最好,仅上升了 0.27%,其 PSNR 指标保持也最好。本节融合算法中编码速度的提高主要来自 Skip 模式和 Inter16×16 模式的快速判断,这与前面编码复杂度的理论分析也相吻合。而仅图像中少部分区域需遍历剩下的小块(如 4×4、8×8 等)帧间模式,这时,CRFS 方法才发挥作用,所以此方法对整个融合算法的贡献最小,但也不容忽略。

表 8.7　本节快速算法和 JMVM 算法的性能比较

序列	FDSI			FDS		
	ΔPSNR/dB	ΔBR/%	加速速率/倍	ΔPSNR/dB	ΔBR/%	加速速率/倍
Race1	0.01	0.44	2.59	0.03	0.99	6.18
Ballroom	0.03	0.74	1.66	0.04	1.52	2.29
Exit	0.02	0.21	1.84	0.04	1.19	3.02
Alt Moabit	0.02	0.35	2.30	0.04	2.70	3.99
Leaving Laptop	0.01	0.50	2.49	0.02	1.69	4.35
Breakdancers	0.05	1.16	1.90	0.07	1.16	2.25
Champagne Tower	0.03	0.16	2.82	0.04	0.16	5.29
Pantomime	0.09	0.24	2.34	0.09	0.67	2.83
平均值	0.03	0.48	2.24	0.05	1.26	3.78

序列	CRFS			本节融合算法(FDSI+FDS+CRFS)		
	ΔPSNR/dB	ΔBR/%	加速速率/倍	ΔPSNR/dB	ΔBR/%	加速速率/倍
Race1	0.01	0.52	1.76	0.05	1.91	7.22
Ballroom	0.02	0.37	1.46	0.08	2.70	3.71
Exit	0.02	0.15	1.58	0.06	1.81	4.60
Alt Moabit	0.01	0.20	1.61	0.05	3.47	5.96
Leaving Laptop	0.01	0.33	1.65	0.04	2.38	6.06
Breakdancers	0.02	0.04	1.46	0.11	2.38	3.83
Champagne Tower	0.01	0.23	1.75	0.06	0.28	7.01
Pantomime	0.03	0.31	1.59	0.16	1.29	4.99
平均值	0.02	0.27	1.61	0.08	2.03	5.42

对于本节融合的快速算法,由表 8.7 可知,其编码速度提高最多的是 Race1 和 Champagne Tower 序列,达到 7 倍以上。而编码率失真性能也保持最好,这与两者的大部分图像内容平坦的特点不无关系。接着是 Alt Moabit 和 Leave Laptop 序列,编码速度也有 6 倍左右的提高,PSNR 也保持较好,这是因为两者的纹理较为丰富,且边缘较多。所以,其绝对误差和会较高些,码率相应地也会提高些。而对于 Exit 和 Pantomime 序列,它们运动比较平缓,但纹理较多,采用 Skip 模式编码的区域面积并不大,因此其编码速度提高也没有前面所述序列明显。最后是 Ballroom 和 Breakdancers 序列,这两个序列有明显的运动特征,运动对象较多,运动剧烈且伴随着旋转运动,从而会出现较多的遮挡暴露区域,误匹配的宏块个数也会增加,所以其速度提高最少,时间节省仅超过 3.5 倍。

8.3.4 基于模式信息的低复杂度多视点视频编码方法

JMVM 采用了多种块模式的可变尺寸块技术以提高压缩效率,每种块模式都需要进行复杂的运动和视差估计,显著增加了计算复杂度,与多视点视频编码算法的低延时和低复杂度需求相悖。视频编码算法的优化可划分为多个不同层次,且不同层次间的算法可相互结合以进一步提高编码速度。本节主要从多参考帧选择的角度分析各个块模式间参考帧和参考方向选择的相关性,研究多视点视频编码优化,它可与传统的运动/视差估计快速算法以及模式选择快速算法等相结合,进一步降低多视点视频编码复杂度[7,8]。

1)基于块模式信息的低复杂度多参考帧选择

在编码 B 帧中的一个宏块时,需要通过率失真优化过程选择最佳宏块模式 m^*、最佳参考方向 ψ^* 和所在方向的参考帧索引 r^*、最佳运动或视差矢量 v^*。宏块编码过程可以表示为

$$\{m^*,\psi^*,r^*,v^*\}=\arg\min_{m\in M}(\arg\min_{\psi\in\{\mathrm{FWD,BWD,BI}\}}(\arg\min_r(\arg\min_v J(C,R(m,\psi,r,v)))))$$

(8.20)

式中,C 和 R 分别表示当前编码块和参考块,M 表示帧间宏块和亚宏块模式的集合,包括 B16×16、B8×16、B16×8、B8×8Frext、B8×8、B8×4、B4×8 和 B4×4。运动或视差矢量 v 包括 x 方向和 y 方向两个分量,r 为参考帧列表的参考帧索引,ψ 为预测方向,$\psi\in\{\mathrm{FWD,BWD,BI}\}$,即前向、后向或双向。

图 8.20 给出了不同宏块模式的多参考帧选择示意图,竖直方向为视点间方向,水平方向为时间轴方向,对于时间和空间联合预测的编码 B 帧,JMVM 平台中的 Ref1 和 Ref2 位于 List0,Ref3 和 Ref4 位于 List1,其中 Ref1 和 Ref3 为时间方向参考帧,Ref2 和 Ref4 为视点间参考帧。图 8.20 中当前帧的宏块为当前编码宏块的一种宏块模式,如 B16×16,在 4 个参考帧中分别做运动估计和视差估计,找

到在各个参考帧中的最佳匹配块,然后根据各个最佳匹配块的率失真代价寻找到最佳参考帧和参考方向,如 BWD 的 Ref3。由于视频纹理的平滑性和较高的空间相关性,在当前编码宏块进行其他宏块模式编码时,如 B8×8 或 B16×8,所使用的最佳参考帧和参考方向将很可能与 B16×16 模式编码的参考帧和参考方向一致。以此类推,最佳宏块模式的参考帧索引和参考帧方向将与 B16×16 一致的概率很高,即 $r^* = r_{B16×16}$ 和 $\psi^* = \psi_{B16×16}$ 的概率很高。概率 $P(r^* = r_{B16×16} \& \psi^* = \psi_{B16×16})$ 将在下文中基于统计信息进行进一步分析。

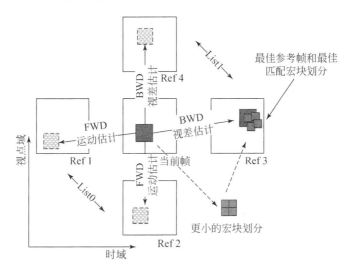

图 8.20　不同宏块模式的多参考帧选择示意图[8]

2)多参考帧选择概率分析

令 A 为最佳模式的参考方向和参考帧索引与 B16×16 模式的参考方向和参考帧索引都相同的事件。令 B_1 为宏块模式选择过程中选择 DIRECT、SubDIRECT、I4MB、I8MB、I16MB 和 PCM 模式作为最佳块模式的事件,B_2 为选择帧间模式 B16×16、B16×8、B8×16、B8×8、B8×8Frext、B8×4、B4×8 或 B4×4 作为最佳块模式的事件。事件 A、B_1 和 B_2 的概率分别记为 $P(A)$、$P(B_1)$ 和 $P(B_2)$。由于事件 B_1 和 B_2 互斥并满足 $B_1+B_2=\Omega$,其中 Ω 为宏块模式的完全集或完全事件,所以 $P(B_1)$ 和 $P(B_2)$ 满足 $P(B_1)+P(B_2)=1$。

当宏块模式选择过程中选择 DIRECT、SubDIRECT、I4MB、I8MB、I16MB 和 PCM 模式作为最佳块模式,即 B_1 事件发生时,多参考帧技术选择的参考方向和参考帧索引独立于编码效率,即该情况下选择任何参考帧和参考方向都不影响多视点视频编码的编码效率,所选择的任何参考帧和参考方向将是最佳参考方向和参考帧。此时,可以把 B16×16 的参考帧和参考方向作为最佳宏块模式 B_1 下的参考

方向和参考帧索引,因此 $P(A|B_1)=100\%$。

当 B_2 事件发生时,即选择帧间模式集合{B16×16,B16×8,B8×16,B8×8,B8×8Frext,B8×4,B4×8,B4×4}中的一种作为最佳编码模式时,A 事件发生的概率可以表示为条件概率 $P(A|B_2)$。

图 8.21 给出了宏块模式全遍历情况下参考帧和参考方向全遍历后得到的条件概率 $P(A|B_2)$ 和 B_1 事件发生的概率 $P(B_1)$ 分布统计分析图。对 Breakdancers、Ballet 和 Door Flowers 等 3 个多视点视频序列进行统计分析,这 3 个序列分别对应快速运动、中等运动和慢运动等 3 类运动特性。实验中,JMVM 的快速运动估计开启,令 NRF 为参考帧列表中的最大有效参考帧数(number of reference frame),并设置为 2。图中 x 轴为 8 个视点区 V0~V7,偶数视点采用 MCP 编码,奇数视点采用 MCP+DCP 联合编码,每个视点区内为该视点不同时刻的编码帧,图 8.21(a)中的 y 轴为概率 $P(A|B_2)$,图 8.21(b)为 B_1 事件发生的概率。由图可知,当 BQP 为 28 时,对于各测试序列的所有帧,概率 $P(A|B_2)$ 均非常高,在 75%~99%范围。从图 8.21(b)可以看到 60%~99% 的宏块采用了 B_1 集合中的模式编码,即 DIRECT 和帧内模式。表 8.8 为采用不同 QP 时的平均概率 $P(A|B_2)$ 和 $P(B_1)$ 分布表,BQP 分别为 24、28、32 和 36。显然,平均 $P(A|B_2)$ 和 $P(B_1)$ 随着 QP 的增加而进一步增加,$P(B_1)$ 随着运动变得剧烈而变小。同时,对于所有的序列和不同的量化参数,平均 $P(B_1)$ 一直大于 66.31%。平均 $P(A|B_2)$ 和 $P(B_1)$ 概率的大小将直接影响本节低复杂度多视点视频编码方法的编码效率,较高的平均 $P(A|B_2)$ 和 $P(B_1)$ 概率意味着可以较大程度地降低多参考帧算法的计算复杂度而没有率失真效率的损失。

根据条件概率定义,可以得到 A 和 B_i 的联合概率 $P(AB_i)$ 为

$$P(AB_i)=P(A|B_i)P(B_i),\quad i\in\{1,2\} \qquad (8.21a)$$

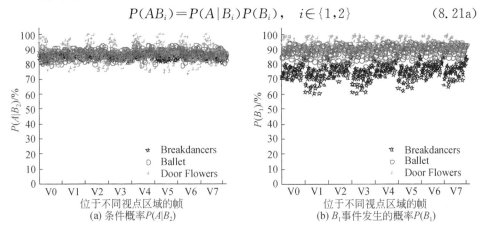

(a) 条件概率 $P(A|B_2)$　　　　　(b) B_i 事件发生的概率 $P(B_1)$

图 8.21　条件概率 $P(A|B_2)$ 和概率 $P(B_1)$ 的分布统计分析图(BQP=28)

根据式(8.21a)和全概率定义,可以得到命中概率 $P(A)$ 为

$$P(A) = \sum_{i=1}^{2} P(AB_i) = \sum_{i=1}^{2} P(A \mid B_i)P(B_i) \tag{8.21b}$$

将表 8.8 中的平均概率 $P(A|B_2)$、$P(B_1)$ 等代入式(8.21),可以得到各个序列不同 QP 情况下的命中率 $P(A)$。例如,Breakdancers 序列,BQP 为 24,$P(B_1) = 66.31\%$,$P(B_2) = 1 - 66.31\% = 33.69\%$,$P(A|B_2) = 81.54\%$,$P(A|B_1) = 100\%$,则有 $P(A) = 100\% \times 66.31\% + 81.54\% \times (1 - 66.31\%) = 93.78\%$。对于更大的 BQP 值和运动相对更平缓的序列,如 Ballet 和 Door Flowers,平均命中率 $P(A)$ 更高,所以只有最多不到 6.22% 的宏块没有选择次最佳的参考帧编码。

表 8.8　平均概率 $P(A|B_2)$、$P(B_1)$ 和命中率 $P(A)$　　　　　　(单位:%)

参数	BQP	Breakdancers	Ballet	Door Flowers
平均 $P(A\|B_2)$	24	81.54	85.56	87.30
	28	84.85	87.46	88.59
	32	87.91	89.73	90.91
	36	90.43	91.41	91.34
平均 $P(B_1)$	24	66.31	84.53	93.43
	28	74.10	88.14	96.49
	32	78.68	90.67	97.85
	36	82.80	92.67	98.76
平均 $P(A)$	24	93.78	97.76	99.17
	28	96.08	98.51	99.60
	32	97.42	99.04	99.81
	36	98.35	99.37	99.89

这里针对不同的 NRF 统计分析了 $P(A|B_2)$ 和 $P(B_1)$ 平均概率,设置 NRF 分别为 2、3、4 和 5,BQP 为 28,快速运动估计开启,图 8.22 为不同 NRF 值的 $P(A|B_2)$ 和 $P(B_1)$ 平均概率。由图可以看出,不同的 NRF 情况下,平均概率 $P(A|B_2)$ 和 $P(B_1)$ 一致。显然,NRF 增大时,虽然每个参考帧列表中的参考帧数增加,但并不会减小命中概率 $P(A)$,也不会增加率失真损失。根据时空相关性分析,不同视点和不同时刻的帧的参考价值很低,所以增大 NRF 不会有效提高压缩效率,反而成倍增加计算量。

根据上述统计实验和分析,可以得出如下结论:

(1)采用较小块模式编码时,如 B16×8、B8×16 和 B8×8,选择的参考帧列表中的参考帧索引将很可能与采用 B16×16 模式编码时的参考帧索引一致,即最佳

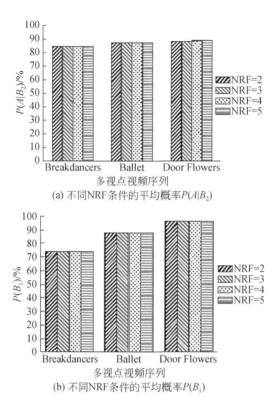

(a) 不同NRF条件的平均概率$P(A|B_2)$

(b) 不同NRF条件的平均概率$P(B_1)$

图 8.22 不同 NRF 值的 $P(A|B_2)$ 和 $P(B_1)$ 平均概率

编码模式的参考帧索引与 B16×16 模式编码时的参考帧索引一致。

(2)较小块模式编码时的预测方向将很可能与 B16×16 编码时的预测方向一致。

以上两种情况均成立的概率超过 93.78%,鉴于此,本节提出了适用于多视点视频编码的低复杂度多参考帧选择算法(FMFSA)。

(3)应用于分层 B 帧的低复杂度多参考帧选择算法。

由于很高的 $P(A)$ 命中概率,即 $r^* = r_{B16×16}$ 和 $\psi^* = \psi_{B16×16}$ 概率非常高,可以将式(8.20)所描述的多视点可变尺寸块和多参考帧编码过程分解为如下两个步骤:首先,在编码 B16×16 模式时,搜索前向、后向和双向三个参考方向,同时搜索每个参考帧列表中的所有可用参考帧,以找到 B16×16 编码模式下的最佳参考帧索引 $r_{B16×16}$ 和最佳参考帧方向 $\psi_{B16×16}$,即

$$\{\psi_{B16×16}, r_{B16×16}\} = \arg\min_{\psi}(\arg\min_{r}(\arg\min_{v} J(C, R(m, \psi, r, v))))\big|_{m=B16×16}$$

$$(8.22a)$$

其次,在编码其他块模式时,包括 B16×8、B8×16、B8×8、B8×8Frext、B8×4、

B4×8 和 B4×4 等模式,这些模式的参考帧索引和参考方向分别设为 $r_{B16×16}$ 和 $\psi_{B16×16}$,而无须测试其他参考帧和参考方向,即

$$m^* = \arg\min_{m\in M} J(C,R(m,\psi,r,v))|_{r=r_{B16×16},\psi=\psi_{B16×16}} \tag{8.22b}$$

通过上述步骤的分解,原本的三重循环分解为一个两重循环和一个一重循环,可以有效降低计算复杂度。FMFSA 描述如下:

①采用 DIRECT 模式编码当前宏块。

②以 B16×16 模式并采用原始的参考帧和参考方向估计函数 EstimateMb (B16×16)编码当前宏块,取得并存储 B16×16 模式下参考方向 BIPredB16×16、FWDPredB16×16 或 BWDPredB16×16,并存储 B16×16 模式在参考帧列表 List0 和 List1 中的参考帧索引号 RefIdx_B16×16_List0 和 RefIdx_B16×16_List1。

③分别采用本节提出的新的估计函数 FMFSA_EstimateMb 和 FMFSA_EstimateSubMb 编码其他宏块或亚宏块。

④采用帧内模式编码当前宏块。

⑤存储率失真代价的编码模式、参考帧索引、参考方向和残差等编码信息,写入码流;然后,返回步骤(1)编码下一个宏块。

(4)FMFSA 算法的计算复杂度分析。令 α 为采用 B16×16 编码当前宏块的计算复杂度,则 DIRECT 和 Sub-DIRECT 模式的计算复杂度为 $\lambda_1\alpha$,所有帧间模式 B8×16、B16×8、B8×8Frext、B8×8、B8×4、B4×8 和 B4×4 的计算复杂度为 $\lambda_2\alpha$,所有帧内模式 I16MB、I8MB、I4MB 和 PCM 的联合计算复杂度为 $\lambda_3\alpha$,其中,λ_1、λ_2 和 λ_3 分别为加权系数,由此可得 JMVM 编码一个宏块的计算总复杂度为

$$C_{JMVM} = \lambda_1\alpha + \alpha + \lambda_2\alpha + \lambda_3\alpha \tag{8.23}$$

令 β 为前向或后向多参考帧选择的计算复杂度,n 为参考帧列表中的可用帧数,即 NRF 的值,可得双向迭代预测的计算复杂度为 $\lambda_4\beta$,其中,λ_4 为加权系数。因为每个 B16×16 帧间模式编码时都进行前向搜索、后向搜索和双向迭代搜索的过程,所以 B16×16 帧间模式的计算复杂度 α 可表示为

$$\alpha = \beta + \beta + \lambda_4\beta \tag{8.24}$$

令 P_1、P_2 和 P_3 分别表示采用帧间模式编码时最佳预测方向为前向、后向和双向的概率,P_1、P_2 和 P_3 满足 $P_1 + P_2 + P_3 = 100\%$。由此,采用 FMFSA 编码一个宏块的计算复杂度可表示为

$$\begin{aligned} C_{FMFSA} &= \lambda_1\alpha + \alpha + \lambda_2[P_1\beta + P_2\beta + P_3(\beta + \beta + \lambda_4\beta)]\times 1/n + \lambda_3\alpha \\ &= \lambda_1\alpha + \alpha + \lambda_2\beta/n + \lambda_3\alpha + \lambda_2 P_3(1+\lambda_4)\beta/n \end{aligned} \tag{8.25}$$

根据多视点视频编码复杂度分析,在搜索范围为 ±96、快速运动估计开启、最大参考帧数为 2 的参数设置下,计算复杂度加权系数 $\lambda_1 \sim \lambda_4$ 分别为 $\lambda_1 \approx 0$,$\lambda_2 \approx 8.75$,$\lambda_3 \approx 0.25$,$\lambda_4 \approx 2$。由此可得,采用原 JMVC 和 FMFSA 算法编码一个宏块的

计算复杂度为

$$C_{\text{JMVC}} = 10\alpha \tag{8.26a}$$

$$C_{\text{FMFSA}} = 2.34\alpha + 3.28\alpha P_3 \tag{8.26b}$$

通过对不同多视点视频序列的统计分析,一般 P_3 为 5%～35%,平均为 20%。所以,$C_{\text{FMFSA}} = 3\alpha$,即 FMFSA 相比于原 JMVC 有平均 70% 的计算复杂度节省。

此外,Zhang 等也分析了多视点视频各宏块的区域特性,包括率失真代价和模式概率分布特性等,建立率失真代价的高斯模型,提出了 Skip 模式的早期终止策略以有效减少不必要的运动和视差估计计算,在保证相同编码效率的情况下,有效降低计算复杂度 42%～65%[1]。

8.4　基于 3D-HEVC 的低复杂度三维视频编码

基于 3D-HEVC 标准的多视点视频编码建立在 HEVC 之上。本节首先讨论基于 HEVC 的单视点视频编码快速算法,然后介绍基于 3D-HEVC 的快速编码算法。

8.4.1　基于 HEVC 的单视点视频编码快速算法

本节给出两个单视点视频编码快速算法的例子,即基于四叉树结构类型分析和早期编码单元裁剪的快速编码算法以及基于重定备选模式列表的快速帧内预测算法。

1. 基于四叉树结构类型分析和早期编码单元裁剪的快速编码算法

HEVC 在编码结构上采用超大尺寸四叉树结构的 CU、PU 和 TU 等技术,显著地提高了压缩效率,同时也导致编码复杂度增加[15,39]。HEVC 测试模型(HEVC test model,HM)[40]采用递归的方式对 LCU 进行四叉树结构划分[41]。在对 LCU 编码时,HEVC 使用递归的方式遍历所有深度的编码单元,根据率失真优化进行最佳 CU 尺寸的选择,以实现 LCU 四叉树结构的划分及相关的 PU 块划分,这使得编码计算复杂度非常巨大。为此,本节提出一种基于四叉树结构类型分析和早期编码单元裁剪的快速编码算法,它包括基于四叉树结构类型分析的深度区间(depth range,DR)类型的确定、利用时空相关性的中值 DR 类型预测、基于贝叶斯决策的早期 CU 裁剪预判等环节。

HM 中的一个 LCU 的四叉树结构划分需要对 CU 深度进行 0～3 的全遍历,总共需要 $1+4+4\times4+4\times4\times4 = 85$ 次 CU 尺寸选择的率失真代价计算,而每个 CU 还要进行各种 PU 预测和模式选择的率失真代价计算,这使得计算复杂度非常高。本节算法如图 8.23 所示,先通过对四叉树结构类型进行分析确定其深度遍历区间 DR 类型,利用参考帧相同位置的 LCU 和相邻 LCU 的 DR 类型来预测当前 LCU 的 CU 深度遍历区间;再根据预测的深度区间进行编码。同时,采用贝叶斯决策训练原理获取阈值,并利用该阈值对 CU 分割过程进行早期 CU 裁剪。

图 8.23　基于四叉树结构类型分析和早期编码单元裁剪的快速编码算法框图

1)DR 类型的确定

LCU 的最终分割类型是通过其 CU 深度值来确定的。每个 LCU 包括 256 个 4×4 块,每个 4×4 块都用一个深度值 depth(depth∈[0,3])表示。不同四叉树结构的 LCU,其 CU 深度值的分布情况也不同,如图 8.24 所示,LCU 的四叉树结构类型可分为 8 种(即 A、B、C、D、E、F、G 和 H)。若能在 LCU 的四叉树结构划分前对其四叉树结构类型进行预测,通过该类型来设定 CU 深度遍历范围,就可以减少不必要的 CU 深度遍历,从而降低其编码复杂度。但过于精细的预测遍历区间也易造成误判。因此,这里将深度值分布相近的四叉树结构类型进行合并,并定义为如图 8.24 所示的 T_1、T_2、T_3 和 T_4 4 种 DR 类型。例如,T_2 包括 C 和 D 两种四叉树结构类型,其中 C 的深度值为 1 和 2,而 D 的深度值则全为 2。所以,可将这两种四叉树结构的 DR 类型定为 T_2。显然,根据 DR 类型进行 CU 深度遍历的方式,相

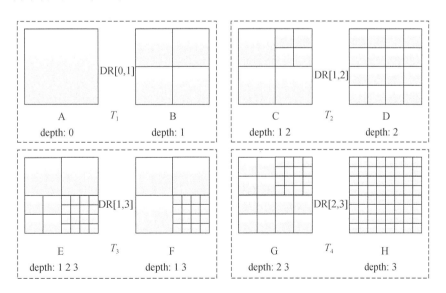

图 8.24　8 种四叉树结构类型及其所对应的 DR 类型

比于原始 0~3 的全遍历方式,可明显减少编码复杂度。为了快速确定当前 LCU 的 DR 类型,定义一种绝对 CU 深度误差和(sum of absolute CU depth difference, SACUDD)的代价函数,计算公式如下:

$$\text{SACUDD}_d = \frac{1}{N} \sum_{i=0}^{N-1} |\, \text{depth}_i - d \,| \tag{8.27}$$

式中,d 为基准深度值,其值为 0、1、2 和 3;N 为该 LCU 中 4×4 块的个数;depth_i 表示该 LCU 中第 i 个 4×4 块所对应的深度值,其取值范围为 $[0,3]$。

表 8.9 为图 8.24 中的 A、B、C、D、E、F、G 和 H 所对应的 8 种四叉树结构分割形式的 SACUDD_d 值。表中阴影所示为这 8 种常见四叉树结构分割形式各自最小的两个 SACUDD_d 值。当出现 SACUDD_d 值相同的情况时(如 B 和 D,次小值 1 均出现 2 次),则选择下标较小的 SACUDD_d 项作为参选项。

表 8.9 A、B、C、D、E、F、G、H 所对应的 SACUDD 值

SACUDD_d 值	T_1		T_2		T_3		T_4	
	A	B	C	D	E	F	G	H
SACUDD_0	0	1	1.25	2	1.75	1.5	2.25	3
SACUDD_1	1	0	0.25	1	0.75	0.5	1.25	2
SACUDD_2	2	1	0.75	0	0.75	1	0.25	1
SACUDD_3	3	2	1.75	1	1.25	1.5	0.75	0

一个已编码 LCU 的 DR 类型 T_{cur} 可按式(8.28)所示方式进行判断:可通过计算该 LCU 的两个参选项之和是否为 1 来判断其 DR 类型是否为 T_1、T_2、T_4;由于 T_3 的两种四叉树结构类型都有深度值为 1 和 3,因此可通过判断参选项之和是否大于 1 来确定是否为 T_3 类型。T_{cur} 计算公式如下:

$$T_{\text{cur}} = \begin{cases} T_1, & \text{SACUDD}_0 + \text{SACUDD}_1 = 1 \\ T_2, & \text{SACUDD}_1 + \text{SACUDD}_2 = 1 \\ T_3, & \text{SACUDD}_1 + \text{SACUDD}_2 > 1 \\ T_4, & \text{SACUDD}_2 + \text{SACUDD}_3 = 1 \end{cases} \tag{8.28}$$

2)基于时空相关性的中值 DR 类型预测

在视频序列中,当前编码 LCU 与相邻已编码的 LCU 以及在前一帧和后一帧中位置相同的 LCU(以下简称对应 LCU)之间有显著的相关性。这里通过图 8.25 中 Left LCU、Top LCU、Left-top LCU、Col1 LCU 和 Col2 LCU 共 5 个参选预测 LCU 的 DR 类型来预测当前编码 LCU 的 DR 类型,即图中 Cur LCU 的 DR 类型。先根据上述方法获得 5 个参选预测 LCU 的 DR 类型,再按表 8.10 中映射关系确

定 DR 值候选列表,将该列表从小到大进行排序,取排序后的中值作为当前 LCU 的预测的 DR 类型值 DR$_{pred}$。

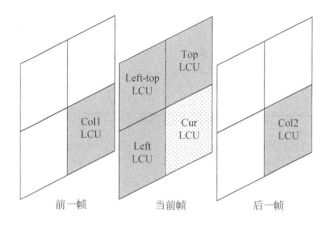

图 8.25　LCU 的时空域相关性

表 8.10 中在 4 种 DR 类型基础上增加了 2 个特殊的 DR 值(1 和 5),其中,DR= 5(depth ∈[0,3])主要用于上述 5 个参选预测 LCU 不同时存在时进行全遍历的情况,而 DR=1(depth ∈[0,2])主要用来修正 DR 参考列表以减少误判。直接将 5 个参选预测 LCU 的 DR 值进行排序取中值,对于窄区间([0,1],[1,2],[2,3])可能会造成一定程度的误判。假定 DR 参选列表为[0,0,0,2,2],其预测 DR 值为 0, 而全遍历后的 DR 类型有可能是 T_2,从而造成误判。为了减少这种误判情况,在 DR 参选列表中增加两个候选 DR 值 1 和 3;此时上述 DR 参选列表扩展为[0,0,0, 1,2,2,3],其预测 DR 值为 1(即 depth ∈[0,2]),这将在一定程度上减少 T_2 类型的误判。当有 4 个以上参选 DR 值为 0 时,说明此时预测 LCU 处在平坦区域,故 DR=0 的可能性很大。同理,增加 DR=3 是针对纹理复杂区域情况时减少对 T_4 类型的误判。因此,在 DR 类型预测前对 DR 参选列表初始化为[1,5,5,5,5,5,3]。 表 8.11 给出了直接采用 5 个参选预测 LCU 的 DR 参选值和采用扩充的 7 个 DR 参选值时 DR 类型预测与原始 HM9.0 算法结果的相似性比较。由表 8.11 可得, 相比于 5 个 DR 参选值,7 个 DR 参选值列表的 DR 类型与原始 HM9.0 算法的相似度更高,可很大程度上减少了误判,这也验证了本节方案的可行性。

表 8.10　DR 类型及其所对应的 DR 值

DR 类型	DR 值	[Depth$_{min}$,Depth$_{max}$]
T_1	0	[0,1]
—	1	[0,2]

续表

DR 类型	DR 值	$[\text{Depth}_{min}, \text{Depth}_{max}]$
T_2	2	$[1,2]$
T_3	3	$[1,3]$
T_4	4	$[2,3]$
—	5	$[0,3]$

表 8.11　DR 类型分布的统计分析结果　　　　　（单位:%）

测试序列	5 个 DR 参选值				7 个 DR 参选值			
	$T_1[0,1]$	$T_2[1,2]$	$T_3[1,3]$	$T_4[2,3]$	$T_1[0,1]$	$T_2[1,2]$	$T_3[1,3]$	$T_4[2,3]$
Traffic	80.3	82.1	86.8	85.5	88.5	90.6	92.2	89.0
Vidyo1	85.5	86.6	89.7	90.2	90.2	86.6	95.3	94.2
Cactus	86.6	84.5	86.2	82.6	86.6	93.4	92.1	87.6
Johnny	85.8	85.5	90.5	87.1	96.5	95.9	98.4	92.9
Kimono1	91.3	88.9	92.8	88.6	95.6	92.5	97.6	90.1
BQTerrace	92.6	90.5	91.5	94.3	97.3	98.2	95.6	99.3
FourPepple	86.2	82.9	88.6	90.2	90.6	86.5	90.1	89.6
ParkScene	87.3	86.9	87.2	88.9	92.1	90.3	95.3	91.0
平均值	87.0	86.0	89.2	88.4	92.2	91.8	94.6	91.7

3)基于贝叶斯决策的早期 CU 裁剪预判

如图 8.26 所示,在 LCU 的块划分过程中,若当前 CU(depth $\in[1,2]$)为其上一层 CU 的第四个分割 CU(如图 8.26 中 $CU_{1,3}$ 和 $CU_{1,0,3}$),则在计算完其率失真代价 J 后,就有可能通过预判断提前进行早期 CU 裁剪过程。以 $CU_{1,3}$ 为例,若满足 $J(CU_0) < \sum_{i=0}^{3} J(CU_{1,i})$,则说明不分割块 CU_0 比将其分割成 4 个分割块 $CU_{1,i}$ ($i=0,1,2,3$)更优。因此,$CU_{1,3}$ 没有必要进行进一步分割,可以提前对其进行 CU 裁剪。实际上,在完整 CU 裁剪过程中与 J_{CU0} 最终比较的率失真代价和 $\sum_{i=0}^{3} J(CU_{1,i})$ 之间存在一定的差值 ΔJ。

采用式(8.29)的判决条件对 CU 裁剪提前进行预判断,从而提前终止不必要的分割过程。若满足条件,则当前 CU 不需要进一步分割,否则正常分割,即

$$\begin{cases} 不分割, & J(CU_{d-1}) < \sum_{i=0}^{3} J(CU_{d,i}) + \Delta J_{Th} \\ 分割, & 其他 \end{cases} \tag{8.29}$$

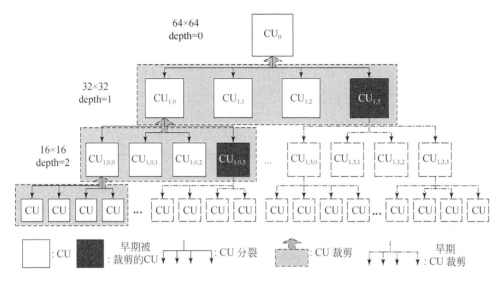

图 8.26　早期 CU 裁剪示例图

式中，d 表示当前 CU 所对应的深度，$J(\mathrm{CU}_{d-1})$ 表示上一深度 CU 的率失真代价，$\sum_{i=0}^{3} J(\mathrm{CU}_{d,i})$ 表示 4 个子 CU 的率失真代价和，ΔJ_{Th} 表示用贝叶斯决策训练出来的 ΔJ。

文献[42]提出采用贝叶斯决策原理训练上述最佳阈值 ΔJ_{Th}，如式(8.30)所示，定义 ΔT 表示 $J(\mathrm{CU}_0)$ 和 $\sum_{i=0}^{3} J(\mathrm{CU}_{1,i})$ 之间的差值，主要统计当前 CU 在分割和不分割条件下时，误差率最小时所对应的 ΔT 即最佳阈值 ΔJ_{Th}：

$$E(T) = \int_{\Delta T=0}^{T} P(\text{分割} \mid \Delta T) + \int_{\Delta T=T}^{\infty} P(\text{不分割} \mid \Delta T) \qquad (8.30)$$

式中，E 为误差率，T 为最佳阈值，$P(\text{分割} \mid \Delta T)$ 和 $P(\text{不分割} \mid \Delta T)$ 分别为当前 CU 在分割和不分割条件下的归一化条件概率分布函数，如图 8.27 所示，图中两条曲线的交点所对应的率失真代价值即最佳阈值。经过大量实验可得，当 depth = 1 时，ΔJ_{Th} 为 65；当 depth = 2 时，ΔJ_{Th} 为 8。

在 HEVC 参考软件 HM9.0 上实现并测试了本节算法，硬件配置为 Intel(R) Core(TM)i7-2600 CPU，主频 3.40GHz，内存 16.0GB；操作系统为 Windows 7。实验的主要编码参数为高效率配置、随机访问模式、编码帧数为 100 帧，量化参数 QP 分别为 22、27、32 和 37，GOP 大小为 8。采用 BDPSNR 和 BDBR[43]分别表示相同码率条件下 PSNR 的变化量和相同 PSNR 条件下码率的变化百分比。令 T_{pro}、T_{HM} 分别为本节算法和 HM 算法的编码时间，$\Delta T(\%)$ 用来表示编码时间变化

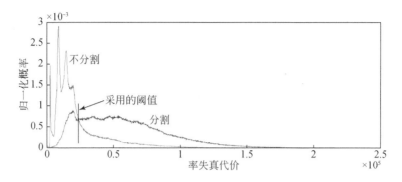

图 8.27　HM 中 CU 分割与不分割的归一化概率图

百分比。

实验中采用了通用测试条件中的 10 个测试序列进行测试[44]；除了与原始 HM9.0 方案进行比较外，还在 HM9.0 基础上实现 Shen 等的方案[45]的 ACUDR 算法，并与之进行横向对比。由表 8.12 可得，Shen 等的方案可以平均减少 28.24%的编码时间，BDPSNR 平均下降 0.03dB，BDBR 平均只增加 0.86%。本节采用四叉树结构类型分析改进的 ACUDR 算法，相对于 HM9.0 可以平均减少编码时间达 37.88%，与 Shen 等的方案相比可进一步降低编码复杂度，而 BDPSNR 平均下降 0.01dB，BDBR 平均只增加 0.58%。总体算法平均可减少时间达 41.55%，BDPSNR 平均下降 0.06dB，BDBR 平均只增加 1.94%。

表 8.12　各算法与 HM 对比的实验结果

| 测试序列 | Shen 等的方案 | | | 本节算法 | | | | | |
| | ACUDR | | | ACUDR | | | ACUDR+CU 裁剪 | | |
	BDBR /%	BDPSNR /dB	ΔT /%	BDBR /%	BDPSNR /dB	ΔT /%	BDBR /%	BDPSNR /dB	ΔT /%
Traffic	0.82	−0.03	−31.26	1.73	−0.05	−40.73	2.39	−0.08	−44.04
PeopleOnStreet	1.53	−0.05	−20.30	2.23	−0.06	−35.06	2.78	−0.09	−36.59
Kimono1	0.25	−0.01	−30.08	0.91	−0.03	−43.12	0.95	−0.03	−45.50
BQTerrace	0.15	0.00	−30.55	0.75	−0.01	−39.16	0.86	−0.02	−41.29
BasketballDrill	1.65	−0.05	−20.97	2.52	−0.07	−30.63	2.85	−0.08	−33.71
RaceHorses	0.86	−0.03	−19.30	1.15	−0.04	−31.95	1.28	−0.05	−34.37
BQSquare	0.86	−0.03	−25.47	1.64	−0.03	−35.58	2.07	−0.04	−40.56
BasketballPass	1.32	−0.04	−29.62	1.40	−0.04	−34.82	1.55	−0.05	−45.48
Johnny	0.51	−0.01	−38.49	0.85	−0.02	−44.05	1.95	−0.05	−47.28

测试序列	Shen 等的方案 ACUDR			本节算法					
	BDBR /%	BDPSNR /dB	ΔT /%	ACUDR			ACUDR+CU 裁剪		
				BDBR /%	BDPSNR /dB	ΔT /%	BDBR /%	BDPSNR /dB	ΔT /%
FourPepple	0.60	−0.02	−36.37	1.20	−0.04	−43.69	2.76	−0.10	−46.70
平均	0.86	−0.03	−28.24	1.44	−0.04	−37.88	1.94	−0.06	−41.55

2. 基于重定备选模式列表的快速帧内预测算法[46]

备选模式列表(candidate mode list,CML)中不同位置的模式成为最佳帧内预测模式的概率不同。此外,CML 中同一位置的不同模式成为最佳帧内预测模式的概率也存在差异。根据这些概率差异性,本节提出一种重定备选模式列表的快速帧内预测算法。该算法重新确定执行率失真优化的模式数目,有效地降低了帧内预测的复杂度。

HEVC 帧内预测有 35 种模式,搜寻其最优预测模式既产生高效编码,也导致编码的高复杂度。为了减小帧内预测复杂度,HEVC 采用了文献[47]中的粗略模式决定(rough mode decision,RMD)方法,在权衡编码效率和复杂度的条件下通过减少执行率失真优化的帧内预测模式数目来降低帧内预测复杂度。执行 RMD 后每种预测模式根据对应的代价 RMD_{cost} 按从小到大的顺序排列在 CML 中。再将最可能模式(most probable mode,MPM)中未包含在 CML 中的模式添加到 CML。最后,CML 中每种模式进一步执行率失真优化,根据率失真代价选择最佳的帧内预测模式。显然,CML 就是从 35 种帧内预测模式中选择的最可能成为最佳帧内预测模式的一个列表,在表中的位置越往前,说明其 RMD_{cost} 越小。

1)备选模式列表命中率的统计与分析

表 8.13 是帧内预测过程中 RMD 和 RDO 消耗时间占帧内编码消耗时间的比例,表中,ClassA~ClassE 是 HEVC 标准提案中比较算法性能的测试序列[44]。由表可知,选择最佳帧内预测模式过程中 RMD 和 RDO 消耗时间分别占整个帧内编码过程消耗时间的比例平均约为 16.27%和 63.76%。虽然 RMD 遍历的模式数远多于 RDO 遍历的模式数,但 RMD 消耗的总时间远小于 RDO 消耗的总时间。为了尽可能降低 HEVC 帧内预测复杂度,对其 RDO 过程进行优化。由于 RMD_{cost} 的值与最终率失真代价具有一定的相关性,并且 RMD 后得到的备选模式列表根据 RMD_{cost} 按从小到大的顺序排列,所以 CML 中不同位置的预测模式成为最佳预测模式的概率是不同的,且 CML 中的预测模式成为最佳预测模式的概率逐渐降低[48]。

表 8.13　RMD 和 RDO 消耗时间占帧内编码消耗时间的比例

类别	分辨率	RMD/%	RDO/%
ClassA	2560×1600	16.19	63.87
ClassB	1920×1080	17.03	63.30
ClassC	832×480	14.63	65.45
ClassD	416×240	14.40	65.69
ClassE	1280×720	19.12	60.49
平均值	—	16.27	63.76

为了分析最佳帧内模式与 CML 中模式顺序之间的关系,定义以下 3 个事件:

(1)当 CML 中第一个模式是 DC 或 Planar 时,DC 或 Planar 成为最佳帧内预测模式,该事件记为 A,A 发生的概率记为 $P(A)$。

(2)当 CML 中第一个模式属于 MPM 时,该模式成为最佳帧内模式,该事件记为 B,B 发生的概率记为 $P(B)$。

(3)当 CML 中第一个模式为上述两种类型之外的模式时,该模式成为最佳帧内预测模式,该事件记为 C,C 发生的概率记为 $P(C)$。

A、B 和 C 三个事件在不同视频序列下的测试结果如表 8.14 所示,由表可知,$P(A)$ 平均为 81.87%,$P(B)$ 平均为 76.78%,而 $P(C)$ 平均只有 30.73%。这表明即便是同处于 CML 中的第一个位置,不同模式成为最佳帧内预测模式的差异仍然很大,即当 CML 中第一个模式是 DC 或 Planar、MPM 时,该模式成为最佳帧内预测模式的概率远大于第一个模式属于其他模式时的概率。当 CML 中第一个模式是 DC 或 Planar 时,表明当前 PU 相对平滑,而采用 DC 和 Planar 两种模式来预测平滑区域的效果更好,这说明此时 DC 或 Planar 成为最佳帧内预测模式的概率很大。由于场景信息具有空间相关性,故同一对象包含的相邻 PU 的预测模式相同或相近。因此,当 CML 中第一个模式属于 MPM 时,说明 PU 选择的预测模式与相邻块选择的最佳预测模式相同的可能性很大。

表 8.14　CML 中第一个模式属于不同类型时的命中率　　（单位:%)

类别	$P(A)$	$P(B)$	$P(C)$
ClassA	83.92	76.28	28.36
ClassB	87.88	74.01	16.71
ClassC	69.53	68.52	34.08
ClassD	77.33	76.57	36.90
ClassE	90.70	88.51	37.61
平均值	81.87	76.78	30.73

2)基于重定备选模式列表的 HEVC 帧内快速编码算法

基于上述分析,本节给出一种重定备选模式列表的 HEVC 帧内快速编码算法,它根据 CML 中不同位置的模式成为最佳预测模式的概率差异以及第一个备选模式成为最佳预测模式的概率差异重新确定 CML,减少执行 RDO 的帧内预测模式数目。这里,针对 CML 中第一个备选模式的不同,将重新定义两种预测方案,表述如下:

方案 1　若 CML 中第一个备选模式属于 MPM 时,则使用 CML 中前两个备选模式作为备选的最佳帧内预测模式。

方案 2　当 CML 中第一个备选模式为 DC 或 Planar 时,若 PU 尺寸大于等于16,则使用 DC 和 Planar 作为备选的最佳帧内预测模式;若 PU 尺寸小于等于8,则选择 DC、Planar 和第二个备选模式作为备选的最佳帧内预测模式。

对上述两个方案,使用不同类型序列进行测试,结果发现方案 1 在不同测试序列的平均命中率为 88%,并且不同 PU 的这个概率差异很小。方案 2 的命中率在不同测试序列的平均命中率为 86%。上述实验表明,方案 1 和方案 2 准确率较高,并且适用于不同特性的测试序列。最后,当 CML 中第一个备选模式为其他模式时,即对不适用方案 1 和方案 2 的情况,则采用 HEVC 的原方法处理。

图 8.28 给出了基于重定 CML 的 HEVC 帧内快速编码流程。为了评价本节算法的性能,与同类型的文献[48]进行比较分析。采用文献[44]规定的 ClassA～ClassE 中所有的视频序列进行测试,量化参数 QP 分别采用 22、27、32 和 37。本节算法与 HEVC 的原始算法相比,在保持基本相同编码性能的条件下,帧内编码时间平均降低 24.5%。与文献[48]的算法相比,本节算法的编码时间降低约 5%。

8.4.2　基于 HEVC 的深度视频编码快速算法

3D-HEVC 与 H.264 编码技术相比,编码块分割尺寸大小以及模式数目都有所改变,现有一些基于 H.264 的深度视频编码方法不一定适合直接运用于 3D-HEVC。而相比于彩色视频,深度视频中存在大量缓慢变化的平坦区域和少量尖锐边缘的复杂区域,即深度视频的纹理特性与平坦特性不完全等同于其彩色视频。因此,基于 HEVC 的深度视频编码快速算法值得研究。

1.基于多类支持向量机的深度视频帧内编码快速算法[49]

3D-HEVC 的帧内编码不仅包含了 HEVC 的四叉树编码结构和 35 种帧内预测模式,还增加了 DMM,DMM 的引入显著增加了深度视频编码的复杂度。与基于 HEVC 的彩色视频编码一样,深度视频编码中最优深度划分和模式选择过程也有非常高的计算复杂度。深度视频平坦区域的 LCU 最优划分深度值为 0 或 1 的概率很高,这里提出一种基于多类支持向量机(multi-class support vector

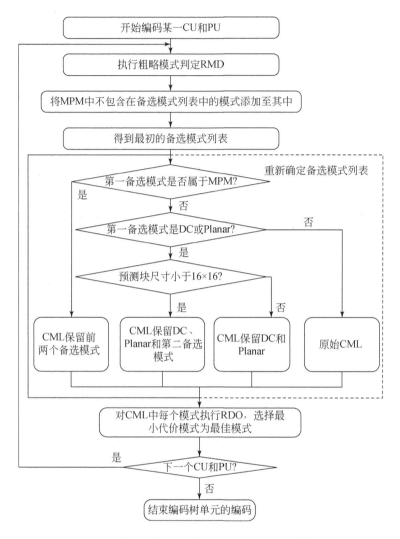

图 8.28　基于重定 CML 的 HEVC 帧内快速编码流程

machine,MSVM)的深度视频帧内编码快速算法,该算法包括离线模型训练和快速帧内编码两个部分。在离线模型训练中,用深度视频编码的 LCU 最优划分深度作为标签,设计相应的 LCU 特征矢量,包括当前 LCU 的空域复杂度、空域相邻 LCU 的最优划分深度和对应的彩色视频 LCU 最优划分深度,用该特征矢量去构造 MSVM 模型。在帧内编码时,先提取被编码 LCU 的特征,根据 MSVM 模型得到划分深度的预测值。根据该预测值得到 LCU 的最大分割深度,提前终止编码递归分割过程。在保证虚拟视点绘制质量的基础上,该算法能有效地降低编码端复杂度。

1)LCU 特征矢量

合适的 LCU 特征矢量选取能够减少训练时间、预测时间和提高模型预测的准确度,这里采用以下六维 LCU 特征矢量 x 来描述其特征:

(1)对应彩色视频编码块 LCU 的最优划分深度,记作 x_{td}。

(2)左上边 LCU 最优划分深度,记作 x_{lad}。

(3)上边 LCU 最优划分深度,记作 x_{ad}。

(4)左边 LCU 最优划分深度,记作 x_{ld}。

(5)当前 LCU 每个像素与对应行像素平均值的差值平方和 X_{mse},计算公式为

$$X_{mse} = \sum_{i=0}^{63} \sum_{j=0}^{63} (p(i,j) - \overline{X}_i)^2 \tag{8.31a}$$

式中,$p(i,j)$ 代表当前 LCU 中 (i,j) 处的像素值,$\overline{X}_i$ 代表 LCU 第 i 行的像素平均值。

(6)当前 LCU 每个像素与对应列像素平均值的差值平方和 Y_{mse},计算公式为

$$Y_{mse} = \sum_{j=0}^{63} \sum_{i=0}^{63} (p(i,j) - \overline{Y}_j)^2 \tag{8.31b}$$

式中,$\overline{Y}_j$ 代表 LCU 第 j 列像素的平均值。

2)MSVM 分类器与离线训练

传统的支持向量机分类器一般只是分出两类,而 LCU 分割深度取 4 个值,分别为 0、1、2 或 3,所以采用 MSVM 分类器,它是在传统支持向量机分类器的基础上建立 4 个超平面,每个超平面把对应类 LCU 与其余类 LCU 分割开,超平面函数表示为 $f_m(\boldsymbol{x})$:

$$f_m(\boldsymbol{x}) = (\boldsymbol{w}_m)^T \phi(\boldsymbol{x}) + b_m, \quad m \in \{0,1,2,3\} \tag{8.32}$$

式中,$\boldsymbol{w}_m$ 为第 m 类的预测权重矢量,$(\boldsymbol{w}_m)^T$ 为 $\boldsymbol{w}_m$ 的转置,$\phi(\cdot)$ 为非线性核函数,$\boldsymbol{x}$ 为由 x_{td}、x_{lad}、x_{ad}、x_{ld}、x_{Xmse} 和 x_{Ymse} 组成的特征矢量,b_m 为第 m 类的偏置量。一般情况下,在低维空间中,几乎找不到一个超平面能把不同类别 y_i 的 LCU 线性分割开。采用核函数把不同类别 y_i 所对应的特征矢量 $\boldsymbol{x}_i$ 映射到高维空间后,能找到一个最优的超平面把不同类别 y_i 的 LCU 线性分割开。然后,通过最小化代价函数 $J_m(\boldsymbol{w}_m)$ 构造出超平面函数 $f_m(\boldsymbol{x})$

$$J_m(\boldsymbol{w}_m) = \frac{1}{2}(\boldsymbol{w}_m)^T \boldsymbol{w}_m = \frac{1}{2} \| \boldsymbol{w}_m \|^2 \quad \text{s.t. } (\boldsymbol{w}_m)^T \phi(\boldsymbol{x}_{i,m}) + b_m \geqslant 1 \tag{8.33}$$

式中,约束条件表示所有的训练样本 LCU 都正确地分类,$\boldsymbol{x}_{i,m}$ 为第 i 个训练样本(类型为 m)的特征矢量。但在实际中有些不同 y_i 的 LCU 的 $\boldsymbol{x}_i$ 却十分相似,为避免这些特殊 LCU 对超平面函数产生严重的影响,允许这些特殊的 LCU 被错误分类,引入松弛变量 $\xi_{i,m}$、惩罚因子 C 和用户设定的权重 $\boldsymbol{W}_m$,这样代价函数就转化为

$$\begin{cases} J_m(\boldsymbol{w}_m) = \dfrac{1}{2}(\boldsymbol{w}_m)^{\mathrm{T}}\boldsymbol{w}_m + C\boldsymbol{W}_m\displaystyle\sum_{i=1}^{k}\xi_{i,m} \\[2mm] \text{s. t. } (\boldsymbol{w}_m)^{\mathrm{T}}\phi(\boldsymbol{x}_{i,m}) + b_m \geqslant 1 - \xi_{i,m}, \quad y_i = m \\[2mm] \quad\quad (\boldsymbol{w}_m)^{\mathrm{T}}\phi(\boldsymbol{x}_{i,m}) + b_m \leqslant -1 + \xi_{i,m}, \quad y_i \neq m \\[2mm] \quad\quad \xi_{i,m} \geqslant 0 \end{cases} \tag{8.34}$$

式中,k 表示训练样本 LCU 的个数。利用拉格朗日乘子法对式(8.32)构造优化函数,对优化函数求取偏导数,可得到超平面函数 $f_m(\boldsymbol{x})$,计算公式如下:

$$f_m(\boldsymbol{x}) = \sum_{i=1}^{k}\alpha_{i,m}K(\boldsymbol{x}_{i,m},\boldsymbol{x}) + b_m, \quad m \in \{0,1,2,3\} \tag{8.35}$$

式中,$K(\boldsymbol{x}_{i,m},\boldsymbol{x}) = \phi^{\mathrm{T}}(\boldsymbol{x}_{i,m})\phi(\boldsymbol{x})$,$\alpha_{i,m}$ 为第 m 类的拉格朗日乘子。

在编码时,将预测样本 LCU 的特征矢量代入式(8.35)得到 4 个决策函数值,最大决策函数值为编码 LCU 的 LCU 深度的预测值 dpre,表示为 dpre＝arg max $(f_m(\boldsymbol{x}))$。

离线训练参数 $\boldsymbol{W}_m$ 的选择时考虑了样本标签分布的不均匀性。同一类别标签所占比例越小,该类标签预测误差则尽可能越小,也就是代价函数值应该大一些,这样能提高模型的鲁棒性。

3)基于 MSVM 的深度视频帧内编码快速算法

本节的基于 MSVM 的深度视频帧内编码快速算法流程如图 8.29 所示,它通过提前终止 LCU 划分与模式选择的方式来实现深度视频的快速帧内编码。根据 JCT-3V 提出的多视点视频编码的公共测试环境[50],测试了 HTM10.0 编码算法、本节算法、Park 算法[51]和 Gu 算法[52]。本节算法与原始测试平台相比,总体编码时间节省了 35.91%,深度视频节省了 40.04%。本节算法编码时间节省百分比随着 QP 的增大而增多,主要是因为 QP 越大,满足本节条件的 LCU 越多。Gu 算法与原始测试平台相比,总体时间节省了 9.55%,深度视频节省了 10.54%。Park 算法与原始测试平台相比,总体时间节省了 18.47%,深度视频时间节省了 20.70%。在编码节省时间方面,本节算法优于 Gu 算法、Park 算法。Gu 算法主要是针对深度视频复杂区域的 CU 执行 DMM 搜索,平坦区域的 CU 跳过 DMM 搜索,LCU 还是递归地划分到最大可允许划分深度。Park 算法是计算 CU 是否含有水平和垂直边缘,加速 CU 的模式决策过程,LCU 仍然需要递归分割到最大可允许划分深度。本节算法提前终止 CU 递归划分,减少了 CU 划分深度遍历过程和相应深度级 CU 的模式遍历过程。

2. 联合深度视频预处理的 3D-HEVC 快速编码算法[53]

考虑深度视频的准确性和对编码的影响,本节首先提出联合深度视频预处理的 3D-HEVC 快速编码算法,在编码前进行深度视频空域突变区处理和时域连续

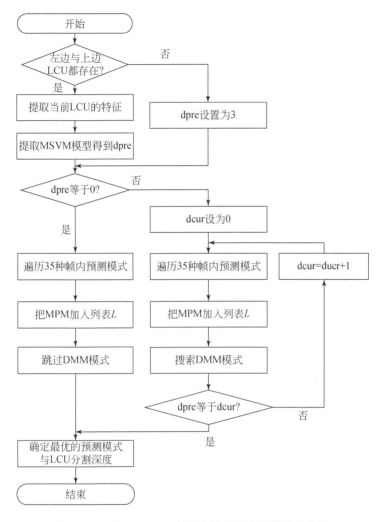

图 8.29　基于 MSVM 的深度视频帧内编码算法流程

性滤波。然后针对处理后的视频提出快速编码方案,以达到总体编码时间和编码码率的降低。该算法主要分为深度视频预处理和 3D-HEVC 的快速编码。在深度视频预处理时,先检测深度视频的突变区域 CR 和边界区域 ER,在检测结果的基础上进行空域联合时域的处理。快速编码算法则需要在处理后的视频的基础上,检测 ER,同时采用彩色视频对应的运动确定深度视频的运动区域 MR。最后提出快速编码方法,整个方案中的 CR、ER 和 MR 将作为视频处理和编码的辅助信息。

1)深度视频空域和时域处理方法

彩色图像比深度图像具有更多的细节信息,大部分深度图像边界与彩色图像的边界相互对应。然而,由于深度视频存在不准确的现象,也存在一部分不对应的区域。图 8.30 是 Newspaper 序列第 2 视点第 10 帧的彩色和对应深度视频帧,其中,如图 8.30(b)中的方框所示区域,深度视频的边界没有与真实的边界相互对应。

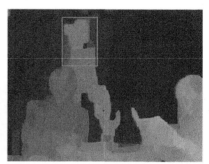

(a) 多视点视频的彩色图像　　　　　　　　(b) 多视点视频的深度图像

图 8.30　Newspaper 彩色图像和对应深度视频

在 3D-HEVC 编码过程中,彩色视频编码先于深度视频编码,因而深度视频的编码可以借鉴彩色视频编码的信息。深度视频的不准确性不仅影响压缩效率,而且影响整体编码速度。因此,需要提出相应的深度视频预处理方法,以减少其对整体编码性能的影响。本节对深度视频预处理时,先进行深度视频单帧的空域滤波。由于深度视频的边界对绘制质量的影响大于平坦区域,因此处理过程需对边界进行保护。图 8.31(a)给出了 Canny 检测算子检测的 ER 结果。对于检测为非边界的 non-ER 区域,进行深度突变检测,将深度视频中的突变像素定义为 CR,非突变的区域定义为 non-CR,分别采用高斯滤波和自适应平滑处理 CR 和 non-CR。

深度图像中突变区域的存在导致虚拟视点图像绘制过程中的空洞问题,从而影响深度视频的虚拟视点图像绘制质量。深度突变像素区域检测可表示为

$$CR=\{(i,j),(i-1,j)|i\in[0,H],j\in[0,V],abs(v_d(i-1,j)-v_d(i,j))>Th_0\}$$

$$(8.36)$$

式中,$v_d(i,j)$ 为在坐标 (i,j) 处的深度像素值,H 和 V 分别为图像的宽度和高度,Th_0 为阈值,$abs(\cdot)$ 为获取的像素差的绝对值。

图 8.31(b)是 Newspaper 深度视频第 2 视点第 10 帧图像和 CR 检测结果,由图可知,大部分 CR 分布在对象的边界部分,同时还有一些分布在估计不准确的噪声区域。对于非边界 non-ER 的 CR 进行高斯滤波,选择高斯滤波是综合考虑了编码性能和对绘制质量的影响。首先,平坦的深度视频压缩率高。其次,在基于深度

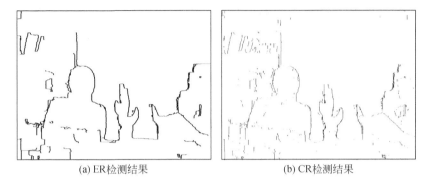

(a) ER 检测结果　　　　　　　　(b) CR 检测结果

图 8.31　ER 检测和 CR 检测结果

图像绘制的过程中,若对深度像素值不连续的部分进行合理的平滑,则绘制空洞会减少,一些微小的空洞将会消失,从而保证了绘制的质量。高斯滤波的滤波窗口 w_0 设置为 7 个像素范围,设置 σ_h 和 σ_v 为对应窗口大小的 1/4。对于 non-ER 的 non-CR 的自适应滤波定义如下,如果当前处理像素不为 CR 和 ER,视当前的像素为自适应滤波的扫描中心,扫描最大范围是 n,代表连续遍历的像素个数,本节设置为 5 个像素范围。扫描时进行向上、向下、向左和向右四个方向的同时遍历。若检测到任何像素为 CR 或者 ER,遍历过程结束,最终形成不等长的十字形像素范围,遍历结果示意图如图 8.32(a)所示。

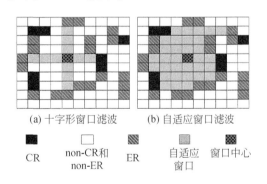

(a) 十字形窗口滤波　　　　(b) 自适应窗口滤波

CR　　　non-CR 和 non-ER　　　ER　　　自适应窗口　　　窗口中心

图 8.32　自适应滤波方法过程

然后,依次设垂直遍历到的像素为再次扫描遍历的中心位置,扫描范围的上限 n 仍然为 5,向左右方向进行遍历。同样,若检测到属于 CR 或者 ER 的像素,则扫描过程停止。当每个中心位置的像素左右方向都扫描结束时,形成自适应滤波加权区域,如图 8.32(b)所示。最终,自适应滤波中心像素的值设置为加权区域内所有像素的平均值,当前像素的自适应滤波完成,进行下一个像素的滤波,直到整个视频帧的滤波完成。

　　为进一步增强视频的相关性,同时减少视频编码的码率,对深度视频进行空域处理后再对其进行时域处理,主要包括时域滤波方向转换和时域视频滤波处理。时域滤波方向转换的过程指滤波处理的坐标系变换,若深度序列的水平方向、垂直方向和时域方向组成一个三维坐标系 (i,j,k),令 $v_d(i,j,k)$ 为视频序列第 k 帧图像在 (i,j) 位置上的深度值,对应于总帧数为 K 且分辨率为 $H×V$ 的视频。设 D' 为坐标系变换后的深度的时域处理序列,其坐标系为 (i,k,j),即时域处理序列是对原深度序列构成的立方体按垂直方向 j 进行切片而得到的序列,其第 j 帧图像在 (i,k) 位置上的深度值 $v'_d(i,k,j)$ 按如下方式得到:

$$v'_d(i,k,j)=v_d(i,j,k), \quad i\in[0,H],j\in[0,V],k\in[0,K) \qquad (8.37a)$$

对 D' 的时域滤波方法可表示为

$$v''_d(i,k,j)=\frac{\sum_{k=k'-k_0}^{k'+k_0}w(i,k,j)×v'_d(i,k,j)}{\sum_{k=k'-k_0}^{k'+k_0}w(i,k,j)} \qquad (8.37b)$$

式中,$v''_d(i,k,j)$ 为经过时域滤波后的深度像素值,k_0 为时域滤波范围,$w(i,k,j)$ 为 (i,k,j) 位置的滤波权重,$w(i,k,j)=w_1(k)×w_2(i,k,j)$,其中 $w_1(k)$ 是基权重函数,$w_1(k)=e^{1-|n-k|}$,$w_2(i,k,j)$ 是反映当前像素和邻近像素时域相关性的函数,$w_2(i,k,j)=1-\frac{1}{1+e^{5-\frac{\mathrm{dif}(i,k,j)}{4}}}$。序列滤波完成后,进行坐标逆转换,时域处理完成。

　　2)深度视频快速编码算法

　　3D-HEVC 的深度视频编码保留了大部分彩色视频编码技术,并增加了适合深度视频的编码工具,这导致深度视频编码时间进一步增加。这里,在进行深度视频预处理的基础上,进行预测模式和编码单元分割的统计分析,然后给出相应的快速编码算法。与其他预测模式相比,Skip 模式的复杂度更低。当编码单元使用 Skip 模式进行编码时,只需要编码一个预测单元的信息,不需要考虑变化量化的系数和运动矢量的大小,也不需要考虑一般帧间预测所需要的参考帧信息。

　　在进行深度视频运动区域的检测时,考虑到深度视频在时域上的不连续性,直接判断其运动区域并不准确。本节的深度视频运动区域根据彩色视频进行运动提取,以 $4×4$ 块为基本单位,计算当前帧的每一个连续不重叠的基本像素块与相邻帧的对应像素块的差值平方和,即令 Th_1 是经验阈值,SSD_f 和 SSD_b 为当前帧基本像素块分别与前一帧和后一帧对应块的像素差值平方和,若满足 $\min\{\mathrm{SSD}_f,\mathrm{SSD}_b\}\leqslant\mathrm{Th}_1$,则当前块为非运动区域,否则为运动区域(记为 MR)。

　　根据运动区域、边界检测结果可将深度视频划分为两类区域,即运动且为边界的区域 MR∩ER、其他区域。对于判断为 MR∩ER 的区域需要遍历所有的预测模式来确定最优的预测模式。而其他区域特征趋于平坦,当前像素的值与邻近编码的像素极有可能相同,即更可能选择 Skip 和 Merge 两种预测模式。这里,将通过提前判定预测模式显著减少率失真代价(RDcost)计算。

在 HTM10.0 测试平台上进行上述两种区域的模式选择的分布统计,测试参数如表 8.15 所示,测试序列为 Balloons、Kendo、Newspaper、PoznanStreet。图 8.33 为非 MR∩ER 的最优预测模式的分布情况,其中一些序列的 AMP(asymmetric motion partitioning)模式选择的比例约为 1%,对于所有的测试序列 Skip 和 Merge 模式被选为最优预测模式的比例约为 90%,其他预测模式均小于 10%,尤其对于"PoznanStreet"这样平坦区域较多且运动不剧烈的序列,选择 Skip 模式的比例较高。

表 8.15　测试环境(全分辨率彩色和深度视频)

彩色 QP 值	25,30,35,40
深度 QP 值	34,39,42,45
VSO	ON
纹理 SAO	OFF
RDOQ	ON
视点合成 s/w	1D-fast VSRS

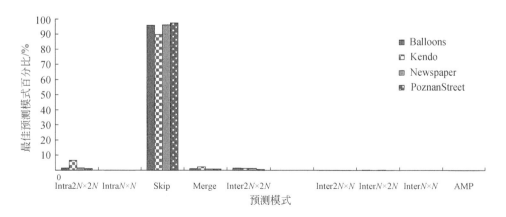

图 8.33　非 MR∩ER 区域的预测模式统计分布

图 8.34 为本节提出的快速编码算法的流程,具体描述如下:

(1)如果当前 CU 对应的彩色 CU 的分割深度比当前编码深度视频的 CU 大,则进行下一层分割,否则终止进一步分割,从而确定编码的最优分割深度。

(2)如果当前 CU 属于 MR∩ER,则遍历所有的预测模式以选择最优的预测模式,否则只遍历 Skip 模式和 Merge 模式。

(3)如果当前 CU 的深度遍历完成,最优的预测模式确定,则返回(1)进行下一个 CU 的遍历。

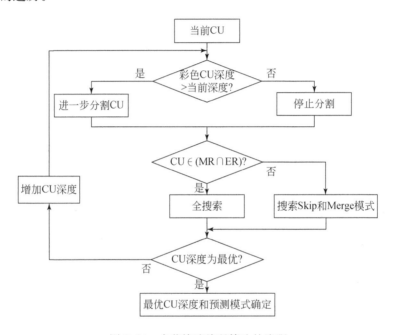

图 8.34　本节快速编码算法的流程

为验证本节算法的性能,在 JCV-3V 标准测试环境下进行编码测试。由于本节算法是联合了预处理操作的快速深度视频编码方法,所以先验证预处理算法的有效性,再综合分析整体快速算法的效果。

在立体视频客户端,深度视频是用于绘制虚拟视点的,因而对于深度视频处理的效果,采用最终绘制虚拟视点的质量进行衡量比直接使用深度视频质量衡量更为合理。对于处理后的视频质量可用 PSNR 进行评价。最终,结合深度视频的编码码率和绘制视点的 PSNR 来衡量深度视频编码效果。采用 1D-fast VSRS 算法结合解码重建的左右视点彩色和深度视频进行虚拟视点绘制,以比较本节算法与 Hu 等[54]、Silva 等[55]和 Zhao 等[56]所提出的算法。图 8.35 显示了编码原始深度视频以及采用本节算法、Hu 等、Silva 等和 Zhao 等方法处理后的深度视频的率失真曲线。显然,本节算法在不同码率的情况下性能均优于其他算法,同时,对于

Balloons、Kendo、Poznanstreet 序列,本节处理算法的率失真性能明显优于原始深度视频编码的效果,Newspaper 的率失真性能和原始视频基本持平。

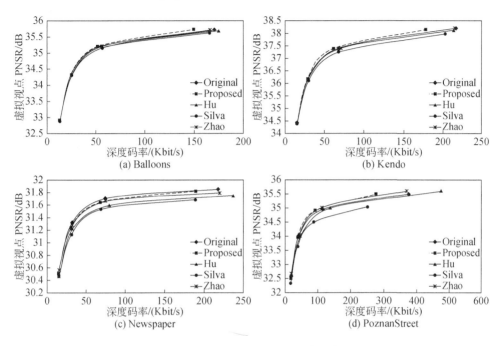

图 8.35 不同算法深度视频编码后的率失真曲线对比

Original 代表原始算法;Proposed 代表本节算法

为对比本节联合深度视频预处理的 3D-HEVC 快速编码算法和 Mora 等的算法[57],使用编码时间的变化来衡量其编码复杂度。分别将本节算法和 Mora 等的算法编码时间和原始编码平台进行对比,记 $T_i(i=\text{Mora},\text{pro})$ 为方案 i 编码彩色视频和深度视频的整体时间,t_i 为编码深度视频的时间,ΔT_i 和 Δt_i 分别为总体编码时间和深度视频编码时间的变化情况,计算方法分别为

$$\Delta T_i = \frac{T_i - T_{\text{ori}}}{T_{\text{ori}}} \times 100\%, \quad \Delta t_i = \frac{t_i - t_{\text{ori}}}{t_{\text{ori}}} \times 100\% \tag{8.38}$$

表 8.16 列出了本节算法和对比算法的编码时间节省情况,由于本节算法包含了预处理过程,在统计编码时间时需要将预处理过程的时间计算在内。如表 8.16 所示,本节算法降低了总体编码时间的 44.24% 和深度编码时间的 72%。Mora 等的算法编码时间总体减少了 40.80%,深度视频的编码时间减少了 66.61%,本节算法在不同的 QP 下的编码时间与 Mora 等的算法相比都具有优势。

表 8.16　本节算法和 Mora 等的算法的整体编码时间和深度编码时间降低的比例

（单位：%）

视频序列	QP=25		QP=30		QP=35		QP=40		平均值	
	ΔT_{Mora} $/\Delta t_{\text{Mora}}$	ΔT_{pro} $/\Delta t_{\text{pro}}$	ΔT_{Mora} $/\Delta t_{\text{Mora}}$	ΔT_{pro} $/\Delta t_{\text{pro}}$	ΔT_{Mora} $/\Delta t_{\text{Mora}}$	ΔT_{pro} $/\Delta t_{\text{pro}}$	ΔT_{Mora} $/\Delta t_{\text{Mora}}$	ΔT_{pro} $/\Delta t_{\text{pro}}$	ΔT_{Mora} $/\Delta t_{\text{Mora}}$	ΔT_{pro} $/\Delta t_{\text{pro}}$
Balloons	−32.63 /−58.13	−36.51 /−65.42	−37.64 /−64.96	−40.23 /−69.74	−41.49 /−68.27	−43.44 /−71.32	−44.29 /−70.44	−46.00 /−72.34	−35.10 /−60.39	−41.55 /−69.71
Kendo	−33.47 /−57.78	−38.25 /−65.81	−36.37 /−63.07	−40.23 /−69.24	−39.40 /−66.14	−42.83 /−71.35	−41.66 /−68.56	−44.51 /−72.31	−39.52 /−66.07	−41.46 /−69.68
Newspaper	−37.32 /−62.32	−41.82 /−69.41	−41.50 /−67.14	−44.74 /−72.30	−44.70 /−69.66	−47.10 /−73.89	−47.08 /−71.57	−49.43 /−74.92	−43.01 /−68.94	−45.77 /−72.63
PoznanStreet	−36.98 /−63.32	−43.24 /−72.88	−42.56 /−69.13	−46.95 /−75.76	−46.45 /−71.70	−50.15 /−76.92	−49.21 /−73.56	−52.37 /−78.38	−45.56 /−71.03	−48.18 /−75.99
总体	—	—	—	—	—	—	—	—	−40.80 /−66.61	−44.24 /−72.00

除了编码时间，快速编码方法同样影响编码码率。表 8.17 是本节算法和 Mora 等的算法深度视频编码码率的变化情况，BR_{ori} 和 BR_i（$i=\{\text{Mora},\text{pro}\}$）表示原始编码的总体时间和编码方案 i 的码率，ΔBR 表示码率的变化情况，有

$$\Delta\text{BR}_i = \frac{\text{BR}_i - \text{BR}_{\text{ori}}}{\text{BR}_{\text{ori}}} \times 100\% \tag{8.39}$$

Mora 等的算法主要根据彩色的编码块的四叉树分割，其编码码率的减少主要来自标记位的减少和表分割尺寸的影响。本节算法编码码率的降低主要得益于深度视频合理的预处理以及编码的优化，因而表现出较好的率失真性能。

表 8.17　本节算法和 Mora 等的算法深度视频编码码率的下降的比例　（单位：%）

视频序列	QP=25		QP=30		QP=35		QP=40		平均值	
	$\Delta\text{BR}_{\text{Mora}}$	$\Delta\text{BR}_{\text{pro}}$	$\Delta\text{BR}_{\text{Mora}}$	$\Delta\text{BR}_{\text{pro}}$	$\Delta\text{BR}_{\text{Mora}}$	$\Delta\text{BR}_{\text{pro}}$	$\Delta\text{BR}_{\text{Mora}}$	$\Delta\text{BR}_{\text{pro}}$	$\Delta\text{BR}_{\text{Mora}}$	$\Delta\text{BR}_{\text{pro}}$
Balloons	−23.83	−31.78	−21.04	−28.97	−14.00	−17.08	−11.20	−8.23	−24.10	−34.44
Kendo	−11.05	−25.99	−9.30	−18.33	−7.94	−11.80	−7.45	−6.65	−17.47	−31.85
Newspaper	−35.28	−43.19	−26.11	−33.71	−17.78	−24.44	−9.31	−9.00	−11.45	−21.10
PoznanStreet	−35.40	−54.55	−21.77	−38.72	−14.55	−24.56	−9.16	−8.16	−15.80	−9.30
总体	—	—	—	—	—	—	—	—	−17.20	−24.07

实验中使用解码重建的彩色视频和深度视频进行虚拟视点图像绘制，这里采用 PSNR 和多尺度结构相似度（MS-SSIM）作为质量评价指标。表 8.18 为原始编

码平台算法、Mora 等的算法和本节算法得到的深度图像绘制的虚拟视点图像
PSNR 和 MS-SSIM 值。本节算法包含了深度图像预处理和编码,PSNR 和 MS-
SSIM 稍微受到影响,但是所绘制的虚拟视点图像质量基本保持和原始平台算法相
同。MS-SSIM 是一种符合人眼感知的评价标准。因此,这里采用 BD-MS-SSIM
和 BDBR 来估计编码性能,其中 BDBR 使用总体的编码码率和 MS-SSIM 进行计
算,结果如表 8.19 所示。从实验结果看,本节算法的 BD-MS-SSIM 和 BDBR 在大
部分测试序列中都优于 Mora 等的算法,平均的编码性能和 Mora 等的算法持平。

表 8.18　采用本节算法和 Mora 等的算法的虚拟视点图像质量

视频序列	QP	PSNR/dB			MS-SSIM		
		原始算法	Mora 等的算法	本节算法	原始算法	Mora 等的算法	本节算法
Balloons	25	35.75	35.72	35.73	0.9876	0.9876	0.9876
	30	35.24	35.17	35.23	0.9846	0.9846	0.9846
	35	34.34	34.29	34.32	0.9786	0.9785	0.9786
	40	32.89	32.86	32.90	0.9661	0.9661	0.9661
Kendo	25	38.23	38.21	38.14	0.9900	0.9900	0.9899
	30	37.43	37.41	37.36	0.9875	0.9875	0.9874
	35	36.22	36.20	36.17	0.9831	0.983	0.983
	40	34.43	34.44	34.40	0.9748	0.9748	0.9748
Newspaper	25	31.86	31.85	31.84	0.9771	0.977	0.977
	30	31.71	31.71	31.65	0.9744	0.9743	0.9744
	35	31.32	31.33	31.23	0.9688	0.9689	0.9688
	40	30.59	30.56	30.52	0.9583	0.9581	0.9581
PoznanStreet	25	35.47	35.49	35.49	0.9798	0.9798	0.9794
	30	34.94	34.96	34.92	0.9726	0.9726	0.9722
	35	34.03	34.03	33.96	0.9611	0.9611	0.9606
	40	32.64	32.61	32.57	0.9441	0.9439	0.9435

表 8.19　本节算法和 Mora 等的算法的 BD-MS-SSIM 和 BDBR

视频序列	BD-MS-SSIM		BDBR/%	
	Mora 等的算法	本节算法	Mora 等的算法	本节算法
Balloons	0.0001	0.0002	−1.22	−1.96
Kendo	0.0003	0.0004	−0.69	−0.79
Newspaper	0.0001	0.0001	−3.47	−3.76

视频序列	BD-MS-SSIM		BDBR/%	
	Mora 等的算法	本节算法	Mora 等的算法	本节算法
PoznanStreet	0.0002	0.0000	−1.77	−0.09
平均值	0.0002	0.0002	−1.79	−1.65

8.4.3　基于 HEVC 与双目视觉感知的多视点视频编码快速算法

为降低多视点视频编码的计算复杂度,去除视频的感知冗余,本节提出一种基于双目恰可察觉失真(binocular just noticeable difference,BJND)模型与 HEVC 标准的多视点视频快速编码算法[58]。先利用 3D-Sobel 算子将右视点图像分成显著区域和非显著区域;再根据视频编码中的失真量化(distortion quantization,DQ)模型估计显著区域的误差平方和,利用时空域以及视点间的相关性线性加权估计非显著区域的误差平方和;同时,计算由 BJND 值求取的误差平方和;最后,结合 BJND 值得到的误差平方和以及相应区域估计得到的误差平方和作为当前编码单元的决策阈值,根据决策阈值提前终止右视点帧间预测模式的选择,从而降低右视点的编码复杂度。

BJND 模型表示在其中一个视点的背景区域固定的情况下,另外一个视点在该区域能够引起立体图像失真的最小失真值,BJND 与对比度掩蔽和人眼视觉系统(human visual system,HVS)的亮度适应性相关[59]。在给定左右视点的图像时,定义右视点的 BJND 值如下[60]:

$$\text{BJND}_R(\text{bg}(i+d),\text{eh}(i+d),A_l(i+d))$$
$$=A_{C,\text{limit}}(\text{bg}(i+d),\text{eh}(i+d))\times\left[1-\left(\frac{A_l(i+d)}{A_{C,\text{limit}}(\text{bg}(i+d),\text{eh}(i+d))}\right)^\lambda\right]^{1/\lambda}$$

$$(8.40)$$

式中,BJND_R 为右视点图像的 BJND 值;d 为右视点相对于左视点的视差;$A_{C,\text{limit}}$ 是考虑对比度掩蔽效应时在左视点随机噪声幅度为零时,右视点能够察觉双目感知失真的随机噪声幅度上限值;$\text{bg}(i)$ 是区域 i 中像素的平均亮度;λ 控制左视点的噪声,这里设置为 1.25;$\text{eh}(i)$ 是区域 i 边缘梯度值;$A_l(i+d)$ 为左视点区域 i 中最大可容忍的随机噪声幅度值。BJND 值越大代表能够容忍的双目感知失真越小。

考虑到图像边缘以及视频运动分别在空域和时域上对人眼视觉质量的影响,3D-Sobel 在原来 2D-Sobel 的基础上,增加了时间 t 方向上的信息[61]。这个步骤不但利用了同一帧内以该像素为中心的方形区域内其他像素信息,也利用了前一帧和后一帧内相同空间位置区域内的像素信息。g_x、g_y 和 g_t 分别代表沿 x、y 和 t 方

向的像素梯度值,(i,j)代表像素点的位置,局部梯度值 G 定义如下:

$$G(i,j)=\sqrt{\alpha(g_x(i,j)^2+g_y(i,j)^2)+\beta g_t(i,j)^2} \qquad (8.41)$$

式中,α 和 β 为调节参数,α 越大说明考虑图像的梯度信息越多,而 β 越大说明考虑视频的运动信息越多。在本节算法中,α 和 β 的取值均为 1。当 $G(i,j)>T$ 时,认为该像素点是显著像素点,否则为非显著像素点。

　　视频编码中的失真主要体现在量化过程中,而量化参数 QP 的大小直接决定失真程度。图 8.36(a)～(d)给出了右视点四个不同序列在不同 QP 下得到的MSE,横坐标代表右视点编码 QP,纵坐标代表编码后原始图像和重建图像间的MSE。从图中可知,在不同 QP 下编码,MSE 也不同,且 QP 取值越大,其得到的MSE 分布范围也越广。若在任何 QP 下都直接利用 BJND 值来提前终止其他预测模式的搜索,其降低复杂度的能力非常有限。因此,可根据视频编码中的DQ 模型估计右视点不同 QP 编码后得到的失真,再结合 BJND 值来指导右视点的预测模式选择。

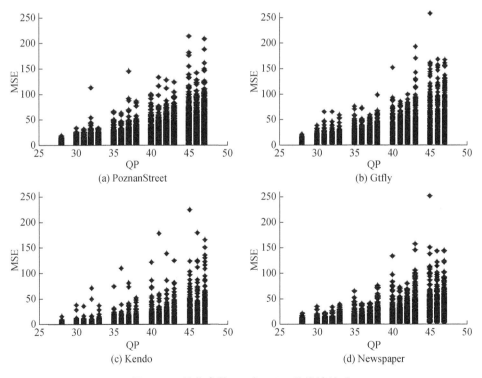

图 8.36　量化参数 QP 与 MSE 的统计关系

　　根据视频编码中的 DQ 模型[62],量化步长和 SSE 的关系计算如下:

$$\mathrm{SSE}=a\boldsymbol{Q}_{\mathrm{step}}^{b} \qquad (8.42a)$$

将两边分别取对数,并将量化步长转换为 QP,可表示为

$$\ln(SSE) = \ln a + b \times \ln 2 \times (QP - 4)/6 \qquad (8.42b)$$

式中,a 和 b 为与视频内容相关的系数。

由式(8.42b)可知,$\ln(SSE)$ 与 QP 呈线性关系。但 DQ 模型仅针对交流分量。对于帧内编码,所有编码单元都会将残差进行量化,产生的失真与 QP 之间存在一定关系;但对于帧间编码,由于 Skip 模式在实际编码当中不传残差,所以其失真与 QP 不一定呈现式(8.42b)的关系。所以,为更好地应用式(8.42b)的关系,将多视点视频编码的右视点图像分别采用量化参数 12、16、20、24、28、32、36、40 和 44 进行编码,再将最小编码单元 8×8 块的 SSE 和 QP 进行数据拟合,图 8.37(a)和(d)分别给出了两个序列的原始图,图 8.37(b)和(e)给出了两个序列的 3D-Sobel 图,图 8.37(c)和(f)显示右视点图像中 $\ln(SSE)$ 和 QP 的关系图。其中,白色块代表该区域 $\ln(SSE)$ 和 QP 存在线性关系(其相关系数大于 0.97),黑色块代表该区域 $\ln(SSE)$ 和 QP 不存在明显的线性关系。由图可知,在图像的边缘以及运动区域呈现线性关系的比例高,在图像的平坦区域因为有 Skip 模式的存在,虽然有少部分块存在线性关系,但总体比例不高。因此,若当前编码单元处于边缘显著区域,只需求得式(8.42b)中的 a 和 b,就可估计当前编码单元的 SSE。

(a) Book Arrival原始图　　(b) (a)的3D-Sobel图　　(c) (a)的ln(SSE)和QP的关系图

(d) Kendo原始图　　(e) (d)的3D-Sobel图　　(f) ln(SSE)和QP的关系图

图 8.37　ln(SSE)和 QP 关系示意图

但是,式(8.42b)中的参数 a 和 b 与视频内容相关,不同的视频内容其参数取值也不同。由于视频中时域的高度相关性,故可将已编码帧的参数 a 和 b 作为当前编码帧的参数,图 8.38 给出了右视点一个图像组中每帧的量化参数。其中,第一帧为 I 帧或者 IDR 帧,QP1 代表编码的基础 QP,同种颜色的代表编码帧处于同一层,采用

同一个量化参数进行编码,旁边的序号代表编码的顺序,由图 8.38 可知,随着编码顺序地进行,编码的 QP 会有所不同。所以,如果要获得参数 a 和 b,至少需要已编码的两帧来拟合,这会出现较大的误差,而且还非常复杂。为简化模型,找出参数 a 和 b 之间的关系,根据文献[63]对 DQ 模型的改进,其改进的 DQ 模型定义如下:

$$\text{SSE}=a\text{QP}^b Q_{\text{step}} \tag{8.42c}$$

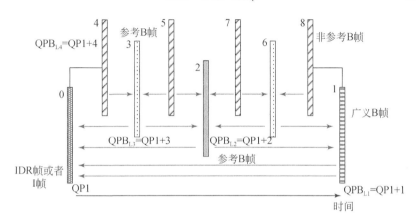

图 8.38　一个图像组中的量化参数

　　同理,按照之前的方式统计视频中满足该关系式的区域,图 8.39(a)和(d)分别给出了 Book Arrival、Kendo 序列的原始图,图 8.39(b)和(e)分别给出了上述序列的 3D-Sobel 图,图 8.39(c)和(f)中的白色区域分别为上述 2 个序列中满足式(8.42c)的关系块,黑色区域代表不满足该关系的区域。由图可知,在图像的边缘显著区域,满足式(8.42c)关系的比例非常高;但在平坦非显著区域,虽然有部分编码单元满足该关系,但由于 Skip 模式的存在,比例不高。为更直观地反映边缘区域中满足式(8.42c)关系的比例情况,定义 8×8 块的边缘强度(edge strength,ES)计算公式如下:

$$\text{ES}=\sum_{i=0}^{N}\sum_{j=0}^{N}x(i,j)/(N\times N) \tag{8.43}$$

式中,i 和 j 为编码单元 8×8 块内的位置;$x(i,j)$ 为当前位置的像素是否是边缘的情况,若为边缘,则为 1,否则为 0;N 为最小编码单元,即 $N=8$。

　　得到边缘强度后,然后定义阈值 Th,若 ES>Th,则当前编码块属于边缘显著块,否则属于平坦非显著块。表 8.20 给出了在边缘显著区域满足式(8.42c)关系的比例,表中 r 表示拟合数据和实际数据的相关系数,Th 表示阈值,这里分别取 0~1 的 10 个阈值进行统计。显然,随着相关系数的降低,在边缘显著块呈现该关系的比例升高,且随着阈值 Th 的提高,在边缘显著块呈现该关系的比例先逐渐升高后逐渐下降。所以,选取合适的阈值对实际的编码结果有着较大的影响。在本

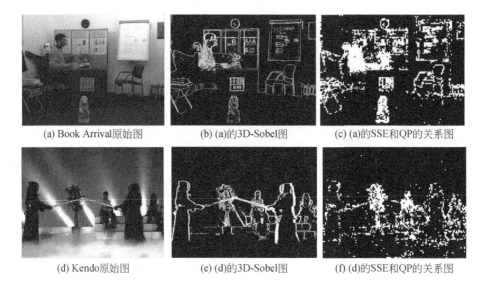

(a) Book Arrival原始图　　　　(b) (a)的3D-Sobel图　　　　(c) (a)的SSE和QP的关系图

(d) Kendo原始图　　　　(e) (d)的3D-Sobel图　　　　(f) (d)的SSE和QP的关系图

图 8.39　SSE 和 QP 的关系分析

实验中,阈值 Th＝0.3,相关系数为 0.95,也就是说,在相关系数为 0.95 的条件下,在边缘显著区域有 90％以上的块满足式(8.42c)中的关系。所以,当前编码块处于边缘显著区域时,就可采用式(8.42c)估计当前编码块的 SSE,因为公式中有两个参数,其与视频内容相关,为了使公式更加简洁,进一步探讨参数 a 和 b 之间的关系,统计相关系数 r 满足 0.95 以上的编码块中参数 a 和 b 之间的关系,图 8.40 给出了参数 a 和 b 之间 10 万个数据点的统计关系,横坐标代表参数 $\ln a$,纵坐标代表参数 b,黑色线代表拟合的曲线。由图 8.40 可知,$\ln a$ 和 b 呈线性关系,其相关系数 r 为 0.9672,斜率和截距分别为－0.356 和 1.123。

表 8.20　边缘区域满足关系的比例

视频序列	r	阈值 Th								
		0.1	0.2	0.3	0.4	0.5	0.6	0.7	0.8	0.9
Book Arrival	0.97	0.692	0.758	0.834	0.892	0.937	0.941	0.949	0.949	0.778
	0.95	0.851	0.899	0.936	0.966	0.985	0.990	0.988	1.000	1.000
	0.93	0.924	0.958	0.973	0.990	0.997	1.000	1.000	1.000	1.000
	0.91	0.955	0.980	0.986	0.994	1.000	1.000	1.000	1.000	1.000
Kendo	0.97	0.689	0.728	0.752	0.771	0.777	0.776	0.773	0.766	0.711
	0.95	0.855	0.882	0.897	0.904	0.902	0.890	0.909	0.896	0.880
	0.93	0.917	0.933	0.946	0.949	0.945	0.944	0.950	0.948	0.937
	0.91	0.949	0.961	0.969	0.973	0.970	0.967	0.970	0.974	0.972

续表

视频序列	r	阈值 Th								
		0.1	0.2	0.3	0.4	0.5	0.6	0.7	0.8	0.9
Newspaper	0.97	0.804	0.825	0.851	0.873	0.902	0.905	0.887	0.891	0.857
	0.95	0.926	0.939	0.954	0.962	0.967	0.965	0.956	0.953	0.857
	0.93	0.968	0.977	0.983	0.988	0.989	0.981	0.972	0.984	0.929
	0.91	0.982	0.989	0.993	0.995	0.994	0.990	0.984	1.000	1.000
PoznanStreet	0.97	0.702	0.705	0.698	0.675	0.616	0.568	0.518	0.462	0.434
	0.95	0.839	0.836	0.819	0.797	0.750	0.714	0.675	0.636	0.614
	0.93	0.895	0.890	0.873	0.852	0.814	0.784	0.755	0.722	0.702
	0.91	0.929	0.922	0.909	0.894	0.866	0.845	0.825	0.799	0.787
平均	0.97	0.722	0.754	0.784	0.803	0.808	0.798	0.782	0.767	0.695
	0.95	0.868	0.889	0.902	0.907	0.901	0.890	0.882	0.871	0.838
	0.93	0.926	0.940	0.944	0.945	0.936	0.927	0.919	0.914	0.892
	0.91	0.954	0.963	0.964	0.964	0.958	0.951	0.945	0.943	0.940

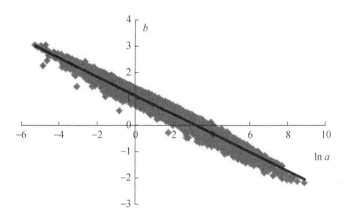

图 8.40　参数 a 和 b 之间的关系($r=0.9672$)

由此可得,参数 a 和 b 的定义如下:

$$b=m\ln a+n \tag{8.44}$$

式中,m 和 n 分别代表斜率和截距,其值分别为-0.356 和 1.123。

得到了参数 a 和 b 的关系后,式(8.42c)修改为

$$SSE=aQP^{m\ln a+n}Q_{step} \tag{8.45a}$$

由于视频间时域相关性的存在,当前编码边缘显著块的参数 a 和 b 可由前一帧的对应位置的 QP 和 SSE 求得。所以,边缘显著块中当前编码单元的估计误差

平方和 SSE_e 可由式(8.45b)得到:

$$SSE_e = e^l QP^{ml+n} Q_{step} \qquad (8.45b)$$

式中,l 与前一帧的编码信息相关,其定义如下:

$$l = \frac{\ln(SSE_p) - n\ln(QP)_p - \ln(Q^p_{step})}{1 + m\ln(QP_p)} \qquad (8.45c)$$

式中,SSE_p 为编码的前一帧对应位置的误差平方和,QP_p 为编码的前一帧的量化参数,Q^p_{step} 为编码的前一帧的量化步长。

   对于非边缘非显著区域,其空域、时域以及视点间的相关性很强。图 8.41 给出了当前编码单元及其四个参考编码单元的示意图,其中,从左到右依次为独立视点、非独立视点和非独立视点的前一帧的编码单元;Cur CU 为非独立视点的当前编码单元,四个灰色区域为当前编码单元的参考单元。因此,可以对空域、时域以及视点间对应位置的编码块的失真进行线性加权以估计当前非边缘非显著块的误差平方和 SSE_n,其定义式(8.46)所示:

$$SSE_n = \sum_{i=0}^{N} w_i SSE_i \qquad (8.46)$$

式中,$N=3$,$i=0,1,2,3$ 分别代表独立视点中与当前编码单元相对应的编码单元、非独立视点中前一帧与当前编码单元对应的编码单元、当前编码单元的左边编码单元以及当前编码单元的上边编码单元;SSE_i 为其对应位置编码单元的误差平方和;w_i 为第 i 个编码单元所占权重,权重之和为 1,其值分别为 0.3、0.3、0.2 和 0.2。

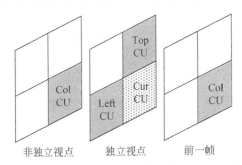

图 8.41 用于估计非显著区域当前编码单元的 SSE 的四个参考编码单元

   估计得到了当前编码单元显著区域和非显著区域的误差平方和后,再利用 BJND 值得到的误差平方和确定右视点当前编码单元的决策阈值 JT_C:

$$JT_C = \begin{cases} SSE_n + SSE_{bjnd}, & ES \leqslant Th \\ SSE_e + SSE_{bjnd}, & ES > Th \end{cases} \qquad (8.47)$$

式中,SSE_{bjnd} 是由当前编码单元内的 BJND 值所产生的误差平方和,定义为

$$SSE_{bjnd} = \sum_{x=0}^{N} \sum_{y=0}^{N} BJND^2(x,y) \qquad (8.48)$$

在右视点进行帧间预测模式的选择过程中,每采用一个预测模式编码,都会计算率失真代价,最终通过比较率失真代价的大小来确定最佳预测模式,每编码一次,都会得到重建值,然后计算当前预测模式下的重建值和原始值之间的误差平方和 SSE_{mode},然后通过判断 SSE_{mode} 和 JT_C 的大小关系来决定是否提前终止预测模式的选择。若 $SSE_{mode} \leqslant JT_C$,则提前终止其他预测模式的搜索,将搜索过的预测模式加入列表;否则继续执行下一个预测模式的搜索。为了降低预测模式的误判率,本节将 Merge$2N \times 2N$ 和 Inter$2N \times 2N$ 预测模式加入列表,最后通过比较列表里的所有预测模式的率失真代价值决定当前编码单元的最佳预测模式。

综上所述,本节提出的算法描述如下:

(1)判断当前编码单元是否为右视点图像,如果是,则进行本节快速算法,执行步骤(2);否则,按照 MV-HEVC 标准算法进行预测模式选择。

(2)计算当前编码单元的 BJND 值,从而计算得到由 BJND 值所产生的误差平方和 SSE_{bjnd}。

(3)计算当前编码单元的边缘强度值 ES,判断 ES 和阈值 Th 的大小关系,若 ES>Th,则执行步骤(4);否则,执行步骤(5)。

(4)根据右视点已编码的前一帧计算当前编码单元的式(8.42c)中的参数 a 和 b,并且通过参数 a 和 b 估计当前编码单元的误差平方和 SSE_e,执行步骤(6)。

(5)根据当前编码单元的空域、时域和视点间的相关性线性加权估计当前编码单元的误差平方和 SSE_n,然后执行步骤(6)。

(6)结合步骤(2)、(4)和(5),根据式(8.47)计算当前编码单元的决策阈值 JT_C,然后执行步骤(7)。

(7)计算当前预测模式编码后的重建值和原始值的误差平方和 SSE_{mode},比较 SSE_{mode} 和 JT_C 的大小关系,若 $SSE_{mode} \leqslant JT_C$,则终止其他预测模式的搜索,执行步骤(9);否则,执行步骤(8)。

(8)判断当前预测模式是否为帧间预测模式中的最后一个,若是,则执行步骤(9),否则将下一个预测模式作为当前预测模式,执行步骤(7)。

(9)将 Merge $2N \times 2N$、Inter$2N \times 2N$ 预测模式和其他搜索过的预测模式进行率失真代价值的比较,最终选择一个率失真代价值最小的预测模式作为当前编码单元的最佳预测模式。

为测试所提出算法的有效性,选取 MV-HEVC 的 HTM10.0 作为测试模型,硬件配置 CPU Intel(R)Core(TM)i7-4900MQ,主频 2.8GHz,内存为 32GB 的 64 位 Win7 操作系统,开发工具选择 VS2013。选取 Newspaper、Balloons、Kendo、Gtfly、PoznanHall2、PoznanStreet、Shark 和 UndoDancer 中的 2 个视点共 8 个标准测试序列[64],测试帧数为 100 帧,编码结构为 HBP,GOP 长度为 8,I 帧周期为 24。左右视点各选择四组量化参数,分别为(25,34)、(30,39)、(35,42)和(40,45)。

采用相同梯度幅度相似度偏差（gradient magnitude similarity deviation, GMSD)[65]下码率的变化百分比 BDBR$_{GMSD}$（%）和 ΔT（%）作为快速算法的衡量指标。为了更加直观地说明本节算法的主观性能，同时计算结构相似度（SSIM）下码率变化的百分比 BDBR$_{SSIM}$（%）和相同 PSNR 下码率变化的百分比 BDBR$_{PSNR}$（%）。ΔT（%）为

$$\Delta T = \frac{T_P - T_{HTM}}{T_{HTM}} \times 100\% \qquad (8.49)$$

式中，T_P 和 T_{HTM} 分别为本节算法和 HTM10.0 算法的右视点编码时间。

除了与 HTM10.0 算法进行比较外，还与 Song 等的早期 Merge 决策（early merge mode decision, EMMD）算法[66]进行了比较，表 8.21 给出了本节算法和 EMMD 算法的实验结果。其中，BDBR$_{PSNR}$、BDBR$_{SSIM}$ 和 BDBR$_{GMSD}$ 表示右视点的码率和质量之间的关系，ΔT 为右视点编码节省的时间。由表 8.21 可知，与 HTM10.0 算法相比，本节算法平均节省 53% 的编码时间，BDBR$_{PSNR}$ 和 BDBR$_{SSIM}$ 仅分别增加 0.9% 和 0.3%，相同 GMSD 下的码率 BDBR$_{GMSD}$ 下降了 0.4%，充分说明了本节算法去除了一定的感知冗余，在不影响其视觉质量的前提下降低了编码复杂度。与 Song 等的 EMMD 算法相比，编码时间多节省 32.6%，BDBR$_{PSNR}$ 仅仅增加 0.6%。

表 8.21　本节算法和 EMMD 算法的对比实验结果　　　　（单位：%）

视频序列	视点位置	EMMD		本节算法			
		BDBR$_{PSNR}$	ΔT	BDBR$_{GMSD}$	BDBR$_{SSIM}$	BDBR$_{PSNR}$	ΔT
Balloons	(1,3)	0.1	−22.4	−0.1	2.5	2.0	−52.8
Kendo	(3,5)	0.2	−19.3	2.1	1.6	1.7	−52.2
Newspaper	(2,4)	0.0	−12.1	−4.0	−1.6	1.3	−52.2
PoznanHall2	(5,6)	1.0	−21.2	−0.5	0.5	1.7	−52.0
Gtfly	(1,5)	0.3	−32.9	0.3	−0.3	−0.2	−55.0
PoznanStreet	(3,4)	0.2	−14.2	0.7	0.5	0.6	−53.2
UndoDancer	(1,5)	—	—	−0.7	−0.3	0.6	−52.5
Shark	(1,5)	—	—	−0.9	−0.4	−0.2	−53.7
平均		0.3	−20.4	−0.4	0.3	0.9	−53.0

8.5　本章小结

三维视频的数据量是二维视频的几倍甚至几十倍，为了实现其高效编码，三维视频编码技术采用了多参考帧运动估计和视差估计、可变尺寸块等技术消除时间

和视点间冗余以提高编码效率,但其所导致的编码复杂度显著增加,非常不利于三维视频系统的实时性应用。为了满足多视点视频编码的低复杂度需求,本章首先分析了系统级低复杂度视频编码技术,重点讨论了其中的基于网络驱动的分布式三维视频编码方法;然后,从多视点视频编码标准(JMVM、3D-HEVC)的角度,重点分析了多视点视频编码中影响编码复杂度的多种要素、深度视频编码与其对应视点彩色视频编码的关系等,并由此提出了若干低复杂度的多视点(彩色)视频编码方法与多视点深度视频编码方法,在保证压缩效率等性能基本不变的前提下,显著地降低了计算复杂度。

参 考 文 献

[1] Zhang Y, Kwong S, Jiang G, et al. Statistical early termination model for fast mode decision and reference frame selection in multiview video coding [J]. IEEE Transactions on Broadcasting, 2012, 58(1):10-23.

[2] 彭宗举. 面向自由视点视频系统的编码方法研究[D]. 北京:中国科学院计算技术研究所,2010.

[3] 姒越后. 多视点彩色与深度视频快速编码研究[D]. 宁波:宁波大学,2011.

[4] Pan Z, Zhang Y, Kwong S. Efficient motion and disparity estimation optimization for low complexity multiview video coding[J]. IEEE Transactions on Broadcasting, 2015, 61(2): 166-176.

[5] Zhang Y, Kwong S, Xu L, et al. DIRECT mode early decision optimization based on rate distortion cost property and interview correlation[J]. IEEE Transactions on Broadcasting, 2013,59(2):390-398.

[6] Shao F, Lin W, Jiang G, et al. Low-complexity depth coding by depth sensitivity aware rate-distortion optimization[J]. IEEE Transactions on Broadcasting, 2016, 62(1):94-102.

[7] 张云. 基于 MVD 三维场景表示的多视点视频编码方法研究[D]. 北京:中国科学院计算技术研究所,2010.

[8] Zhang Y, Kwong S, Jiang G, et al. Efficient multi-reference frame selection algorithm for hierarchical B frames in multiview video coding[J]. IEEE Transactions on Broadcasting, 2011, 57(1):15-24.

[9] 宋雨新. 基于 3D-HEVC 的多视点视频快速编码与码率控制技术研究[D]. 北京:北京工业大学,2016.

[10] Yu M, He P, Peng Z, et al. Fast macroblock mode selection algorithm for B frames in multiview video coding[J]. KSII Transactions on Internet and Information Systems, 2011, 5(2):408-427.

[11] Shen L, Liu Z, Yan T, et al. Early SKIP mode decision for MVC using inter-view correlation[J]. Signal Processing:Image Communication, 2010, 25(2):88-93.

[12] 范旭明. 基于分布式的自由视点视频系统的低复杂度编码方法研究[D]. 宁波:宁波大

学,2009.

[13] 姜浩. 低复杂度视频信号编解码方法研究[D]. 宁波:宁波大学,2008.

[14] Pan Z,Zhang Y,Lei J,et al. Early DIRECT mode decision based on all zero block and rate distortion cost for multiview video coding[J]. IET Image Processing,2016,10(1):9-15.

[15] 蒋刚毅,杨小祥,彭宗举,等. 高效视频编码的快速编码单元深度遍历选择和早期编码单元裁剪[J]. 光学精密工程,2014,22(5):1322-1330.

[16] 王建富. H. 265/HEVC 编码加速算法研究[D]. 合肥:中国科技大学,2015.

[17] Kaminsky E,Grois D,Hadar O. Dynamic computational complexity and bit allocation for optimizing H. 264/AVC video compression[J]. Journal of Visual Communication and Image Representation,2008,19(1):56-74.

[18] Guo X,Lu Y,Wu F,et al. Wyner-Ziv-based multiview video coding[J]. IEEE Transactions on Circuits and Systems for Video Technology,2008,18(6):713-724.

[19] Jin Z,Yu M,Jiang G,et al. Wyner-Ziv residual coding for wireless multiview system[C]. Proceedings of SPIE,Visual Communications and Image Processing,San Jose,2007.

[20] Ding G. A multi-view video coding method based on distributed source coding for free viewpoint switching[C]. International Conference on Intelligent Information Hiding and Multimedia Signal Processing,Harbin,2008.

[21] 蒋刚毅,姜浩,郁梅. 无线视频传感阵列低复杂度多视点视频编码方案[J]. 光学学报,2008, 28(1):62-66.

[22] Shao F,Jiang G,Yu M. Network-driven low complexity coding for wireless multi-view video system[J]. Journal of Real-Time Image Processing,2010,5(1):33-43.

[23] 蒋刚毅,金智鹏,郁梅. 分布式视频编码方法研究[J]. 中国图象图形学报,2008,13(3): 386-393.

[24] Slepian D,Wolf J. Noiseless coding of correlated information sources[J]. IEEE Transactions on Information Theory,1973,19(4):471-480.

[25] Wyner A,Ziv J. The rate-distortion function for source coding with side information at the decoder[J]. IEEE Transactions on Information Theory,1976,22(1):1-10.

[26] Rabiner W B,Chandrakasan A P. Network driven motion estimation for portable video terminals[C]. IEEE International Conference on Acoustics,Speech,and Signal Processing, Munich,1997.

[27] Kwon S K,Tamhankar A,Rao K R. Overview of H. 264/MPEG-4 part 10[J]. Journal of Visual Communication and Image Representation,2006,17(2):186-216.

[28] Ostermann J,Bormans J,List P,et al. Video coding with H. 264/AVC tools performance and complexity[J]. IEEE Transactions on Circuits and Systems,2004,4(1):7-28.

[29] Correa G,Assuncao P,Agostini L,et al. Performance and computational complexity assessment of high efficiency video encoders[J]. IEEE Transactions on Circuits & Systems for Video Technology,2012,22(12):1899-1909.

[30] ISO/IEC JTC1/SC29/WG11 and ITU-T Q6/SG16. Joint multiview video model(JMVM)7.

0[S]. Archamps,2008.

[31] Tanimoto M,Fujii M,Fukushiuma K. 1D parallel test sequences for MPEG-FTV[R]. Archamps:ISO/IEC JTC1/SC29/WG11 MPEG,2008.

[32] 邱涛. 面向虚拟视点绘制的多视点视频编码方法[D]. 宁波:宁波大学,2009.

[33] 彭宗举,郁梅,蒋刚毅,等. 一种多视点视频编码的宏块模式快速选择算法[J]. 高技术通讯, 2008,18(3):253-258.

[34] 彭宗举,蒋刚毅,郁梅. 基于模式相关性的多视点视频编码宏块模式快速选择算法[J]. 光学学报,2009,29(5):1216-1222.

[35] 彭宗举,蒋刚毅,郁梅. 基于动态阈值的多视点视频编码宏块模式快速选择算法[J]. 电路与系统学报,2009,14(2):111-116.

[36] Peng Z,Jiang G,Yu M,et al. Fast macroblock mode selection algorithm for multi-view video coding[J]. EURASIP Journal on Image and Video Processing,2008,2008:393727.

[37] 何萍. 多视点视频编码中的快速算法研究[D]. 宁波:宁波大学,2010.

[38] Flierl M,Girod B. Generalized B pictures and the draft H. 264/AVC video-compression standard[J]. IEEE Transactions on Circuits and Systems for Video Technology,2003,13 (7):587-597.

[39] 杨小祥. 基于 3D-HEVC 的深度编码研究[D]. 宁波:宁波大学,2015.

[40] Mccann K,Bross B,Han W,et al. High efficiency video coding(HEVC)test model 10 (HM10)encoder description[R]. Geneva:JCT-VC,2013.

[41] Sullivan G J,Ohm J,Han W J,et al. Overview of the high efficiency video coding(HEVC) standard[J]. IEEE Transactions on Circuits and Systems for Video Technology,2012,22 (12):1649-1668.

[42] Sun H,Zhou D,Goto S. A low-complexity HEVC intra prediction algorithm based on level and mode filtering [C]. IEEE International Conference on Multimedia and Expo, Melbourne,2012.

[43] Bjontegaard G. Calculation of average PSNR differences between RD-Curves[R]. Austin: VCEG,2001.

[44] Bossen F. Common HM test conditions and software reference configurations[R]. Geneva: JCT-VC,2013.

[45] Shen L,Liu Z,Zhang X,et al. An effective CU size decision method for HEVC encoders[J]. IEEE Transactions on Multimedia,2013,15(2):465-470.

[46] 张冠军. 基于感知的三维视频编码方法[D]. 宁波:宁波大学,2014.

[47] Zhao L,Zhang L,Zhao X,et al. Further encoder. Improvement of intra mode decision[R]. Daegu:JCTVC,2011.

[48] Zhang M,Zhao C,Xu J. An adaptive fast intra mode decision in HEVC[C]. IEEE International Conference on Image Processing,Orlando,2012.

[49] 刘晟,彭宗举,陈嘉丽,等. 基于多类支持向量机的 3D-HEVC 深度视频帧内编码快速算法 [J]. 通信学报,2016,37(11):181-188.

[50] Müller K, Vetro A. Common test conditions of 3DV core experiments[R]. San Jos: JCT-3V, 2014.

[51] Park C S. Edge-based intra mode selection for depth-map coding in 3D-HEVC[J]. IEEE Transactions on Image Processing, 2015, 24(1): 155-162.

[52] Gu Z, Zheng J, Ling N, et al. Fast bi-partition mode selection for 3D HEVC depth intra coding[C]. IEEE International Conference on Multimedia and Expo, Chengdu, 2014.

[53] 韩慧敏. 基于 3D-HEVC 的深度视频编码研究[D]. 宁波: 宁波大学, 2016.

[54] Hu W, Li X, Cheung G, et al. Depth map denoising using graph-based transform and group sparsity[C]. International Workshop on Multimedia Signal Processing, Pula, 2013.

[55] Silva D V S X D, Ekmekcioglu E, Fernando W A C, et al. Display dependent preprocessing of depth maps based on just noticeable depth difference modeling[J]. IEEE Journal of Selected Topics in Signal Processing, 2011, 5(2): 335-351.

[56] Zhao Y, Zhu C, Chen Z, et al. Depth no-synthesis-error model for view synthesis in 3d video [J]. IEEE Transactions on Image Processing, 2011, 20(8): 2221-2228.

[57] Mora E G, Jung J, Cagnazzo M, et al. Initialization, limitation, and predictive coding of the depth and texture quadtree in 3D-HEVC[J]. IEEE Transactions on Circuits and Systems for Video Technology, 2014, 24(9): 1554-1565.

[58] 方树清. 基于 3D-HEVC 的低复杂度编码方法研究[D]. 宁波: 宁波大学, 2016.

[59] Zhao Y, Chen Z, Zhu C, et al. Binocular just-noticeable-difference model for stereoscopic images[J]. IEEE Signal Processing Letters, 2011, 18(1): 19-22.

[60] Jung S W, Jeong J Y, Ko S J. Sharpness enhancement of stereo images using binocular just-noticeable difference[J]. IEEE Transactions on Image Processing, 2012, 21(3): 1191-1199.

[61] Wang Y, Jiang T, Ma S, et al. Novel spatio-temporal structural information based video quality metric[J]. IEEE Transactions on Circuits and Systems for Video Technology, 2012, 22(7): 989-998.

[62] Kamaci N, Altunbasak Y, Mersereau R M. Frame bit allocation for the H. 264/AVC video coder via cauchy-density-based rate and distortion models[J]. IEEE Transactions on Circuits and Systems for Video Technology, 2005, 15(8): 994-1006.

[63] Wu C, Su P. A content-adaptive distortion-quantization model for intra coding in H. 264/AVC[C]. IEEE International Conference on Computer Communications and Networks, Maui, 2011.

[64] Rusanovskyy D, Mueller K, Vetro A. Common test conditions of 3DV core experiments[R]. Vienna: JCT-3V, 2013.

[65] Xue W, Zhang L, Mou X, et al. Gradient magnitude similarity deviation: A highly efficient perceptual image quality index[J]. IEEE Transactions on Image Processing, 2014, 23(2): 684-695.

[66] Song Y, Jia K. Early merge mode decision for texture coding in 3D-HEVC[J]. Journal of Visual Communication & Image Representation, 2015, 33(C): 60-68.

第9章　三维视频系统的虚拟视点图像绘制

虚拟视点图像绘制及其显示是三维视频系统的重要环节,它能使用户获得更身临其境的观看体验。三维视频系统应该有高的图像绘制质量和快的绘制速度,这样才能保证用户有良好的视觉感知体验。本章着重介绍基于图像的虚拟视点图像绘制方式,包括基于光线空间的绘制、基于视差的绘制和基于深度的绘制,描述它们各自实现的过程和其中存在的问题以及一些改进方法。

9.1　引　　言

虚拟视点图像/视频绘制是三维视频系统的关键技术[1-3],主要包括基于模型的绘制(MBR)和基于图像的绘制(IBR)等方法[4-6]。其中,MBR 方法主要通过建立实际场景中对象的三维几何模型来绘制任意视点图像,其优点在于仅用相对稀疏的相机阵列成像系统对实际场景拍摄获得的多视点图像来重建场景;从空间与时间复杂度等角度考虑,该方法比较适合静态场景的表示。但在实际场景的几何建模中对象的精确提取与跟踪过程非常复杂,存在着场景建模困难的问题,且在内容生成方面花费的代价太大,使其主要应用于背景相对简单、前景对象易于提取与几何建模的场景,在计算机视觉以及游戏产业有较好的应用前景。IBR 方法起源于麻省理工学院媒体实验室的 Aspen Movie Map 项目[7],最初 Chen 等提出了相关技术[8],随后被应用于"Quick time VR"[9],之后成为图像图形研究领域中一个重要内容。IBR 方法可通过对输入图像信息采用插值(interpolation)、变形(morphing)等技术来生成虚拟视点图像[10-12]。该方法不需要复杂的场景几何建模,对场景理解的依赖度较低,所绘制图像的视觉效果更逼真、更接近于真实自然场景。面向三维视频系统,本章主要讨论 IBR 方法,包括光线空间绘制方法、光场绘制方法、流明图方法、同心拼图方法、全景图方法、基于视差的绘制方法、基于深度图像的绘制方法等[13]。IBR 方法的问题在于为了保证较好的视点交互性和高质量的虚拟视点图像绘制,通常需要较为密集的相机阵列来采集图像。

基于深度图像/视差图像的绘制技术是 MBR 方法和 IBR 方法的折中方案,深度图像/视差图像作为自然场景几何信息的基本描述被用于辅助生成高质量的虚拟视点图像,能较好地避免光线空间/光场绘制方法的大数据量问题,也避免了基于模型方法的几何建模问题。基于视差图像的绘制方法主要针对平行相机阵列,而基于深度图像绘制(DIBR)方法则对不同相机阵列有更好的适应性,在三维视频系统中得到应用[1-6]。

　　在三维视频系统的虚拟视点图像绘制过程中,若将图像与几何信息相结合,那么场景的绘制到底需要多少帧图像? 根据这一问题,又可以将虚拟视点图像绘制技术分为无几何信息的绘制、基于部分几何信息的绘制和基于完全几何信息的绘制三类。基于完全几何信息的绘制技术的前提是已知全部的几何信息,如基于视点的纹理映射、分层深度图像等。基于部分几何信息的绘制方法仅需要输入少量的图像,绘制依赖于图像间的匹配信息,如视点插值和视图 Warping 等技术。

　　全光函数是由 Adelson 等提出的一种完备的场景表示方法[10],图 9.1 为七维全光函数的定义。他们认为整个世界是一个充满了稠密光线的空间,每条光线带有不同的能量,无须再考虑场景中的其他组成形式,穿过空间中某一点的光线集合在数学上称为光线锥(pencil)。在计算机图形学与计算摄像学中,全光函数代表的是任意时刻、任意方向、任意波长下空间中任意一点处的一簇光线。用 $V(V_x, V_y, V_z)$ 表示空间中的任一视点,记光波波长为 λ,则在 t 时刻视点 V 处的全光函数定义为

$$P^7 = p(\theta, \phi, \lambda, V_x, V_y, V_z, t) \tag{9.1}$$

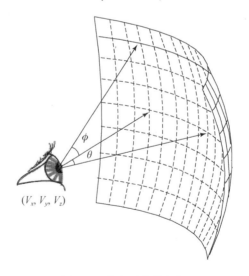

图 9.1　全光函数的定义

　　给定一组参数 (V_x, V_y, V_z) 和 (θ, ϕ),就可以绘制一个特定的视点图像。从这个理解出发,图像就可以看作相机或视网膜在某个时刻从空间特定点沿视线方向某一立体角范围内采集到的特定波长下的一束光线;换句话说,场景就是全光函数,二维图像是这个七维函数的二维截面。全光函数从理论上为基于图像绘制技

术的发展奠定了理论基础,并由此而演化出全光建模、光线空间、光场绘制、流明图、同心拼图、全景图等虚拟视点图像绘制方法。

9.1.1　全光建模

基于对全光函数进行采样和重构的角度考虑,McMillan 等提出了全光建模(pleoptic modeling)及其相应的虚拟视点图像绘制系统[11],若场景的光波波长 λ 不变、场景不随时间 t 变化,则全光函数的七维空间就降为五维空间,即

$$P^5 = p(\theta, \phi, V_x, V_y, V_z) \tag{9.2}$$

若场景内视点固定、光照不变,则七维全光函数可进一步简化为 $P^2 = p(\theta, \phi)$,二维图像可以看作一个固定视点的不完全全光采样。全光建模法中的场景也是通过一系列参考图像进行描述的,如可以采用圆柱式投影作为全景参考图像,并加入与每一对圆柱图像相关的标量偏差图像作为系统的输入,这些信息可用来自动产生将参考图像映射至任意的圆柱视图或平面视图的图像变形[14],既可描述遮挡关系又可描述透视效果。

全光建模方法的优点在于它能完全依靠参考映射来提供高保真的场景模型,其仿真度由参考图像而不是用于场景描述的原始图像的数目来决定,其建立实际场景的逼真模型的难度因为利用图像代替几何信息而降低。其不足之处是由于采用了圆柱投影,在柱体的顶部和底部需要引入边界条件。人们对全光建模法绘制系统进行了相关实验验证,相关结果如图 9.2 和图 9.3 所示。

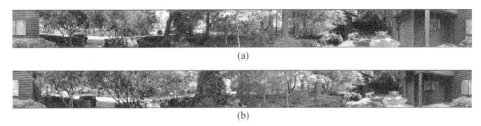

图 9.2　同一场景 2 个不同视点的圆柱投影全景图,视点间距约 60in

图 9.3　开放式房间的全景图

9.1.2　光线空间

日本名古屋大学面向自由视点视频的应用提出了基于光线空间的虚拟视点图像绘制方法[15],他们将真实空间的任意光线用四维函数 $\{f(x, y, \theta, \phi)\}$ 来表示,如

图 9.4 所示;图中,(x,y) 表示光线与参考平面 $z=0$ 的交点坐标,(θ,ϕ) 表示光线的方向,$f(x,y,\theta,\phi)$ 表示光线的强度。光线空间数据的一个重要特点是与某一视点对应的图像是光线空间数据的一个子空间。为了简化问题描述,当 ϕ 恒定时,这时的三维光线空间数据 $\{f(x,y,u=\tan\theta)\}$ 就如图 9.4 所示的立方体形状,它可以由一些光线空间片(slice)来构成。这样,任意视点图像绘制只需要从稠密的光线空间中截取相应的切面即可[13,16,17]。

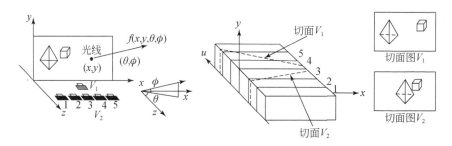

图 9.4　光线空间表示方法

更一般的情况,可以将光线空间 R_S 定义为

$$R_S=\{f(X,Y,Z,\theta,\phi)\} \tag{9.3}$$

其中,(X,Y,Z) 代表三维空间中一点的坐标,(θ,ϕ) 代表光线的方向,f 代表光线的强度(亮度、颜色等),也就是说,用五维空间来记录光线空间的数据。基于上述定义,对于真实场景中任意一点 $A(X_a,Y_a,Z_a)$,其光线空间数据可表示为 $f_a(\theta,\phi)=f(X_a,Y_a,Z_a,\theta,\phi)$。考虑到这里的光线空间是五维数据,为了降低数据量,可将五维数据投影到四维空间,并且假定在该过程中不存在光线的反射、折射和衍射等情况。假定其四维数据为 $\{f(P,Q,\theta,\phi)\}$,对于 (P,Q) 坐标系有下面的三种情况:

(1)平面坐标系。假定 (X,Y,Z) 为三维空间坐标,θ 和 ϕ 为光线的方向角,假定光线 R 与平面 $XY(Z=0)$ 相交,如图 9.5(a)所示,从五维到四维的投影矩阵可表示为

$$\begin{bmatrix}P\\Q\\\theta\\\phi\end{bmatrix}=\begin{bmatrix}1&0&-\tan\theta&0&0\\0&1&-\dfrac{\tan\phi}{\cos\theta}&0&0\\0&0&0&1&0\\0&0&0&0&1\end{bmatrix}\begin{bmatrix}X\\Y\\Z\\\theta\\\phi\end{bmatrix} \tag{9.4a}$$

(2)圆柱坐标系。在圆柱坐标系中,Q 定义为 Y 坐标轴,P 为垂直于圆柱法平面的轴,如图 9.5(b)所示,则从五维到四维的投影矩阵可以表示为

$$\begin{bmatrix} P \\ Q \\ \theta \\ \phi \end{bmatrix} = \begin{bmatrix} \cos\theta & 0 & -\sin\theta & 0 & 0 \\ -\sin\theta\tan\phi & 1 & -\cos\theta\tan\phi & 0 & 0 \\ 0 & 0 & 0 & 1 & 0 \\ 0 & 0 & 0 & 0 & 1 \end{bmatrix} \begin{bmatrix} X \\ Y \\ Z \\ \theta \\ \phi \end{bmatrix} \tag{9.4b}$$

（3）球面坐标系。在球面坐标系中，P 定义为垂直于球面法平面的轴，PQ 平面与光线 R 垂直，如图 9.5(c)所示，从五维到四维的投影矩阵可以表示为

$$\begin{bmatrix} P \\ Q \\ \theta \\ \phi \end{bmatrix} = \begin{bmatrix} \cos\theta & 0 & -\sin\theta & 0 & 0 \\ -\sin\theta\sin\phi & 1 & -\cos\theta\sin\phi & 0 & 0 \\ 0 & 0 & 0 & 1 & 0 \\ 0 & 0 & 0 & 0 & 1 \end{bmatrix} \begin{bmatrix} X \\ Y \\ Z \\ \theta \\ \phi \end{bmatrix} \tag{9.4c}$$

图 9.5(d)给出了一个球面坐标系统下的光线空间数据。由图可知，球面坐标的光线空间数据呈正弦或余弦状曲线交叠特征。这样当相机稀疏时需要利用曲线特征来插值出中间图像，曲线方向的准确估计比较困难，其数据特性不适用于高效的数据压缩和插值处理。

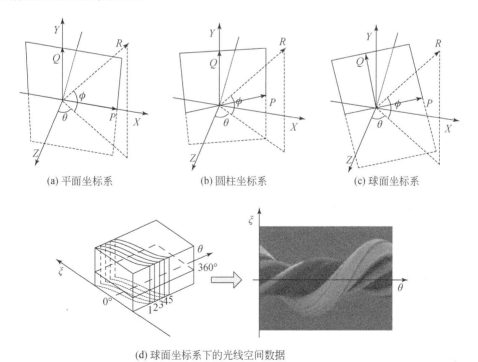

(a) 平面坐标系　　　　　　(b) 圆柱坐标系　　　　　　(c) 球面坐标系

(d) 球面坐标系下的光线空间数据

图 9.5　平面坐标系、圆柱坐标系、球面坐标系及球面坐标系下的光线空间数据

在平面坐标系下,光线空间片具有明显的直线状特征,便于插值和绘制自由视点图像。在实际应用中,从系统实现复杂度等因素考虑,通常选择平面坐标系来投影光线空间数据。下面讨论穿过空间中一点的光线及其在光线空间中的轨迹之间的关系。为了简化,只考虑二维光线空间数据 $f(x,\theta)$,此时 $\phi=0$,$y=$常数。如图 9.6 所示,令 (x,z) 为实际空间中的坐标,(x,u) 为光线空间中的坐标,$u=\tan\theta$。那么,穿过空间中点 $P(X,Z)$ 的所有光线在光线空间中形成一条斜率为 $1/Z$ 的直线,表示为

$$X=x+uZ \tag{9.5}$$

从上面的式子可知,光线空间表示有两个重要特征[18]:

(1)穿过某一视点的光线在光线空间中的轨迹为一条直线;

(2)从物体表面上一点发出来的光线在光线空间中的轨迹也为一条直线。

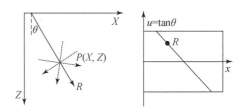

图 9.6　实际光线在光线空间片中的轨迹

9.1.3　光场

光场(light field)表示在自由空间(无遮挡)区域中位置和方向函数的光辐射,这个定义等同于全光函数。若在一个封闭场景外观测该场景,且场景中无遮挡现象,则五维的全光函数可简化为四维的光场函数 $L^4=L(u,v,s,t)$[19],如图 9.7 所示。其中,(u,v) 和 (s,t) 是两个参数化的平面,它们的组合称为光板。光板是从一个平面进入后再从另一个平面出来的光束,它保存了自由空间内所有辐射率的值,使得视点插值及视图提取变得简单。由于系统易于在工作台和个人计算机上执行,且需要的内存和周期也适中,所以适用于三维场景中的交互式应用。图 9.8 是两种不同的光场表示,图 9.8(a)中每幅图像描述了从 uv 平面上一点到 st 平面上所有点的光线,图 9.8(b)中每幅图像则描述了从 st 平面上一点到 uv 平面上所有点的光线。

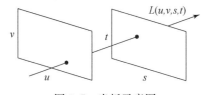

图 9.7　光板示意图

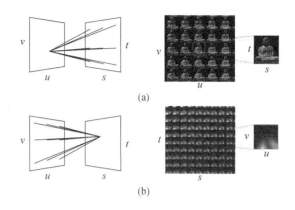

图 9.8 两种不同的光场表示

Levoy 等提出的光场绘制法[19]是在没有深度信息和特征匹配的情况下,结合已有的图像并对其进行抽样来生成任意位置视点图像。该方法是将输入图像作为四维函数(光场)的两个二维切片。在自由空间中,由一组图像创建一光场相当于将每一个二维切片插入四维光场中;相反,生成新视图的过程相当于从四维光场数据中提取并重新采样某一切片。光场绘制方法存在以下局限:

(1)采样密度必须足够高,以减少采样图像的失真;

(2)被观测的场景必须是没有遮挡物的自由空间区域;

(3)场景照明必须固定不变,绘制过程只是通过改变视点位置或视线方向产生对场景的观测。

但是在真实世界里,相当一部分场景是动态的,即场景条件不可能固定不变。为此就需要在光场函数中引入时间 t,使其变为动态光场(dynamic light field)[20]。一方面,动态光场能提供多个视角的视频信息,配合新型的显示技术如双目立体(stereoscopic)显示技术或自由立体(autostereoscopic)显示技术,不同视角接收不同的双目视图,以平面的显示终端为人眼提供逼真的立体显示效果,近乎真实的三维世界便能呈现在人们的眼前。另一方面,动态光场能够满足人的选择和控制需求,在观看立体场景的同时可以改变场景视角,光场绘制技术能实时地绘制出所选视角的画面。这种交互式光场绘制应用属于自由视点视频技术,它符合人类对外界视觉信息的获取方式,动态光场有良好的应用前景[21-23],但其数据量非常庞大。

9.1.4 流明图

流明图(lumigraph)由 Gortler 等提出[24],它是全光函数的一个子集。由于该方法不完全依靠光流信息,而是用近似的几何信息去改进低采样密度下的重建质量,与场景或物体的几何形状或光照的复杂度无关,因此能快速生成新的视图。流明图的参数表示如图 9.9 所示,图 9.9(a)用四维函数表示光线,(u,v,s,t)表示流明图内一点;图 9.9(b)是时间不变情况下流明图内的一个二维片。流明图法的绘制系统包括采样、流明图构造、图像绘制等。流明图绘制方法的优点在于用手持相机就能进行全光函数数据的捕获,并可完成数据到流明图函数的转换;其不足之处是用流明图法不能得到物体周围完整的全光函数,且场景的获取只能局限在立方体的一个面上,若要完成到六个面的延伸,则要求空间内无其他障碍物。

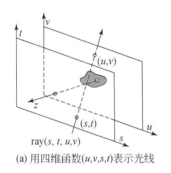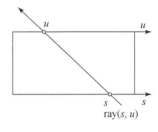

(a) 用四维函数(u,v,s,t)表示光线　　　　　　　(b) 流明图内的一个二维片

图 9.9　流明图的参数表示

9.1.5　同心拼图

同心拼图(concentric mosaics)法是通过采用机械方法将相机运动限制在平面同心圆上,可获得由内向外看的三维函数[25];然后,可从局限于圆内的视点和水平方向的视差来构造新的图像。同心拼图绘制法的系统由场景捕获、拼图构造、数据压缩和视点绘制等四个部分组成。同心拼图捕获装置如图 9.10(a)所示,其中,一个相机 C_k 捕获的就是一个狭长图像(由 $L_i, \cdots, L_j$ 等竖条光线组成),C_k 和同心拼图 CM_k 之间的关系如图 9.10(b)所示。图 9.10(c)是同心拼图的一个集合。同心拼图绘制法的优点在于可用深度修正来减少绘制图像失真;允许用户在同心圆的区域内自由地移动、观测特殊光照的变化;与光场、流明图相比,它只需要构造一个三维全光函数,因此所需要的图像样本数据大大减少;数据采集变得非常简单,使其在许多虚拟现实系统中有非常大的应用前景。但是,当同心拼图法应用于真实场景中时,若将许多相机放在一旋转横杆上,则不仅体积庞大,而且成本也高;若用单个相机的移动来实现多相机的拍摄功能,则需要解决同步和多个拼图排列问题。

9.1.6　全景图

全景图(panorama)是一种具有全视域和高分辨率的图像,在计算机视觉、虚拟现实等方面有广泛的应用[26-28]。全景图的生成可以利用全范围的成像传感器和与其兼容的相机组成全景相机进行一次性拍摄。但该方法不仅对硬件条件要求高,

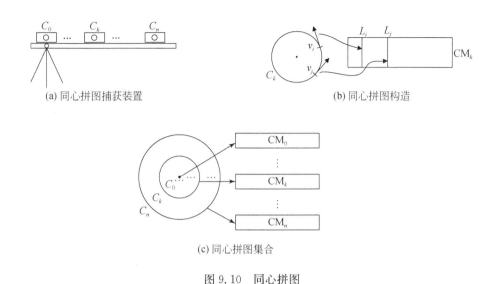

(a) 同心拼图捕获装置

(b) 同心拼图构造

(c) 同心拼图集合

图 9.10　同心拼图

而且还需要较好的拍摄技巧。另一种全景图生成法是图像拼接法,主要由表面投影、图像匹配、平滑处理等三部分组成。若相机的参数已知且固定,投影各个样本到一个圆柱体上(图 9.11 是柱面投影示意图),相机的旋转运动就可以转化为图像样本在柱面坐标上的平移。对场景图像进行柱面投影后可进行图像匹配工作,以确定相邻两图像的拼接位置。整个匹配过程完成之后,图像也随之定位。但如果只是根据所求得的平移参数将两幅图像简单地叠加起来,会发现拼接而成的图像中含有清晰的边界,图像拼接的痕迹非常明显。因此,为实现多图像的无缝拼接,必须对图像的重叠部分进行平滑处理,以提高图像质量。经过对平移得到的相机旋转参数的整合,就得到一个圆柱面的全景图,同理也可以得到球面的全景图。

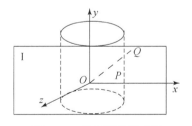

图 9.11　柱面投影示意图

9.1.7　基于深度/视差的绘制

基于深度图像绘制是三维视频系统的关键技术[29-31],它将左右相邻视点图像与其对应的深度图像相结合,利用视点间相关性绘制出中间的虚拟视点图像,图 9.12

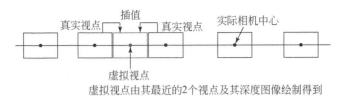

虚拟视点由其最近的2个视点及其深度图像绘制得到

(a) 基于深度图像生成虚拟图像的水平示意图

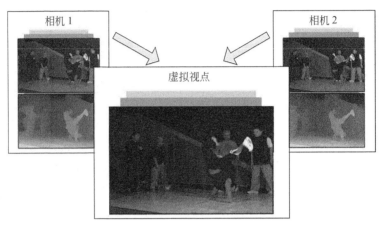

(b) 对应于图(a)的虚拟视点图像绘制效果

图 9.12　虚拟视点图像绘制

是其水平示意图和虚拟图像绘制效果图。基于深度图像绘制一般在发送端进行参考图像的深度测量,并将获得的深度图像与对应的彩色图像编码传输到用户端,在用户端接收解码并进行虚拟视点图像的绘制。此类方法适合于交互式三维视频系统或自由视点视频系统,而且具有绘制的虚拟视点图像质量较好、图像合成的计算量较小、更适合于多视点三维显示设备显示等优点[32,33]。

　　由于深度和视差之间存在着直接联系,深度图像可以根据视差图产生[34]。对于平行立体相机成像系统,若已知两平行相机间距 I、焦距 f 及视差 d,则场景中某点 P 的深度 Z 可用以下公式求得

$$Z = \frac{If}{d} \tag{9.6}$$

　　日本 NTT 公司较早提出了先用基于深度图像绘制方法进行虚拟视点图像绘制,再用自适应深度滤波方式进行图像修正[35]。由于在三维 Warping 处理时,合成图像的每个像素点都保留了与被旋转像素信息相关的深度值,因此不仅可以修补一些小的空洞,还可以通过替换的方式对被旋转错误的像素信息进行修正。空洞修补与虚影消除等是基于深度图像绘制技术中要解决的问题。

9.2　基于光线空间表示的虚拟视点图像绘制

基于光线空间插值的自由视点图像绘制为交互式三维视频系统/自由视点视频系统的实现提供了一种有效途径[17]。为了插值出稠密的多视点图像数据,在分析光线空间数据特征基础上,本节给出了多种光线空间插值算法。当插值出稠密的光线空间数据后,可以简单快速地绘制出自由视点图像。本节先介绍传统的光线空间片插值方法,再详细分析几种基于光线空间插值的改进算法。

9.2.1　传统的光线空间片插值方法与虚拟视点图像绘制

基于图像的表示与绘制技术通常需要采用多视点相机对场景进行稠密数据采样才能绘制出自然度高的虚拟视点图像。在实际应用中,一般很少直接采用近百个相机同时采集来产生稠密视点图像。因此,需要研究从稀疏采样的多视点图像中插值生成稠密光线空间数据或直接绘制虚拟视点图像。图 9.13 显示了光线空间中数据插值的原理,图 9.13(a)为稀疏相机和稀疏光线空间片,图 9.13(b)为插值后的稠密光线空间片与对应的稠密相机(真实+虚拟相机),图 9.13(c)为真实稠密相机与稠密光线空间片。首先,采用稀疏的多视点相机对场景进行拍摄得到稀疏视点的图像,由此转化得到的光线空间数据比较稀疏,需要采用适当的光线空间插值算法,以得到稠密的光线空间片数据,从而绘制得到一些虚拟相机(如图中的矩形框所示)对应的场景图像。

(a) 稀疏相机成像　　(b) 稀疏相机+虚拟相机成像　　(c) 稠密相机成像

图 9.13　光线空间的数据插值原理

为了衡量各种光线空间插值算法的有效性,通常需用稠密相机先对场景进行采样并形成稠密的真实光线空间片,将插值得到的光线空间片与真实光线空间片进行客观质量评价,从而判断光线空间插值算法的优劣。

这里主要讨论平行相机成像系统的多视点数据插值,在该条件约束下,光线空间数据和极线平面图(epipolar plane image,EPI)是完全一致的。因此,这里的光

线空间插值也可称为 EPI 插值。EPI 插值方案如图 9.14 所示,首先输入原始稀疏
相机成像得到的多视点图像,将原始多视点图像同一行数据提取出来,形成稀疏的
EPI;然后采用各种插值算法生成稠密的 EPI,将插值得到的稠密 EPI 数据(即稠密
光线空间数据)按用户需要提取出来就可构成虚拟视点图像。

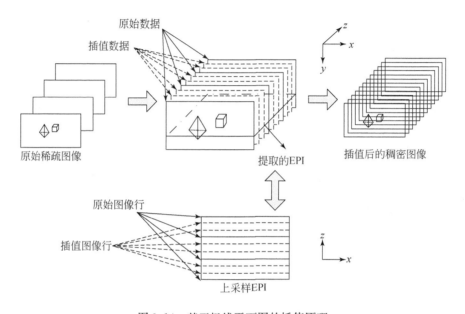

图 9.14　基于极线平面图的插值原理

　　传统光线空间插值方法主要有基于像素匹配的光线空间插值(pixel-based
matching interpolation, PMI)和基于块匹配的光线空间插值(block-based
matching interpolation, BMI)等[36,37],基本思路是通过相关性准则从光线空间片
的相邻行中寻找最佳插值方向和插值像素点;当视差范围较小时,PMI 方法优于
BMI 方法;但当视差范围较大或纹理信息较少时,BMI 方法优于 PMI 方法[13]。
图 9.15(a)描述了 PMI 方法,灰色的两行为原始数据,中间白色的三行为待插值数
据,这里显示的是插值 4 倍的情况。为了对当前待插像素进行插值,需要从原始数
据行中寻找最佳方向,以当前待插像素为中心,在最大视差范围内匹配像素;如图
所示,从行 1 中搜索像素 a,根据经过像素 a 和当前待插像素的直线方程,可以计算
出像素 b 的位置,以像素 a 和 b 的绝对误差值作为相似性度量,从最大视差范围内
选择误差最小的一对像素线性插值当前待插像素。图 9.15(b)反映了 BMI 方法的
思路,与 PMI 插值方法不同的是,BMI 插值方法平移的是一个块而不是单像素,这
里以均方差(MSE)作为匹配度量准则,选取最匹配的两个块的中心像素来插值当
前待插像素。

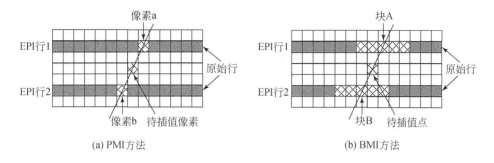

图 9.15　两种经典的光线空间片插值方法

光线空间插值的难点在于寻找最佳的匹配像素,其方法类似于立体匹配,这样不可避免地存在以下问题:

(1)噪声问题。光线空间数据是由多相机同时成像获取图像数据变换得到的,不可避免地存在光强变化、图像模糊、传感器噪声、标定误差等干扰,因此反映在光线空间数据中,对应的光线方向未必是严格的直线,在某些位置会受噪声干扰影响而发生变化。

(2)平坦区域或周期性纹理区域的误匹配问题。特别是 PMI 插值方法,仅通过单个像素强度变化的比较来选择最佳方向,在对应于背景区域的光线空间片中,误匹配现象严重。

(3)深度不连续区域或遮挡区域的检测问题。深度不连续区域位于场景中不同的对象的边界,遮挡现象主要发生在这些区域,遮挡区域检测是立体或多视点匹配中一个需要解决的问题,该问题在光线空间相关性计算上也特别突出。

9.2.2　基于直线特征保持的光线空间插值与虚拟视点图像绘制

用 (m,n) 表示插值后图像 $\{I_2(m,n);m=0,1,\cdots,M-1,n=0,1,\cdots,N-1\}$ 的像素点,该像素点按照插值比例关系映射到原始图像 $\{I_1(i,j);i=0,1,\cdots,M-1,j=0,1,\cdots,H-1\}$ 的坐标为 $(i+u,j+v),0\leqslant u\leqslant 1,0\leqslant v\leqslant 1$,该点的强度值用 $I_1(i+u,j+v)$ 表示。由于在光线空间方法中只需要对垂直方向插值,即 $u=0$,因此传统的线性插值算法可表示为

$$I_1(i+u,j+v)=I_1(i,j)+v[I_1(i,j+1)-I_1(i,j)] \tag{9.7}$$

如图 9.16 所示,传统线性插值方法选取图中的像素 1 和像素 2 按式(9.7)进行插值得到待插值像素的值;由于没有考虑光线空间数据的直线特征,当待插值点位于图像边缘时,很容易造成绘制得到的虚拟视点图像出现虚影现象。在光线空间方法中,真实多相机通过云台按照一定间隔放置,当场景中的对象不是很复杂时,所生成的光线空间数据互相交叠的部分较少,且直线斜率变化较小,基于这一

特性,可对传统线性插值算法进行改进,称为基于固定方向的线性插值算法[38]:

$$I_1(i+u,j+v)=I_1(i-d,j)+v[I_1(i+d,j+1)-I_1(i-d,j)] \quad (9.8)$$

式中,d 为偏移像素数。图 9.16 给出了当 $d=2$ 时的情况,像素点 a 和 b 被选为插值的参考像素,它们都位于同一直线上。虽然该方法与传统线性插值方法相比,其峰值信噪比(PSNR)有较大提高,但是由于它假定光线空间数据方向恒定,因此其插值得到的虚拟视点图像在边缘部分存在可见失真。

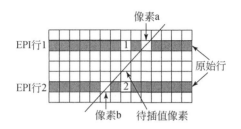

图 9.16　传统线性插值方法和固定方向插值方法的比较

为此,文献[39]提出了一种基于边缘区域直线特征保持的光线空间插值算法,如图 9.17(a)所示。该算法先对稀疏的光线空间数据$\{I_1(i,j)\}$提取出边缘区域信息,其后,在图像平滑区域采用基于固定方向的线性插值技术,而对图像的边缘区域则采用直线特征保持的插值方法进行处理。图 9.17(b)给出了一个稀疏的光线空间片及边缘提取的结果。

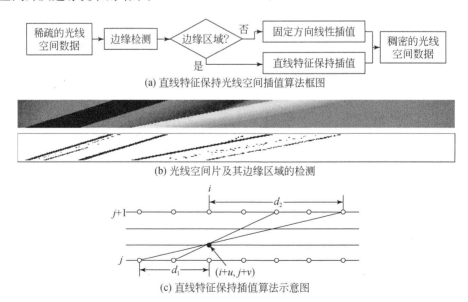

(a) 直线特征保持光线空间插值算法框图

(b) 光线空间片及其边缘区域的检测

(c) 直线特征保持插值算法示意图

图 9.17　基于边缘区域直线特征保持的光线空间插值算法

为了说明直线特征保持插值算法,用 $(i+u,j+v)$ 表示逆变换回来在稀疏光线空间数据上的坐标,当取整后的坐标 (i,j) 为边缘像素时,寻找一条穿过点 $(i+u, j+v)$ 的直线。如图 9.17(c) 所示,首先在第 j 行第 i 列位置的左边定义一个搜索窗 $-r \leqslant d_1 < 0$,其中 r 为搜索范围,通过点 $(i+u,j+v)$ 和点 $(i+d_1,j)$ 确定直线斜率 k,如式(9.9)所示,然后,由该直线方程按照插值比例计算出在 $j+1$ 行对应的像素点 $(i+d_2,j+1)$,对搜索范围内的每个像素点都计算如式(9.10)所定义的相似度,再根据式(9.11)选择相似度值最小的一对像素 $(i+d_1,j)$ 和 $(i+d_2,j+1)$ 线性插值当前像素。

$$k = \frac{v}{u+d_1} \tag{9.9}$$

$$D_{d_1,d_2}(i+u,j+v) = \sum_{h=-1}^{1} |I_1(i+d_2+h,j+1) - I_1(i-d_1+h,j)| \tag{9.10}$$

$$D(i+u,j+v) = \underset{d_1,d_2}{\arg\min}\{D_{d_1,d_2}(i+u,j+v)\} \tag{9.11}$$

图 9.18 为拍摄的四组真实场景的稠密多视点图像[13,38],每组共有 N 个等间距平行视点拍摄的同一场景的 640×480 图像。如前所述,所有视点图像的每一行对应于一个光线空间片,因此每组图像相应有 480 个 $640 \times N$ 的光线空间片。图像"纸杯"和"花草"相对平滑,而图像"玩偶"视差最大,且由于其背景织物的纹理特性,图像中的背景呈现为类似低幅度高斯噪声干扰的特点。测试图像中物体由于视点不同呈现出遮挡和暴露情况。

(a) 纸杯   (b) 假花   (c) 花草   (d) 玩偶

图 9.18 四组多视点测试图像集

这里采用 PSNR 作为评价指标对光线空间数据插值和中间视点图像绘制两个方面进行分析。实验中,稀疏采样的光线空间数据大小为 640×40,稠密采样的光线空间数据大小为 640×120(即 $N=120$),将插值产生的光线空间数据与拍摄得到的稠密光线空间数据进行比较,表 9.1 给出了 480 片光线空间数据的 PSNR 平均值。由表可知,直线特征保持插值方法较传统线性插值方法 PSNR 提高了 2.29dB,较固定方向插值方法 PSNR 提高了 1.19dB。图 9.19 给出了第 90 片光线空间数据插值结果,其中图 9.19(d)、(e)、(f) 为采用不同的插值方法得到的图像的局部放大结果。由图 9.19 可见,传统线性插值方法在边缘部分出现明显的锯齿效应,固定方向插值方法在非边缘区域取得较好的视觉效果,但在边缘部分还存在锯齿现象,而直线特征保持插值方法考虑了边缘部分的直线方向信息,得到了主观质量明显改善的插值图像。

表 9.1　　光线空间数据插值和中间视点合成的 PSNR　　　　（单位:dB）

插值方法	线性插值方法	固定方向插值方法	直线特征保持插值方法
EPI 图插值平均值	35.23	36.33	37.52
绘制的第 5 个视点图像	30.21	32.00	36.93
绘制的第 115 个视点图像	29.64	30.09	35.10

(a) 稀疏采样的光线空间数据　　　　　　(b) 上采样光线空间数据

(c) 稠密采样的光线空间数据　　　　　　(d) 传统线性插值(34.58dB)

(e) 固定方向插值(37.81 dB)　　　　　　(f) 直线特征保持插值(39.01 dB)

图 9.19　第 90 片光线空间数据插值结果((d)、(e)、(f)为各方法插值图像的局部放大结果)

　　表 9.1 同时给出了绘制的第 5 个和第 115 个视点图像的 PSNR 值,这两个视点图像是从插值得到的稠密光线空间数据中绘制得到的,并与实际相机拍摄的图像进行了比较。图 9.20 给出了利用插值得到的稠密光线空间数据绘制而成的第 5 个视点的图像,图 9.21 为第 115 个视点图像。由 PSNR 值和差值图像可知,由直线特征保持插值方法绘制得到的图像质量有明显的提高,在边缘部分基本消除了模糊和虚像等现象。

(a) 第5个视点原图像

(b) 传统线性插值(30.21dB)

(c) 固定方向插值(32.00dB)　　　　　　　　(d) 本节方法(36.93dB)

(e) (a)和(b)的差值图　　(f) (a)和(c)的差值图　　(g) (a)和(d)的差值图

图 9.20　绘制的第 5 个视点图像

(a) 第115个视点图像　　(b) 线性插值(29.64dB)　(c) 固定方向插值(30.09dB)　(d) 本节方法(35.10dB)

(e) (a)和(b)的差值图　　(f) (a)和(c)的差值图　　(g) (a)和(d)的差值图

图 9.21　合成的第 115 个视点图像

9.2.3 基于方向性检测的光线空间插值与虚拟视点图像绘制

如前所述,光线空间插值的关键在于有效的光线方向性特征检测。由光线空间定义可知,在理想状态下,光线空间片可看作由若干相互平行或交叠的直线(对应于光线)所构成,直线上的点强度一致。若相邻相机的间距足够小,则光线空间片中的某行可近似看作其相邻行各点水平偏移一定距离所得。当然实际上由于光照和拍摄噪声等原因各直线上点的强度略有差异。为保证插值后光线空间片的方向性,插值应沿其方向进行。

对光线空间的局部方向求取,可简单地按如图 9.22 所示的方法进行,即在一定搜索范围内,计算与被插值点 A 共线的 2 个实际点的梯度,如图中点 D 和 E 的梯度为

$$d_A^{DE} = \frac{1}{2p+1} \sum_{k=-p}^{p} | R(x_2+k,y) - R(x_1+k,y+1) | \qquad (9.12)$$

最后,取搜索范围内梯度最小的一对点所在直线的斜率作为被插值点 A 的方向。在此基础上就可进行光线空间片的方向性插值,即对每个被插值点都逐一计算其方向,然后以此方向选择相应点进行线性插值。为保证插值后光线空间不被过度平滑,可只采用光线方向上的两个点进行插值,该插值方法称为方向性线性插值(directionality linear interpolation,DLI)方法[40]。

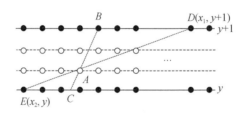

图 9.22 光线空间被插值点方向搜索与插值

由于方向性线性插值方法中每个被插值点都需要计算其方向,计算量非常大。因此,可考虑采纳与经典图像插值方法相类似的策略,文献[41]先提取光线空间片的边缘,位于边缘区域的点采用上述的方向性线性插值,而非边缘区域则采用经典线性插值方法,称为基于边缘的方向性线性插值(edge-based directionality linear interpolation,EDLI)方法。但按如图 9.22 所示方法计算每个被插值点的方向并不能保证得到准确的方向,因为当点 D 和 E 分属 2 条强度相似的不同光线时,仍有可能被误认为是一条光线上的点。此外,即使位于相当平滑区域的光线空间中的点也是有方向的,且该方向与其视差有关,这是光线空间不同于普通图像的一个特点,也就意味着光线空间中的所有点,不论其位于平滑区域还是非平滑区域,其

插值都应按其所在光线的方向进行。

　　鉴于上述原因,可采用如下方法计算稀疏光线空间片中各点的方向。令$\{R(x,y)\}$表示将被插值的稀疏光线空间片,其中点(x,y)的方向(用水平偏移量代表)计算如下:

$$d(x,y) = \arg \min_{d}(\sum_{k=-p}^{p} \mid R(x+k,y) - R(x+d+k,y+1) \mid) \quad (9.13)$$

式中,$|d| \leqslant W$,W代表搜索范围,即最大水平偏移量。

　　按式(9.13)计算得到稀疏光线空间片中所有点的方向后,就可沿此方向进行插值。在图 9.23 中,按式(9.13)计算得到点 A 在其上一行的对应点为点 B,而两行被插值行中距离直线 AB 最近的点分别为 C 和 D,则可用点 A 和 B 线性插值得到点 C 和 D。但这样得到的插值图像会产生空洞。更重要的是,与基于块的视差估计相似,对于稀疏光线空间片中平滑区域的点,由于其所在环境的强度特征信息的缺乏,按式(9.13)难以得到准确的方向。

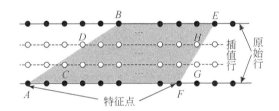

图 9.23　被插值点方向检测与方向插值算法示意图

　　基于上述分析,文献[42]提出一种光线空间方向检测与插值方法,其步骤如下:

　　(1)提取稀疏光线空间片$\{R(x,y)\}$中的特征点,并按式(9.13)计算所有特征点的方向。特征点定义如下:

$$f(x,y) = \begin{cases} 1, & D(x,y) > T \\ 0, & 其他 \end{cases} \quad (9.14)$$

$$D(x,y) = \sqrt{\frac{1}{2u+1}\sum_{k=-u}^{u} (R(x+k,y) - \bar{R}(x,y))^2} \quad (9.15)$$

其中,$\bar{R}(x,y) = \dfrac{1}{2u+1}\sum_{k=-u}^{u} R(x+k,y)$,阈值$T = \bar{D} + \sqrt{\sigma_D^2}$,$\bar{D}$ 和 σ_D^2 则为$\{D(x,y)\}$的均值和方差。由特征点定义可见,特征点是光线空间片一行中位于边缘或纹理丰富区域的点。若某行相邻的若干点的 $f(x,y)$ 均为 1,则取其中具有最大 $D(x,y)$ 的点作为该区域的特征点。由于特征点及其邻近点具有相对明显的纹理特征,因此按式(9.13)通常可得到较为准确的特征点方向。

（2）上采样稀疏光线空间片 $\{R(x,y)\}$，由特征点方向插值得到所有被插值点的方向。例如，图 9.23 中点 A 和 F 为所在行的两个邻近的特征点，按式（9.13）的方向计算，它们在上一行的对应点分别为 B 和 E。虚线所代表的被插值行中与直线 AB 和 FE 最近的整像素点分别为 C、D 和 G、H，则 C 和 D 的方向近似为点 A 的方向，同样 G 和 H 的方向近似为点 F 的方向。图 9.23 阴影中其余各被插值点的方向则由同行阴影边界点 C 和 G 以及 D 和 H 的方向线性插值得到。

（3）对光线空间片中各被插值点沿其方向进行线性插值，得到稠密光线空间数据。这里，仅对光线空间片中位于具有明显强度变化特征的区域中的一小部分特征点计算其所在光线的方向，既减少了方向搜索与检测的计算量，又提高了方向检测的准确性。

选用如图 9.18 所示的四组多视点测试图像集，每组选取其中 91 幅图像数据生成稠密的光线空间数据，抽取其中的若干图像生成稀疏的光线空间数据，以模拟实际系统情况。利用插值算法对稀疏光线空间片进行插值，并与实际拍摄得到的稠密光线空间数据进行比较。图 9.24～图 9.27 中的图（a）给出了不同相机间距下四组图像的 480 个光线空间片插值后的平均 PSNR 值。然后，用插值得到的光线空间数据绘制虚拟视点图像，并与实际拍摄得到的相应视点图像进行比较。图 9.24～图 9.27 中的图（b）即利用插值后的光线空间数据绘制的虚拟视点图像的平均 PSNR 值，其中非绘制图像（真实视点图像）的 PSNR 值不计入平均 PSNR 值中。图 9.24～图 9.27 中的相机间距分别为 3mm、5mm、10mm、18mm 和 30mm，即相应的稀疏光线空间片的尺寸分别为 640×31、640×19、640×10、640×6 和 640×4，也就是说，分别模拟用 31、19、10、6 和 4 个相机所拍摄的图像数据产生 91 个视点图像。由图中结果可见，基于特征点方向性检测与插值的算法（本节方法）所得到的光线空间插值效果和虚拟视点图像绘制效果整体上均优于传统的线性插值方法和另外两种基于方向检测的自适应线性插值算法 DLI 和 EDLI。

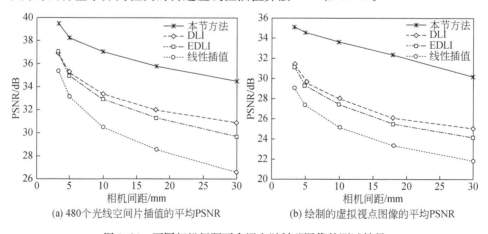

(a) 480个光线空间片插值的平均PSNR　　　　(b) 绘制的虚拟视点图像的平均PSNR

图 9.24　不同相机间距下多视点"纸杯"图像的测试结果

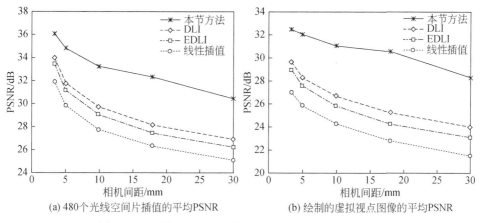

(a) 480个光线空间片插值的平均PSNR　　　　　(b) 绘制的虚拟视点图像的平均PSNR

图 9.25　不同相机间距下多视点"假花"图像的测试结果

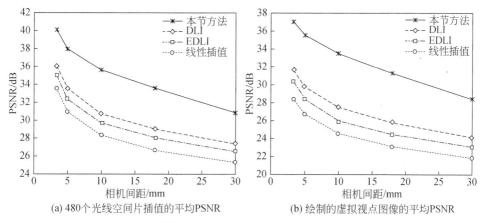

(a) 480个光线空间片插值的平均PSNR　　　　　(b) 绘制的虚拟视点图像的平均PSNR

图 9.26　不同相机间距下多视点"花草"图像的测试结果

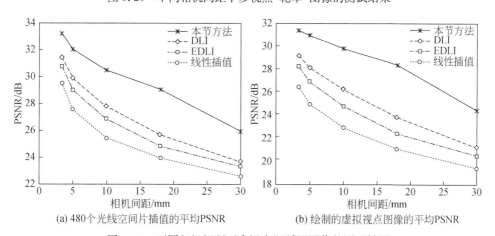

(a) 480个光线空间片插值的平均PSNR　　　　　(b) 绘制的虚拟视点图像的平均PSNR

图 9.27　不同相机间距下多视点"玩偶"图像的测试结果

9.2.4　基于特征生长的光线空间插值与虚拟视点图像绘制

本节先分析遮挡现象在光线空间数据域的特征,再给出基于特征生长的光线空间插值与虚拟视点图像绘制方法。图 9.28 为由多视点测试图像集变换得到的第 131 个稠密的光线空间片,光线空间片中从上到下的每一行对应于从左到右放置的稠密相机拍摄的多视点图像集中的第 131 行图像数据,不同斜率的直线对应于场景中不同的物体,在 B 方框标注的区域里,有些内容在较左边的位置能看到,越靠近右边的相机看到的内容就越少,这里称为右遮挡区域。类似地,在 C 方框标注的区域里,越靠近左边的相机越看不到场景的内容,称为左遮挡区域。在 A 方框标注的区域里,强度为黑色的物体,能够被所有相机看到,称为无遮挡区域。由于一个光线空间片表示场景中某一水平扫描线的内容,遮挡现象是普遍存在的现象[43,44]。因此,有效的插值算法必须能快速地检测遮挡区域。

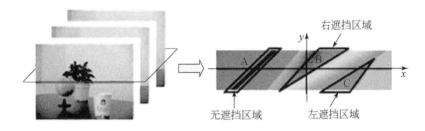

图 9.28　光线空间片

针对上面问题,检测光线空间片的深度不连续像素点(特征点),并对这些特征点进行匹配,在匹配过程中需要考虑遮挡和噪声问题。当提取出光线空间片的特征点后,基于这些特征点,采用基于区域的插值方法插值无纹理区域[45]。由于无纹理区域误匹配现象很严重,而纹理信息丰富的区域匹配较准确,并且在立体或多视点图像中,深度不连续区域通常对应于场景中不同深度物体的边缘部分,因此选择图像中梯度变化明显的像素作为候选的深度不连续像素是合理的。这里采用自适应阈值方法提取光线空间片的特征点。给定大小为 $W \times H$ 的光线空间片 $\{I(x,u)\}$,梯度图像 $\{G(x,u)\}$ 通过式(9.16)计算得到:

$$G(x,u) = |I(x+1,u) - I(x,u)| \tag{9.16}$$

由于光线空间片由场景中同一扫描线构成,因此每行数据具有相似的特征,为了降低计算复杂度,自适应阈值仅由每个光线空间片的第一行计算得到,第一行梯度图像的均值和方差为

$$\mu = \frac{1}{W-1} \sum_{i=0}^{W-1} G(i,0) \tag{9.17}$$

$$\sigma = \sqrt{\frac{1}{W-1} \sum_{i=0}^{W-1} (G(i,0)-\mu)^2} \qquad (9.18)$$

$$T_1 = \mu + \sigma \qquad (9.19)$$

式中,μ 和 σ 分别表示第一行梯度图像的均值和标准差,T_1 为阈值,当阈值大时,将阈值设成一个较小的固定值,防止约束过强而漏检深度不连续点;当阈值小时,则将式(9.19)计算的结果作为阈值。这样特征点映射表 $f(x,u)$ 为

$$f(x,u) = \begin{cases} 1, & G(x,u) \geqslant T_1 \\ 0, & G(x,u) < T_1 \end{cases} \qquad (9.20)$$

由于左遮挡和右遮挡现象主要发生在最左边相机和最右边相机对应的扫描线上,因此这里采用较小的阈值提取光线空间片第一行和最后一行光线空间片的特征点,它们对应于多视点图像中最左边相机和最右边相机的图像数据。如果有多个连续特征点,则选取强度变化最大的点作为候选特征点;然后基于这两行的特征点在其他行上匹配,下面详细介绍匹配策略和其他行上的特征点提取方法。

PMI 方法和 BMI 方法在进行像素点匹配时仅参考最邻近两行图像数据,没有充分利用多视点图像空间强度一致性的特征。文献[46]针对第一行和最后一行被提取出来的特征点,在匹配这些特征点的方向时考虑空间一致性约束,称为多行匹配。如图 9.29 所示,(x,u) 位置处的方块为当前待匹配的特征点,估计该点所在的光线方向时,采用多行原始数据来计算相似性度量:

$$\mathrm{SMSE}(d) = \frac{1}{2M} \sum_{k=-M}^{M} \left[\frac{1}{2W+1} \sum_{w=-W}^{W} |\, I(x+w+d_{u+k}, u+k) - I(x+w,u)\,| \right] \qquad (9.21)$$

式中,M 为靠近 u 的行数,W 为块匹配窗口大小的一半,d 为第 u 行和第 $u+1$ 行间的视差,d_{u+k} 为第 u 行和 $u+k$ 行间的视差,$d_{u+k} = kd$,则当前特征点所在的光线方向为

$$d_{\mathrm{best}} = \underset{d}{\mathrm{argmin}}\,\mathrm{SMSE}(d) \qquad (9.22)$$

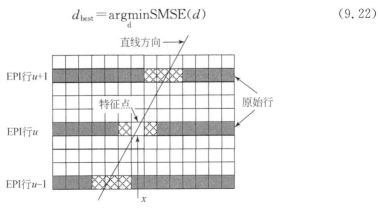

图 9.29　多行匹配方法

通过多行匹配,能比较准确地计算出第一行和最后一行中的特征点的光线方向。然后,针对每个特征点,采用 BMI 匹配中的块匹配策略,分别对最下面行和最上面行中的特征点在相邻行中寻找最佳匹配点,当匹配点的视差 d_{match} 满足 $|d_{match} - d_{best}| \leqslant 2$ 时,则将该匹配点添加到 $f(x,u)$ 中,并以该点为新的特征点继续去下一行中匹配,如果不满足上面的条件,则认为该初始特征点为遮挡点或噪声点,将该点重新置为非特征点。通过将匹配准确的特征点继续延伸的方法能得到比较准确的特征图像,这些提取出来的特征点将稀疏的光线空间片分割为不同的区域。图 9.30(a)为第 131 个稀疏的光线空间片,图 9.30(b)为提取出的特征点图像。

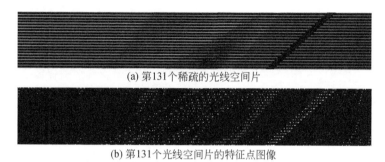

(a) 第131个稀疏的光线空间片

(b) 第131个光线空间片的特征点图像

图 9.30 第 131 个稀疏的光线空间片及相应的特征点图像

特征点图像将光线空间片分割成如图 9.23 所示的不同斜率方向的区域,在区域内部,光线方向基本一致,因此可采用类似于 9.3.2 节中所述的光线空间方向检测与插值方法,通过特征点方向插值得到非特征点方向。这种基于区域的插值算法能快速有效地插值稀疏的光线空间片。

由图 9.31 可知,第 131 片稀疏光线空间片在遮挡区域也能比较准确地插值。

实验采用"Xmas"和"Cup"两个多视点图像集作为测试集,其中"Xmas"多视点图像集由日本名古屋大学提供,为 101 个视点。实验根据不同的相机数量插值得到稠密的光线空间数据,从 101 个视点图像中等间距地选取 5 个、6 个、11 个或 21 个视点图像来验证插值算法,转换得到的光线空间片的分辨率分别为 640×5、640×6、640×11 和 640×21,对应需要插值 25 倍、20 倍、10 倍或 5 倍,将插值得到的稠密的光线空间片与实际采集得到的稠密光线空间片进行比较。

表 9.2 为 480 个光线空间片在不同相机间距下的平均插值 PSNR 值比较。由表可知,文献[46]方法插值效果明显优于 PMI 方法和 BMI 方法,并且运行时间在不同相机间距下变化不太明显,而 PMI 方法或 BMI 方法的运行时间随相机间距变大而增加。由于本节方法插值得到的光线空间片具有更高的 PSNR,相应绘制的虚拟视点图像质量也有明显提高。图 9.32 和图 9.33 分别为相机间距为 20mm

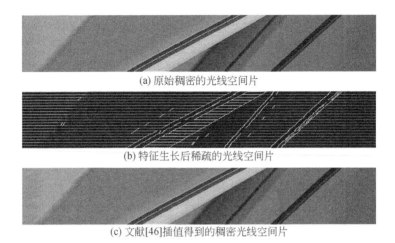

(a) 原始稠密的光线空间片

(b) 特征生长后稀疏的光线空间片

(c) 文献[46]插值得到的稠密光线空间片

图 9.31 第 131 个光线空间片的插值结果(PSNR=32.96dB)

和 75mm 时各插值算法所得虚拟视点图像的比较。其中,PMI 和 BMI 插值所得到的虚拟视点图像出现了严重的虚像,这是由于这两种方法在计算光线方向时没有考虑无纹理区域的误匹配、噪声及遮挡等因素的影响,插值得到的稠密光线空间片不准确。而文献[46]方法插值得到的图像质量明显优于其他两种方法。利用本节方法能快捷、精确地插值生成稠密的光线空间数据场,进而通过简单地从光线空间数据场中读取相应数据,即可生成任意视点的中间立体图像。

表 9.2 480 个光线空间片的平均 PSNR 值　　　　　（单位:dB）

图像序列	相机间距	PMI	BMI	文献[46]
Xmas	15mm	40.05	39.50	44.29
	30mm	35.93	37.50	43.76
	60mm	31.98	33.22	42.87
	75mm	30.60	31.48	42.46
Cup	5mm	33.88	34.66	35.85
	10mm	32.00	32.33	35.18
	20mm	30.42	30.69	34.30
	25mm	29.670	29.931	32.59

(a) 原图像　　(b) 文献[46]方法(33.88dB)　　(c) PMI方法(29.24dB)　　(d) BMI方法(29.99dB)

图 9.32　相机间距为 20mm 时各插值算法所得的虚拟视点图像的比较
("Cup"第 99 个视点图像局部)

(a) 原图像　　(b) 文献[46]方法(42.02dB)　　(c) PMI方法(27.50dB)　　(d) BMI方法(27.48dB)

图 9.33　相机间距为 75mm 时各插值算法所得虚拟视点图像的比较
("Xmas"第 1 个视点图像局部)

9.2.5　基于遮挡检测的光线空间插值与虚拟视点图像绘制

就光线空间中存在的遮挡问题,这里给出另一种思路来进行遮挡区域检测,即采用特征点的方式寻找出遮挡区域的边界。9.2.4 节的特征点的提取仅参考一行数据内的信息,难以区分噪声点和边缘点。本节先采用 SUSAN(smallest univalue segment assimilating nucleus)边缘检测方法对原始图像进行特征提取,然后将其转化到光线空间片中,这样可以利用图像空域信息,得到更加准确的特征。

通常 SUSAN 算子[47]的模板是一个圆形结构,若模板内某个像素的灰度与模板中心像素(核)灰度的差值小于阈值,则认为该点与核具有相同(或相近)的灰度,如图 9.34 所示。由满足条件的像素组成的区域称为核值相似区(univalue segment assimilating nucleus,USAN)。平坦区域 USAN 最大,如模板 e;边缘处 USAN 大小降为一半,如模板 b、c;角点附近 USAN 变得更小,如 a、d。因此,可以根据 USAN 的大小进行角点和边缘的检测。

用这个圆形模板扫描整幅图像,模板内部的每个像素的灰度值与模板核的灰度值进行比较,并且给定阈值以确定像素是否属于 USAN,判断方法如下:

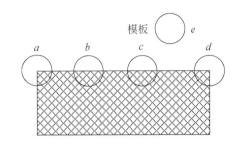

图 9.34　SUSAN 边缘检测算法原理

$$c(x,y) = \begin{cases} 1, & |I(x,y)-I(x_0,y_0)| \leqslant T \\ 0, & |I(x,y)-I(x_0,y_0)| > T \end{cases} \tag{9.23}$$

式中，$I(x_0,y_0)$ 和 $I(x,y)$ 分别为核心和模板中其他点的灰度值，T 为阈值。若 $c(x,y)$ 为 1，则表示该像素属于 USAN。USAN 的大小计算如下：

$$n(r_0) = \sum_{r \in (r_0)} c(r,r_0) \tag{9.24}$$

然后，由式(9.25)得到图像的角点响应强度，式中 g 为几何阈值。USAN 越小，得到的角点响应强度越大，这样就能判断出图像的边缘或角点区域。

$$R(r_0) = \begin{cases} g-n(r_0), & n(r_0) < g \\ 0, & \text{其他} \end{cases} \tag{9.25}$$

由于特征点一般对应于物体的边缘部分，这些位置刚好是遮挡最容易发生的临界区域。图 9.35 给出了对三个具有不同深度的简单对象进行多视点图像采集，然后转化得到光线空间片的示意图。从场景来看，对象 A 距离相机最近，它将对象 B 和对象 C 部分遮挡，反映在光线空间片中，对象 B 和 C 所对应的斜线被对象 A 对应的斜线部分覆盖，并且从光线空间片可以看出，对象 A 的斜线斜率最大。假设经过 SUSAN 边缘检测之后，得到不同对象的边界点为 a、b、c、d、e 和 f，那么如何通过这些点来检测出遮挡区域是本节方法的重点。

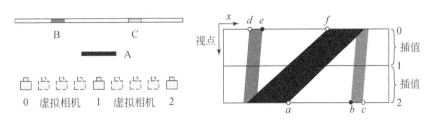

图 9.35　多视点图像中的遮挡现象

从光线空间片的构成可知，只要不被遮挡，特征点就可在所有视点中看到，如

图 9.35 中的点 a、c、d 和 f 可以在稀疏光线空间的所有行中看到。而点 b 和 e 则在最上边或最下边被部分行覆盖。因此,可以根据特征点的匹配统计来判断遮挡[48]。

令 N 表示输入视点的数量,那么稀疏光线片 $I(x,y)$ 由 N 行构成,并且假设当前点 (x,y) 为特征点,该特征点在其他行上匹配的特征点偏移量定义为

$$d[n]=\begin{cases}\arg\min\limits_{d}\sum\limits_{k=-w}^{w}(I(x+k,y)-I(x+d+k,n))^2, & y\neq n\\ 0, & 其他\end{cases} \tag{9.26}$$

式中,w 为一维匹配窗口的一半大小,$(x+d,n)$ 为在第 n 行的候选特征点。在最大视差范围内搜索特征点,按式(9.26)计算每个特征点的匹配代价,选择匹配代价最小的视差 d 记录在 $d[n]$ 中。由于光线空间数据具有直线状特征,因此如果估计正确,这些 $d[n]$ 值应可以近似拟合成一条直线。针对每一个 $d[i]$,计算满足该方向的特征点数量为

$$\mathrm{Num}(d[i])=\sum_{j=0,j\neq i}^{N}f(d[i]) \tag{9.27a}$$

$$f(d[i])=\begin{cases}1, & |d[j]-\varphi(d[i])|\leqslant\Delta\\ 0, & |d[j]-\varphi(d[i])|>\Delta\end{cases} \tag{9.27b}$$

式中,$\varphi(d[i])$ 为根据 $d[i]$ 的值和 i 与 j 的位置关系按照直线方程计算出的在 j 处的视差,比较计算得到的视差与 $d[j]$,如果很接近,则认为 $d[j]$ 和 $d[i]$ 在拟合的直线上,增加该方向的计数。从 $\mathrm{Num}(d[i])$ 中选择计数最大的视差以及该计数记录在当前特征点的 $d(x,y)$ 中,图 9.36 给出了一个例子,光线空间片中共有 7 行,当前特征点为坐标原点,其中与 $d[1]$、$d[5]$ 一致的视差只有 2 个,与 $d[2]$、$d[4]$ 和 $d[6]$ 一致的视差有 3 个,与 $d[3]$ 一致的点有 1 个。因此,在该例子中,$d[2]$ 作为 $(0,0)$ 位置特征点的方向是最佳的。

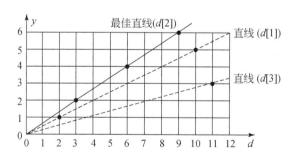

图 9.36　根据视差拟合得到的直线

根据视差满足直线方程的个数,先确定出哪些特征点是在所有视点中都可以

看见的,即可见性点,定义如下判决公式:

$$v(x,y)=\begin{cases}1, & d(x,y)\geqslant T_2\\0, & \text{其他}\end{cases} \tag{9.28}$$

式中,T_2 为阈值,通常选为 $N-2$,如果是 $N-1$ 意味着该特征点在其他行中都能匹配到相应的特征点。

经过可见性计算之后,图 9.35 中的特征点 a、c、d 和 f 被检测为可见性点,即这些特征点在光线空间片的所有行中都能看到。显然,点 a 和 f 所在直线的斜率大于邻近的可见特征点 c 和 d 所在直线的斜率,而斜率大的点对应于场景中的前景物体。根据邻近可见特征点的视差大小,可以判断出遮挡区域的方位,以图中为例,遮挡必然出现在点 f 的左边、a 的右边。此外,在平行多视点图像中,往往是最左边和最右边的相机遮挡严重,对应于光线空间中为最顶行与最底行最容易出现遮挡。因此,遮挡判断可以通过计算第 0 行和第 $N-1$ 行上的特征点来获得。

先判断第 0 行和第 $N-1$ 行上的可见特征点,假如得到点 d 和 f 为可见点,那么它们之间的特征点 e,若其视差值与点 d 的视差很接近,即与背景特征点相似,则计算它与点 f 所在的直线的交点,这样就检测出该点最多可以在第几行看到。

通过检测出来的特征点,将稀疏光线空间分割成不同的区域,可以快速插值出稠密的光线空间数据。

实验中,采用 CUP 和 Xmas 两个序列作为测试数据,图 9.37 给出了相机间距为 20mm 时第 131 个光线空间片的插值结果,此时实际只有 6 行,即 6 个视点图像,需插值出 95 行中间数据,图 9.37(b) 给出了遮挡检测后的特征点连线,图中检测出来的区域与场景对象边界非常一致,由此插值出来的绘制图像 PSNR 相比于传统方法提高了 2.3dB。

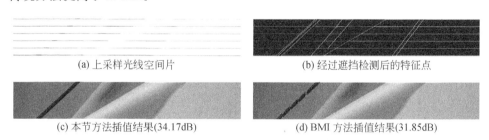

(a) 上采样光线空间片　　　　　　　　(b) 经过遮挡检测后的特征点

(c) 本节方法插值结果(34.17dB)　　　　(d) BMI 方法插值结果(31.85dB)

图 9.37　相机间距为 20mm 时第 131 个光线空间片插值结果(CUP 序列)

图 9.38 给出了所绘制的中间虚拟视点图像的平均 PSNR 值,本节方法得到的结果都高出传统方法 2dB 以上。图 9.39 给出了不同间距下绘制中间视点图像的结果。从图 9.39(c)、(f) 可以看出,本节方法在纸杯的门框和文字等区域都比较清晰,而 BMI 方法在字体上很模糊;玩偶的眉毛和脸在 BMI 方法中出现较大失真。

本节方法对遮挡问题进行了处理,使物体轮廓清晰,其 PSNR 值得到大幅度提高。

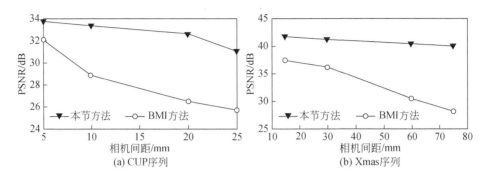

(a) CUP序列　　　　　　　　　　(b) Xmas序列

图 9.38　绘制中间视点图像的平均 PSNR 曲线

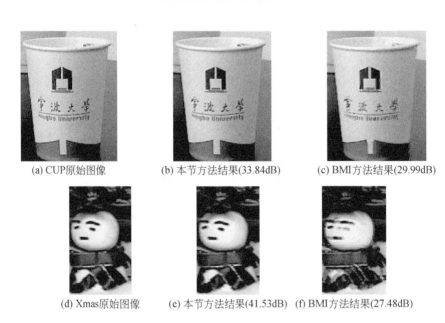

(a) CUP原始图像　　　(b) 本节方法结果(33.84dB)　　　(c) BMI方法结果(29.99dB)

(d) Xmas原始图像　　　(e) 本节方法结果(41.53dB)　　　(f) BMI方法结果(27.48dB)

图 9.39　不同间距下绘制中间视点图像的结果

9.3　基于视差场的虚拟视点图像绘制

本节对基于图像域的多视点图像插值方法和绘制非相机平面的视点图像进行讨论。首先介绍现有的基于视差图的虚拟视点绘制方法。然后阐述动态规划原理并对计算机视觉领域中的立体匹配进行总结。最后提出两种基于动态规划的光线空间插值方法,一种是将传统的动态规划方法应用于光线空间插值,该方法采用扫描线优化技术,并且考虑了遮挡问题;另一种是对传统动态规划方法进行改进,增加了扫描线约束来提高估计的准确度,同时将增量计算方法应用到匹配代价上,使得计算时间独立于匹配窗口。研究结果表明,动态规划方法能生成高质量的中间视点图像和任意视点图像,而且计算复杂度明显下降。

9.3.1　基于视差图的虚拟视点图像绘制

基于视差图绘制算法的研究主要集中在视差估计上,但绘制算法对其产生的虚拟视点图像质量也有很大影响。经典的基于视差图的虚拟视点绘制方法[49]是利用视差信息和虚拟相机位置,通过双线性插值得到中间视图;在此绘制过程中会产生一些空白或没有映射的区域。Fan 等在这些遮挡区域通过判断左右遮挡的方法对这些空洞进行处理[50],解决了一部分遮挡问题。经典的基于视差的绘制方法在基线距离拉大的情况下,绘制图像会出现严重的虚影现象;随着图像分辨率的提高,也暴露出经典方法存在图像清晰度下降、物体边界模糊等缺陷。

对于已知立体图像对,定义以左视点图像为参考,从左向右的视差表示为 d_L;以右视点图像为参考,从右向左的视差表示为 d_R。为了绘制左视点图像和右视点图像间直线上(基线)任意位置的虚拟视点图像,假设参数 $\alpha=0$ 为左视点的位置,$\alpha=1$ 为右视点的位置,这样任何 $0<\alpha<1$ 就是一个有效的中间视点位置。图 9.40(a) 阐述了中间 α 位置待插值像素与左右视点参考图像的插值原理。图中,d 表示当前待插值像素在中间视点的视差,在理想情况下,左视点、右视点和待估计视点之间的强度存在以下关系:

$$I_a(x,y)=I_\mathrm{L}(x+\alpha d,y)=I_\mathrm{R}(x+(\alpha-1)d,y) \tag{9.29a}$$

式中,$I_a(x,y)$ 为虚拟视点图像上 (x,y) 处的强度值。

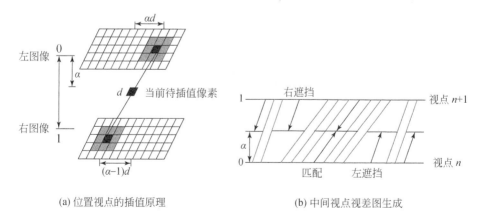

(a) 位置视点的插值原理　　　　　　(b) 中间视点视差图生成

图 9.40　基于视差图的虚拟视点图像绘制

在已知视差信息和虚拟相机位置的条件下,若以左图像为参考,对于中间视图 I_α 中的任一像素点 (x,y),可由左视点图像 I_L 和右视点图像 I_R 通过计算得到。根据待插值视点的位置通过左右视点图像来加权,如式(9.29b)所示。其中,权重值通过 α 位置进行设置。

$$I_\alpha(x,y)=(1-\alpha)I_L(x+\alpha d,y)+\alpha I_R(x+(\alpha-1)d,y) \qquad (9.29b)$$

在利用式(9.26b)生成中间视点图像的过程中,会产生一些空白或没有映射的区域(即空洞现象),这是由视差图的不连续性造成的。为了解决这个问题,可以采用对视差图进行平滑等预处理,但这也会引入新的视差图失真。Fan 等对这些没有映射的区域进行左右遮挡判断,对于这些不可避免的遮挡暴露区域,采用一种简单的策略来估计这些空洞点的视差[50]。由于背景物体远离相机,其视差值通常小于前景物体的视差,且背景物体被前景物体遮挡,因此对于遮挡的像素点,可查找其左右两边最近的非遮挡像素点,令这 2 个像素点的视差分别为 d_L 和 d_R,那么当前遮挡点视差 d 可通过式(9.30)得到。在该情况下,当前点根据遮挡类型来插值,如果是左遮挡,则将视点 n 的视差值直接复制到当前位置,右遮挡则从视点 $n+1$ 中直接复制得到,如图 9.40(b)中单箭头所示。

$$d=\begin{cases}d_L \text{ 且左遮挡},& d_L\leqslant d_R\\ d_R \text{ 且右遮挡},& \text{其他}\end{cases} \qquad (9.30)$$

经典的基于视差虚拟绘制方法及其改进算法比较适合相机基线距离较小的情况,在基线距离较大的情况下,插值图像会出现严重的虚影现象。在图像插值过程中采用左右视点图像加权的方式会丢失图像高频分量,导致图像清晰度下降,物体边界模糊。

9.3.2　基于动态规划插值方法的虚拟视点图像绘制

动态规划(dynamic programming)是运筹学的一个分支,是求解决策过程最优化的数学方法。美国数学家 Bellman 等在研究多阶段决策过程的优化问题时,提出了该优化原理,把多阶段过程转化为一系列单阶段问题,逐个求解,创立了解决这类过程优化问题的动态规划方法[51,52]。图 9.41(a)给出了一个采集光线数据的稀疏多视点相机装置。黑色的是实际相机,中间灰色的是虚拟相机,这些相机数据是绘制任意视点图像所必需的。根据采样理论,中间视点相机的数量依赖于相邻两个实际相机的最大视差。图 9.41(b)显示的是由多视点相机转化得到的光线空间数据,在位置 (x,z) 处的虚拟视点图像可以很方便地从该光线空间中绘制得到。虚拟视点和光线空间之间的关系可以解释为

$$X=x+z\tan\theta \qquad (9.31)$$

这里给出两种有代表性的中间视点插值方法的分析,即基于块匹配的插值(BMI)方法和视差域滤波插值(disparity domain filter interpolation, DDFI)

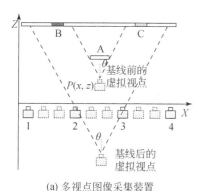

(a) 多视点图像采集装置

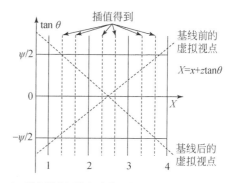

(b) 任意视点图像与光线空间数据之间的关系

图 9.41 实际空间与光线空间

方法[13]。

与立体视觉研究中的视差估计不同,这里采用以视点为中心的视差估计方法直接估计当前待插值位置视点的视差。如图 9.40(a) 所示,在 BMI 方法中,采用绝对误差和(SAD)作为相似性度量,即定义 $SAD(x,y,d)$ 为左图像上以 $(x+\alpha d,y)$ 为中心的大小为 $(2w+1)\times(2w+1)$ 的窗口与右图像上以 $(x+(\alpha-1)d,y)$ 为中心的同样大小的窗口之间的绝对误差。

$$SAD(x,y,d)=\sum_{i,j=-w}^{w}\mid I_{L}(x+\alpha d+j,y+i)-I_{R}(x+(\alpha-1)d+j,y+i)\mid$$

(9.32)

然后,按式(9.33)从最大视差范围内选择使 SAD 最小的一对像素点来插值当前像素点,即 WTA(winner-takes-all)方案[53]。当每一个点都计算完后就可得到稠密的视差图 $\{D(x,y)\}$:

$$D(x,y)=\arg\min_{d}SAD(x,y,d)$$

(9.33)

DDFI 方法是一种具有能量最小的 WTA 方案,它在能量函数中融合了视差图邻域归整项,如下所示:

$$E(x,y,\alpha,d)=E_{sim}(x,y,\alpha,d)+\lambda E_{reg}(x,y,d)$$

(9.34a)

$$E_{reg}(x,y,d)=\frac{1}{4}(\mid D(x-1,y)-d\mid+\mid D(x-1,y-1)-d\mid$$
$$+\mid D(x,y-1)-d\mid+\mid D(x+1,y-1)-d\mid)$$

(9.34b)

式中,E_{sim} 称为相似性能量项,用来衡量给定视差 d 时左右两个视点图像的差异,在该算法中,E_{sim} 和 BMI 方法中采用的代价函数一样;E_{reg} 为邻域归整项,它是基于视差图像具有平滑性的假设,在估计当前点的视差时,利用前面几个已经计算好视差的像素点信息来约束当前点的估计,确保当前点的视差与邻近点视差比较一致,

其中参数 λ 用来控制平滑程度。

以上两种方法存在三方面需要解决的问题：

(1)采用固定大小的匹配窗口难以很好模拟物体的边界部分,因为它假设窗口内的像素点视差都相同。

(2)没有考虑遮挡问题,而当两个实际相机的间距较大时,遮挡现象不可避免。

(3)在光线空间插值方法中,实时性要求非常重要。上面两种算法的计算复杂度接近于 $O(ndw^2)$,这里 n 表示图像的像素数,d 为最大视差,匹配窗口大小为 $w \times w$。

鉴于以上问题,文献[54]提出了一种快速估计中间视点视差图的方法,在克服遮挡问题的同时,能很好地保持物体的边界,并可大幅降低计算复杂度。

文献[54]的视点插值方法包括图 9.42 所示的几个部分：

(1)对输入的左右两幅图像进行预处理,这里采用高斯滤波去除噪声。

(2)采用动态规划方法估计扫描线对之间的相关性,将匹配的像素点标记为 matched。

(3)将标记为 matched 的像素点投影到虚拟视点位置,得到稀疏的视差图,并将空洞的像素点标记为 occluded。

(4)采用一种简单的策略来填补稀疏的视差图,并且将空洞区分为 left occluded 和 right occluded 两类。

(5)利用这些标记为 matched、left occluded 和 right occluded 的像素和视差信息插值出虚拟视点图像。

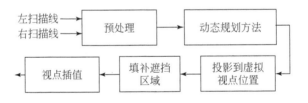

图 9.42　文献[54]算法框架

动态规划是一种全局最优算法,它能从扫描线对中快速地搜索出全局最小解,该方法能得到代价网格中的最优路径。在立体匹配中,该路径是满足顺序限制的最佳匹配点集合。图 9.43 给出了一个示例,搜索格点范围为 $n=9, d=5$。在该网格中,由于最大视差限制,灰色的那些网格是不需要搜索的。动态规划从左至右搜索最可能的路径,在图中,匹配点序列 $\{(0,0),(1,1),(4,2),(5,3),(6,4),(7,7),(8,8)\}$ 用灰色斜线标出,水平和垂直方向的两条黑线分别代表左遮挡和右遮挡。

这里采用的动态规划算法包括两次计算:前向计算和后向计算。在前向计算中,由式(9.35)迭代计算生成累积匹配代价 C:

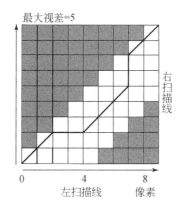

图 9.43 基于动态规划的相关性匹配

$$C(l,r) = \min \begin{cases} C(l-1,r) + C_{\text{occlusion}} \\ C(l-1,r-1) + C_{\text{reward}} \\ C(l,r-1) + C_{\text{occlusion}} \end{cases} \qquad (9.35)$$

式中，$C_{\text{occlusion}}$ 和 C_{reward} 分别用来补偿遮挡像素和匹配像素。$C(l,r)$ 表示从起始节点 $(0,0)$ 到节点 (l,r) 路径的代价。由于顺序限制，只允许有三种运动，即水平左遮挡运动、倾斜匹配运动和垂直右遮挡运动，如图 9.44(a) 所示。在每次迭代中，三种可能运动中代价最小的那种被选中并记录下当前位置的运动方向信息。在后向运动阶段，利用刚才记录的运动信息，从节点 (l,r) 到起始节点 $(0,0)$ 回溯查找，将查找到的节点信息记录在路径 P 中。P 中记录的信息正是左右扫描线间的视差信息。

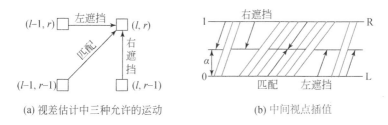

(a) 视差估计中三种允许的运动   (b) 中间视点插值

图 9.44 基于动态规划插值方法的视差估计及中间视点插值

在第四阶段，对于遮挡像素，从左右两个方向分别查找它最邻近的标记为 matched 的像素点，相应的视差表示为 d_{L} 和 d_{R}，从中选取视差小的那个作为当前遮挡像素的视差并标记为左遮挡或右遮挡。

利用动态规划方法估计得到的稠密视差图，可以投影到虚拟视点位置。如图 9.44(b) 所示，对于标记为匹配的区域，从左右两个视点图像中找出一对像素点，结合当前位置 α，线性插值出当前像素点。对于标记为左遮挡或右遮挡的像素点,分别从左图像或右图像找出一个像素点,简单复制到当前待插值像素位置即可。

　　为了衡量该算法的效率,将该算法与 BMI 方法、DDFI 方法进行比较。插值中间视点图像采用 Middlebury 立体图像测试集(Tsukuba、Sawtooth、Venus 和 Teddy),该测试数据已经校准成同一基线,没有相机参数;绘制任意视点图像采用日本名古屋大学提供的 Akko&Kayo 序列,该序列采用 5 个水平相机作为采集装置,相邻两个相机之间间距为 5cm,并且最大视差为 20 个像素。所有实验都运行在 CPU 主频为 1.8GB 的个人计算机上。表 9.3 给出了各种方法插值中间视点图像的 PSNR 和运行时间。从 PSNR 度量上看,新算法比 DDFI 方法提高至少0.2dB,与 BMI 方法相比至少提高了 0.35dB。从运行时间上看,新算法速度比DDFI 方法至少提高了 20 倍。

表 9.3　各种方法插值中间视点图像的 PSNR 和运行时间　(单位:dB/s)

测试图像	BMI	DDFI	本节方法
Venus	36.67/3.25	36.77/3.24	37.07/0.16
Teddy	31.11/8.00	31.60/8.05	32.97/0.23
Tsukuba	28.81/6.77	30.30/6.72	30.62/0.16
Sawtooth	35.86/3.27	36.01/3.23	36.21/0.14

9.3.3　改进动态规划的虚拟视点图像绘制

　　9.3.2 节所描述的动态规划方法从两个单独的扫描线中寻找最佳匹配路径,割裂了扫描线的空间约束。为了克服传统动态规划方法的弊端,可以通过增加扫描线间的约束来改进传统的动态规划方法。此外,9.3.2 节算法在计算匹配代价 C 时仅仅考虑单像素,因此得到的视差图不够精确。

　　图 9.45 给出了改进动态规划的虚拟视点图像绘制算法流程[55]。首先采用改进的动态规划算法估计出左右扫描线间的相关性,标记出那些匹配的像素点。然后将匹配的像素点映射到中间虚拟视点位置,得到稀疏的中间视点视差图,这时不可避免地存在一些空洞,采用简单的填充策略得到稠密的中间视点视差图,并且标记出哪些点是左遮挡点,哪些点是右遮挡点。最后根据视差类型插值出中间视点图像。

图 9.45　改进动态规划的虚拟视点图像绘制算法流程

相关性问题可以看作搜索一条使能量函数 $E(x,y,d)$ 代价最小的路径,如式(9.36a)所示,该能量函数包括数据项 E_{data} 和平滑项 E_{smooth} 两部分。其中,数据项为匹配代价,如式(9.36b)所示,平滑项为行间约束,本节方法采用的约束如式(9.36c)所示。其中参数 n 为匹配窗口的一半大小,参数 λ 为一常数,用来控制平滑的程度。

$$E(x,y,d)=E_{\text{data}}(x,y,d)+E_{\text{smooth}}(x,y,d) \tag{9.36a}$$

$$E_{\text{data}}(x,y,d)=C(x,y,d)=\sum_{i=-n}^{n}\sum_{j=-n}^{n}|I_{\text{L}}(x+j,y+i)-I_{\text{R}}(x+d+j,y+i)| \tag{9.36b}$$

$$E_{\text{smooth}}(x,y,d)=\lambda(|d(x-1,y)-d(x,y)|+|d(x,y-1)-d(x,y)|) \tag{9.36c}$$

式(9.36)中计算 $C(x,y,d)$ 是非常耗时的。为了能提高算法的速度,新算法采用增量计算的方法来减少冗余计算。图 9.46 给出了增量计算方法的示意图。当得到 $C(x,y,d)$ 之后,可以按照式(9.37a)得到 $C(x,y+1,d)$,其中 $\Psi(x,y+1,d)$ 表示匹配窗口中最上边行和最下边行的绝对误差和,如式(9.37b)所示。进一步简化,$\Psi(x,y+1,d)$ 可以从 $\Psi(x-1,y+1,d)$ 获得,如式(9.37c)所示,这样仅需要计算图中四个黑色标记的点之间的误差即可。通过增量计算方法,使得匹配代价的计算独立于选择的匹配窗口大小,从而降低计算量。

$$C(x,y+1,d)=C(x,y,d)+\Psi(x,y+1,d) \tag{9.37a}$$

$$\Psi(x,y+1,d)=\sum_{j=-n}^{n}|I_{\text{L}}(x+j,y+n+1)-I_{\text{R}}(x+d+j,y+n+1)|$$
$$-\sum_{j=-n}^{n}|I_{\text{L}}(x+j,y-n)-I_{\text{R}}(x+d+j,y-n)| \tag{9.37b}$$

$$\Psi(x,y+1,d)=\Psi(x-1,y+1,d)+|I_{\text{L}}(x+n,y+n+1)-I_{\text{R}}(x+d+n,y+n+1)|$$
$$-|I_{\text{L}}(x-n-1,y+n+1)-I_{\text{R}}(x+d-n-1,y+n+1)|$$
$$-|I_{\text{L}}(x+n,y-n)-I_{\text{R}}(x+d+n,y-n)|$$
$$+|I_{\text{L}}(x-n-1,y-n)-I_{\text{R}}(x+d-n-1,y-n)| \tag{9.37c}$$

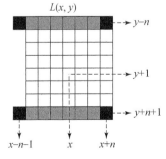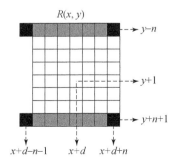

图 9.46　增量计算方法示意图

　　将文献[55]中的算法与 BMI 方法和 DDFI 方法进行比较,插值中间视点图像采用 Middlebury 立体图像测试集(Tsukuba、Sawtooth、Cones、Venus 和 Teddy);绘制任意视点图像采用 Akko&Kayo 序列。所有实验都运行在 CPU 主频为 1.8GB 的个人计算机上。在实验中,匹配窗口大小为 7×7,平滑参数 λ 为 7。表 9.4 给出了三种方法插值中间视点图像的 PSNR 值和运行时间。从 PSNR 度量上看,新算法比 DDFI 方法和 BMI 相比至少提高了 0.82dB。从运行时间上看,新算法是 DDFI 方法的 $\frac{1}{10}$。

表 9.4　各种方法插值中间视点图像的 PSNR 和运行时间 （单位:dB/s）

测试图像	BMI	DDFI	本节方法
Venus	36.67/3.25	36.77/3.24	38.02/0.42
Teddy	31.11/8.00	31.60/8.05	35.47/0.58
Cones	29.64/7.98	30.56/8.00	32.14/0.72
Tsukuba	28.81/6.77	30.30/6.72	31.12/0.56
Sawtooth	35.86/3.27	36.01/3.23	36.84/0.34

　　对于绘制任意视点图像,首先用以上方法插值出稠密的中间视点图像。对于 Akko&Kayo 序列,根据采样理论,每两个相机中间插值出 19 个中间视点图像。然后将这些稠密的多视点图像投影到光线空间。当给定一个虚拟视点位置时,相应的视点图像可以从稠密的光线空间中提取出来。图 9.47 给出了一些绘制结果,图 9.47(a)是与实际相机同一水平线上的视点图像,图 9.47(b)和(c)分别是向前和向后的虚拟视点图像。向前的虚拟视点图像视角变窄,但更容易看清楚细节;向后的虚拟视点图像视角变宽,可以看清场景的全貌。由于没有考虑垂直方向上的插值,因此在图像的上下两侧有黑边出现,距离基线越远,黑边范围越大。从这些合成的虚拟视点图像看,新视点图像失真很小。

(a) 基线上的虚拟视点图像　(b) 向前0.5m的虚拟视点图像　(c) 向后0.5m的虚拟视点图像

图 9.47　文献[55]方法绘制的各种位置的虚拟视点图像(Akko&Kayo)

9.4　基于深度图像的虚拟视点图像绘制

基于深度图像绘制是交互式三维视频系统和自由视点视频系统中的关键环节[6,56-58]。其中,基于深度图像绘制的 3D-Warping 可分为两步:①利用深度信息,将参考图像上所有的像素点重投影到它们对应的三维空间中的位置;②这些三维空间点再投影到目标图像平面位置。深度图像中的不连续等现象,可能导致经 3D-Warping 后产生的虚拟视点图像存在着空洞与虚影现象,后续需要采用图像融合、插值填充、去虚影等后处理技术以提高绘制质量[59-61]。

9.4.1　基于深度图像绘制过程

本节主要介绍 3D-Warping 的基本理论,包括相机标定、坐标变换、遮挡处理以及空洞填补等部分。在计算机视觉中,对景物进行定量分析或对物体进行精确定位时,都需要进行相机标定,即准确地获取相机的内部参数,包括镜头畸变。在虚拟视点视频系统中为绘制虚拟视点位置的图像,还需要得到相机的外部参数。简单地说,相机标定的过程就是得到相机内外参数的过程[62]。

(1)内部参数:给出相机的光学和几何学特性、焦距、比例因子和镜头畸变。

(2)外部参数:给出相机坐标相对于世界坐标系的位置和方向,如旋转和平移。

相机标定就必然涉及一系列的坐标系统,主要有世界坐标系、相机坐标系和图像坐标系三种坐标系,如图 3.4 所示。

世界坐标系(X_w,Y_w,Z_w)是在环境中选择的一个基准坐标系,用来描述相机位置,可以根据描述和计算方便等原则自由选取。对于有些相机模型,选择适当的世界坐标系可大大简化视觉模型的数学表达式。相机坐标系(X_c,Y_c,Z_c)以相机镜头光心O_c为坐标原点,X_c、Y_c轴平行于成像平面,Z_c轴垂直于成像平面,其交点在图像坐标系上的坐标为(u_0,v_0),即相机主点。图像坐标系是定义在二维图像上的直角坐标系,有以像素为单位和以物理长度(如 mm)为单位两种,这里分别用(u,v)和(x,y)来表示。在图像平面上其坐标系的 U、V 轴并非垂直,这是因为存在着镜头畸变。镜头畸变属于相机的内部参数。

假设O_1在U、V的坐标位置为(u_0,v_0),像素在轴上的物理尺寸为d_x和d_y,可得如下公式:

$$\begin{bmatrix} u \\ v \\ 1 \end{bmatrix} = \underbrace{\begin{bmatrix} f_u & -f_u\cot\theta & u_0 \\ 0 & f_v/\sin\theta & v_0 \\ 0 & 0 & 1 \end{bmatrix}}_{K} \begin{bmatrix} x_d \\ y_d \\ 1 \end{bmatrix} \tag{9.38}$$

式中,$f_u=1/d_x$,$f_v=1/d_y$,$\textbf{\textit{K}}$ 为内部参数矩阵。相机标定就是为了得到矩阵中的

各个值。

世界坐标系和相机坐标系之间的关系如下：

$$\begin{bmatrix} x \\ y \\ 1 \end{bmatrix} \approx K \begin{bmatrix} R & t \end{bmatrix} \begin{bmatrix} X \\ Y \\ Z \\ 1 \end{bmatrix} \tag{9.39}$$

式中，R、t 为相机坐标系原点相对于世界坐标系原点的旋转矩阵以及偏移距离矩阵，为相机的外部参数。在相机参数的求取过程中应先获得单一相机的内部参数，固定相机获取相机的外部参数。

在获取了相机的内外参数之后，凭借内外参数就可以将参考图像上的点 Warping 到目标图像上，Warping 过程如下[57]。

如图 9.48 所示，真实世界的一个点 M，其在不同相机成像平面的映射分别为 m 和 m'，t、t' 为相机的中心，有如下关系：

$$s\tilde{m} = AP \begin{bmatrix} R & t \\ 0 & 1 \end{bmatrix} \tilde{M} \tag{9.40}$$

$$s'\tilde{m}' = A'P' \begin{bmatrix} R' & t' \\ 0 & 1 \end{bmatrix} \tilde{M} \tag{9.41}$$

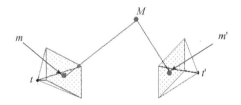

图 9.48　世界坐标系和图像坐标系中点的关系

通过式(9.40)、式(9.41)可以从 M 点找到其在不同相机成像平面的映射点 m 和 m'。若已知相机成像平面中的一点 m，将式(9.40)和式(9.41)联合化解可得式(9.42)。由式(9.42)便直接可以得到 m 的映射点 m'。

$$Z'\tilde{m}' = ZA'R'R^{-1}A^{-1}\tilde{m}' - A'R'R^{-1}t + At' \tag{9.42}$$

式中，m 和 m' 分别为参考视点和虚拟视点中的像素坐标，Z' 和 Z 分别为三维空间点在参考视点和虚拟视点相机坐标系下的深度值。3×3 矩阵 A 和 A' 为相机的内部参数矩阵。3×3 矩阵 R 和 3×1 矩阵 t 分别代表参考视点相机的旋转矩阵和平移矩阵，P 和 P' 为归一化映射矩阵，s 是一个标量。

由于扫描关系的错误，在 3D-Warping 过程中存在多个点映射到同一个点的现象，从而导致前景对象被背景覆盖，在相机 B 中场景对象 A 将被场景对象 O 所遮挡。针对此，可采用遮挡兼容法和 Z-Buffer 技术等来解决。Z-Buffer 技术是指对每个虚拟映射点在像素复制时都进行深度值的比较,当存在多个点映射到一点时取深度值较小的点。遮挡兼容算法是一种基于极点的 Warping 顺序,可以保证从后向前 Warping 参考图像上的像素点。遮挡兼容法主要包含两个部分:极点的求取以及扫描关系的确立。

(1)极点的求取。在立体视觉匹配中存在极线约束,极点的求取如下:

$$Z_{c1}u_1 = M_1 x_p = (M_{11} \quad m_1)x_p \tag{9.43}$$

$$Z_{c2}u_2 = M_2 x_p = (M_{21} \quad m_1)x_p \tag{9.44}$$

式中,M_1 和 M_2 为投影矩阵,由相机内外参数得到,x_p 为空间某点 p 在世界坐标系下的齐次坐标,u_1 和 u_2 分别表示点 p_1、p_2 的图像齐次坐标,可将 M_1 和 M_2 矩阵中左面的 3×3 部分表示为 M_{11} 和 M_{21},右面的 3×1 向量表示为 m_1。

(2)扫描关系的确立。在极点的求取过程中存在正负之分,根据极点的极性不同,按照不同的顺序处理参考图像中的像素。若为负极点,则按照远离极点的方向处理参考图像中的像素,正极点则相反。由于这种顺序能保证三维图像中的点按照由后向前的顺序投影到目标图像中,因此较近的点自动覆盖较远的点,形成正确的遮挡关系。相比采用 Z-Buffer 技术,极点扫描在点映射过程中不需要进行比较,提高了计算速度,但极点扫描需要计算极点的位置。

通过 3D-Warping 算法映射所得的虚拟视点图像中存在着大量的空洞,当虚拟视点相机和参考图像相机间距比较远时,目标图像中的空洞也比较大。因此,一幅图像中所提供的信息是不充分的。这就需要通过两幅参考图像或者更多的参考图像分别生成目标图像,然后将所绘制的目标图像融合成新的视点图像。融合公式如下:

$$I(u,v) = (1-\alpha)I_L(u_L,v_L) + \alpha I_R(u_R,v_R) \tag{9.45}$$

$$\alpha = \frac{|t-t_L|}{|t-t_L| + |t-t_R|} \tag{9.46}$$

式中,I_L 和 I_R 分别为以左、右图像为参考视点绘制的中间虚拟图像,t 为相机参数中的平移参数。

经融合后的虚拟视点图像还存在部分空洞,相对于未融合之前,这些空洞面积较小,主要有以下几种方案进行填补:

(1)常值像素颜色填充法。这种方法对空洞边界已知像素值求平均,将该平均值作为空洞像素的填充值。

(2)水平插值法。这种方法以空洞水平方向上的两个像素点作为初始输入,利用空洞水平待填充像素与这两个边界点的相对距离确定插值权值,得到每个待填充点的新像素值。

(3)拉普拉斯填充法。通过对空洞边界及附近像素值解拉普拉斯方程对空洞内的区域进行平滑插值。

（4）使用深度信息的水平外推法。该方法基于空洞处的准确信息应该是被遮挡的背景部分的这一特性，利用空洞边界水平像素中属于背景部分的像素进行依次填充，每次取与待填充像素最近的背景像素值（包括填充后的新像素值）进行填充。

（5）图像修描法。该算法本质上是一种基于偏微分方程的 Inpainting 算法，利用物理学中的热扩散方程将待修补区域周围信息传播到修补区域中。

在 3D-Warping 中需要进行乘除等运算的步骤主要是深度图像的反量化和 3D-Warping 过程中映射点的计算。3D-Warping 的反量化公式如下：

$$Z = \frac{1}{\dfrac{v}{255}\left(\dfrac{1}{Z_{near}} - \dfrac{1}{Z_{far}}\right) + \dfrac{1}{Z_{far}}} \tag{9.47}$$

式中，v 为量化后的深度值，Z_{near}、Z_{far} 为实际最近和最远的深度值，Z 为该点的实际深度。相机固定的序列在反量化过程中 Z_{near}、Z_{far} 是不变的，同时量化值在 $[0,255]$ 以内，因此可以通过查表的方式进行。所以 3D-Warping 中主要的复杂度在映射点的计算过程中。

虚拟视点图像依据式（9.42）进行绘制。对于固定相机序列的 $\boldsymbol{A}$、$\boldsymbol{R}$、$\boldsymbol{t}$ 应该是固定不变的，所以上述公式中 $\boldsymbol{A'R'R^{-1}A^{-1}}$ 和 $-\boldsymbol{A'R'R^{-1}t}+\boldsymbol{At'}$ 固定不变，可将式（9.42）简化为

$$Z'\tilde{\boldsymbol{m}}' = \begin{bmatrix} Z'x' \\ Z'y' \\ Z' \end{bmatrix} = \boldsymbol{D}Z\tilde{\boldsymbol{m}}' + \boldsymbol{T} = \boldsymbol{D}\begin{bmatrix} Z_x \\ Z_y \\ Z \end{bmatrix} + \boldsymbol{T} \tag{9.48}$$

式（9.42）中的 $\boldsymbol{A'R'R^{-1}A^{-1}}$ 被表示为 3×3 矩阵 $\boldsymbol{D}$，$-\boldsymbol{A'R'R^{-1}t}+\boldsymbol{At'}$ 被表示为 3×1 矩阵 $\boldsymbol{T}$。

虚拟视点对应点位置为 $x_1' = Z'x'/Z'$，$y' = Z'y'/Z'$。假设其浮点数乘法的计算复杂度为 $O(m)$，加法的计算复杂度为 $O(n)$，则完成一个点的绘制所需要的计算复杂度为 $O(p) = 13O(m) + 12O(n)$，图像的绘制时间和图像大小相关。

在基于深度图像绘制方法中，首先利用深度信息将参考视点彩色图像上的所有像素点重投影到实际的三维空间中，然后将这些三维空间中的点投影到目标图像平面即虚拟视点图像平面上。这个从二维到三维的重投影以及从三维再到二维的投影称为 3D-Warping。经 3D-Warping 后产生的虚拟视点图像存在着大量的空洞，为有效地进行空洞的填充需要采用图像融合与插值技术。采用必要的后处理技术可以有效地提高绘制质量，绘制的基本流程如图 9.49 所示。

9.4.2　基于块的快速虚拟视点图像绘制算法

针对基于 3D-Warping 的绘制方法，要降低虚拟视点绘制的复杂度就必须减

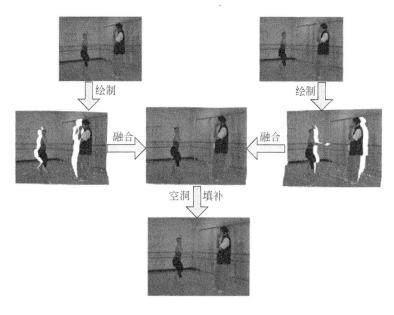

图 9.49 基于深度图像绘制方法的流程

少所需要计算的映射点数。为此,可以采用基于块的映射代替基于像素的映射来减少需要计算的映射点数,其流程如图 9.50 所示[58]。

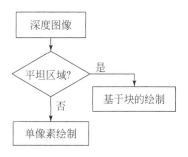

图 9.50 基于块映射的虚拟视点绘制流程

对于会聚相机系统,当相机间距以及旋转角度较小时,在深度平坦区域,由于其场景中对应目标通常具有相近似的景深,彼此之间不会发生遮挡,因而若参考视点图像中坐标为 (x,y) 的点映射到虚拟视点图像中的点 (x',y'),则参考视点图像中坐标为 $(x+1,y+1)$ 的点可近似映射到虚拟视点图像中的点 $(x'+1,y'+1)$。而对于水平相机系统,该关系式必定成立。由于相机间距影响绘制的质量,为保证绘制质量,现有的相机系统都采用较小的相机间距。因此,上述近似对于实际相机系统所拍摄的图像的深度平坦区域大多成立,这为基于块的绘制提供了条件。

图 9.51 为基于块的绘制的映射示意图。图中,如果当前块对应的深度块为平坦块,则选取当前块中的一个像素点(x_c,y_c),利用 3D-Warping 方法计算得到该像素点在虚拟视点图像中的坐标位置(x'_c,y'_c),从而得到把像素点(x_c,y_c)从参考视点图像映射到虚拟视点图像中的坐标映射关系,并利用该坐标映射关系将当前块中的各个像素点逐一映射到虚拟视点图像中。基于块的绘制将大大减少需要进行 3D-Warping 的像素点数,从而降低了当前块绘制所需的计算开销。

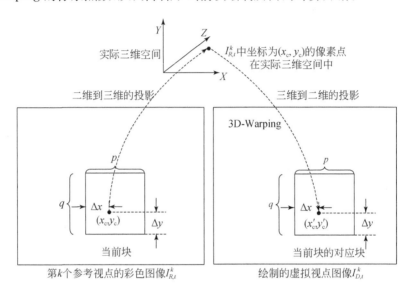

图 9.51   基于块的绘制的映射示意图

上述基于块的绘制适用于深度图像中平坦块所对应的参考视点图像中的当前块。而对于深度图像中的非平坦块,该区域中包含了不在同一深度平面的不同对象,在不同的视点位置,这些对象之间的遮挡略有差异。因而对于深度图像中非平坦块所对应的参考视点图像中的当前块,采用基于块的绘制是不适合的。此外,这种类型的当前块位于对象的边缘,而人类视觉对于对象边缘的质量是较为敏感的。因此,对于参考视点图像中这样的当前块,仍然采用逐像素进行 3D-Warping 映射的方法。

当前块在深度图像中的对应块是否平坦可以通过该块的深度值方差来判定,但方差的计算量较大,因而可考虑其一阶范式形式,即

$$E=\frac{1}{p\times q}\sum_{(x,y)\in B}|D_t(x,y)-\bar{D}_B| \tag{9.49}$$

$$\bar{D}_B=\frac{1}{p\times q}\sum_{(x,y)\in B}D_t(x,y) \tag{9.50}$$

式中,$D_t(x,y)$为 t 时刻深度图像中坐标为(x,y)的像素的值,即量化后的深度值;

B 为尺寸大小为 $p×q$ 的当前块在深度图像中的对应块;$\overline{D}_B$ 为该对应块深度值的均值。当 E 大于某阈值 T 时,深度图像中的该对应块被划分为非平坦块,反之为平坦块。基于块的映射在块边界会存在条纹形的空洞,如图 9.52 所示,灰色部分是由块的映射产生的空洞。这些空洞基本上都是单像素宽度,对于背景部分的空洞可以通过插值方式进行填补,但在对象部分的空洞最终会引起遮挡问题,影响图像的主观质量。为解决这个问题,在进行块映射坐标求取过程中对映射块进行边界扩展。

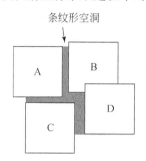

图 9.52　基于块映射的问题

为验证该算法的有效性,采用图像尺寸为 $1024×768$ 的 Breakdancers 和 Ballet 序列作为测试序列,各绘制了 100 帧虚拟视点图像。实验所用计算机配置为 Intel 酷睿双核 2.1GHz CPU,内存为 1GB。表 9.5 给出了分别采用逐像素进行 3D-Warping 绘制的方法、基于非重叠块绘制的方法及基于重叠块绘制的方法绘制一幅虚拟视点图像所需的平均时间的比较。表中,T_{org} 为逐像素进行 3D-Warping 的绘制方法平均一帧的绘制时间,T_{block} 为基于非重叠块绘制的时间,$T_{overlap}$ 则为基于重叠块绘制的时间,$(T_{org}-T_{overlap})/T_{org}$ 为节省的绘制时间的百分比。表 9.6 给出了理论上可以节省的时间百分比,N 为采用 $8×8$ 块为单位进行绘制的块数,$R=N×63/(1024×768)×100\%$,表示理论上可以节省的百分比。

表 9.5　三种虚拟视点图像绘制算法绘制时间的比较

序列	T_{org}/ms	T_{block}/ms	$T_{overlap}$/ms	$(T_{org}-T_{block})/T_{org}$/%	$(T_{org}-T_{block})/T_{org}$/%
Breakdancers	41	23.76	29.56	42.05	27.90
Ballet	41	24.21	29.79	40.95	27.34

表 9.6　理论上节省的时间百分比

序列	N	R/%
Breakdancers	9991.49	80.04
Ballet	9825.18	78.71

图 9.53 为采用 Ballet 序列中第 4 个视点和第 6 个视点绘制中间第 5 个视点的结果。原始基于像素的前向映射算法以及基于非重叠块的块映射的结果在对象部分存在背景噪声，相比而言基于重叠块的绘制结果更为干净。图 9.54 为 Breakdancers 的绘制结果，其结果也类似。

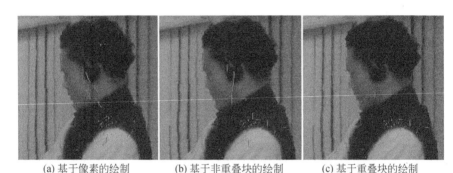

(a) 基于像素的绘制 　　(b) 基于非重叠块的绘制 　　(c) 基于重叠块的绘制

图 9.53　Ballet 的不同算法绘制结果的比较（局部放大）

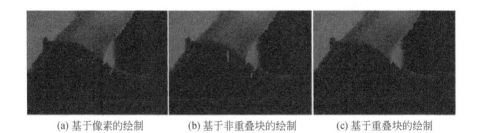

(a) 基于像素的绘制 　　(b) 基于非重叠块的绘制 　　(c) 基于重叠块的绘制

图 9.54　Breakdancers 的不同算法绘制结果的比较（局部放大）

图 9.55 给出了采用图像插值的空洞填补方法与采用基于时域相关性的前向参考空洞填补方法的结果对比，从中可以发现，采用基于时域相关性的前向参考空洞填补方法所绘制的虚拟视点保持了边界的准确性，而采用插值的方法容易出现边界模糊的现象。

使用基于交叠块的绘制虽然可以减少绘制过程中的遮挡，但是在前景还是存在部分噪声。而对象和背景采用相同大小的块进行基于块的绘制存在一定的不合理性，因为前景对象作为人眼的主要感兴趣区域，应该对其进行一定的保护。此外，固定块大小的绘制依然存在绘制的空间冗余。因此，可进一步考虑基于对象的可分级块绘制方法，根据深度分层来定义感兴趣区域。在前景对象区域基于小尺寸块甚至是单像素进行绘制，而在背景部分则基于较大尺寸块进行绘制，从而在降低计算复杂度和保证绘制图像质量间进行平衡。

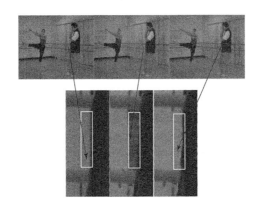

图 9.55　空洞填补效果对比(从左到右依次为原始图像、插值填补)[58]

9.4.3　虚拟视点绘制中空洞填补技术

空洞填补是虚拟视点图像绘制过程中比较关键的问题。空洞问题主要由两方面引起,一是源自单个视点进行绘制的局限性,由于不能完整还原虚拟视点的所有信息,从而产生了较大的空洞;另一方面则是提供几何信息的深度信息不准确,深度视频中深度值虽变化不大,但深度不连续区域在绘制时会产生小空洞。如图 9.56 所示,黑色部分表示绘制空洞,其中图像和对象边界的大空洞属于第一类空洞,背景的小空洞属于第二类空洞。

(a) 左视点经3D-Warping后图像　　　　　　(b) 右视点经3D-Warping后图像

图 9.56　3D-Warping 后产生的存在空洞的图像

第一类空洞是由视点位置不同对象之间的遮挡暴露现象引起的。虚拟视点中该类空洞处的图像内容在位置不同的实际视点处不可见,因此是客观存在的。但在虚拟视点绘制的基础上,使用图像匹配、空间加权等图像修复与像素插值方法可直接对此类空洞进行填补。但是这些方法填补后的虚拟视点质量不会很高。在多视点视频系统中,用左右相邻的视点来合成一个虚拟视点,可在一定程度上弥补一个视点信息量不足的问题,从而使得虚拟视点上的空洞尽可能得到填补。

针对第二类空洞,可以采用深度预处理和虚拟视点滤波来解决。现有的深度视频存在大量的失真,导致绘制过程中像素映射的几何偏差,进而产生空洞。因此,可以对深度视频进行预处理,增强深度视频信息与场景几何信息的一致性,从而提高绘制中映射的准确性。另外一种可选的方法是利用一些复杂度不高的像素插值算法来填补这些小空洞。

空洞填补的最终目标是得到主观质量较好的虚拟视点视频,提升用户的视觉体验。按照空洞区域参照信息的不同,现有研究方法大致可分为四类:基于空域的空洞填补、基于时域的空洞填补、基于时空域的空洞填补和基于多视点的空洞填补。

MPEG 发布的虚拟视点绘制参考软件(view synthesis referenced software, VSRS)已经尝试着去解决虚拟视点中的空洞问题。VSRS 中提供了基于像素点的图像修复[63]、基于深度的加权平均[64]和基于三边滤波的图像插值[65]等方案来解决空洞问题。但是,这些方法均会产生模糊效应,影响观看的视觉效果。

文献[66]和[67]分别提出了线性插值方法和外推法。当空洞很小时,像素插值和外推法都比较有效,但是当空洞比较大时,背景的纹理信息将难以修复,且会降低视觉效果。文献[68]提出了一种图像修复算法对包含了大空洞的破损图像进行复原,可以在保持纹理结构的同时填补空洞区域。与基于图像修复技术所处理的一般图像不同,虚拟视点中的空洞区域通常对应于参考视点中被前景区域所遮挡的背景区域。所以,要想修复这些空洞区域,利用背景信息进行填充会更为合理。为了达到这样的目的,人们提出利用深度信息作为辅助信息用以定位空洞区域周围的背景区域,如文献[69]和[70]。文献[71]分析了空洞的生成机制,但它是在前景区域为深度平坦的这一假设的前提下进行的,这个假设只是为了简化问题的分析,实际上并不是非常的严格。文献[72]提出了一种改进的基于深度信息的Criminisi[73]图像修复算法,进一步研究了更为精确的模型来描述左、右参考视点中被捕获到的物体,这使得对空洞生成的分析更充分和实用。然而,当空洞周围的背景信息缺失时,利用深度信息辅助的图像修复算法并不能正确地填补空洞。尽管对原始的 Criminisi 算法进行了改进,但所有这些算法都存在一个共性,即它们都是以像素块如正方形的像素块作为空洞填补的基本单元。它们没有考虑到彩色图像的实际纹理,都是采用相同的尺寸进行像素块的匹配,不能很好地适应梯度的变化,这往往会导致产生前、背景边界扩散现象。文献[74]提出了一种基于超像素的空洞填补算法,充分利用了彩色图像的纹理信息,在一定程度上避免了前、背景边界扩散所导致的绘制失真。

文献[75]利用时域信息来辅助空洞填补,可能会在一定程度上避免闪烁效应,但是会产生时延现象。实际上,我们还是需要一种基于空域信息的空洞填补方法用以绘制高品质立体图像,如三维立体图像。文献[76]和[77]提出了基于时空域的空洞填补算法,利用时域参考帧来构造背景场景以填补背景区域的空洞,并采用基于 Criminisi 的图像修复算法来填充其余的空洞区域。该算法结合了空域和时域空洞填补算法各自的优势。尽管上述这些空洞填补技术可以获得比较理想的效果,但是当空洞区域太大或者空洞区域的纹理信息太过复杂时,这些算法可能并不太理想。由于只估计了空洞区域的纹理模式,空洞填补的性能可能得不到保证。文献[78]提出了一种基于多参考视点的空洞填补算法,通过利用其他非主要参考视点进行空洞填补,减少了空洞的尺寸和数量;但是该算法要求发送端传输多个视点及其深度信息,增加了带宽资源的消耗。

9.5　本章小结

虚拟视点图像绘制是实现交互式三维视频系统/自由视点视频系统的重要环节,虚拟视点图像绘制技术可以分为基于模型的绘制和基于图像的绘制等。相比于基于模型的绘制技术,基于图像的绘制技术不需要复杂的场景几何建模,对场景理解的依赖度较低,所绘制图像的视觉效果更逼真、更接近于真实自然场景。基于图像的绘制技术包括光线空间绘制方法、光场绘制方法、流明图方法、同心拼图方法、全景图方法、基于视差的绘制方法、基于深度图像绘制方法等。本章主要讨论了基于图像的虚拟视点图像绘制方式,包括基于光线空间的绘制、基于视差的绘制和基于深度的绘制等。在基于深度的虚拟视点绘制技术中,如何实现快速绘制、高质量的后处理(空洞填补、虚影消除)、虚拟视点质量评价及其在虚拟视点绘制优化中的应用等是其中需要进一步深入研究的课题。而基于动态光场的虚拟视点绘制等在虚拟现实系统中也将会有很好的应用。

参 考 文 献

[1] Peng Z, Chen F, Jiang G, et al. Depth video spatial and temporal correlation enhancement algorithm based on just noticeable rendering distortion model [J]. Journal of Visual Communication and Image Representation,2015,33(C):309-322.

[2] Zhu L, Zhang Y, Yu M, et al. View-spatial-temporal post-refinement for view synthesis in 3D video systems[J]. Signal Processing:Image Communication,2013,28(10):1342-1357.

[3] Liu X, Zhang Y, Hu S, et al. Subjective and objective video quality assessment of 3D synthesized view with texture/depth compression distortion[J]. IEEE Transactions on Image Processing,2015,24(12):4847-4861.

[4] 冯雅美. 自然三维电视系统中虚拟视点绘制技术研究[D]. 杭州:浙江大学,2010.

［5］范良忠,蒋刚毅,郁梅. 自由视点电视的光线空间实现方法［J］. 计算机辅助设计与图形学学报,2006,18(2):170-179.

［6］朱林卫. 面向 3DTV/FTV 的虚拟视点绘制技术研究［D］. 宁波:宁波大学,2013.

［7］Lippman A. An application of the optical videodisc to computer graphics［J］. Proceedings of ACM Siggraph,1980,14(3):32-42.

［8］Chen S E,Williams L. View interpolation for image synthesis［C］. Proceedings of the 20th Annual Conference on Computer Graphics and Interactive Techniques,Anaheim,1993.

［9］Chen S E. Quick time VR:An image-based approach to virtual environment navigation［C］. The 22nd Annual Conference on Computer Graphics and Interactive Techniques,Los Angeles,1995.

［10］Adelson E H,Bergen R J. The Plenoptic Function and the Elements of Early Vision［M］. Cambridge:The MIT Press,1991.

［11］McMillan L,Bishop G. Plenoptic modeling:An image-based rendering system［C］. The 22nd Annual Conference on Computer Graphics and Interactive Techniques,Los Angeles,1995.

［12］Seitz S M, Dyer C R. View morphing:Synthesizing 3D metamorphoses using image transforms［C］. The 23nd Annual Conference on Computer Graphics and Interactive Techniques,New Orleans,1996.

［13］范良忠. 基于光线空间的自由视点视频技术研究［D］. 北京:中国科学院计算技术研究所,2007.

［14］Kang S B,Szeliski R. 3-D scene data recovery using omni-directional multibaseline stereo ［J］. International Journal of Computer Vision,1997,25(2):167-183.

［15］Fujii T,Tanimoto M. Free-viewpoint TV system based on ray-space representation［C］. Three-Dimensional TV,Video,and Display,Boston,2002.

［16］邵枫. 自由视点视频信号处理中的关键技术研究［D］. 杭州:浙江大学,2007.

［17］Tanimoto M. FTV:Free-viewpoint television［J］. Signal Processing:Image Communication,2012,27(6):555-570.

［18］Fukushima N,Yendo T,Fujii T,et al. Real-time arbitrary view interpolation and rendering system using ray-space［C］. Three-Dimensional TV,Video,and Display IV,Boston,2005.

［19］Levoy M,Hanrahan P. Light field rendering［C］. Proceedings of the 23nd Annual Conference on Computer Graphics and Interactive Techniques,New Orleans,1996.

［20］Liu Y,Dai Q,Xu W. A real time interactive dynamic light field transmission system［C］. IEEE International Conference on Multimedia and Expo,Toronto,2006.

［21］Jeon Y S,Park H W. Fast all in-focus light field rendering using dynamic block-based focusing technique［C］. 3DTV Conference:The True Vision—Capture, Transmission and Display of 3D Video,Antalya,2011.

［22］Lanman D,Wetzstein G,Hirsch M,et al. Polarization fields:Dynamic light field display using multi-layer LCDs［C］. 2011 SIGGRAPH Asia Conference,Hong Kong,2011.

［23］Tambe S,Veeraraghavan A,Agrawal A. Towards motion aware light field video for dynamic scenes[C]. IEEE International Conference on Computer Vision, Sydney, 2013.

[24] Gortler S J, Grzeszczuk R, et al. The lumi-graph[C]. Proceedings of the 23nd Annual Conference on Computer Graphics and Interactive Techniques, New Orleans, 1996.

[25] Shum H Y, He L W. Rendering with concentric mosaics[C]. Proceedings of the 26th Annual Conference on Computer Graphics and Interactive Techniques, Los Angeles, 1999.

[26] Szeliski R, Shum H Y. Createing full view panoramic image mosaics and environment maps[C]. The 24th Annual Conference on Computer Graphics and Interactive Techniques, Los Angeles, 1997.

[27] Hamza A, Hafiz R, Khan M M, et al. Stabilization of panoramic videos from mobile multi-camera platforms[J]. Image and Vision Computing, 2015, 37(C): 20-30.

[28] Choi K, Jun K. Real-time panorama video system using networked multiple cameras[J]. Journal of Systems Architecture, 2016, 64: 110-121.

[29] Zhang L, Tam W J, Wang D. Stereoscopic image generation based on depth images[C]. IEEE International Conference on Image processing, Singapore, 2004.

[30] 余思文. 面向自由视点系统的虚拟视点绘制技术研究[D]. 宁波:宁波大学, 2014.

[31] Zhang Y, Yang X, Liu X, et al. High-efficiency 3D depth coding based on perceptual quality of synthesized video[J]. IEEE Transactions on Image Processing, 2016, 25(12): 5877-5891.

[32] Tanimoto M, Fujii T. Proposal on EE for FTV[R]. Lausanne: Doc. M14647. ISO/IEC JTC1/SC29/WG11, 2007.

[33] ISO/IEC JTC1/SC29/WG11. N9230. Description of exploration experiments in FTV[S]. Lausanne, 2007.

[34] Tanimoto M, Fujii T, Suzuki K. Multi-view depth map of Rena and Akko & Kayo[R]. Shenzhen: Doc. M14888. ISO/IEC JTC1/SC29/WG11, 2007.

[35] Shimizu S, Kimata H. View generation from neighboring two videos and two depth maps[R]. Shenzhen: Doc. M14920. ISO/IEC JTC1/SC29/WG11, 2007.

[36] Jazouane Y, Yendo T, Fujii T, et al. Ray-space interpolation for free viewpoint generation[C]. ACM SIGGRAPH 2005 Posters, Los Angeles, 2005.

[37] Yendo T, Fujii T, Tanimoto M. Ray-space acquisition and reconstruction within cylindrical objective space[C]. Stereoscopic Displays and Virtual Reality Systems XIII, San Jose, 2006.

[38] Fan L, Yu M, Jiang G, et al. Ray space interpolation based on its inherent characteristics[C]. 2004 IEEE Region 10 Conference TENCON, Chiang Mai, 2004.

[39] Fan L, Jiang G, Yu M, et al. New approach to ray space interpolation based on edge detection[C]. The 3rd International Symposium on Instrumentation Science and Technology, Xi'an, 2004.

[40] 郁梅, 蒋刚毅. 基于特征点方向性检测的光线空间插值方法研究[J]. 计算机辅助设计与图形学学报, 2005, 17(11): 2545-2551.

[41] 范良忠, 郁梅, 蒋刚毅. 一种新的光线空间插值方法研究[J]. 计算机工程, 2006, 32(1): 215-217.

[42] Jiang G, Yu M, Ye X, et al. New method of ray-space interpolation for free viewpoint video[C].

IEEE International Conference on Image Processing, Genova, 2005.

[43] Criminisi A, Kang S B, Swaminathan R, et al. Extracting layers and analyzing their specular properties using epipolar-plane-image analysis[J]. Computer Vision and Image Understanding, 2005, 97(1): 51-85.

[44] McVeigh J S, Siegel M W, Jordan A G. Intermediate view synthesis considering occluded and ambiguously referenced image regions[J]. Signal Processing: Image Communication, 1996, 9(1): 21-28.

[45] Jiang G, Fan L, Yu M. Fast ray-space interpolation based on occlusion analysis and feature point detection [C]. 2005 International Conference on Computational Intelligence and Security, Xi'an, 2005.

[46] Fan L, Yu M, Jiang G, et al. New ray-space interpolation method for free viewpoint video system[C]. The 6th International Conference on Parallel and Distributed Computing Applications and Technologies, Dalian, 2005.

[47] 刘博, 仲思东. 一种基于自适应阈值的 SUSAN 角点提取方法[J]. 红外技术, 2006, 28(6): 331-333.

[48] Jiang G, Fan L, Yu M. Fast ray-space interpolation with depth discontinuity preserving for free viewpoint video system [C]. The 6th Pacific-Rim Conference on Multimedia, Jeju Island, 2005.

[49] Azuma T, Uomori K, Morimura A. Disparity estimation with object-contour information for synthesizing intermediate view images [C]. Stereoscopic Displays and Virtual Reality Systems III, San Jose, 1996.

[50] Fan L, Jiang G, Yu M. View generation for user centered free viewpoint video system[C]. International Technical Conference on Circuits/Systems, Computers and Communications, Korea, 2007.

[51] Meerbergen G V, Vergauwen M, Pollefeys M, et al. A hierarchical symmetric stereo algorithm using dynamic programming[J]. International Journal of Computer Vision, 2002, 47(1-3): 275-285.

[52] Forstmann S, Kanou Y, Ohya J, et al. Real-time stereo by using dynamic programming[C]. 2004 IEEE Computer Society Conference on Computer Vision and Pattern Recognition Workshop, Washing D. C., 2004.

[53] Koch C, Ullman S. Shifts in selective visual attention: Towards the under-lying neural circuitry[J]. Human Neurobiology, 1985, 4(4): 219-227.

[54] Fan L, Jiang G, Yu M. Dynamic programming based ray-space interpolation for free-viewpoint video system[J]. High Technology Letters, 2008, 14(1): 72-76.

[55] 蒋刚毅, 范良忠, 郁梅. 基于光线空间插值的任意视点绘制[J]. 电子学报, 2009, 37(8): 1799-1803.

[56] Tanimoto M, Fujii T, Suzuki K. Experiment of view synthesis using multi-view depth[R]. Shenzhen: JVT, 2007.

[57] 姚少俊. 实时三维内容生成算法研究与实现[D]. 杭州:浙江大学,2016.

[58] 朱波. 自由视点视频系统中深度场的处理和任意视点的绘制[D]. 宁波:宁波大学,2010.

[59] Cho J H,Song W,Choi H,et al. Hole filling method for depth image based rendering based on boundary decision[J]. IEEE Signal Processing Letters,2017,24(3):329-333.

[60] Lai Y,Lan X,Liu Y,et al. An efficient depth image-based rendering with depth reliability maps for view synthesis[J]. Journal of Visual Communication and Image Representation, 2016,41:176-184.

[61] Reel S,Wong K C P,Cheung G,et al. Disocclusion hole-filling in DIBR-synthesized images using multi-scale template matching[C]. 2014 IEEE Visual Communications and Image Processing Conference,Valletta,2014.

[62] Zhang Z. A flexible new technique for camera calibration[J]. IEEE Transactions on Pattern Analysis and Machine Intelligence,2000,22(11):1220-1334.

[63] Telea A. An image inpainting technique based on the fast marching method[J]. Journal of Graphics Tools,2004,9(1):23-34.

[64] Yoo J,Hur N,Bang G,et al. Boundary noise removal and hole filling for VSRS 3. 5 alpha [R]. Geneva:ISO/IEC JTC1/SC29/WG11,2011.

[65] Lee C,Ho YS,Implementation of hole filling methods for VSRS 3. 5 alpha[R]. Geneva: ISO/IEC JTC1/SC29/WG11,2011.

[66] Vázquez C,Tam W J,Speranza F. Stereoscopic imaging:Filling disoccluded areas in depth image-based rendering[C]. Three-Dimensional TV,Video,and Display V,Boston,2006.

[67] Po L M,Zhang S,Xu X,et al. A new multidirectional extrapolation hole-filling method for depth-image-based rendering[C]. IEEE International Conference on Image Processing, Brussels,2011.

[68] Guillemot C,Meur O L. Image inpainting:Overview and recent advances[J]. IEEE Tranactions on Signal Processing Magazine,2014,31(1):127-144.

[69] Cheng C M,Lin S J,Lai S H,et al. Improved novel view synthesis from depth image with large baseline[C]. The 19th International Conference on Pattern Recognition,Tampa,2008.

[70] Daribo I,Pesquet-Popescu B. Depth-aided image inpainting for novel view synthesis[C]. IEEE International Workshop on Multimedia Signal Processing,Saint Malo,2010.

[71] Zhu C,Li S. A new perspective on hole generation and filling in DIBR based view synthesis [C]. The 9th International Conference on Intelligent Information Hiding and Multimedia Signal Processing,Beijing,2013.

[72] Zhu C,Li S. Depth image based view synthesis:New insights and perspectives on hole generation and filling[J]. IEEE Transactions on Broadcasting,2016,62(1):82-93.

[73] Criminisi A,Pérez P,Toyama K. Region filling and object removal by exemplar-based image inpainting[J]. IEEE Transactions on Image Processing,2004,13(9):1200-1212.

[74] Schmeing M,Jiang X. Superpixel-based disocclusion filling in depth image based rendering [C]. IEEE International Conference on Pattern Recognition,Stockholm,2014.

[75] Yao C, Tillo T, Zhao Y, et al. Depth map driven hole filling algorithm exploiting temporal correlation information[J]. IEEE Transactions on Broadcasting, 2014, 60(2): 394-404.

[76] Lin G S, Hsieh C Y, Lie W N. Sprite generation for hole filling in depth image-based rendering[C]. IEEE International Conference on Image Processing, Paris, 2014.

[77] Muddala S M, Olsson R, Sjöström M. Spatio-temporal consistent depth-image-based rendering using layered depth image and inpainting[J]. EURASIP Journal on Image and Video Processing, 2016, (1): 1-19.

[78] Zhu C, Li S. Multiple reference views for hole reduction in DIBR view synthesis[C]. IEEE International Symposium on Broadband Multimedia Systems and Broadcasting, Beijing, 2014.